JN118154

構造物
基礎の教科書

塩井　幸武
橋詰　　豊

総合土木研究所

目　次

序

【構造物と基礎の関係】

すべての構造物は地盤の上に建ち、多様な荷重に対して安定を保っている。その役割を果たしているのが基礎である。基礎は構造物と地盤の間にあって、荷重の伝達を担い、構造物を安定させる役割を果たしている。

橋梁や建物などの各種構造物は、それぞれ多種多様な形状を持ち、求められる機能を発揮している。地盤は軟弱地盤から硬岩層まで様々な地層があり、傾斜などの地形、水深、流速、地下水、酸性水、都市環境、地下埋設物、近接構造物などの様々な要因の影響も受ける。

基礎に作用する荷重には、上部構造物の荷重の他に地震、強風、土圧、水圧、波圧、揚圧力、衝突荷重などがある。また、荷重とは云いがたいが、地盤沈下、支点移動、温度変化などの影響が基礎に大きく作用し、構造物全体の安定性、安全性を損なうこともある。

【基礎の特殊性】

多様な地盤条件、自然環境条件の中で各種の荷重に対して安全な基礎を計画、設計、施工することが基礎の技術者に求められる使命である。構造物の基礎は直接基礎、ケーソン基礎、杭基礎の3形式に大別される。基礎の形式は世界の地域により、構造物により歴史的に独自の発展を遂げた。設計方法、施工方法などは多様であっても、現代では基礎に関する各知識、経験は共有されつつある。

しかし、基礎の場合は“ところ変われば品変わる”と云われ、一律には扱い難いのが実情である。上部構造の橋梁や建物の場合は“ところが変わっても”構造物は机上で計画、設計することができる。基礎は設置点毎に地盤条件が異なるので、基礎の計画、設計は個別に対応することが求められる。たとえば、同一地点でも基礎の底面下の各点で同じ地層構成とならないことがある。

【日本で発達した基礎工学】

日本は地質の若い火山列島で、多様な地盤が広がっている。急峻な地形から流出する中小河川で形成された堆積地盤、軟弱地盤、火山灰台地、海岸線沿いの平地などの沖積、洪積地盤に人口の大部分が居住し、社会、経済活動に必要な公共施設、生産施設、各種構造物、高層ビルなどが集中している。さらに、国内に散在する都市間を結ぶ交通機関が河川や障害物を横過するための橋梁、都市内の立体構造化に必要な高架橋、沿岸部の港湾施設、水平荷重を受ける堰などの水利施設なども存在する。これらの構造物は堅さの異なる多様な地盤でも信頼できる支持力のある基礎を必要とする。

また、日本は世界有数の地震国である。地震は地盤から基礎を通じて構造物に作用するので基礎には確実な耐震性が求められる。耐震性の確保は日本の社会を守る上で不可欠な条件である。

国土の７割が山林原野と云われる日本では急流河川が多く、洪水時の洗掘も大きな課題で、橋梁の被災で最も多いのが基礎の洗掘である。

このように、脆弱な地盤に自然災害の多い日本では基礎に関する工学が独自の発展を遂げている。

【基礎の課題】

基礎は構造物と地盤の境界で荷重の伝達をする。そこで、地盤と基礎の構造部材は作用荷重に対して一体となって挙動する。そのために、基礎工学には構造工学と地盤工学の双方の知識が必要である。この中で、構造部材の鋼材やコンクリート材の設計には弾性力学を適用できる。しかし、地盤の方では健全な岩盤は弾性体と見做せるが、亀裂の多いものや軟岩は塑性変形を伴う。砂礫層を含む砂質地盤や粘性土地盤は弾塑性体として挙動する。粘性土は粘弾性の性質（時間依存性）を持ち、極軟弱土は粘性のみで変形が終息しない。このように、多くの地盤は作用荷重に非線形挙動をとるので変形量を算定しがたい。

過去の各種構造物は基礎や地盤は不動のものとする仮定の下に上部構造は単独で設計され、許容支持力が制約条件として与えられた。そのために基礎は固い支持層に立脚することが求められ、摩擦杭などの基礎形式は避ける傾向にあった。しかし、地震力などの不確定な荷重、新形式基礎、異種基礎、限界状態設計法などの影響もあり、基礎の変形量が上部構造の設計に必要となってきた。

【変形を考慮した基礎の設計方法】

「道路橋示方書・同解説　Ⅳ下部構造編」は1964年発行の「くい基礎設計篇」以来、“荷重と変形”の関係を軸に基礎を含む下部構造の設計基準を整備してきた。基礎の変位、変形は、基準変位量の範囲内で等価線形法による地盤反力係数k値（k＝地盤反力／変位量：バネ係数とも呼ばれる）をして設定し、線形計算で基礎の部材と地盤の相互作用を算出することになった。k値の概念は杭やケーソンの軸方向の変形にも適用され、回転バネとしても活用される。

k値の導入によって別々の設計法を採っていた直接基礎、ケーソン基礎、杭基礎は一つの設計体系に組み込むことができた。そのために3形式の基礎の中間に位置する鋼管矢板基礎やPCケーソン基礎なども一連の設計体系の中で取り扱うことができるようになった。それによって、摩擦杭基礎を含めて新形式の基礎が現れてもk値を設定できれば他の基礎形式と同じレベルで比較検討できるようになった。

画期的なのは耐震解析である。従来は上部構造だけで応答計算をしていたが、地盤や基礎の変形特性、剛性を取り入れて上下部工一体で応答解析ができるようになった。

【本書の訴えるもの】

「道路橋示方書・同解説　Ⅳ下部構造編」は地盤を含む基礎を力と変形の関係を軸とする新しい設計基準で、世界でも例のないものである。その内容は橋梁以外の構造物の基礎にも適用できる普遍的なものである。規定の作成は、図らずも性能設計の思想に沿う考え方（必要条件を十分条件で充足）で進められ、長年に亘る現場での計測や多くの専門家の経験に基づいている。また、施工が設計に大きく影響することが多いので設計基準でありながら施工方法についても規定を設けている。そして、試算で現実的なものであることを確認している。

基礎は地盤中にあるために目視できない部分がほとんどである。また、基礎の設計施工に大きく影響する地盤内の力学的性状については直接的手段で測定できないので標準貫入試験などの間接的な方法で判定せざるを得ないのが実情である。その測定結果と物理常数の相関関係を統計手段で整理して設計を可能にした。

いずれの基礎形式でも上部構造を安全に支持し、作用荷重で構造物の機能が損なわれない範囲に変形を留めなくてはならない。その設計の考え方は各基礎形式とも共通で、それぞれの計算方式を示した。地震に対しては上部構造において震度法や応答解析による反力を基礎の外力とする設計が慣用されてきたが、上下部工一体解析をすれば基礎の負担を軽減できることも示唆した。

従来の基礎の設計基準は後の世に残る基礎本体構造について定めており、仮設構造については触れていないのが普通である。しかし、工事を安全かつ合理的に進めるには設計時点で仮設構造も考えておいた方がよい。そのために、本書は仮設構造の設計施工も取り入れた。

【各章の内容】

本書の各章の内容は次のとおりである。

1章　社会を支える各種構造物

基礎を必要とする施設、構造物。日本の地形地質。

2章　基礎の成り立ち

基礎の成り立ちと作用荷重の取り扱い。

3章　基礎の種類と基礎形式の選択

基礎の種類、分類、選定手順、特色。

4章　基礎の調査と設計

各種調査の内容と地盤反力係数

5章　直接基礎

歴史、支持力、算定公式、地盤反力との関係、圧密沈下、耐震、洗掘対策

6章　ケーソン基礎

オープンケーソン、PCケーソン、ニューマチックケーソン、安定計算と支持力、

地震対応、断面設計、洗掘対策
7章　杭基礎
　杭基礎の形態、木杭、既製コンクリート杭、鋼管杭、H形鋼杭、場所打ちコンクリート杭、設計計算法、施工方法、動的支持力と衝撃波動、載荷試験
8章　中間的基礎
　鋼管矢板基礎、地中連続壁基礎、パイルラフト基礎、多柱式基礎、合成基礎、地盤改良壁基礎（含、鋼製地中連続壁基礎）、ソイルセメント合成鋼管杭
9章　耐震設計
　地震メカニズム、地震波動、衝撃波動、耐震設計法、動的応答解析、液状化現象、斜面すべり、動水圧
10章　基礎工事の仮設構造
　仮設工事の必要条件、仮桟橋、土留め工、仮締め切り工の設計施工、土圧の算定法、掘削底面の安定対策、安全対策と環境対策、
11章　基礎で考慮すべき事項
　側方流動、橋台と背面盛土の一体構造、斜め橋台、洗掘対策、津波、衝突荷重、地盤変動
12章　基礎の設計法
　性能設計と許容応力度法、安全率、国土交通省の取り組み、限界状態設計法と部分係数設計法、道路橋示方書の性能設計、基礎の性能設計への対応

【本書の目指すもの】

　本書は基礎の設計施工に経験の浅い技術者、若い技術者、土木や建築の学生を対象に基礎そのもの、工法の成り立ち、設計の考え方と前提条件、配慮すべき事項、仮設工事などを分かりやすく説明したつもりである。基礎に関わった一般の技術者でも全てに通暁しているとは限らないので、経験していない工法に付いては本書の記述内容を参考してもらいたい。

　また、基礎は地盤中にあって視認できず、挙動も非線形なので基礎は分かりにくいと、深く立ち入ることを一般の土木、建築の技術者からは敬遠されがちである。それでも実務では技術基準が整備されているので設計施工に支障をきたさない。設計は基準の範囲内で進められているが、適用の条件が基準と異なる場合には設計基準の前提条件を見落として設計される懸念がある。そのために、基礎の原理原則を修得し、指導力を持つ技術者が広く必要とされている。

　現実に、「道路橋示方書・同解説　Ⅳ下部構造編」や他の技術基準の規定にも、本書に記述した内容にも正確とは言い難いところがあり、更なる研究、検討を必要とする事項も少なくない。本書では諸規定の根拠を示したつもりであるが、よく分からないまま、経験に基づく合議の上で規定した項目も存在する。基礎工学の信頼性を高め

るために、読者には異なる意見や疑問点の解明などを持ち寄り、積極的に議論して精度の高い技術基準に貢献していただきたい。

本書は基礎の原点に立ち返り、構造物に作用する荷重を最終的に地盤で受け止めるための基礎の役割を上部構造と同様に“力と変形”の相関で果たすことを軸にした基礎の設計施工法を記述しており、現時点では実用的な考え方で、性能設計法とも馴染むと思われる。

また、本書から初心者でも設計できるように基礎の成り立ちを説明し、設計計算も電卓で出来るように作成したつもりである。現在、基礎をはじめとする橋梁などの構造物の設計は複雑な計算方法が電子計算機にプログラム化され、自動設計も可能になっている。しかし、そのアウトプットの設計成果は過去の経験的な設計諸元（相場と云われることもある）や電卓による簡易な計算結果と大きく変わるものにはならない。設計を照査する際、データの入れ違い、設定条件の不備、見落としなどによる間違いをチェックするのに簡易計算は有力な手段である。

このような視点からも内容を熟読玩味し、実際の基礎の設計施工に役立てていただければ本望である。

令和2年7月31日

塩井　幸武

1 社会を支える各種構造物

1.1 基礎の使命

人間が社会活動を営んでいく上で多種多様の構造物が必要とされる。それらの構造物が本来の機能を発揮できるように、自身の重さの他に、作用する様々な荷重対して構造物を安全、確実に支持するのが基礎の役割である。すなわち、基礎には構造物からの荷重を地盤に伝達して構造物の「安定性」を確保し、破壊に対する「安全性」を保証した上で、基礎に求められる機能を発揮するという使命がある。

言い方を変えると、基礎は作用する荷重に対して地盤が安定した支持力を発揮できるように、また、基礎自体が壊れないようにしなければならない。基礎が支える構造物には、道路橋、鉄道橋、住宅、ビルディング、鉄塔、航空管制塔、電波塔、記念碑、港湾、タンクなど、私達の生活に欠かせない多数のものがある。

1.2 日本の地形と地盤

日本は約37万km^2の南北に細長い島礁国家で、北海道、本州、四国、九州とそれに連なる島々で構成されている。その地盤は古生代の岩盤から新生代の洪積世、沖積世の堆積層まで数多くの地層が複雑に混在した地質である。アメリカ、ヨーロッパ、アフリカなどの固い地盤と較べて比較的若く、軟らかい。このように多様で、脆弱な地盤の上に私達の生活、社会活動に必要な各種の構造物が立地している。

日本の地盤は安定しているとは必ずしも云えないので、重要な構造物には堅固な基礎が必要である。基礎は構造物から伝わる荷重の他に、災害列島と言われる日本では地震、台風、集中豪雨、洪水、豪雪、地滑り、津波などの自然現象から受ける影響に備えなければならない。

一方、構造物は人間が造った工作物であるから、人々の日常や社会生活に溶け込んで違和感のないようにすると同時に、周辺の自然環境との調和も必要である。そういう観点から構造物建設の必要条件である基礎の設計施工には多くの事項を配慮しなければならない。日本は地質が若く複雑なので、多様な荷重の作用に対して構造物基礎を計画するには世界的にみて最も難しい地域の一つである。

日本の国土の7割は山岳地形で、そこから流れ出る急流河川に沿って堆積した土砂、すなわち沖積地盤からなる平野や盆地に人口の大部分が住んでいる。すなわち、利根川、荒川などによる関東平野の東京圏、木曽三川等による濃尾平野の名古屋圏、淀川や大和川沿いの関西圏などには巨大都市が発達している。その他の大都市、中小都市も各地の沖積地盤、洪積地盤の上にある。山と川に隔てられて細部化された日本に住む人々の安心で豊かな生活を支えていくには多数の社会インフラが必要とされる。

1.3 社会インフラ

私たちの生活に必要な社会インフラにはハードとソフトのものがある。ハードのインフラには道路、高速道路、鉄道、新幹線、地下鉄、公共施設と建物、港湾、空港、上水道、下水道、パイプライン、公園、堤防、ダム、発電所、電力施設、ガス施設、通信施設、放送関連施設、各種産業施設など、多岐にわたるものがある。その中の主な構造物には、道路橋、鉄道橋、ビルディング、岸壁、係船施設等、管制塔、給水塔、送電鉄塔、電波塔、記念碑、発電所、工場、倉庫、溶鉱炉、タンクなどがある。

これらの構造物には管理機関、管理者があり、それぞれの機能を発揮できるように異なる技術基準が設けられている。各構造物の技術基準の内容は目的に応じて異なるが、基礎については種々の荷重を多様な地盤で受け止めるために安全性を保証するという点で共通している。その原理は変わらないので、各構造物の技術基準の基礎に関する項目の多くは類似の規定となっている。

ソフトの社会インフラは放送、通信、医療、教育、福祉、子育て、高齢者支援、文化教養活動、商業活動支援施設、地域連携システムなど、多様であるが、ここでは基礎や構造物とは趣が異なるので触れないこととする。

1.4　各種構造物

社会に必要とされた構造物の代表的なものを紹介し、その基礎の概要を述べることとする。

人類の造った最も古い構造物の一つである橋梁は丸木橋から始まり、木橋、石造アーチ橋などがかけられてきた。18世紀の産業革命以降、鋼橋やコンクリート橋が生まれて様々な構造形式の大支間の橋ができるようになる一方、通過交通も人や馬車などから自動車、列車などの大重量のものになり、上部、下部構造も大規模になり、基礎に作用する荷重も大きくなった。

これらの橋梁の代表的なものとしてローマ時代にテヴェレ川に架けられ、今も人々が通るファブリシオ橋(図-1.4.1)、産業革命で大量生産ができるようになった鋼材でセヴァン川に架けられた、最初の鋼橋アーチのアイアンブリッジ（図-1.4.2)、4km の明石海峡を道路で渡る世界で最も長い支間の明石海峡大橋（図-1.4.3）があり、これらの橋は比較的良

図-1.4.1　現在も供用されているファブリシオ橋（紀元前 62 年）[1]

図-1.4.2　産業革命で生まれた鋼橋、アイアンブリッジ（1779 年）[2]

図-1.4.3　世界最長支間（1,911m）の吊り橋、明石海峡大橋（1998 年）[3]

好な地盤上に基礎を設けている。

日本の橋梁は明治維新（1868 年）以降、鉄道橋を中心に進展したが、関東大震災（1923 年）の復興事業を通じて急速な発展を遂げた。隅田川にかかる多様な橋梁、大阪の八百八橋を契機に大支間の橋が全国に建設されるようになった。そして 1954 年にガソリン税による道路整備事業が始まり、高速道路と共に大きな橋梁が全国に普及した。同時に、下部構造の一部として杭基礎、ケーソン基礎などは技術基準の整備や施工機械の発達などもあって施工が困難な地点でも基礎を構築できるようになった。

人類の生存には衣食住が必要で、この中の最初の住居は洞穴や木造掘立小屋（柱を地盤中に埋め込んだ構造）などで、その後は東洋でも、西洋でも長い間、日干し煉瓦を含む土、石材、木材による建物、住居の時代が続いた。西洋ではピラミッドをはじめ、城郭などの大型の石像構造物の多くは堅牢な地盤上に建設されてきた（図-1.4.4）。日本では多湿な気候、弱い地盤、地震などの影響で木材と土を組み合わせた住居、神社仏閣、城郭などの比較的軽い建物が建てられてきた。大きな建物の基礎には腐食する掘立て柱に代わり、深く埋められた玉石や巨石が土台として用いられた（図-1.4.5、図-1.4.6）。

図-1.4.4　ピラミッド

図-1.4.5　入母屋造りの建物[4]

図-1.4.6　古代史跡の土台石の事例[5]

産業革命以降、西洋では石材の代わりのポルトランドセメントのコンクリートが普及し、高層の建物には鉄骨を組み立てた鋼構造、鉄筋と組み合わせた鉄筋コンクリートが中心になった。これらの建物には岩盤などに着底した基礎や杭基礎が採用されている。日本でも明治以降、各種の近代建築は鉄筋コンクリート造が主体となった。しかし、沖積地盤が多く、地震があるために建物の規模に応じた、硬い地盤に着底した基礎や杭基礎などの基礎が発達した（図-1.4.7）。特に、1961年の都市計画法の改正で地上31mの制約が緩和されたためにホテルニューオオタニ、霞が関ビルなどの建設が可能になった。これらのビルの基礎は硬い地盤に着底した基礎であったが、後に続く超高層ビルの中には基礎が杭基礎や連壁基礎となっているものも多い。

塔は古くはオベリスク、その後の灯台、見張り塔、鐘楼、教会の尖塔、煙突など、海外では石造のものが多く存在した。その基礎は堅固な地盤上に設けるか、建物の一部となっている。しかし、日本では五重塔（図-1.4.8）のような木造のものや天守閣のある城郭などがあり、その基礎には五重塔の心礎（図-1.4.9）や城郭の礎石（図-1.4.10）のように土台石が多い。

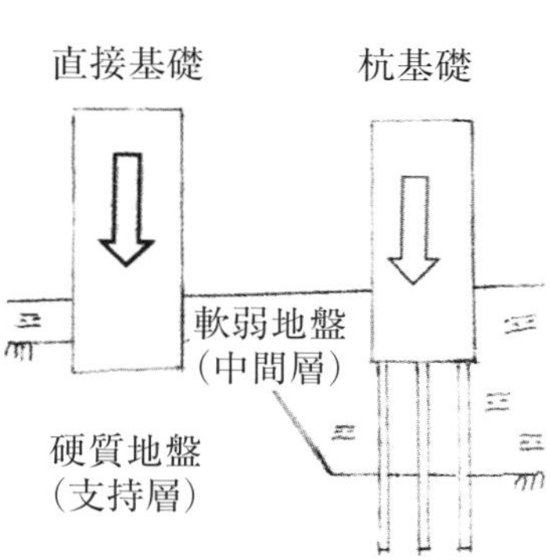

直接基礎　　杭基礎

軟弱地盤
（中間層）

硬質地盤
（支持層）

図-1.4.7　浅い基礎と深い基礎

図-1.4.8　法隆寺の五重塔[6)]

図-1.4.9　心礎の事例[7)]

図-1.4.10　礎石の配置例[8)]

図-1.4.11　エッフェル塔[9]

図-1.4.12　東京スカイツリー[10]

図-1.4.13　高圧送電線鉄塔[11]

19世紀末からの無線通信の発達で電波を発信する、高い塔の需要が高まり、鋼材による展望台兼電波塔（図-1.4.11、図-1.4.12）が世界中で建てられている。また、高圧電流を効率よく送電線するために険しい山中に高い鉄塔（図-1.4.13）が建設されている。これらの構造物の設計には自重の他に、水平方向の地震や風荷重が大きな影響を与えている。エッフェル塔の基礎には空気ケーソンが、東京スカイツリーには地下連壁基礎が、送電線鉄塔には深礎基礎が使われている。

この他、岸壁や防波堤、発電所、溶鉱炉、コンビナート施設、各種タンクなどの社会インフラも堅牢な基礎の上にあってこそ、安定した機能を発揮できるということで共通する。

参考文献

1) ファブリキウス橋「フリー百科事典　ウィキペディア　日本語版」2008年3月18日
2) アイアンブリッジ（イングランド）「フリー百科事典　ウィキペディア　日本語版」2006年3月4日
3) 明石海峡大橋「フリー百科事典　ウィキペディア日本語版」2006年1月18日
4) 松井淳，玉石の威力，1982年
5) 正倉院正倉整備工事の第3回現場見学会「歴史探訪京都から」2013年03月31日　http://blog.livedoor.jp/rekishi_tanbou/archives/2013-03.html
6) 五重塔「フリー百科事典　ウィキペディア日本語版」2009年5月26日
7) 近江宮井廃寺心礎3「がらくた置場 by s_minaga」2008年10月4日　http://www7b.biglobe.ne.jp/~s_minaga/h20081009.htm
8) 池田城「フリー百科事典　ウィキペディア日本語版」2008年3月6日
9) エッフェル塔「フリー百科事典　ウィキペディア日本語版」2010年8月21日
10) 東京スカイツリー「フリー百科事典　ウィキペディア日本語版」2014年12月26日
11) 鉄塔と送電線「フリー百科事典　ウィキペディア日本語版」2007年4月13日

2 基礎の成り立ち

2.1　構造物基礎

基礎工学は構造工学と地盤工学との境界領域にあり、基礎には構造物に作用する様々な荷重、それを受け止める基礎本体、多種多様で不確定要素が多い地盤が関わる。信頼できる基礎を構築するため、これらの内容と相互関係を明らかにする必要がある。

構造物に作用する力、圧力などを荷重という。荷重は構造物の種類、設置場所、時候、構造物上や内部にあるものなどで異なり、千差万別である。また、荷重の形態も集中荷重、分布荷重、一時的な荷重、変形で派生する荷重など、いろいろなものがある。

基礎本体には、通常、土台と呼ばれるフーチング基礎（直接基礎）、ケーソン基礎、杭基礎があり、それぞれ固い地盤に立脚し、大きな荷重が作用しても破壊することなく、地盤に伝える。

地盤は砂、粘土、岩盤などの多くの地質からなり、立地地点も都市内、田園地帯、山岳地、丘陵地帯、河川沿い、海岸、海中、埋め立て地など、多岐にわたる。

主な構造物の道路橋、鉄道橋、ビルディング、塔などにはそれぞれ独特な荷重が作用する。

2.2　橋梁の荷重

橋梁は世界の多様な地点、地盤に設置され、作用する荷重も複雑多岐である。そこで、道路橋示方書下部構造編に挙げる表-2.2.1の荷重に対して基礎の設計で対象とする荷重の内容を説明する。表中、○で囲んだ項目はすべての構造物に共通するものである。

主荷重は構造物が存続する間、常に作用していると考えなければならない荷重である。

主荷重のうち、死荷重は構造物の自重、載荷物など、半永久的に動くことのない荷重である。建物やビルディングでも同様である。塔などの構造物では死荷重のほとんどは自重である。

活荷重は自動車荷重、列車荷重、群衆荷重、集合荷重など、動く荷重である。構造物が機能を果たすために考慮する荷重である。

衝撃は活荷重によって発生する瞬間的荷重である。すなわち、自動車や列車が通過するときに生じる振動などを考慮する荷重である。

プレストレスト力はプレスレストコンクリートなどに導入される緊張力（プレストレス）で、外からの力ではなく、構造物の中にある内力である。

コンクリートのクリープの影響はコンクリートに一定の圧力を持続すると変形が微増し、圧力が低下する現象で、その影響は設計上、考慮しなければならない。鋼材に緊張力などによる歪みを持続すると応力が減少する現象はリラクゼーションという。

コンクリートの乾燥収縮の影響はコンクリートが時間の経過と共に乾燥して収縮する現象で、ひび割れの発生、導入されたプレストレスの減少などがある。

表-2.2.1　道路橋に作用する荷重[1]

主　荷　重（*P*）	① 死　荷　重（*D*）
	② 活　荷　重（*L*）
	3. 衝　　撃（*I*）
	4. プレストレス力（*PS*）
	5. コンクリートのクリープの影響（*CR*）
	6. コンクリートの乾燥収縮の影響（*SH*）
	7. 土　　圧（*E*）
	8. 水　　圧（*HP*）
	9. 浮力又は揚圧力（*U*）
従　荷　重（*S*）	⑩ 風　荷　重（*W*）
	11. 温度変化の影響（*T*）
	⑫ 地震の影響（*EQ*）
主荷重に相当する特殊荷重（*PP*）	13. 雪　荷　重（*SW*）
	14. 地盤変動の影響（*GD*）
	15. 支点移動の影響（*SD*）
	16. 波　　圧（*WP*）
	17. 遠心荷重（*CF*）
従荷重に相当する特殊荷重（*PA*）	18. 制動荷重（*BK*）
	19. 施工時荷重（*ER*）
	20. 衝突荷重（*CO*）
	21. そ　の　他

土圧は橋台や擁壁などの背面の高い盛土などから受ける圧力であるが、その圧力の形態や作用方向は土の種類、締固めの程度、浸透水などの影響を受けて複雑である。

水圧は水深や水の高さによる圧力で、最もわかりやすい荷重である。基礎は地盤中、水中に設けられるので水の存在する状態は設計上、大きな要素である。

浮力及び揚力は水の存在により生じる力である。浮力は船を浮かせる力で、底面に水が入り込むと水深に応じた浮力が働く。揚力は飛行機が空中で飛行できる力であるが、地盤中では地下水の水位差と流れで生じる圧力で、仮締切り工や防波堤の設計で考慮される。

従荷重は常時には作用していないが、設計上、必ず考慮しなければならない荷重である。例えば暴風時、地震時というように個々に設計する。

風荷重は中小橋梁では問題にならないが、長支間橋梁、超高層ビル、高層電波塔、送電線鉄塔などでは支配的な荷重となる。高さに応じて風速も異なるので注意が必要である。

温度変化は長大橋梁、特に鋼橋、ロングレールなどの伸縮に大きな影響を与えるが、他の構造物でも細部構造で考慮が必要である。伸縮を拘束すると大きな力になることに留意する必要がある。

日本は世界有数の地震国である。構造物の破壊、移動、沈下、傾斜などの被害をもたらす。また、液状化現象、地割れ、斜面崩壊などの地盤災害も生じるので、基礎はその影響も受ける。地震波動は基礎を通じて構造物全体に伝わるので、基礎の耐震性は極めて重要である。

主荷重に相当する特殊荷重は地域毎、地点毎または構造上、考慮しなければならない荷重である。

雪荷重は寒冷地を中心に適用されるが、降雪量は地域によって異なるので地域特性を考慮する必要がある。活荷重と雪荷重は別々に扱われるが、地方によっては双方を対象にする必要がある。

地盤変動の影響は基礎にとって重要である。沈下、不等沈下、地滑り、軟弱地盤における近接盛土など、河床低下、洗掘、凍結融解など、基礎特有のものが多い。また、地下水の揚水や埋め立て土の沈降などの人為的なものも少なくない。特に、長い延長の建築構造物、高層ビルディング、連続桁橋、アーチやラーメン構造などは地盤の変動を嫌うので堅固な基礎での対処が求められる。

支点の移動は基本的に上部構造の問題である。しかし、地盤に起因するものとして長大橋のように橋脚位置の地盤が異なる場合、山岳傾斜地の送電線鉄塔のように脚毎の地盤が異なる場合もある。変位量を基準にした設計が必要である。

波圧は海洋橋梁、港湾構造物、海岸構造物の設計に必要である。一般に風波による砕波や高潮に対処しているが、津波のように海底から巻き上げる超大波長波には支持力、洗掘対策の考慮が必要である。

遠心荷重は曲線状の上部構造での活荷重の遠心力に拠る荷重で、下部構造への影響は小さいので無視してもよい。

従荷重に相当する特殊荷重は必要に応じて考慮する荷重である。この中で、工事の途上で検討する施工時荷重は出来上がった構造物に作用することのない特殊な荷重である。

制動荷重は車両が制動する時に働く進行方向の力で、軽い橋などで考慮することもある。下部構造には影響が小さいので無視してもよい。

施工時荷重は基礎の施工で重要なものである。しかし、主構造物の完成後は必要ないので設計段階で検討されることは少ない。施工段階で施工者の責任で、基礎形式、工種、工法、工期、地盤条件、環境条件、自然条件などを複眼的に考慮し、安全第一で品質を確保して工事を進めるために、段取り（準備工）の設計段階で必要な荷重が定められる。

衝突荷重には自動車での衝突が想定されているが、上部構造で生じるものは基礎に及ぼす影響は無視してもよいが、橋脚などに衝突する自動車は基礎でも考慮する必要がある。海洋橋梁では船舶の衝突に対して中小船舶には防衝工で、大型船の場合は船腹の座屈で衝突荷重を吸収し、船舶の沈没は防ぐようにしている。

その他の特殊荷重はケースバイケースで作用する特殊事情によるものである。例えば、津軽海峡大橋では潜水艦の衝突、北洋などでは流氷、廃鉱地区の落盤など、通常では考える必要のないものである。

2.3 基礎に作用する荷重の合成

基礎の設計でも構造物の設計と同様に、これらの荷重の中から構造物の置かれている諸条件に応じて対象となる荷重を組み合わせて検討する。作用する荷重

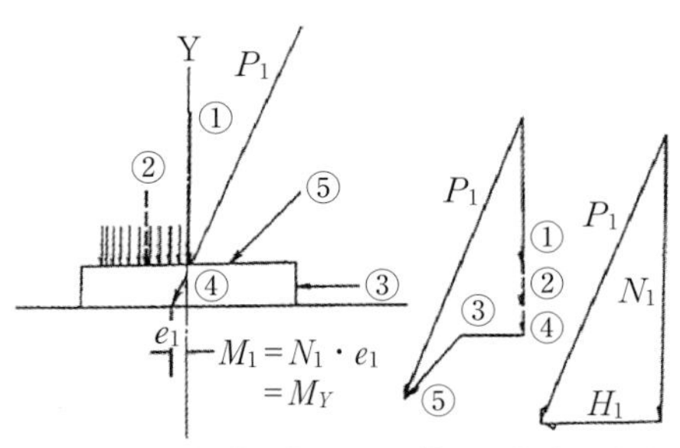

図-2.3.1　基礎に作用する種々の荷重の合力

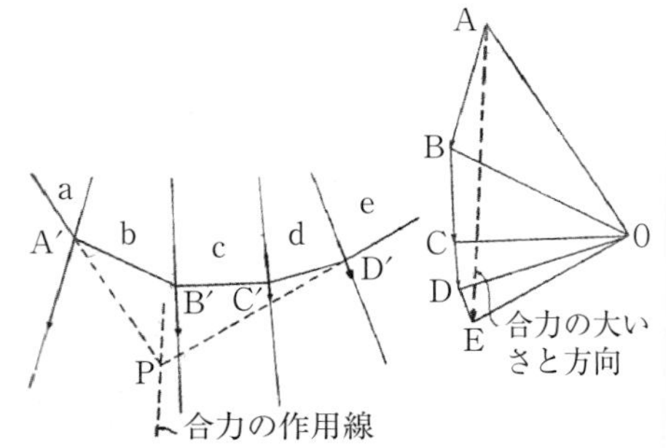

図-2.3.2　力の多角形による合力と作用方向の決め方

の形態には集中荷重、分布荷重など、種々の形状があり、その大きさもまちまちである。これらの複数の荷重はまとまって同時に作用するので、設計では合成させて取り扱う必要がある（図-2.3.1）。

図-2.3.1 は基礎に作用する荷重を模式化したものである。**①は上部工からの荷重、②は盛土などの分布荷重を中心に集めた集中荷重、③は地震荷重、④は基礎の自重、⑤は土圧である。これらを力の多角形として連結し、始点と終点を結んだ線が合力 P_1 となる。合力 P_1 の鉛直成分が鉛直力 N_1 、水平成分が水平力 H_1 となる。鉛直力に重心位置からの偏心距離 e_1** を乗じたものが回転モーメント M_1 である。この鉛直力 N_1、水平力 H_1、回転モーメント M_1 が力の 3 要素である。

いかに多くの作用力、複雑な形状の圧力でも力の多角形などの方法で合成して合力 P_I とすることで、鉛直力 P、水平力 H、回転モーメント M の 3 要素にまとめることができる。基礎はこの 3 要素に対して設計されることになる。ここで、回転モーメント M の重心からの偏心量 e は個々の作用力のモーメントの合計から算出してもよいが、図-2.3.2 の方法で作図から合力の位置を求めることもできる。

このようにして定められた合力は基礎本体を通じて地盤で受け止められる。基礎本体に荷重が作用すると地盤は変形し、発生する地盤反力が支持力となる。すなわち、地盤には支持力に応じた変形が発生する。鉛直力では沈下が生じて地盤反力が発生する。水平力には滑り抵抗や受動土圧という抵抗力が働くが、水平方向地盤反力係数などから変位量を算出する。回転モーメントが作用すると地盤反力に偏差（かたより）が生じ、偏差反力のモーメントと釣り合うことになる。いずれの要素に対しても構造物に支障が生じない範囲に変形を抑えられる地盤の堅さが求められる。

2.4　基礎の地盤

荷重を受ける地盤は弾塑性体（図-2.4.1）であり、粘弾性体（図-2.4.2）でもある。

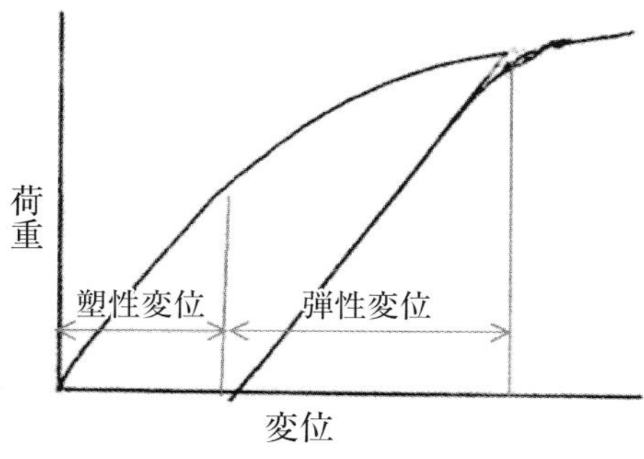

図-2.4.1　力と変形の関係

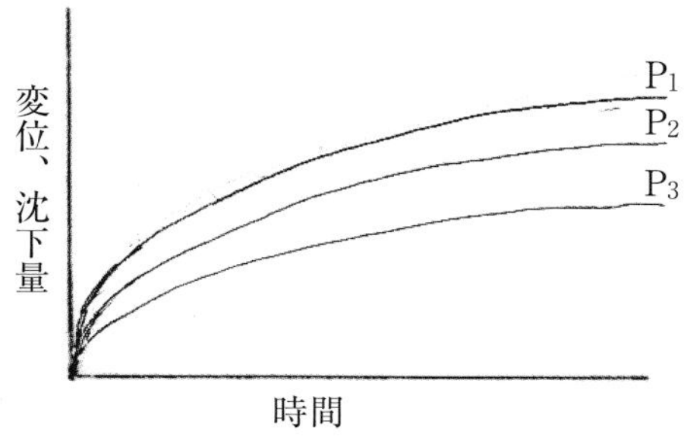

図-2.4.2　荷重による経時変形

弾性は荷重を加えると変形するが、除くと変形は元の状態に戻る性質を云う。バネ秤はこれを利用している。塑性は荷重を加えると変形が進み、荷重を除くと変形はそのまま残る性質を云う。粘土細工などで経験するものである。弾塑性体とは双方の性質を併せ持つ物体である。

粘性は粘りで、はじめは一定の荷重を負担できても時間と共に変形が進行し、荷重を除くと変形の進行は止まる性質である。この性質はゴム粘土や振動低減のダンパーなどにも見られる。地盤でいう粘性は流体力学でいう粘性と同じにはならない。

弾塑性とは荷重が増加する過程の変形が曲線の状態で進行し、荷重を除くと弾性分の変形は元の状態に戻るが、塑性分の変形は戻らない性質を云う。すなわち、非線形の関係にある（図-2.4.1）。鋼材やコンクリートは荷重の小さい間は変形と荷重が比例する弾性関係にあるが、荷重が大きくなると変形が急増する塑性状態となる。この挙動も弾塑性という。

粘弾性とは一定の荷重（P_1、P_2、P_3）の下で変形が時間と共に曲線状に進む状態である（図-2.4.2）。地盤の場合は、圧密沈下などでは時間の経過で次第に弾性領域の拡大と共に粘度も高くなり、変形は収束する。荷重と変形の関係はやはり非線形であるが、機械工学でいう粘弾性体とは異なる。

構造物からの荷重を受ける基礎の設計では地盤の支持力と変形との関係が重要である。基礎は構造物に作用する荷重を小さな変形の範囲内で負担できることが求められる。そのために、多種多様な地盤の支持力（地盤反力）と変形の関係を正確に把握しておくことが不可欠である。

地盤反力度（p）と変位（δ）の関係は非線形曲線であるために設計に取り込みにくい。しかし、変位が小さい範囲では荷重・変位曲線は直線に近い（疑似弾性）ので、設計で着目する変位の範囲内の割線勾配を地盤反力係数と定義（図-2.4.3）して地盤反力度と変位を線形計算で関係付けられるようになった（等価線形法と呼ぶ）。着目する変位（基準変位量）を大きくとると変位曲線と割線との乖離が大きくなるので計算値に対する信頼度が低くなる。通常の基準変位量は10mm ないしは15mm を標準としている。

基礎は作用する荷重の、鉛直力 N、水

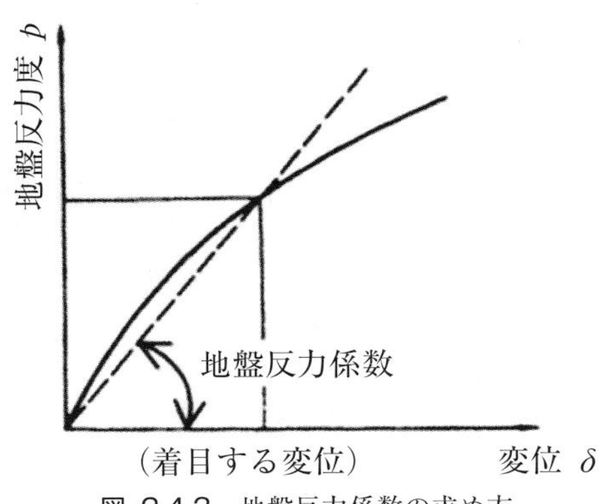

図-2.4.3　地盤反力係数の求め方

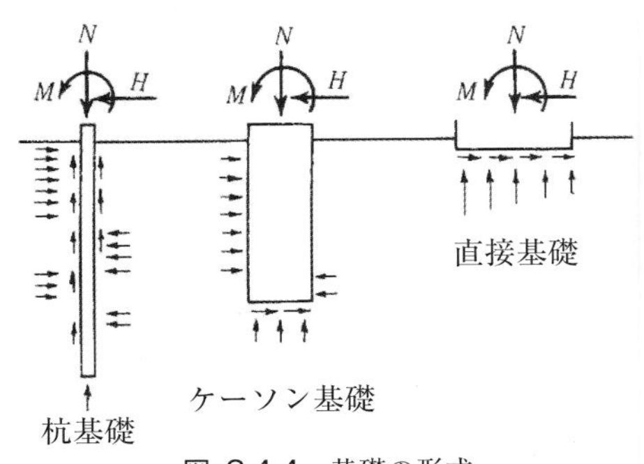

図-2.4.4　基礎の形式

平力H、回転モーメントMの3要素に対して地盤支持力（地盤反力）を引き出すために杭基礎、ケーソン基礎、直接基礎の3種類の基礎形式を採っている(図-2.4.4)。支持層が深い場合は杭基礎またはケーソン基礎となり、浅い場合は直接基礎となる。別の言い方をすると、地表面に置かれた基礎、直接基礎を地盤中に深くしていくとケーソン基礎になる。ケーソン基礎を細くして長くすると杭基礎となる。すなわち、直接基礎から杭基礎まで連続して取り扱うことができる。

古い時代の基礎は鉛直力支持力だけを対象としていたが、沖積地盤上の長大橋や高層ビルディングが多くなり、地震や風などの水平力の影響も含めて作用荷重の3要素を同時に対象とする設計が求められるようになった。

杭基礎は鉛直力を先端支持力と周面摩擦力で負担する。水平力には周面地盤で支えられる杭の曲げ抵抗で対抗し、回転モーメントには杭列間の支持力の差分で応じる。

ケーソン基礎は鉛直力を先端支持力で負担するのを原則とする。ケーソン躯体は周面摩擦抵抗を切りながら沈設されるので周面支持力を無視することが多い。水平力と回転モーメントは側面の受動土圧と底面の反力で負担する。

直接基礎は鉛直力、水平力、回転モーメントのすべてを底面地盤で負担する、伝統的な基礎形式である（表-2.4.1）。

多くの構造物に使われている基礎の多種多様な形式のほとんどは上記の3形式の基礎に分類される。他には杭基礎とケーソン基礎の中間的な基礎（鋼管矢板

表-2.4.1　基礎形式と荷重分担の関係

基礎形式	鉛直力　N	水平力　H	モーメント　M
杭基礎	周面、先端	周面	周面、先端
ケーソン基礎	底面	側面、底面	側面、底面
直接基礎	底面	底面	底面

基礎、地中連続壁基礎など)、杭基礎と直接基礎を併用した形式の基礎（パイルドラフト基礎など)、設計上は直接基礎で施工はケーソン基礎で施工する形式の基礎（設置ケーソン基礎）など、中間的な基礎も存在する。

過去には杭基礎、ケーソン基礎、直接基礎の3基礎形式の設計はそれぞれ異なる方法で行われてきた。それでは、中間的な基礎形式はこれらの基礎形式のいずれの設計施工に拠るのかで基礎の寸法、諸元が異なってくるので混乱を招きなりかねない。今後も新しい形式の基礎が現れる可能性がある。そこで、3形式の基礎を連続的に貫く設計体系の一元化が必要である。そうすると新しい形式の基礎が現れても、この体系の中に取り込まれるので混乱することはなくなる。

参考文献

1）道路橋示方書Ｉ共通編，日本道路協会，2014年

3 基礎の種類と基礎形式の選択

3.1 基礎の種類

構造物を支える基礎は時代と共に発達してきた。水平力への配慮が必要になる以前の設計の対象は鉛直力で、鉛直支持力の確保が中心であった。その後、施工機械、工法の進歩で厳しい環境条件の下でも、深い基礎、大径の基礎が可能になり、大きな支持力を持つ基礎工法が普遍的になった。歴史的なものを含めて図-3.1.1 に基礎工法を分類する。

すべての基礎工法は杭基礎、ケーソン基礎、直接基礎の範疇に分類できる。

杭基礎は既製杭と現場打ちコンクリー

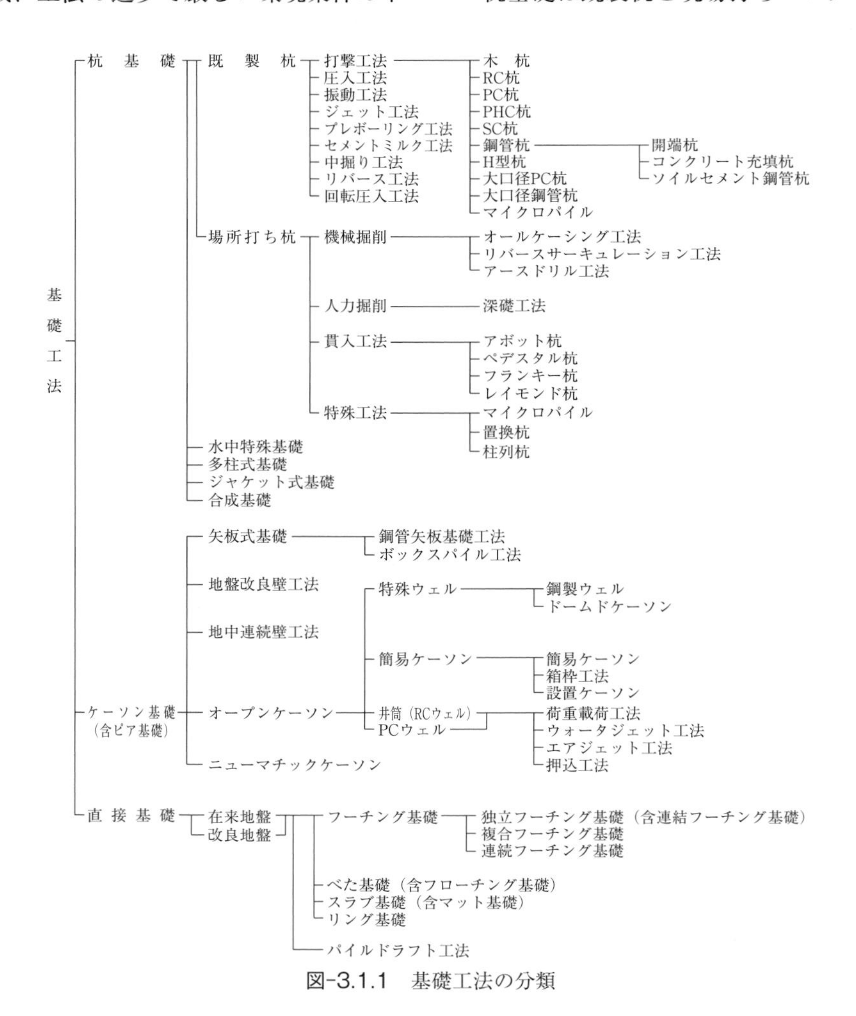

図-3.1.1 基礎工法の分類

ト杭に大別される。中にはRC杭（鉄筋コンクリート杭）や貫入工法、置換杭のように歴史上、役割を終えた杭工法もある。水中特殊基礎、多柱式基礎、ジャケット式基礎、合成基礎は特殊な施工地点での大規模橋梁などで採用された工法である。

ケーソン基礎は基本的にはオープンケーソンとニューマチックケーソンであるが、杭基礎との中間的な基礎形式として鋼管矢板基礎、地中連続壁基礎が生まれ、その延長線上に地盤改良壁基礎が考えられている。ここでも、ボックスパイル工法、ドームドケーソン、箱枠工法は姿を消している。地中連続壁基礎には鉄筋の代わりに鋼材を用いて強化された鋼製連続壁基礎もある。

直接基礎は硬い自然地盤上にフーチングやスラブなどを設けていたが、地盤改良工法の発達で軟弱地盤でも地盤が強化され、その上に構造物が建設される事例が多くなっている。また、以前は軟らかい地盤に摩擦杭を打ち、杭と地盤で構造物を支持する形式の基礎を経験で使用することが多かったが、現在は積極的に見直されて摩擦杭と底面の分担を評価するパイルドラフト工法が生まれている。

3.2　基礎の分類

これらの各工法は独自に発展し、設計法も別々であった。基礎の設計が作用力の３要素を対象にするようになると、地盤中の荷重を受ける基礎の形状が重要となる。基礎の剛性、地盤の深さ、堅さに応じて基礎工法を仕分けると図-3.2.1のようになる。

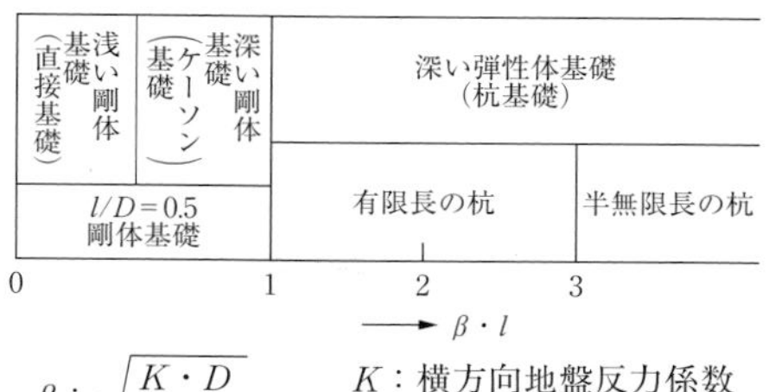

図-3.2.1　基礎の設計上の分類

先ず、基礎が剛体か、弾性体かによって直接基礎およびケーソン基礎と杭基礎に分かれる。剛体基礎とは基礎本体が撓まず、函体（フランス語でケーソンという）や埋め込まれた土台石のように挙動するものをいう。弾性体基礎とは基礎本体が竹のように曲がりやすく、可撓性のものをいう。両者の境界は（$\beta\ell$）の値が1.0としている。

剛体基礎のうち、直接基礎とケーソン基礎の違いは、水平荷重に対する根入れ部の側面の有効性にある。根入れ長（ℓ）が基礎の短辺幅（D）の0.5以下の場合は浅い剛体基礎として直接基礎、0.5以上を深い剛体基礎としてケーソン基礎とする。

剛体基礎のうち、ℓ/Dが0.5以下になると根入れ部の側面の水平抵抗が5％以下となる一方､浅い根入れ部は近接掘削、洗掘、凍結融解の影響を受けやすい。そのために、直接基礎では根入れ部の効果を無視している。結果的に直接基礎は昔から根入れ効果を期待しなくてもよい、安定した硬い地盤の上で採用されてきた。

安定した硬い地盤が深いところにあると、直接基礎は根入れ長が大きくなり、ケーソン基礎となる。直接基礎は底面で鉛直力、水平力、回転モーメントを負担するが、ケーソン基礎はこれらの3要素を底面と側面で負担することになる。共に、信頼される基礎として存続してきた。さらに、根入れ長が大きくなり、細くなると弾性体基礎の杭基礎となる。

杭は弾性体なので水平力や回転モーメントを受けると曲がり、内部に曲げ抵抗モーメントが生じる。その曲げモーメントに杭体が耐えられるように設計する必要がある。

有限長の杭は短い大径杭に多く、その設計には杭頭と杭先端の両拘束条件が必要である。杭頭に水平荷重や回転モーメントが作用する時の地盤抵抗と杭体の応力は、短い杭故に杭先端の拘束条件に影響を受ける。すなわち、フーチングに固定された杭を土中の梁と例えると片持ち梁（摩擦杭）、ヒンジ支持梁（支持層到達杭）、両端固定梁（支持層貫入杭）の状態となる（図-3.2.2）。杭の軸方向の曲げモーメントの分布状態で配筋、肉厚が異なってくる。

半無限長の杭は杭長が$\beta\ell \geqq 3.0$を満たす長さを有する杭で、曲げの影響は深部の杭先端まで届かない。そのために杭の設計は杭頭の拘束条件のみででき、杭頭部で最大となる曲げモーメントは深さと共に縮小し、それによって配筋量や肉厚は低減する。大部分の杭は半無限長の杭として設計されている。

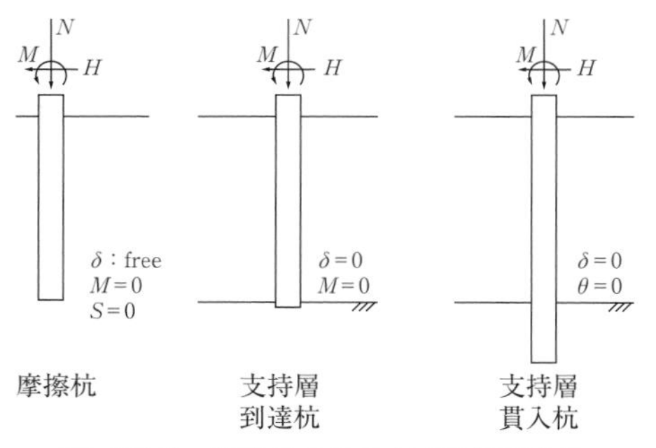

図-3.2.2　有限長の杭の上下の拘束条件

深い基礎には構造物の大型化、施工機械の進歩、山岳地での構造物の需要などからケーソン基礎と杭基礎との中間的な新しい特殊な基礎形式が図-3.2.3のように生まれ、$\beta\ell$で系列化される。

ケーソン基礎（図-3.2.4）は鉛直力を原則として底版の底面支持力で受け、側面の周面摩擦力は無視しているが、地中連続壁を基礎とする地中連続壁基礎

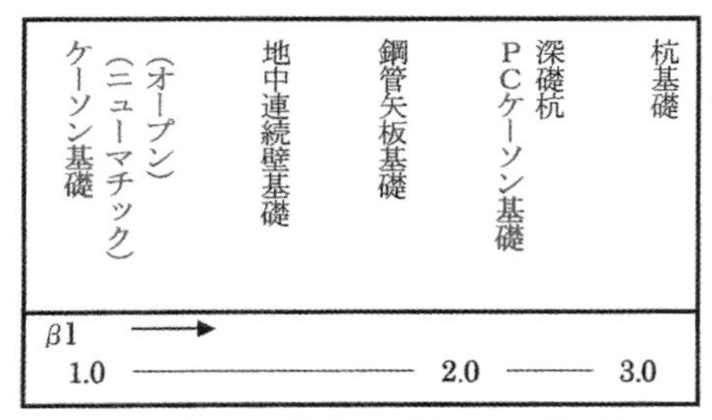

図-3.2.3　深い基礎の剛性による位置付け

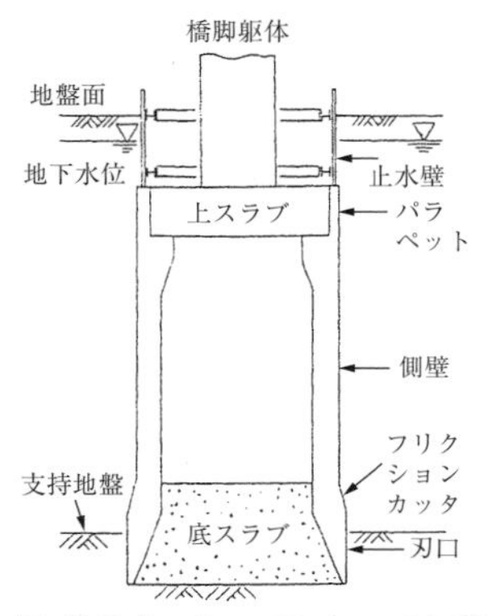

図-3.2.4　オープンケーソン基礎

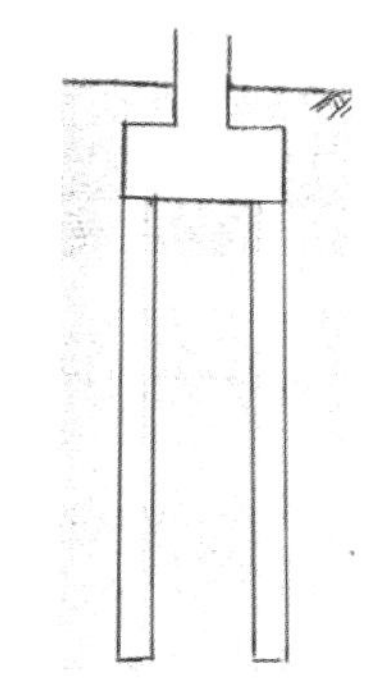
図-3.2.5　地中連続壁基礎

（図-3.2.5）は底版がないが、鉛直力を壁体の先端支持力と周面支持力で負担して大きな支持力を発揮する。水平力や回転モーメントに対しても壁体が地盤と密着しているので大きなせん断抵抗があり、剛性の高い基礎となっている。

鋼管矢板基礎（図-3.2.6）は鋼管矢板をケーソンの形状に連続して打ち込んで基礎としている。地中連続壁基礎と同様に底版がないものの、鉛直力を鋼管矢板の先端支持力と周面支持力で負担して大きな支持力が得られる。しかし、水平力などによる曲げモーメントに対しては矢板間の継ぎ手のせん断効率が低い分、全体形状による曲げ剛性は低下する。

図-3.2.6　鋼管矢板基礎の施工状況[2)]

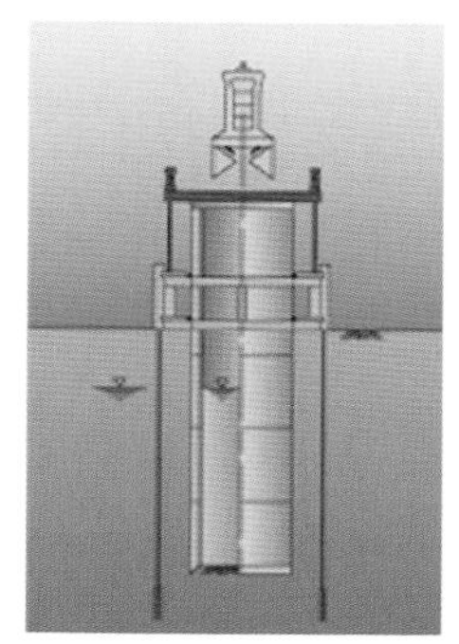
図-3.2.7　PC ケーソン基礎[3)]

ケーソン函体の単体を工場で製作して現場に運搬し、つなぎ合わせながら押し込む工法がPC ケーソン基礎（図-3.2.7）である。内部を掘削して底版コンクリートを打つ過程はケーソン基礎であるが、細長くなると挙動は杭に近くなる。

井戸掘りと似た方法で人力または簡易な機器で掘削し、鉄筋コンクリートを充填して大径杭とするのが深礎杭（図-3.2.8）である。掘削孔内の人力作業となるために直径6m（最小径3m）程度となるものの、労働安全の面や地下水位の位置から大深度にできないので有限長の杭になりやすい。杭の形状が$\beta \ell \geqq 3.0$

図-3.2.8　深礎基礎の施工状況[4)]

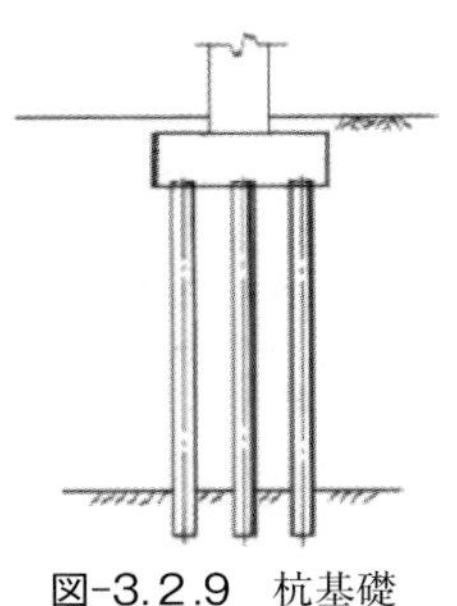

図-3.2.9　杭基礎

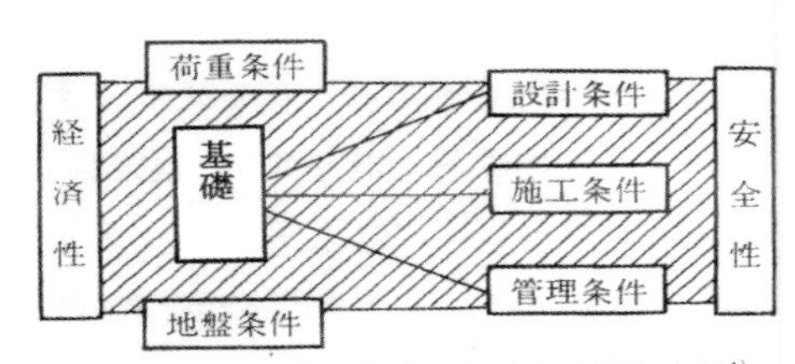

図-3.3.1　基礎の計画に必要な原則と条件[1)]

の範囲では厳密な解析をしても半無限長の杭（図-3.2.9）としての計算結果と差は生じず、通常の杭の設計方法が適用できる。

深礎基礎と共に地中連続壁基礎、鋼管矢板基礎、PCケーソン基礎は日本で生まれた工法で、杭基礎とケーソン基礎の境界領域の基礎形式である。

3.3　基礎形式の選定手順

基礎が必要とされる軟らかい地盤に用いられる基礎工法は多種多様にわたり、剛性も異なっている。基礎は構造物に働く多種の荷重を多様な中間地層を貫いて硬い地盤に伝える媒体とみなせる。荷重は構造物の種類、立地条件、利用状況などによって種類、内容、大きさが変わってくるので適正な基礎を的確に選定しなければならない。

地盤についても、地形、地質、土質、地下水などが地点毎に異なるので設計、施工、維持管理上で必要な調査を行い、地層毎に設計定数の把握、安定性、施工での注意事項などの把握に努めることが求められる。

基礎の形状、断面寸法、材質は、設計上の条件、施工上の条件、維持管理面での条件を満たした上で、安全性と経済性の間で定めることになる（図-3.3.1）。すなわち、安全性に拘りすぎると不経済な設計となる。経済性を重視過ぎると危険な構造物となる。その間で技術基準に付された諸条件を満たし、その構造物の機能が果たせるように経済的に設計する。

このように基礎の形式、設計諸元を定めるには多くの要因があり、最良のものを選ぶには豊富な経験と高い学識、そして充分な検討期間を要する。従来は長年の経験で選ぶことが多かったが、技術の進歩で新形式の基礎、未知の領域の荷重、施工実績のない劣悪な地盤など、従来の経験を超えた延長線上でも一般の技術者に適正な基礎を選定できるプログラムを立てる必要がある。そのうえで、上部構造物の機能との調和を考え合わせていくことも必要である。

図-3.3.2は長大橋梁などで、本格的に基礎形式を選定する場合の手順の事例である。以下に説明する。この図は長大橋梁以外の構造物の基礎形式の選定にも適用できる。

最初に、明らかにしておくのは作用する荷重条件とそれを受け止める地盤条件

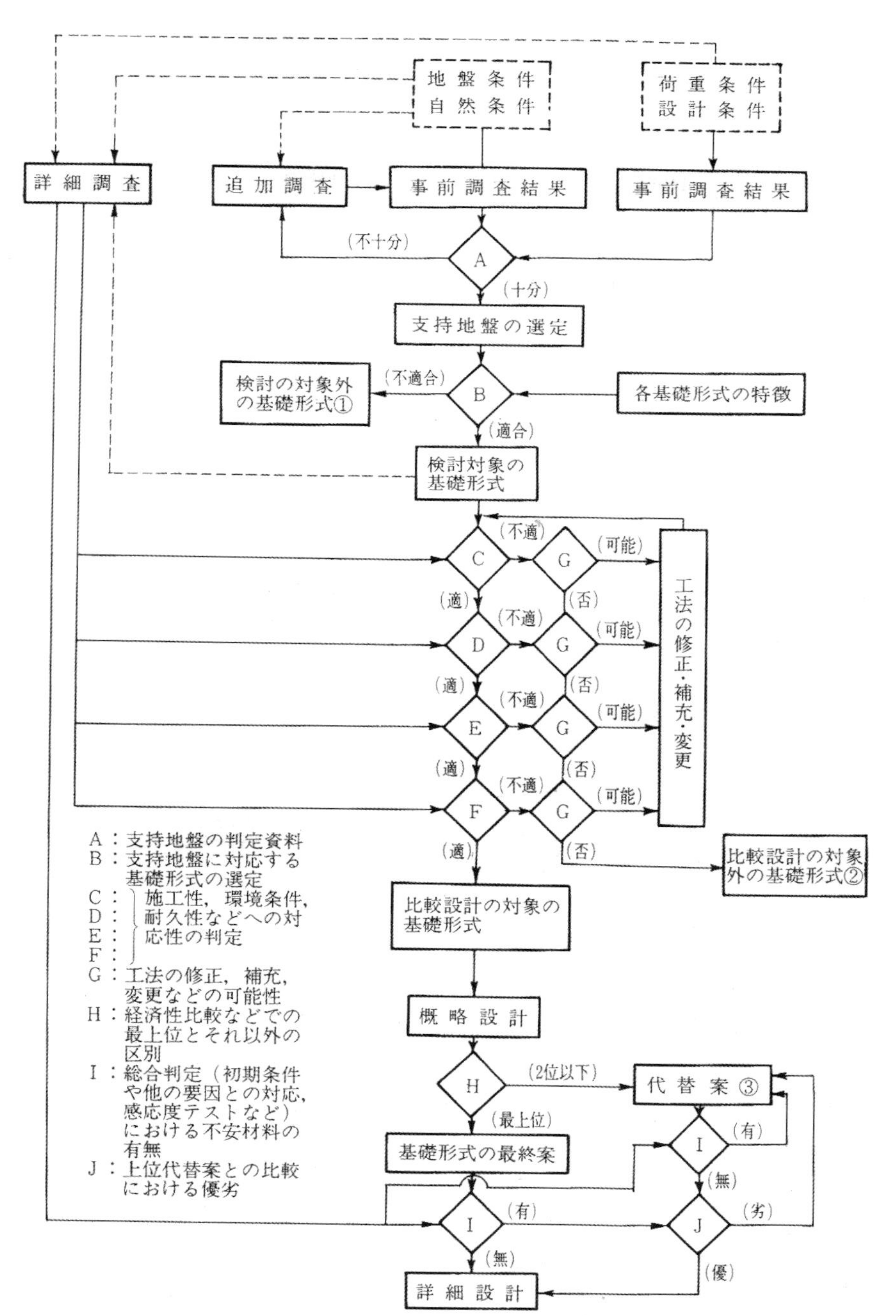

図-3.3.2 基礎形式の選定手順[1]

である。それと同時に構造物が機能を発揮するために必要な規定や使用材料の特性などの設計条件、構造物の立地条件すなわち自然、環境条件も明確でなければならない。この内、荷重条件と設計条件は机上でも決められるが、地盤条件と自然環境条件は地点毎に異なるので現地調査を必要とする。

荷重条件は構造物（道路橋、鉄道橋、建築物、送電線鉄塔など）や機関毎（国、都道府県、市町村、高速道路会社、電力会社など）に、その等級、規格毎に技術基準などで与えられる。前節の表-2.2.1は道路橋の事例である。

設計条件も構造物、機関などによって、それぞれ定められている。構造物の機能を保持するための条項には相対沈下量、水平変位量、傾斜角、透水量、安全率、許容支持力などがある。使用材料にはJIS規格、コンクリートの基準強度、標準配合、耐久性、特記仕様などがある。構造部材には許容応力度、靭性率、ひずみ限界、破壊安全度、クリープ係数などがある。

地盤条件の調査は基本的には支持層の把握が主体である。しかし、表層地盤（傾斜面、地滑り、造成地、埋立地、地下水層や地下水位、洗掘、航路など）、その下層（設計震度、液状化現象、側方流動、地盤沈下、負の摩擦力、摩擦支持力など）、地下埋設物などに関しても設計で配慮すべき事項が多くある。また、施工に関するものでは施工基面、仮設構造の立案、打ち込みや掘削の難易度、軟弱層の程度、固い中間層、特殊な地層（例えば、琉球石灰岩、マサ土、ローム土、膨潤土）、地下水圧、有毒ガスの存在などに関して多くの地盤情報が求められる。

自然環境条件に関する事項も地点ごとに独自の地形（山岳、丘陵、河川、湖沼、海岸、海上などの起伏、水深など）、気象条件（暴風雨、洪水、豪雪、凍害、地震、火山など）が存在する。同時に自然景観、都市環境、土地利用、生態系、水環境などに関わる環境保全の要件、汚染防止、廃棄物処理の対応策などについての具体的な情報が求められる。自然環境条件は設計よりも施工において重要となるものが多く、関係者や住民との良好なコミュニケーションや円滑な施工体制の確保が必要である。特に、都市環境、居住地域、農水産業、海事関係などの人々からの信頼が重要である。

これらの条件に関する事前調査結果、または近隣の既往データが整っていれば基礎を置く支持地盤の選定ができる。不十分であれば追加調査が必要となってくる。支持地盤が決まれば適用できる基礎形式を選定することになるが、構造物の機能に応じ、各基礎形式の特性を吟味して候補となるものを集約する。また、性能のよい大型機械の発達、新工法の出現、新製品の開発などもあり、常に新しい知識の習得に努める必要もある。ここで、不適合のものは対象外の基礎形式①として除外される。

この時点で地盤条件、自然環境条件に関する詳細調査の成果が必要とされる。この調査成果に拠って、選定された基礎形式の一つ一つについて搬入路、施工性、工事の安全性、環境への適合性、耐久性、工事期間、経済性などの課題を多くの観点から検討する。しかし、検討にあたり、数多い基礎工法を一人の技術者がすべての工法を把握しているとは限らないのが実情である。そのような場合は専門書、カタログ、報告集などを調べると共に、専門家、専業会社などに問い合わせるとよい。

一つの基礎形式または工法は一連の課題に対して適正に対応できれば比較設計の対象となる。ここでも、不適合のものは対象外の基礎形式②として除外される。対象の基礎形式や工法がいくつかの課題に抵触した場合でも、その対象に修正、補充、変更などを加えるか、併用工法を採用すると問題を解決することがある。その上で再度、一連の課題に対して検討を行うと最良のものになることがしばしばあり、比較設計の対象となり得る。その点で技術者には豊富な知識と柔軟な対応が求められる。

比較設計に残った基礎工法に対して概略設計を行い、工事費を算出する。ここでは準備工、仮設工（例：図-3.3.3)、残土処理や跡始末などにも具体的に取り組み、それに要する費用も計上する。その中から最も経済的なものが最有力案となり、他は代替案③となる。しかし、最有力案と他の案の差が僅少である場合もあり、改めて全体的な見直しを行って再確認を期する。すなわち、初期に与えられている条件や周辺の事柄、特に上部構造や環境との調和を再度、吟味する。その上で、主な条件や要因に変更があるときに受ける影響の照査、すなわち、セシティビティ・チェック（感応度テスト）を行い、リスク評価をする。また、積算価格と潜在価格（シャドープライス）との差にも照査が必要な場合がある。

図-3.3.3　自然斜面の掘削を最小限にする竹割土留め工法[5]

それでも不安材料がなければ詳細設計に進むことができる。しかし、多少の不安が残る場合には2番目、3番目の代替案との総合比較をして最終案となる。図-3.3.2の判断事項A～Jは個人の主観も入るし、判断基準も変わりうるものなので常に同一の結論が出るとは限らないことにも注意が必要である。

また、新しい基礎形式の開発や地域に習熟された工法などのように政策的な意図で2番目、3番目の代替案が採用されることもある。

図-3.3.2は複雑に見えるが、本質的な流れは単純で図-3.3.4に示す体系の選定手順でよい。通常の橋梁基礎の選定は同図の過程で行われ、簡素化されている。

一般に支持層が決まると適用できる基礎形式が判断できる。主な基礎形式の一般的な適用深さと可能深さが図-3.3.5に示される。しかし、施工機械の発達でこれらの適用深さは変わりうるので最新情報に気を付けていることが重要である。

一方、図-3.3.2や図-3.3.4で検討するには豊富な経験と高い学識を要するの

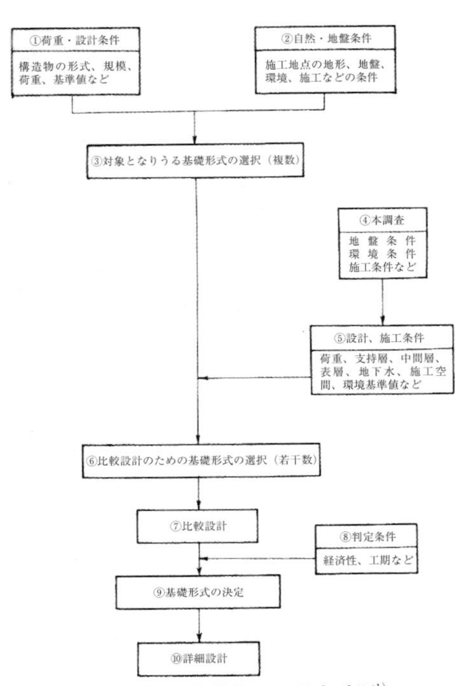

図-3.3.4　簡易化した選定手順[1)]

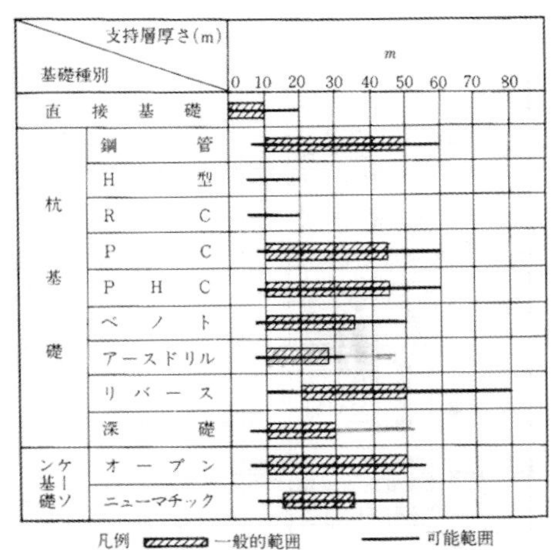

図-3.3.5　主な基礎の適用範囲[1)]

で、一人の技術者で取り扱うのは難しい場合もある。そこで、対象となった基礎形式に対して表-3.3.2を用いて比較設計対象を簡易に絞り込むこともできる。表中の各基礎工法に対して荷重、地盤地質、環境、施工性の各細目毎に適用例が多い○、適用例が少ない△、適用例がない×を付けている。すべてが○の場合は比較設計の対象となるが、△が1、2個あるものも対象としてよい。2～5個の対象工法について概略設計の上で工事費を出して序列化した後は全体を見直して最終案を決定する。

選定作業では基礎に関する知識、経験が問われ、総合的な技術力が評価される。的確に基礎工法を選定するために常日頃から最新工法、設計手法に関する情報の把握に努めていることが求められる。

3.4　各基礎の利点と弱点

改めて各基礎の利点と弱点を総括すると次のようになる。

直接基礎は最も古い基礎形式で、地表で構造物を支える、世界共通の基礎でありながら、独自の名称もなく、当たり前のものとして施工されてきた。バビロンのバベルの塔やエジプトのピラミッド（図-1.4.4）の例を見るとおり、硬いよい地盤上に設けられる。現在も軟弱な地盤上で暮らす必要のない所の構造物の基礎の多くは直接基礎となり、最も経済的で、安定した基礎形式である。

しかし、高層ビルなど、構造物が大きく鉛直荷重が過大になる場合や大きな水平荷重が作用する場合には直接基礎では耐えられなくなり、他の基礎形式で対応

表-3.3.2　基礎形式の選定表[1)]

				直接基礎	杭基礎											ケーソン基礎	
					鋼管		H	R.C.		P.C.		ベノト	アースドリル	リバース	深礎	オープン	ニューマチック
					打込み	埋込み		打込み	埋込み	打込み	埋込み						
荷重		スパン（参考）	20m以下	○	○		○	○		○		△	△	△	△	△	×
			20 ～ 50	○	○		○	○		○		○	○	○	○	○	○
			50m以上	○	○		△	△		△		○	○	○	○	○	○
地盤地質	支持層	深さ	5m以下	○	△		○	○		△		×	△	×	○	△	×
			5 ～ 10	○	○		○	○		○		△	○	×	○	○	△
			10 ～ 20	△	○		○	○		○		○	○	△	○	○	○
			20 ～ 30	△	○		△	×		○		○	○	○	△	○	○
			30 ～ 40	×	○		△	×		△	○	○	△	○	×	○	○
			40 ～ 50	×	○		×	×		×	○	△	×	○	×	○	△
			50m以上	×			×	×		×	△	△	×	○	×	△	×
		先端支持		○	○		○	○		○		○	○	○	○	○	○
		摩擦支持		×	○	△	○	○	△	○	△	△	△	△	×	×	×
		支持層の傾斜		○	○	○	○	△	○	△	○	○	△	△	○	△	○
	中間層	粘性土	N < 4		○		○	○		○		○	○	○	○	○	○
			4 ～ 20		○		○	△		○		○	○	○	○	○	○
			20N以上		○		○	×		△		○	○	○	○	○	○
		砂質土砂	N < 15		○		○	○		○		○	○	○	○	○	○
			15 ～ 30		△		△	△		○		△	○	○	○	○	○
			30N以上		△		△	×		△		△	○	○	○	△	○
			礫		△		△	×		△		△	△	△	○	○	○
	表層	粘性土 $N<2$		○	○	○		○		△		△	△	△	△	○	○
		砂質土 $N<10$		○	○	○		○		△		△	△	○	○	○	○
		表層の傾斜10°以上		○	△	○	○	△		△		×	△	△	○	△	△
	地下水・水深	水上施工		△	○		○	○		○		△	×	○	×	○	○
		水深	2m以下	○	○		○	○		○		△	×	○	×	○	○
			3 ～ 4	○	○		○	○		○		△	×	○	×	○	○
			5 ～ 6	△	○		○	△		△		△	×	○	×	○	○
			7m以上	×	○		○	×		×		×	×	△	×	○	○
環境		騒音振動		○	×	○	×	×	○	×	○	○	○	○	○	○	△
		排水処理		△	○	○	○	○	○	○	○	○	×	×	○	○	○
施工性	施工空間	高さ制限	5m未満	○	△	△	△	△	△	△	△	×	×	△	○	○	△
			5m以上	○	○	○	○	○	○	○	○	○	○	○	○	○	○
		横方向制限	狭い	○	△	△	△	△	△	△	△	△	△	○	○	△	△
			広い	○	○	○	○	○	○	○	○	○	○	○	○	○	○

○　適用例が非常に多い
△　適用例はあるが、あまり多くはない
×　適用例はない

することとなる。しかし、直接基礎でも経済的に引き合えば深くの硬い地層まで掘削して設置されることもあり、地下売場、地下街、地下室、地下駐車場、機械室、防音室などで利用される。また、深いところの硬い地層では地震波動が小さいので耐震性が向上する。

住宅などの軽い構造物の場合は沖積層の比較的軟らかい地盤上でも直接基礎で建設されている。地盤改良などが施されていればよいが、自然地盤の場合は沈下、地滑り、液状化現象などの地震の被害を受けやすい。橋梁の場合は洗掘などの影響を受けるので深い根入れ長を確保するか、適切な防護工を必要とする。

ケーソン基礎（図-3.2.4）の起原は不明であるが、鉄筋コンクリートを用いたケーソン基礎は19世紀末に出現した、比較的新しい基礎形式である。筒状の函体の内部土を掘削して壁面の摩擦を切りながら函体の自重で沈設するもので、剛性が高く、重要な重量構造物に対して信頼性の高い基礎として活用されてきた。また、掘削土などから支持層の地層を確認できる。

ニューマチックケーソン（空気ケーソン）では支持地盤での載荷試験により支持層の耐荷力を検証できる。掘削途中の地質に制約を受けることは少ないが、ニューマッチクケーソンの場合は地中の酸素欠乏空気やメタンガスなどの有害空気の存在に注意が必要である。施工に伴う騒音、振動などはほとんどない。

オープンケーソンの場合は掘削に伴う周辺地盤や構造物の沈下の影響などに充分な注意が必要である。ケーソンの施工には比較的長い工期を要し、労働集約的であるために労働安全に留意が必要である。

オープンケーソン、ニューマチックケーソンの函体は共に現場打ちコンクリートである。これをプレキャストコンクリートにしたものがPCケーソン（図-3.2.7）である。PCケーソンの函体は薄肉で軽いために沈設にはアンカーとジャッキを用いてフリクションカット（摩擦力切断のための段差）なしで、押し込める。それで正確な施工と周辺への影響は生じず、周面支持力も確保される。管径は工場からの運搬などのために制約を受け、比較的小径となる。大きな径に対してはアーバンリングなどの円周方向の特別装置が必要となる。

杭基礎（図-3.2.9）は古くから軟弱な地盤、河川、水面上の構造物基礎として用いられてきた。産業革命以前は木杭の打ち込み工法（打撃工法）で施工していた。産業革命以降に鋼材、ポルトランドセメントが比較的安価で入手できるようになった。そのために、杭基礎は長尺化、大径化すると共に施工機械も発達して大きく発展した。

現在も使用されている打ち込み杭、埋め込み杭、場所打ち杭の長所、短所、施工管理の難易、注意すべき地盤を表-3.4.1に示す。いずれも大型の施工機械を使用するために騒音振動は避けがたいが、埋め込み杭、場所打ち杭は比較的低いレベルである。いずれの杭も高いリーダーを有する大型機械で施工されるために威圧感があることや転倒の恐れもあることから住宅地などでの施工は忌諱

表-3.4.1　各種杭の特徴[5)]

	長　　所	短　　所	施工管理の難易度	問題を生じやすい地盤
打込み杭	・施工が容易 ・1本1本支持力をチェックすることができる ・同一直径の杭では支持力が最も大きい	・振動，騒音が大きい ・大口径の杭の施工が難しい	比較的容易	・地層が傾斜している場合→杭体破損，曲がりを生ずる ・先端閉そく(塞)杭では，リバウンドの大きい地盤(細砂・シルト)→貫入困難となる ・転石のある地盤→杭が曲がる。破損する
埋込み杭	・振動，騒音が比較的小さい ・小口径のものから比較的大口径(1m前後)まで施工可能	・施工方法，施工者によるばらつきが大きい ・泥土，泥水の処理が困難 ・比較的新しい工法で熟練者が少ない ・支持力が小さい ・地盤条件により施工方法を変える必要がある	難しい	・被圧水を持った砂層→ボイリングを生ずる ・転石のある地盤→掘削に時間がかかる。施工不可能な場合も多い
場所打ち杭	・振動，騒音が比較的小さい ・大口径の杭の施工が可能 ・杭長の変更が容易にできる	・施工者によるばらつきが大きい ・支持力が小さい ・小口径の杭の施工に問題のある工法が多い ・泥土，泥水の処理が困難 ・杭体に欠損を生ずることがある ・スライムの処理が難しい ・地盤条件により施工方法を変える必要がある	難しい	・被圧水を持った砂層→ボイリングを生ずる ・水位の低い砂礫層→泥水が流出し，孔壁が崩壊する ・傾斜した地盤→曲がる ・転石のある地盤→掘削に時間がかかる ・地下水流のある地盤→セメント分が流出する

される傾向がある。

鋼管杭の施工方法にはソイルセメント工法、回転圧入工法などがある。前者は埋め込み杭の一種である。リブ付き鋼管の周りのソイルセメントの柱の直径も設計に取り入れるもので、大きな周面支持力と水平抵抗を期待できる。後者は鋼管の先端にスクリュー状の回転羽を取り付け、杭頭の全旋回ケーシングジャッキで回転力を与えて圧入するものである。隣接構造物との近接施工にも適用できる。共に低騒音、低振動の施工機械だけで施工できる利点を有する。

杭工法には深礎杭（図-3.2.8）もあり、杭とケーソンの中間的特徴を有する。大正時代に日本で生まれた基礎工法で、人力による井戸掘りと同様の方法で発展してきた基礎工法である。当初は木矢板とリング枠、ライナープレートで壁面を守り、三叉、滑車、ウィンチなどの簡易な使用機材で施工された。人力で掘削や壁材の建て込みを行うので建設機械の入らない山中、傾斜面での基礎や無騒音、無振動を求める居住地域などで採用された。人力掘削なので作業空間として直径3m以上が必要で、深さも20m前後に制約され、地下水のないところか、ポンプ排水のできる箇所での施工に限られる。最近は手堀に代わる簡易な掘削機械も使われるようになっている。

鋼管矢板を打ち回して閉合した形状の鋼管矢板基礎（図-3.2.6）は弾性体基礎ながら大きな周面、先端支持力と曲げ剛性を有し、大型構造物の鉛直荷重や水平荷重に耐えることができるので杭基礎よりは平面形状を縮小できる。また、仮締め切り工兼用工法を採用できるので軟弱地盤上や水深の大きい地点で有利になる。しかし、鋼管矢板を打ち回して閉合するために高い施工精度が要求される。

地中連続壁基礎（図-3.2.5）は地中連続壁を閉合または短冊形に施工して基礎とするものである。場所打ちコンクリート杭と同様の大きな周面支持力と先端支持力が取れ、水平抵抗力も大きい優れた工法である。掘削にはベントナイト泥水が使われることから、掘削土は産業廃棄物扱いとなり、処理に費用を要する。一般的に割高になる傾向にあるが、他の基礎に代えがたい特性を有する。東京スカイツリー（図-1.4.12）のような狭隘な立地条件で、強大な支持力を要する基礎に利用できる。

参考文献

1）構造物基礎の設計計算演習，第3章　基礎の選定，土質工学会，1982年
2）基礎について「国立研究開発法人　土木研究所　構造物メンテナンス研究センター（CAESAR）」https://www.pwri.go.jp/caesar/overview/01-05.html
3）最近のケーソン工法，基礎工，Vol. 43, No. 5, P. 65 図-4, 2015. 5
4）世界の長大橋梁の基礎，基礎工，Vol. 44. No. 1, P. 74 写真-4, 2016. 1
5）新東名高速道路（御殿場～三ヶ日）の開通，基礎工，Vol. 40, No. 7, P. 6, 2012. 7
6）くい基礎の調査・設計から施工まで，土質工学会（現，地盤工学会），1983年

4 基礎の調査と設計

4.1 調査の種類と内容

道路橋の基礎を合理的に計画、設計するために道路橋示方書下部構造編に記載されている表-4.1.1 の地形、基礎地盤、河相など、耐震、施工条件、材料、気象などに関する調査が必要となる。このうち、最も重要視されるのが構造物に作用する、すべての荷重を受け止める地盤に関する調査である。他の調査も基礎の設

表-4.1.1 道路橋の下部構造に関する調査と内容[1)]

調査の種類	調査の目的	内容
1. 地形調査	(1) 下部構造の位置の選定 (2) 施工計画の立案 (3) 地質概要の把握 (4) 河川の河床変動の予測資料 河川改修有無の資料 (5) 道路計画および道路拡幅計画の有無の資料 (6) 交差鉄道の資料	地形図、地質図、土地利用図 航空写真などの収集作成、地形測量、水深測量
2. 基礎地盤調査	(1) 下部構造位置の選定 (2) 地層構成の把握 (3) 基礎構造の選定 (4) 基礎の根入れ深さの検討 (5) 支持層の選定 (6) 支持力の計算 (7) 変形量の計算	付近地史、地質資料調査、地質図作成、物理探査 サウンディング ボーリング、テストピット 原位置試験、サンプリング 土質柱状図作成、土質試験 載荷試験、地下水位測定
3. 河相その他これに類する調査	(1) 洗掘に対する基礎根入れ深さの決定 (2) 流水圧の計算 (3) 施工時期、施工方法の選定 (4) 衝突荷重の大きさの決定 (5) 径間割、けた下高の決定	河川縦横断図作成 流速、流量、河川勾配の調査 年間水位の変化 流送物、舟航船舶の調査 背水高の計算、治水上の条件の調査
4. 耐震設計のための調査	(1) 設計震度の決定 (2) 耐震、構造形式の選定 (3) 耐震計算上の地盤常数	地震記録、震害記録 地震時の応答計算 地盤常時微動調査 地盤の動的性質調査
5. 施工条件の調査	(1) 施工地点の特殊条件調査 (2) 騒音、振動 (3) 地表層、支持力の確認 (4) 汚濁防止の検討 (5) 作業空間 (6) 工事用道路の可能通行量 (7) 地盤条件 (8) 温度変化量の決定 (9) 風荷重、波圧、流水圧の決定 (10) 施工時期、施工可能期間の選定 (11) 入手可能材料の検討 (12) 使用材料の選定 (13) 施工性の確認	近隣構造物、地下埋設物 既設構造物、暗騒音、暗振動と各種シュミレーション 利水状況調査、pH、含有物調査 幅員、曲がり角、けた下制限 中間層、地下水、ガス、酸欠 気象、海象の測候所記録 地元記録の収集 骨材、水の質および量、使用適否の調査、近接の類似工事の調査、試験工事
6. その他の調査	(1) 使用材料の選定 (2) さび肩代あるいはコンクリートかぶりの決定 (3) 塗料種類、回数の決定 (4) 雪荷重の決定 (5) 凍上深、凍結期間の検討 (6) 潮汐、流速、波浪	既往の腐食状況調査 有機物調査、pH 調査、防食法の研究 塗料のばく露試験 地元の気象記録 気象や農業関係記録 地元の海象記録と観測

計、施工に欠かせない重要なもので、立地個所の環境条件、使用材料、耐震、施工条件などに応じて表-4.1.1の中から調査の対象、手段、方法、内容などを選択する。調査した成果や設計定数が設計、施工に反映される。

4.2 地盤調査

地盤調査では支持層の選定、支持力や変形量の算出に原位置データが必要であるが、地面の下は視認できないのでボーリング、サウンディング、土質試験、載荷試験などで探ることになる。現実に、大部分の日本人が生活する堆積地盤では地層が複雑に絡み合っている(図-4.2.1)ので支持層を決めるには地盤に関する造詣と熟練の技量が求められる。

木造住宅や簡易な構造物を建設する場合に地盤の支持力を判定するための簡便な調査法として幾つかのサウンディングの方法がある。

その中でスウェーデン式サウンディングは住宅建設現場などで多用されている。図-4.2.2の装置に円盤状のおもりを次々と載せてロッドの貫入量を測定し、載せ終わった後でハンドルを人力または機械で半回転ずつ回し、貫入量25cmまでの回数を記録する。貫入量や回転数から支持力を判定することになるが、定められた方法が確立されていないので、それぞれの対象構造物毎に独自の判定を行っている。適用深さは10m前後で、引き抜きには三叉とチェーンブロックなどが使われる。スウェーデング式サウンディング規格や試験方法は日本工業規格のJIS A1221に規定されている。

もう一つ、汎用されている方法にコーンペネトロメーター(図-4.2.3)から改良されたオランダ式二重管コーン貫入試験(図-4.2.4)がある。コーンペネトロメーターは人力で押し込むので対象が軟弱な地盤に限られた。それでは杭などの設計に適用できないので地中に反力装置のアンカーを取り、ギアや油圧駆動で外管、内管の押し込み力を高めて数10mまで調べることができるようになった。コーン貫入試験は外管で所定の深さまで押し込んで、内管で先端(マントル)コーンを押して地盤の強度を測定する。この規

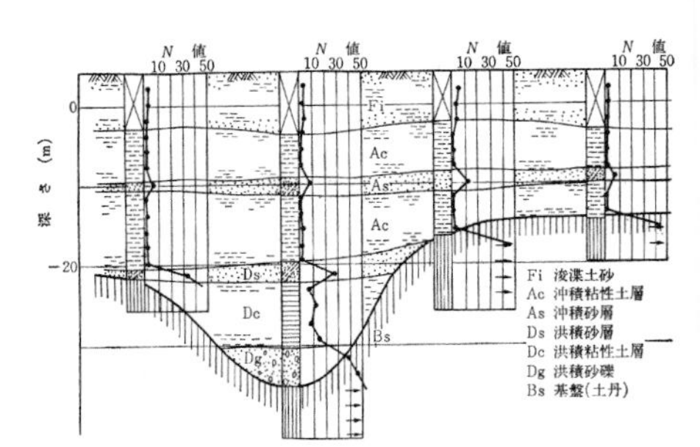

図-4.2.1 堆積地盤の地層断面図の事例

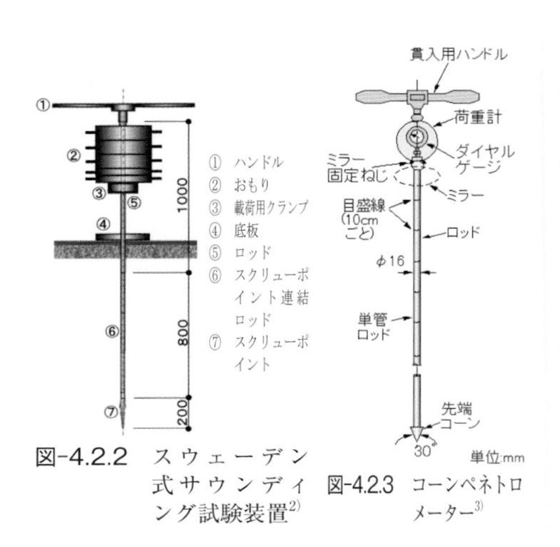

図-4.2.2 スウェーデン式サウンディング試験装置[2)]

図-4.2.3 コーンペネトロメーター[3)]

格はJIS A1220で機械式コーン貫入試験方法として規定されている。

この方法は更に進化している。単にコーン貫入試験（CPT試験）と呼ばれ、先端抵抗、周面摩擦力、間隙水圧の3成分を同時に測れるまでに改良された先端コーンが生まれている。その形状、方式、性能、種類などは世界でまちまちで統一されていないが、さらに多様化する可能性のある技術である。しかし、最大貫入力は200MN程度なので適用できる地層の堅さに限界がある。また、機械式コーン貫入試験もCPT試験も砂礫層や玉石層などで先端が硬い礫などに当たると正しい地盤強度を示さないので適用地盤にも制限がある。

重量構造物を建設する場合に、地表面に岩盤のような固い地層が眼に見えれば支持層として基礎を置くことに問題を生じないでしょう。しかし、硬い表層から軟らかい表層まで包含する堆積地盤の場合、構造物の大きさ、重さに応じて支持層として適切か、否かを定量的な判定が必要である。その点で平板載荷試験（図-4.2.5）は最も普遍的判定方法である。

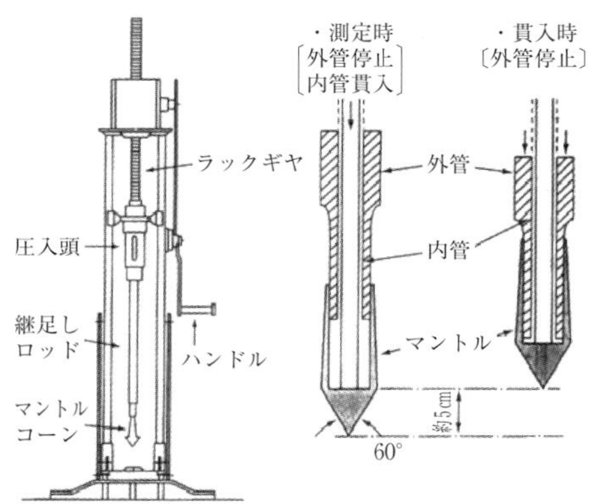

図-4.2.4　機械式コーン貫入試験の貫入先端部[3)]

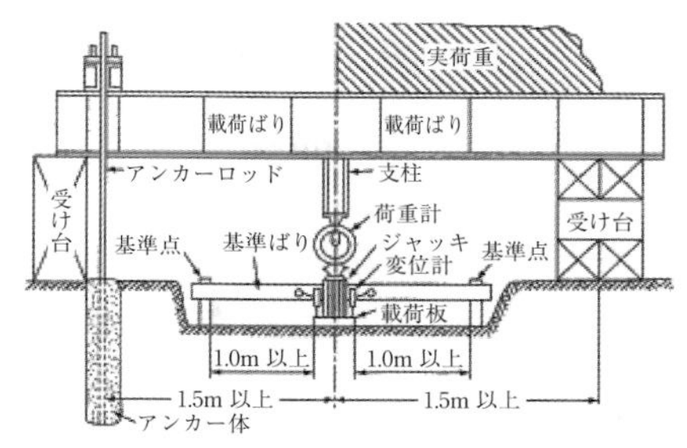

図-4.2.5　平板載荷試験の全体装置[4)]

4.3　平板載荷試験

平板載荷試験はトラックや建設機械を反力とする場合と地中アンカーと載荷桁で反力をとる場合がある。前者は簡易にできるが、車輪の影響を受けることがある。後者は地中アンカーの間隔を載荷板の径の5倍程度に採れば正しく計測されるが、費用が大きくなる。標準的な載荷板として径30cmのものが使われる。道路での平板載荷試験方法はJIS A1215で規定されており、路盤や路床の支持力特性を調べるものである。地盤工学会も平板載荷試験方法を規定しており、各種基礎の設計で利用されている。

載荷試験の結果は図-4.3.1のように取りまとめられる。先ず、荷重と沈下量の関係を第2象限に表す。続けて沈下量と時間の関係を第3象限に、荷重と時間の関係を第4象限に記録する。最後に第2象限の荷重沈下の繰り返し曲線から弾性沈下量と塑性（残留）沈下量を算出して第1象限に示す。塑性沈下量（破線）は荷重の増加と共に幾何級数的に増加するが、弾性沈下量（点線）は荷重と比例して増加した後、一定値に留まる。繰り返し載荷を行わずに単純載荷（一つのループ）とした場合（図-4.3.2）は第1象限の荷重沈下曲線で弾性沈下量と塑性沈下量の関係を連続的に表現できない。

4.4　載荷試験と地盤反力係数

得られた荷重沈下曲線は初期の変位領域では荷重と沈下量の関係が比例に近いが、荷重が増大すると沈下量は急増する傾向にある。すなわち、両者の関係は非線形曲線（図-4.3.1）である。荷重沈下曲線上で荷重と沈下量の関係は、沈下量が小さい範囲では比例に近い関係にあり、載荷荷重の増減（反復）に対しても安定している。基礎の設計では荷重と沈下量の関係が比例関係にあると計算が容易になるために図-4.4.1に示す割線勾配が用いられる。

荷重強度pと地盤変位量δの関係に拠って基礎を設計する場合、荷重強度に対する地盤反力と地盤変位量の関係を表す地盤反力係数k(=p/δ)が用いられる（図-4.4.1）。地盤反力係数は両者がほぼ比例関係にある（疑似弾性）と見做せる範囲内で適用されることから、その範囲を指定するための基準変位が必要となる。そして、常時の地盤反力係数（k_0）と地震時地盤反力係数（k_e）の関係は載荷曲線の戻り曲線（繰返し曲線）の勾配を標準に慣例で1：2としている。

一方、地盤変位量の値は同じ荷重強度でも載荷板の大きさによって変化する（図-4.4.2）。載荷板の直径が大きくなると荷重強度p_0の及ぶ範囲が広がり、その影響範囲の地層の圧縮で沈下量は大きくなる。その結果、同じ荷重強度でも載荷面が大きくなると地盤反力係数の値は小さくなる。これらの現象は水平方向

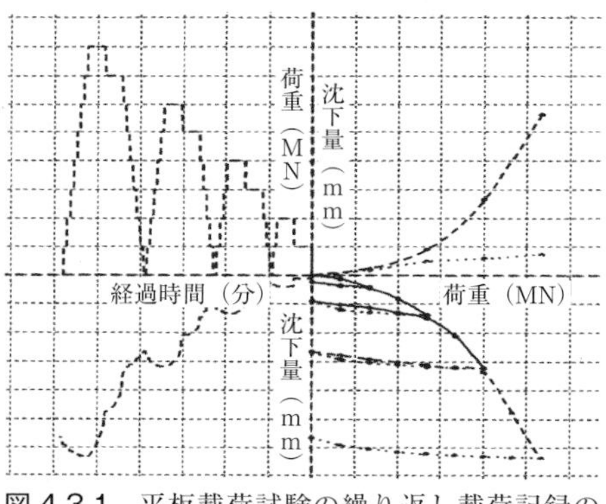

図4.3.1　平板載荷試験の繰り返し載荷記録の事例

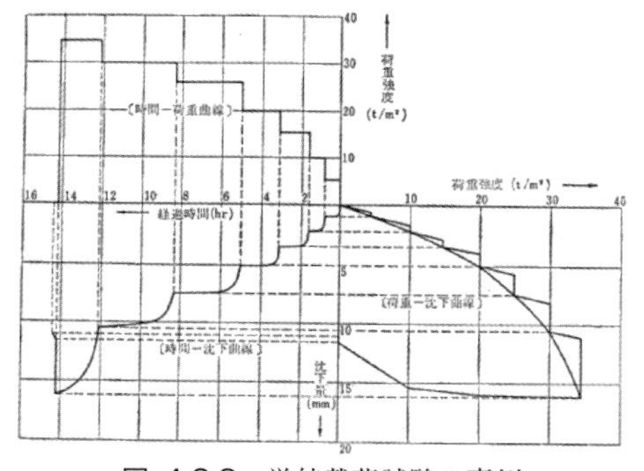

図-4.3.2　単純載荷試験の事例

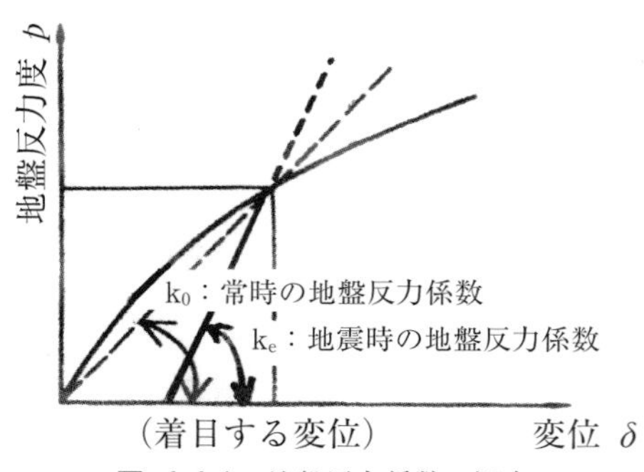

図-4.4.1　地盤反力係数の概念

載荷による地盤反力度と変位量の関係でも同じである。

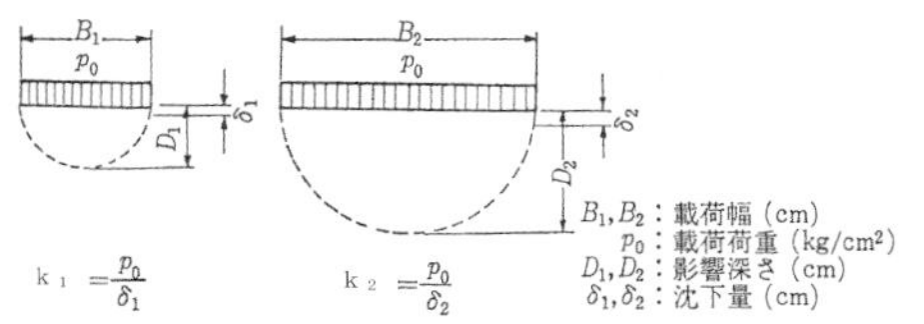

図-4.4.2　同じ分布荷重でも載荷幅による沈下量の相違

上部構造には許容変位量があるので、変位に関わる地盤反力係数の値は基礎の規模に応じて載荷面積で補正する必要がある。地盤は弾塑性体なので載荷板の直径に対する地盤反力係数の実測値は弾性理論の通りにならず、図-4.4.3の曲線のように分布する。この曲線の近似を道路橋示方書　Ⅳ下部構造編は式-4.4.1で与えている。

$$k_V/k_{V0} = (B_V/B_0)^{-3/4} \qquad \text{式-4.4.1}$$

ここで

k_V：鉛直方向地盤反力係数（kN/m³）
k_{V0}：標準載荷板による鉛直地盤反力係数（kN/m³）。式-4.4.3で算出される。
B_V：基礎の載荷幅（m）
B_0：載荷板の標準径（0.3m）

右辺の（－3/4乗）は図-4.4.3の曲線を表示するが、（－2/3乗）としても、その差は小さい。

式中のE_0とαの関係は表-4.4.1で与えられる。表中の平板載荷試験の繰返し曲線から求めた地盤の変形係数と孔内水平載荷試験からの変形係数、供試体の圧縮試験からの変形係数の関係は実測値

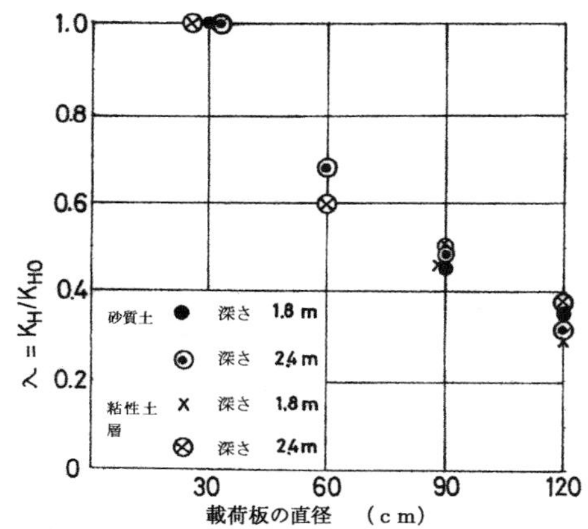

図-4.4.3　載荷板の地盤反力係数k_Hに及ぼす影響[5)]

を統計的に処理して定めたものである。標準貫入試験のN値からの変形係数との関係も後述の通り、実測値を統計処理したものである[3)]。

道路橋示方書は地盤反力係数kの値を載荷試験結果から次式で与えている。

$$k_V = k_{V0}(B_V/0.3)^{-3/4} \qquad \text{式-4.4.2}$$

$$k_{V0} = \alpha E_0/0.3 \qquad \text{式-4.4.3}$$

ここで

k_V：ケーソンの極限鉛直支持力
k_{V0}：直径30cmの載荷板の平板載荷試験による鉛直方向地盤反力係数(kN/m³)
他の調査方法から推定する場合は　$k_{V0} = \alpha E0/0.3$
α：表-4.4.1に示す地盤変形係数に対する補正係数

表-4.4.1　地盤の変形係数E_0の推定方法と地盤反力係数の係数 α との関係[1)]

変形係数E_0の推定方法	地盤反力係数の推定に用いる係数α	
	常　時	地震時
直径 0.3m の剛体円板による平板載荷試験の繰返し曲線から求めた変形係数の 1/2	1	2
孔内水平載荷試験で測定した変形係数	4	8
供試体の一軸圧縮試験又は三軸圧縮試験から求めた変形係数	4	8
標準貫入試験のN値よりE_0=2,800Nで推定した変形係数	1	2

注）暴風時は，常時の値を用いるものとする。

E_0：表-4.4.1の調査方法から得られる地盤変形係数（kN/m^2）。変形係数は一軸または三軸圧縮試験や孔内水平載荷試験で得られ、平板載荷試験では弾性論を考慮して換算する。

B_V：基礎の換算載荷幅（m）

$B_V=(A_V)^{1/2}$

A_V：鉛直方法の載荷面積（m^2）

設計に用いる地盤反力係数には鉛直方向地盤反力係数k_Vだけでなく、水平方向地盤反力係数k_H、水平方向せん断地盤反力係数k_Sがある。水平方向地盤反力係数k_Hは地盤内の水平方向の地盤抵抗を評価する係数で、各基礎形式の耐震設計や側方流動などの検討に用いられる。推定方法では孔内水平載荷試験からの値が重視される。水平方向せん断地盤反力係数k_Sは直接基礎、ケーソン基礎の底面の水平方向地盤抵抗を表現する係数である。鉛直方向地盤反力係数の1/3～1/4の値が用いられる。

4.5　ボーリングと標準貫入試験

本格的な構造物を建設するにあたり、地表面付近に簡易な地盤調査で支持層が得られない場合はボーリング（図-4.5.1）などで地盤深部まで調査して支持層を探さなければならない。ここでのボーリングは単純な削孔だけが目的ではなく、地質試料（コア）を丁寧に採集し、ボーリング孔内で各種の力学試験ができるようにする。地盤を正確に把握するためにはコア採取率（図-4.5.2）は80％以上が必要とされ、性能のよいサンプ

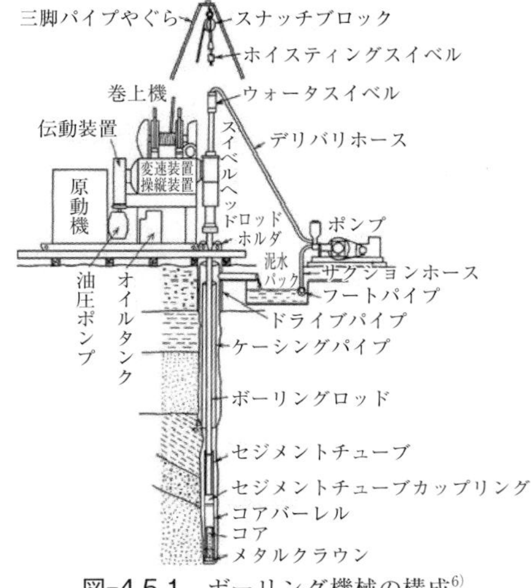

図-4.5.1　ボーリング機械の構成[6)]

ラー（試料採取器）と高い採取技術が求められる。

孔内試験の代表的なものに標準貫入試験（図-4.5.3）がある。標準貫入試験はボーリング孔内で深さ方向に一定間隔または所定の深さでの地盤強度の測定とそこでの試料採取を行う。試験方法は

図-4.5.2　ボーリングによるコア（地質標本）[8]

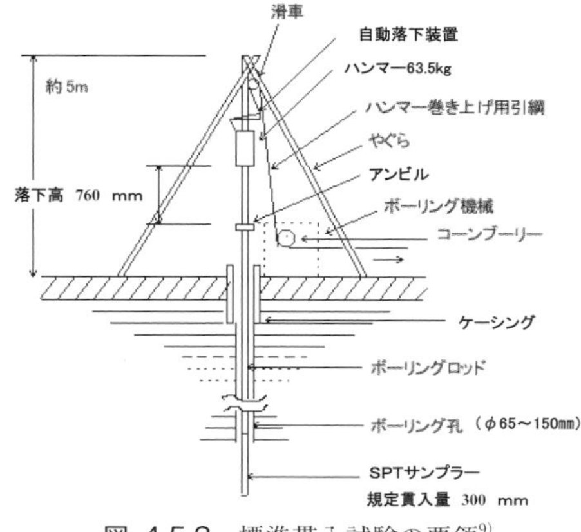

図-4.5.3　標準貫入試験の要領[9]

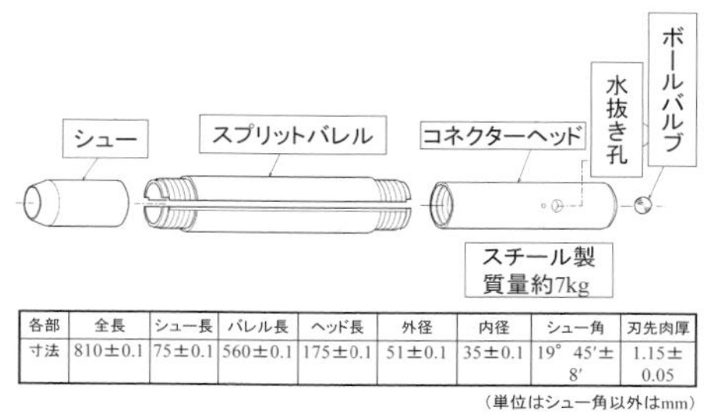

各部	全長	シュー長	バレル長	ヘッド長	外径	内径	シュー角	刃先肉厚
寸法	810±0.1	75±0.1	560±0.1	175±0.1	51±0.1	35±0.1	19° 45′±8′	1.15±0.05

（単位はシュー角以外はmm）

図-4.5.4　標準貫入試験のサンプラー[7]

JIS A1219で規定されている他、アメリカ（ASTM）やイギリス（BS）でも規定している。図-4.5.3に示すように標準貫入試験用サンプラー（図-4.5.4）をロッド先端に装着し、ロッド上部でのハンマーの落下による衝撃でサンプラーを地盤中に貫入させて地盤の強度を測定するものである。貫入時の衝撃でサンプラーのバレルの中に地盤材料が押し込まれる。このサンプラーはアメリカで使われていたレイモンドサンプラーが原型であるが、現在はJIS A1219で細部が規定されている。標準貫入試験はハンマーの打撃による地盤の原位置動的せん断試験と評価され、支持力との相関性が高い。測定結果はボーリングに係わる記述と共に図-4.5.5のように取りまとめられる。

標準貫入試験では打撃に重さ63.5kg（140ポンド）のハンマーが用いられ、76cm（30インチ）の高さからの自由落下を繰り返して30cm貫入するまでの打撃回数で地層の堅さを評価する。打撃回数はN値と呼ばれ、多くの力学指標と関連づけられている。地層が硬すぎると30cmの貫入ができないので通常は50回で中止して貫入した長さを記入する。軟らかすぎると1回の打撃で30cm以

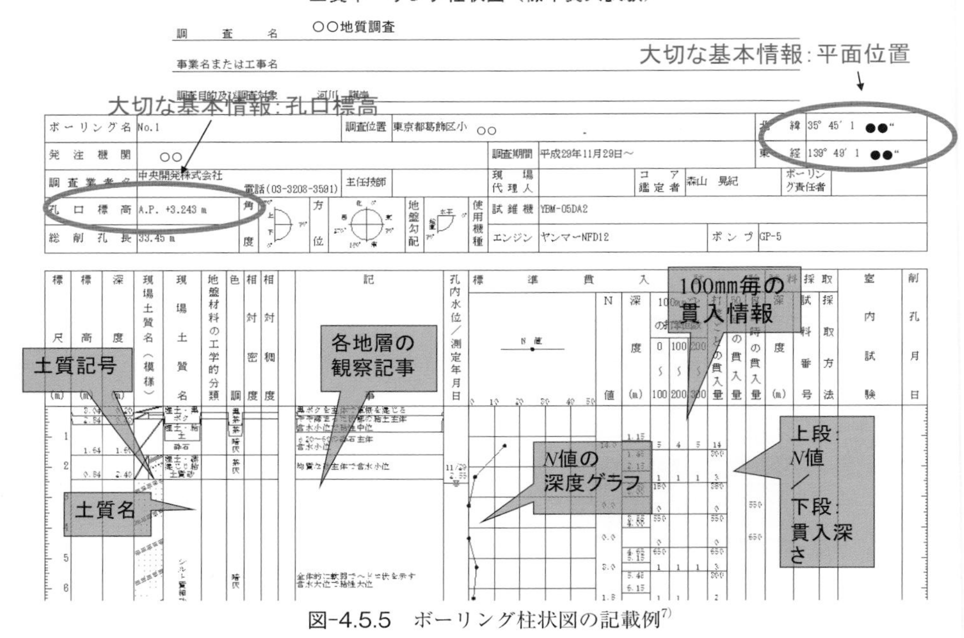

図-4.5.5　ボーリング柱状図の記載例[7]

上、貫入するので打撃数は0または1と記入し、鉛直支持力の算定では周面支持力を無視する。標準貫入試験は本来、そのような軟らかい地層の堅さ測定に不向きな試験方法であるので、強度の判定にはコーンペネトロメータやスウェーデン式サウンディングロットのような他の方法を用いるとよい。

サンプラーの中に押し込まれた試料は二つ割りのバレルの中からとりだし、地質とN値との対応を確認した上でボーリングコアと一緒に格納される。

標準貫入試験ではN値50以上の地層では貫入が滞り、地層の堅さを評価できないので大型の貫入試験が用いられることがある。通常の橋梁の設計施工に用いられることはあまりないが、海洋の大型構造物などの計画に使用される。測定方法は図-4.5.3の標準貫入試験のものと類似しているが、ハンマーの重量、落下高、サンプラーの寸法、ロッドの径は大きくなる（表-4.5.1）。固い地層では大型貫入試験による打撃数は図-4.5.6に示す事例のように標準貫入試験とのハンマーの重量比よりも大幅に少なくなっている。この現象は杭の打撃工法でも見られる。固い地盤で落下高の大きい軽いハンマーによる貫入量よりも、小さな落下高でも重いハンマーによる貫入量の方が大きい。しかし、大型貫入試験の打撃数で設計値を算出する手法は確立されていないので、支持層の厚さ、圧縮強度などと併せて相対的な評価から個々に支持力を検討することとなる。

表-4.5.1　標準貫入試験、大型貫入試験の装置の比較[6)]

器　具		標準貫入試験	大型貫入試験
ロッド	外径	40.5 mm	60 mm
	内径	30.5 mm	48 mm
	肉厚	5 mm	6 mm
サンプラー	全長	810 mm	770 mm
	外径	51 mm	73 mm
	内径	35 mm	50 mm
	肉厚	8 mm	11.5 mm
	面積比	112%	113%
ハンマー	重量	63.5kgf	100kgf
	落下高	75cm	150cm

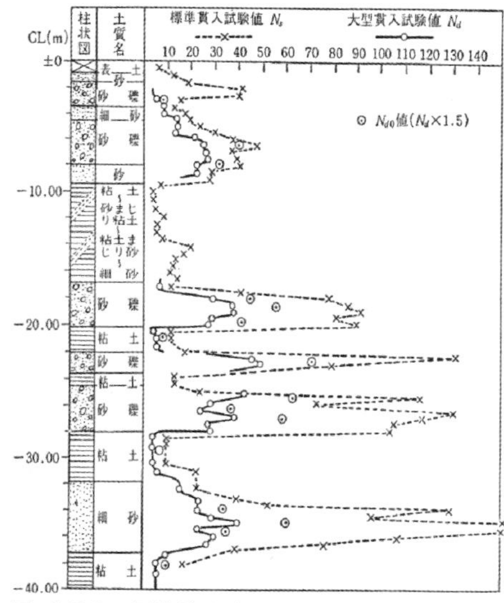

図-4.5.6　標準貫入試験、大型貫入試験の測定結果の比較[6)]

貫入試験は打撃で地層の堅さを測定するもので、変形性状を把握することが目的ではない。地盤中の変形性状を測定する方法として孔内水平載荷試験がある。貫入試験による地層の堅さからせん断剛性を推定することもできるが、精度は高くない。せん断剛性と変形性状は関連するので貫入試験のN値と孔内で測定された変形係数E_0との関係を表示したものに図-4.5.7がある。表示された各点は大きくばらつくので両対数紙上で整理されている。その結果、大きなバラツキの中でE≒7Nという相関が取れている。道路橋示方書はこの関係を採用しているが、この関係を用いて基礎を設計する場合はバラツキの大きさに留意する必要がある。同時に、このバラツキを収束させて設計の信頼性を高めるための、試験、研究に努めることも今後の課題である。

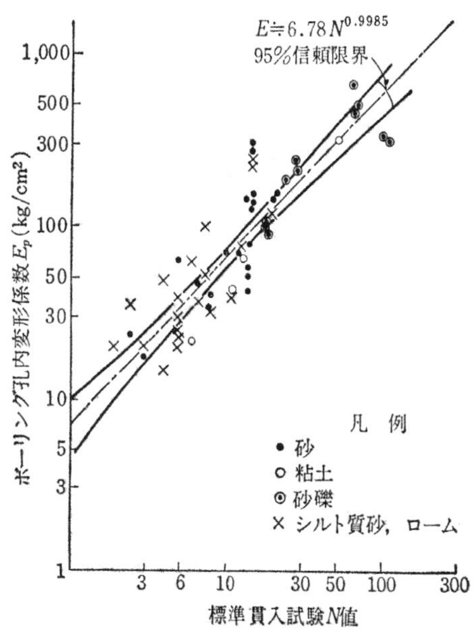

図-4.5.7　標準載荷試験N値とボーリング孔内変形係数E_0の関係[5)]

4.6　孔内水平載荷試験

孔内水平載荷試験はボーリング孔の中に挿入した筒状のゴムチューブのような試験器を圧力で膨らませて周面の地層の地盤反力と変形量を測定するものである(図-4.6.1)。しかし、装置の形状、メ

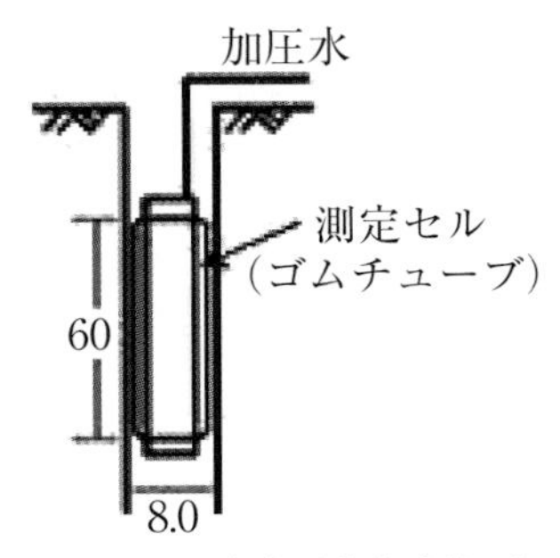

図-4.6.1 孔内水平載荷試験の概念[6)]

カニズム、操作、測定方法などが異なる幾つかの方法が存在し、地盤工学会の記録様式があるものの、試験方法については標準貫入試験のように統一された基準となっていないのが現状である。

地盤は弾塑性体であるので、孔内水平載荷試験においても圧力の初期段階では疑似弾性の動きをするが、圧力が大きくなって変形が大きくなると塑性状態となる。図-4.6.2 において圧力が小さいとき（P_1）は周面の地盤の変形δ_{r1}も小さく、地盤反力と変位の関係は三角形の弾性状態となる。圧力を高める（P_2）と地盤の変形は塑性状態（δ_{r2}）に入り、地盤反力との関係は台形となる。更に、圧力を上げる（P_3）と変形（δ_{r3}）はさらに大きくなり、地盤反力と変位の関係は小刀状の台形となる。

それでも、地盤反力と変位の変形曲線上のどこかの点で圧力を抜くと、変位は地盤反力が零のところまで戻るが、残留変位（塑性変位）が残る。この戻り曲線の勾配が地震時の地盤反力係数 k_e となる（図-4.6.3）。この勾配の値は地盤反力・変位曲線上のどの点から戻してもほとんど変わらず、どの戻り曲線も平行で

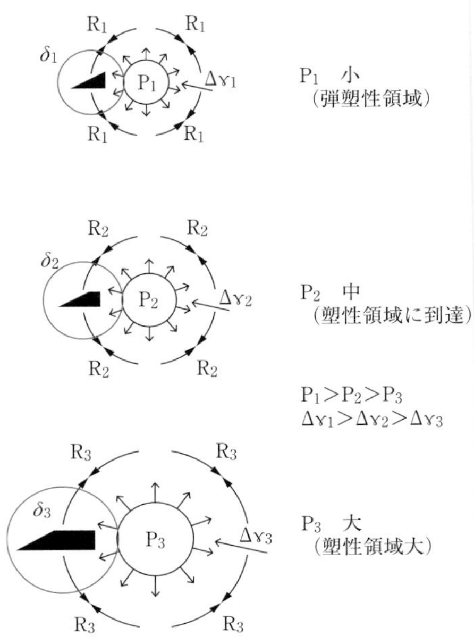

図-4.6.2 孔内水平載荷試験の原理（内圧と周面地盤の歪みの関係）

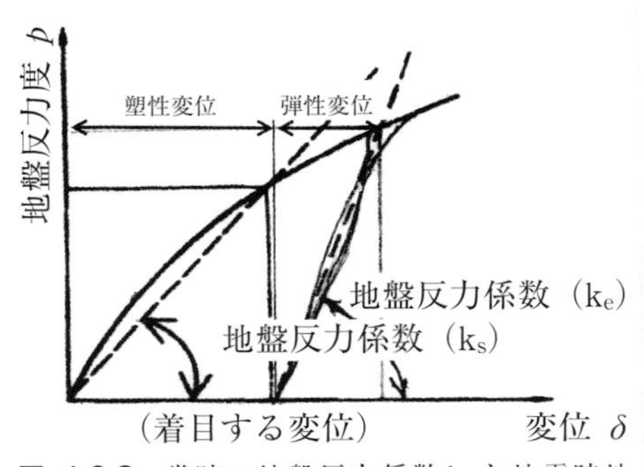

図-4.6.3 常時の地盤反力係数 k_0 と地震時地盤反力係数 k_e の関係

ある。そのために、この戻り曲線が測定の対象となるが、この操作を繰り返して数本の戻り曲線を記録するのが望ましい。

再び、試験器に圧力をかけると変位は戻り曲線上をたどって元の地盤反力・変

位曲線に復帰して試験を継続できる。この性状を利用して正負の圧力や荷重によるヒステリシスループ（図-4.6.4）が作成でき、地震時の動的解析に適用できる。地震波動は地盤から構造物に伝わることから、地盤特性に基づく地盤、基礎、構造物一体の波動解析が地震時の構造物の安全性を検討するのに最も信頼性が高い方法とされている。

構造物系の地震時の安全性は、正負の様々な地震波動のヒステリシスループにもとづく応答計算や載荷試験による変位量や歪み量（許容応力度以上も含む）で照査される。図-4.6.5は構造物の弾性限界を超える地震荷重が作用した場合の載荷実験（連続ヒステリシスループで示す波動）の事例で、終局限界に至るまでの橋脚の変形性能（靱性）を検討したものである。

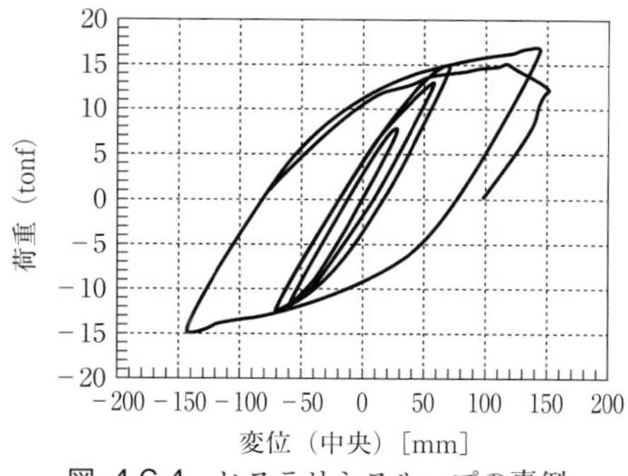

図-4.6.4　ヒステリシスループの事例

4.7　設計上の変位

道路橋示方書は変形係数の推定方法のいずれに対しても、常時の設計用地盤反力係数 k_0 は荷重変位曲線の戻り曲線の勾配である地盤反力係数 k_e の 1/2 の値としている（表-4.4.1）。地震時の荷重は正負を繰り返す短周期の地震波動で、弾性的に挙動して継続時間も短い。常時の荷重は半永久的に継続する死荷重や日常交通のよる活荷重が主体で、一方向に変位（塑性変位も含む）する静的な荷重として扱われている。

道路橋の地震時の挙動の解析には戻り曲線（繰返し曲線）が、常時の変位量の算定には初期の荷重変位曲線(処女曲線)

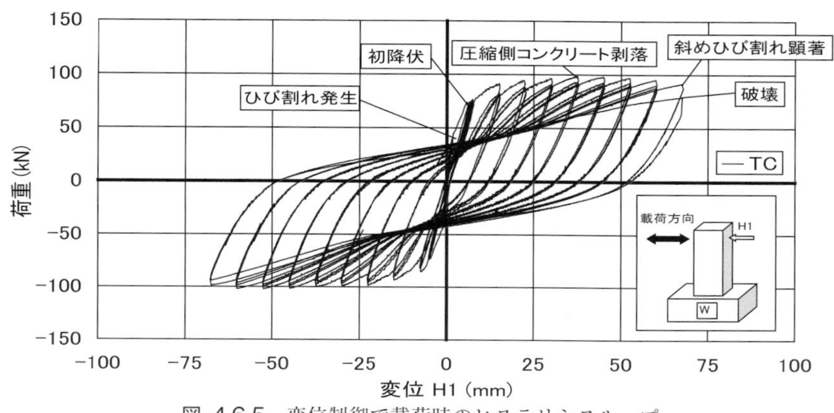

図-4.6.5　変位制御で載荷時のヒステリシスループ

が用いられる。両者の関係を1/2としていることには理論的な根拠はないが、測定値を統計的に処理して定めている。

基礎を力と変形の関係から設計するためには地盤の変形性状を把握する必要があることは既述のとおりである。その性状を把握するために種々の調査方法があるが、現状では精度の高い結果を出しているとは言いがたい。上部構造物の安定、安全を守るために、基礎は大きな変位、傾斜、破損を生じさせないようにする使命を有する。そのために、大きな荷重にも変位が小さな範囲内で治まるように設計することが求められる。

支持力については極限支持力を安全率で除して許容支持力を定めている。しかし、変位については作用する荷重に応じて推移するので基礎の変位には安全率の概念は適用できず、安全率は1と云うことになる。基礎の設計では変形が上部構造物の機能に影響を与えないように疑似弾性となる範囲（基準変位量の範囲）が設計の対象となっている。一般に、許容支持力に対応する変位量はその疑似弾性の範囲内にあるので問題になることはほとんどない。しかし、設計の信頼性を高めるために変形性状をより正確に把握する必要があることから、調査手法も含めて変形係数、地盤反力係数のバラツキを狭める努力が求められる。

道路橋基礎の設計施工では地盤の支持力や基礎の変形以外にも現場の状況を把握する調査項目が多くあるが、後述する各章で触れることとする。特に、施工に係わる重要事項には基礎本体の設計で必要とされないものもあり、事前調査に取り込まれていないものが少なくない。施工に先立ち、リスクの予測、工事の安全、合理的な施工のために、施工条件に関わる追加調査を躊躇わないようにしなければならない。

参考文献

1）道路橋示方書　Ⅳ下部構造編，日本道路協会，2014
2）スウェーデン式サウンディング試験，基礎工・土工用語辞典．p. 179. 図-1，2016.
3）財団法人地域開発研究所　土木施工管理技術テキスト土木一般編（改訂第10版第2刷）p. 16. 2010年　http://www.mizunotec.co.jp/doboku/doboku_kouza/hosoku/genichishiken.html
4）平板載荷試験，基礎工・土工用語辞典．p. 327，図-3，2016.
5）土木研究所資料第299号，土木研究所，1967年
6）地盤調査の方法と解説，地盤工学会，2013年
7）「これからのN値の活用法」技術講習会テキスト，総合土木研究所，2019.3.19
8）標準貫入試験略図「N値およびC・φ―考え方と利用法―」（地盤工学会）平成4年8月25日
9）土質調査法，土質工学会編，1982年

5 直接基礎

5.1　古代からの直接基礎

直接基礎という用語は比較的新しく、1960年代頃から使われ出した。意味するところは構造物を地盤上に直接設置した場合の構造物下面で受ける地盤の支持機構であるが、過去の建物などの土台石（図-5.1.1）も直接基礎である。

建築構造は掘っ立て柱の住居から耐久性のある礎石上の建物に発展した。その基礎の概念については土台、礎（いしずゑ）などと呼ばれたが、統一された言葉が見られない。基礎には主に玉石（図-5.1.2）、版築（木枠の中に砂利、粘土、にがりまたは石灰質土などを混ぜて突き固めた版状体、図-5.1.3）、栗石（図-5.1.4）などが使われた。五重塔のような大きな建物の基礎には基壇（図-5.1.5）が設けられた。城郭の濠の中から立ち上がる石垣の基礎には筏基礎（図-5.1.6）が採用された。

図-5.1.1　飛鳥時代の仏閣の基礎石[1)]

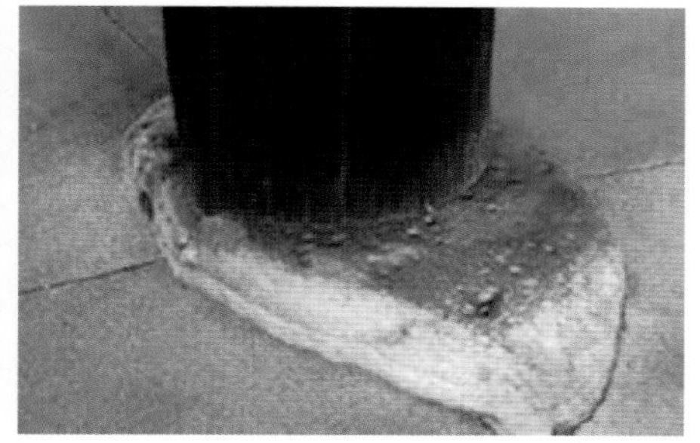

図-5.1.2　玉石を基礎とする柱[2)]

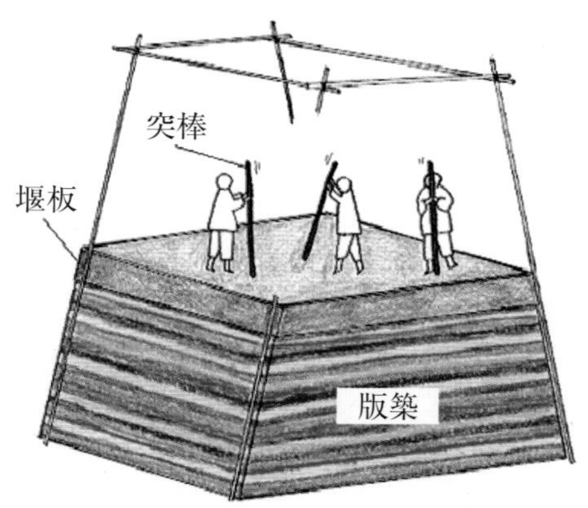

図-5.1.3　版築基礎の構築図[3)]

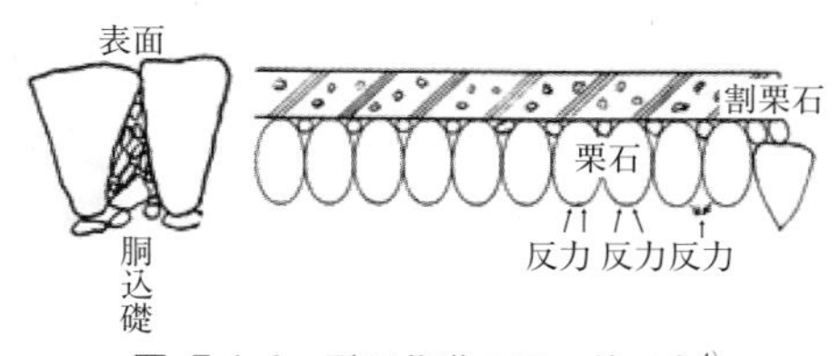

図-5.1.4　栗石基礎の石の並べ方[4)]

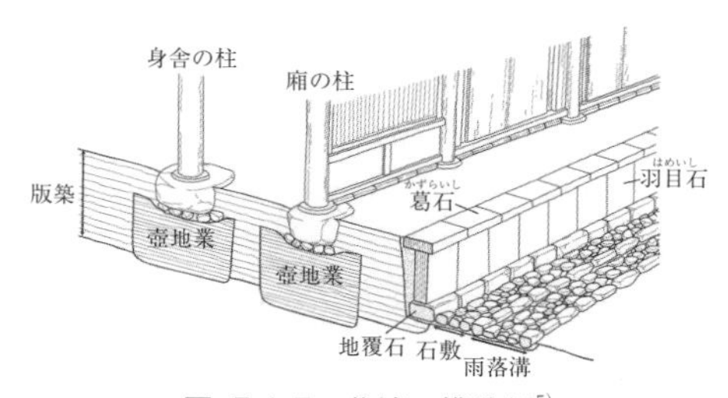

図-5.1.5　基壇の構造例[5)]

図-5.1.6　松本城の堀の中の石垣の下の木杭と筏[6]

これらの基礎工法は具体的な計算で設計された訳ではなく、伝統的な経験による職人技で施工されたと考えられるが、今の知見でも合理的なものである。

玉石はできるだけ深く地盤に埋め込むことでより大きな支持力が得られる。地盤と一体化した玉石は地震でも堅い支点として構造物を支持する基礎として機能してきた。しかし、現代の住宅では玉石ではなくコンクリートブロックを礎石（図-5.1.7）として用いられている。

版築（はんちく）は中国から伝えられた土壁や地盤の土を強化する方法で、基礎だけでなく城壁、土塀、基壇、家屋などに幅広く利用されている。弥生時代から古墳、寺院、土塁などで使われているが、現代でも版築工法は中国では家屋の基礎に、日本では大相撲の土俵（場）などにも利用されている。

図-5.1.7　住宅用コンクリートブロックの例

栗石（ぐりいし）は基礎として地表に砂利や砕石を敷き詰めたものをいう。しかし、栗石の本来の敷設の仕方は図-5.1.4のように大きな栗石を縦に並べ、隙間を砂利や割栗石を詰める（胴込）方法である。栗石層には荷重の分散効果があるが、大きな石ほど大きな荷重負担をする。栗石を縦にすると個数が多くなり、個々の栗石の先端の地盤反力が小さくなる。相互の栗石が拘束し合い、反力が干渉しても変位量は最小になることから地盤支持力を最大限に引き出すことができる。栗石の機能を代替するものとして工夫されたものに“独楽（こま）”状のコンクリートブロック（図-5.1.8）も考案されている。

大規模な神社仏閣などの基壇は基礎を設けるために構築される。通常の地盤では支持力を確保しがたいために回りを石垣や羽目石で囲って内部に版築などが築かれた構台である。基壇上には礎石を設置して柱の基礎にする。内部の版築土は荷重分散の役割を果たすが、支持力が不足する場合は礎石の下を坪掘りして支持できるように地盤改良をする壺地業が行われる。

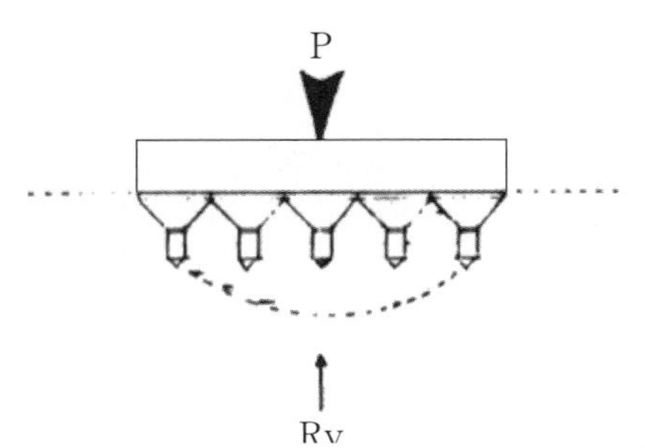

図-5.1.8　独楽状コンクリートブロックの基礎[4]

日本で城を石垣で囲うようになったのは16世紀になってからである。更に、その周りを濠で囲んで守りを固めるようになった。濠が空堀でなく、水濠にする場合の地盤は沼沢や河川付近で軟弱であることが多く、高い石垣を支えるには強固な基礎が必要になる。その基礎に松丸太の筏基礎が使われている。図-5.1.6は長野県の松本城の石垣の発掘現場で、このような基礎形式を多くの城がとっている。城壁だけでなく山口県岩国市の錦帯橋は17世紀に架けられた、世界でも珍しい木造アーチ橋である。その橋脚は洪水に流されないように、敷石で周面を囲った石積橋脚（図-5.1.9）で1950年の台風で流されるまで280年間、アーチを支えてきた。流失の原因は戦後に岩国空港の拡張のために下流で大量の砂利が採取されたので河床低下が生じ、後の台風により洗掘されたことによる。この流失事故のために、その基礎には松丸太の筏基礎（図-5.1.10）が採用されていたことが発見された。このように木材は水中で酸素の供給がなければ半永久的に健全であることが当時から知られていた。

図-5.1.9　錦帯橋と洗掘防止工[7)]

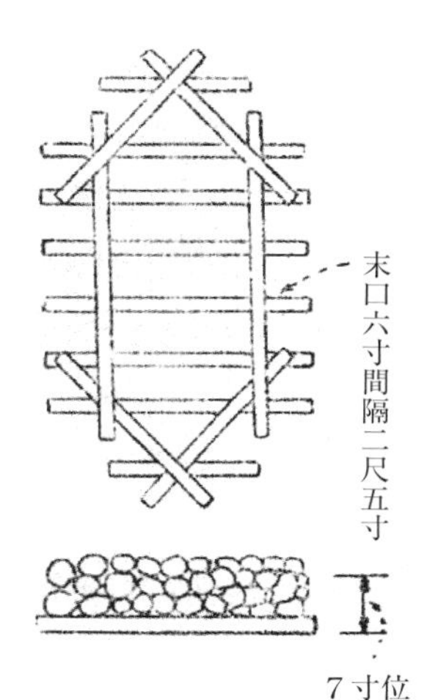

図-5.1.10　錦帯橋の石積橋脚の基礎の筏基礎[9)]

5.2　現代の直接基礎と支持力

明治以降、西洋の文明が流入してくると、木造に較べて重量のあるレンガやコンクリートの構造物が増加し、それらを支える基礎が重要となった。しかし、基礎の選定にあたり、支持力を算出すると云うよりも上部構造を考慮して経験から杭基礎にするか、直接基礎で済ますかで判定された。通常は経験に基づいて重量構造物については松杭基礎を採用し、硬い地盤上では栗石を敷いて基礎としたが、必ずしも支持力理論に拠るものではなかった。

直接基礎の場合、表層地盤の地質によって地盤反力の分布形状が異なる（図-5.2.1）ことから構造物の重量で基礎の設置幅を変えることとなる。岩盤を含む粘性土地盤の場合は基礎の両端で地盤反力は最大となるために比較的狭い基礎幅でも対応ができる。砂質地盤の場合は基礎の両端で地盤反力は最小となるので、

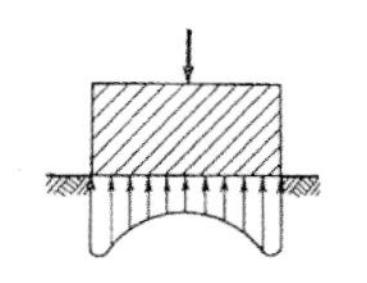

粘性土地盤における地盤反力の形状

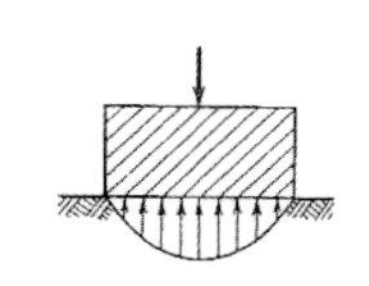

砂質土地盤における地盤反力の形状

図-5.2.1　地質毎の地盤反力の分布形状

大きな支持力を得るために基礎幅を広くとるか、根入れ長を大きくすることが必要となる。住宅などの小規模構造物の支持力の目安として粘性土地盤では支持層の一軸圧縮強度を支持力度とすることができる。砂質土地盤では締まっていれば30cm以上の根入れ長を確保できればよいが、ゆるければ根入れ長を大きく取るか、締め固め工法を施すことになる。

中規模構造物、大規模構造物に関して理論に基づく技術基準で基礎を設計するようになったのは1950年代以降となる。1952年に建物基礎を対象とする「建築基礎構造基準・同解説」、1968年に鉄道構造物の基礎などを対象とする「土構造物の設計施工指針（案）」が刊行された。道路橋基礎は1964年の「道路橋下部工設計指針・くい基礎篇」、1968年の「道路橋下部工設計指針・直接基礎の設計篇」など、次々と各基礎形式の指針が整備され、1980年に「道路橋示方書・下部構造編」としてまとめられた。技術基準が制定される以前の直接基礎の設計は経験的に認められていた地盤支持力の範囲内に地盤反力を治めるように構造物底面の寸法を決めていた。その経験値としては重力単位であるが、表-5.2.1のようなものが与えられた。

図-5.2.2は建築物の主な基礎形式である。1本柱の独立フーチング基礎、2本柱の複合フーチング基礎、複数柱の連続フーチング基礎、地中梁の間に床を張ったベタ基礎である。連続フーチング

表-5.2.1　支持地盤の地質毎の経験による許容支持力[9]

基礎地盤の種類		常時 (t/m^2)	地震時 (t/m^2)	目安とする値		備考
				N値	一軸圧縮強度 (kg/cm^2)	
岩盤	き裂の少ない均一な硬岩	100	150	—	100以上	
	き裂の多い硬岩	60	90	—	100以上	
	軟岩、土丹	30	45	—	10以上	
れき層	密実なもの	60	90	—	—	
	密実でないもの	30	45	—	—	
砂質地盤	密なもの	30	45	30～50	—	標準貫入試験のN値が15以下の場合には、基礎地盤として不適
	中位なもの	20	30	15～30	—	
粘性土地盤	非常に堅いもの	20	30	15～30	2.0～4.0	
	堅いもの	10	15	8～15	1.0～2.0	
	中位のもの	5	7.5	4～8	0.5～1.0	

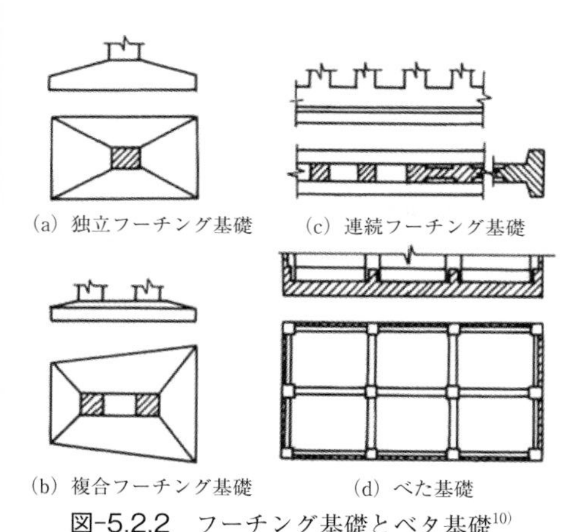

図-5.2.2　フーチング基礎とベタ基礎[10)]

基礎の長い帯状のフーチングは布基礎（図-5.2.3）と呼ばれる。橋脚基礎の多くが独立基礎（図-5.2.4）もしくは複合基礎となる。これらの基礎を支える地盤の支持力を正しく評価することは極めて難しかった。

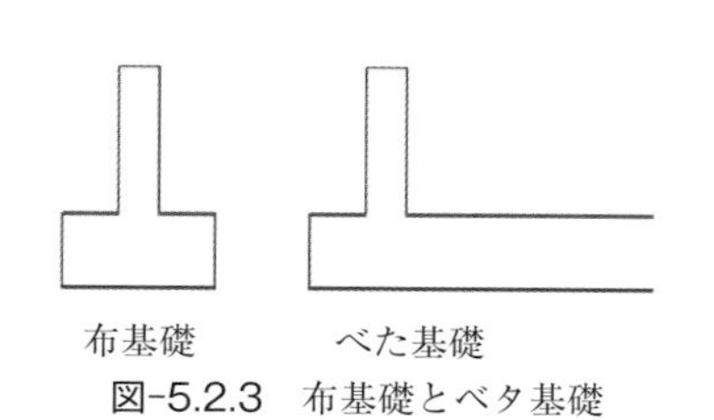

図-5.2.3　布基礎とベタ基礎

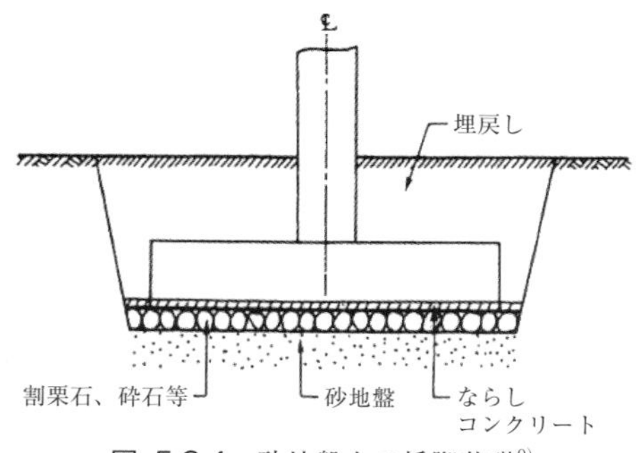

図-5.2.4　砂地盤上の橋脚基礎[9)]

5.3　地盤の支持力公式

多くの技術基準で採用されている設計支持力は塑性平衡理論（Kötter & Massau の平衡式）に基づく、全般せん断破壊の滑り線（図-5.3.1）に対する極限支持力（q_d・B）である。

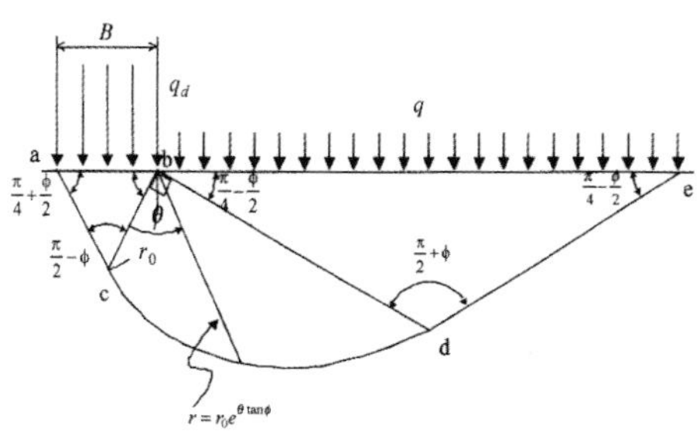

図-5.3.1　プランドルによる滑り線[11)]

Kötter & Massau の平衡式は次の通りである。

$$\frac{\partial \sigma x}{\partial x}+\frac{\partial \tau xy}{\partial Y}=\gamma\cos\lambda \qquad \text{式-5.3.1}$$

$$\frac{\partial \tau xy}{\partial x}+\frac{\partial \sigma y}{\partial Y}=\gamma\sin\lambda \qquad \text{式-5.3.2}$$

ここで、δx、δy、τxy はモールの円上で次のようになる。

$$\delta x=\delta_0(1+\sin\phi\ \cos 2\psi)-c\ \cot\phi \qquad \text{式-5.3.3}$$

$$\delta y=\delta_0(1-\sin\phi\ \cos 2\psi)-c\ \cot\phi \qquad \text{式-5.3.4}$$

$$\tau xy=\delta_0\sin\phi\ \sin 2\psi \qquad \text{式-5.3.5}$$

ここで

$$\sigma o=\frac{1}{2}(\sigma x+\sigma y)+c\ \cot\phi \qquad \text{式-5.3.6}$$

荷重の作用で支持地盤の中の単位要素の平衡状態（図-5.3.2）がモールの破壊基準（図-5.3.3）で壊れるとせん断破壊状態となり、せん断破壊面を包絡（連続）すると破壊滑り線となる。破壊滑り線はら線曲線で、破壊面は全線にわたり、主応力方向と（45°－ϕ/2）の角度

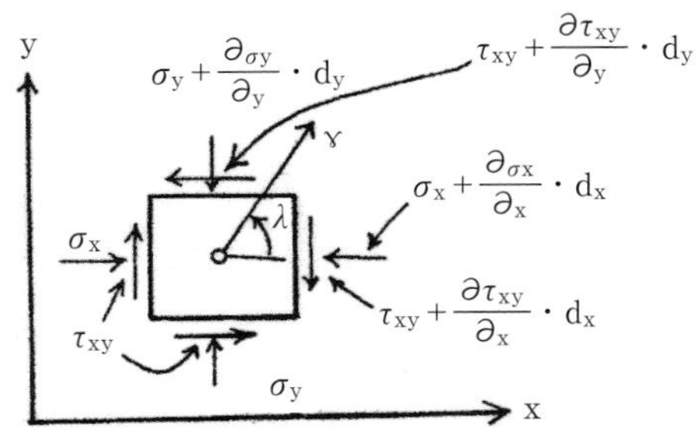

図-5.3.2　支持地盤内の単位要素の平衡条件

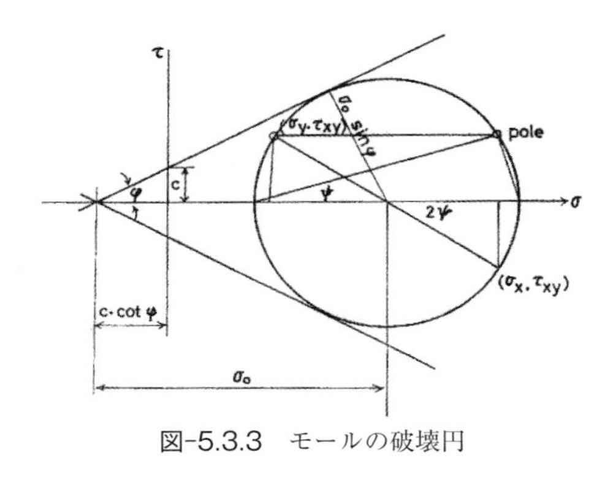

図-5.3.3　モールの破壊円

を保持する。この地盤の抵抗反力σ_x、σ_y、τ_{xy}を図-5.3.1の滑り線cdに沿って積分したものが支持力となる。式-5.3.2から式-5.3.6の記号は図-5.3.2、図-5.3.3に示すとおりである。しかし、式-5.3.1、式-5.3.2は数学上、積分解は得られないので個々の数値解となる。

それでは汎用性がないのでテルツアギーは滑り線を多少変更する（図-5.3.4）と共に地盤の単位体積重量γをゼロとすることによって地盤の粘着力、上載荷重に関する支持力係数N_cとN_q導き出した。それと共に独自の土圧論による地盤の受動抵抗からせん断抵抗角（内部摩擦角）に関する支持力係数$N\gamma$を算出して図表にして提示した。これらのN_c、$N\gamma$、N_qの値のよって地盤支持力度q_dが式-5.3.7で算出される。

$$q_d = \alpha c N_c + \beta \gamma_1 B N\gamma / 2 + \gamma_2 D_f N_q$$

式-5.3.7

ここで、

q_d　：極限支持力度（kN/m²）
α、β：基礎の形状係数
c　：支持地盤の粘着力（kN/m²）
γ_1　：支持地盤の単位体積重量（kN/m³）

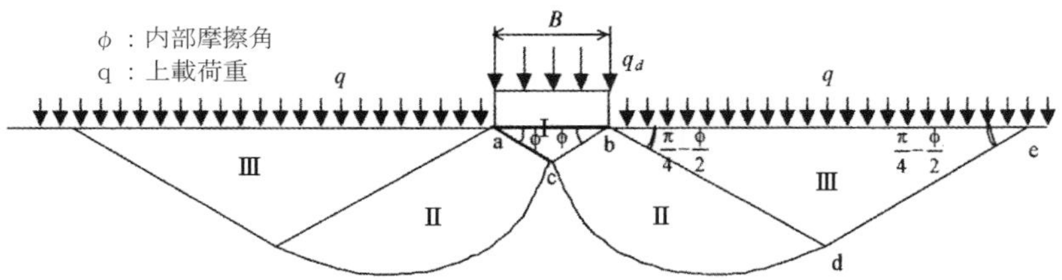

図-5.3.4　テルツアギーによる全般せん断破壊による支持力算定用のせん断破壊線[12)]

B　：基礎の幅（m）

γ_2　：上載地層の単位体積重量；（kN/m^3）

D_f　：上載地層の厚さ（m）

図-5.3.4 は図-5.3.1 の基礎直下の三角くさびの部分Ⅰを変更させているが、それに続く遷移領域Ⅱから受動領域Ⅲまでは同じ考え方である。主動部分Ⅰに疑問が残るが、遷移領域Ⅱは主動領域Ⅰの先端 c 点から受動領域Ⅲの先端 d 点まで対数ら線（$\underline{cb}\cdot\exp(\theta\tan\phi)$）で結ばれる。対数ら線は地盤中の主応力方向に $\pi/4-\phi/2$ の角度で出来る曲線で、破壊線となる。この c 点からはじまり、d 点で領域Ⅲの受動土圧に支えられる対数ら線上の地盤抵抗が支持力となる。それにくさびの側面 bd からの受動抵抗を加えて極限支持力としている。地盤破壊時の対数ら線の滑り面の形状は擁壁などの背面の崩壊（図-5.3.5）でも見られる現象で、テルツアギーの土圧はこの考え方を採用している。

基礎の極限支持力は全般せん断破壊を仮定しているが、現実の現象は局部せん断破壊で図-5.3.6 に示すように荷重の増加と共に沈下が進む。杭やポールなどを押し込むときに生じる現象である。全般せん断破壊は固く引き締まった均質な地盤材料で構成された地盤上で過大な荷重の下で発生する希少なケースである。全般せん断破壊と局部せん断破壊で生じる支持力の計算に用いる支持力係数は図-5.3.7 に示す。局部せん断破壊の支持力係数は全面せん断破壊の粘着力 c、せん断抵抗角 tanϕを 2/3 として算出されるが、これらの値を用いると小さな支持力となり、現実的なものとならない。しかし、現実の地盤には圧縮性があり、地盤内に拡散する荷重の大きさによって各点毎に密度やせん断抵抗角の値は変化する。局部せん断破壊が発生した状態で、各点の性状を数値で示すことは困難である。

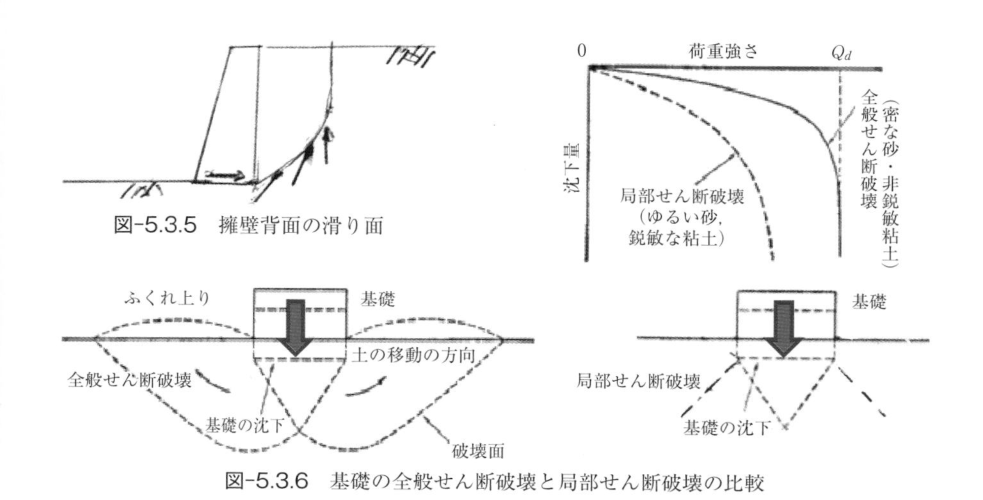

図-5.3.5　擁壁背面の滑り面

図-5.3.6　基礎の全般せん断破壊と局部せん断破壊の比較

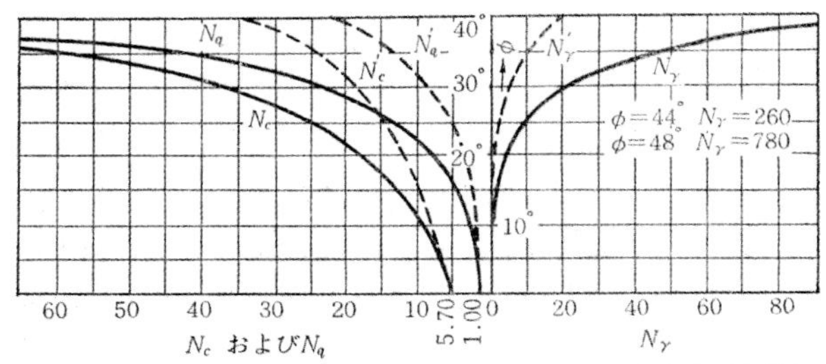

図-5.3.7　テルツアギーによる基礎の全般せん断破壊（実線）と局部せん断破壊（点線）の際の支持力を算定する支持力係数[12)]

5.4　道路橋示方書での支持力

全般せん断破壊による極限支持力を安全率で除した値を許容支持力とする考え方は建築基礎構造設計指針などの多くの設計基準で採用されている。道路橋示方書では、この考え方を更に進めて偏心荷重、傾斜荷重に対して適用している。

各種構造物に働いている荷重の合力が基礎の重心で鉛直方向に作用するとは限らない。様々な荷重の組み合わせで合成された集中荷重（図-2.1.1 参照）は基礎の重心からずれ、作用方向も傾いているのが通常である。橋梁の橋台（図-5.4.1）には土圧が作用するので、鉛直力と斜め方向力を合成する必要がある。

図-5.4.2 は偏心、傾斜荷重を受ける基礎の極限支持力算定のための全般せん断破壊線の概略図である。支持力の全般せん断破壊の計算手法は剛体のフーチングの下の等分布荷重を対象としているので、荷重の偏心（e）による基礎底面下（B）の台形もしくは三角形の地盤反力を均等荷重に直す必要がある。集中荷重の作用点を中心とする等分布荷重（図-5.4.3）に置き換えた仮想の基礎幅（B_e）での極限支持力の計算となる。

図-5.4.4 は道路橋示方書で採用している方法で、傾斜荷重に対する極限支持力を算定する全般せん断破壊の滑り線 S_1 と派生する受動領域の滑り線 S_2 を表している。計算はテルツアギーの方法と同様で、主動領域のくさびは傾斜角 θ だけ傾くの

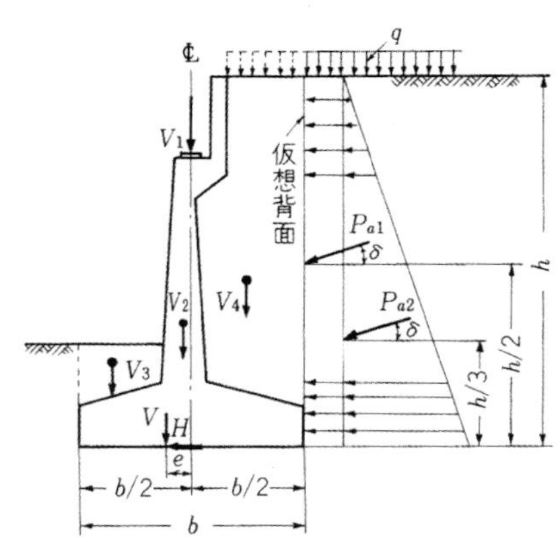

図-5.4.1　橋台に作用する鉛直荷重と土圧

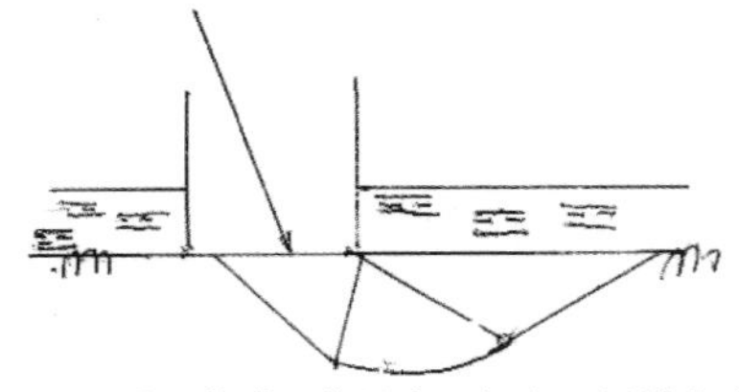

図-5.4.2　基礎に作用する偏心、傾斜荷重

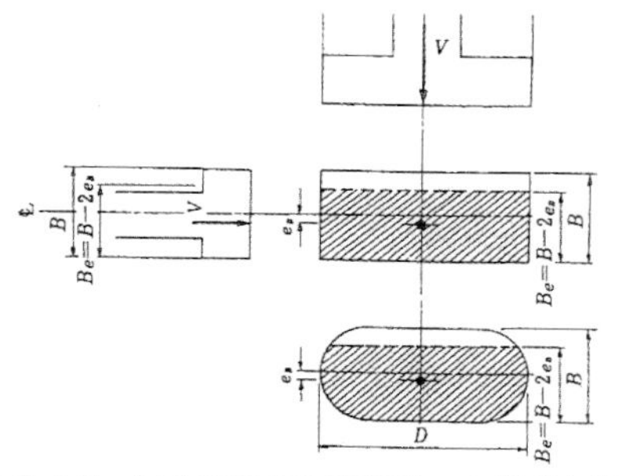

図-5.4.3　偏心荷重の均等荷重への修正方法[10)]

で鉛直荷重によるくさびより小さくなる。それに続く対数ら線の滑り線S_1も受動領域の先端に達するまでの曲線長も短くなる。主荷重方向の矢印が水平になったところで受動領域とバランスするが、受動領域も鉛直荷重によるものより小さい。すなわち、傾斜角が大きくなると水平すべりの恐れが出てくると共に極限支持力は小さくなる。その減少傾向を図-5.4.5の各支持力

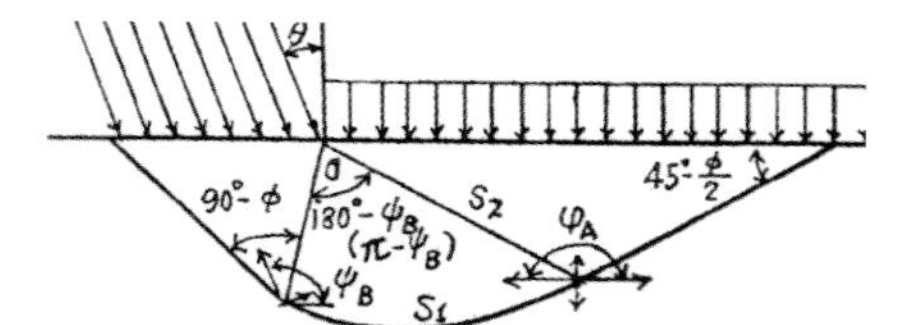

図-5.4.4　傾斜荷重に対する全般せん断破壊による極限支持力のせん断破壊線

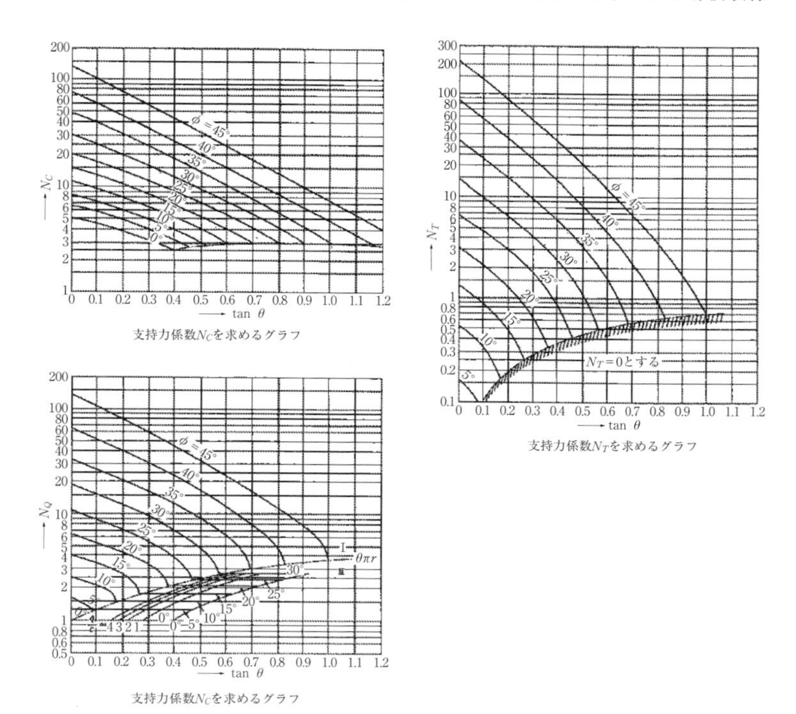

図-5.4.5　道路橋示方書/同解説　Ⅳ下部構造編の直接基礎の傾斜荷重に対する支持力係数[9)]

係数が示している。根入れ長効果に関する支持力係数 N_q は粘着力（c）の影響が大きい。粘着力による土圧の限界高さ q/c の効果は多少みられるが、無視しても差し支えない程度のものである。

図-5.4.5 の左側の縦軸の値は鉛直荷重に対する支持力係数（図-5.4.6）である。各支持力係数を内部せん断抵抗角40度で頭打ちにしているのは、自然地盤で40度以上の内部せん断抵抗角の地盤はほとんどなく、大きな抵抗角で計算すると支持力係数は幾何級数的に大きな値となって過大な支持力を与えてしまうことにある。また、内部せん断抵抗角は盛土のような低い応力レベルの領域では大きな値になるが、支持力のような高い応力レベルの領域では小さな値になる傾向にある。そのために、高い応力レベルにある支持地盤では大きなせん断抵抗角に基づく大きな支持力は危険側になる。

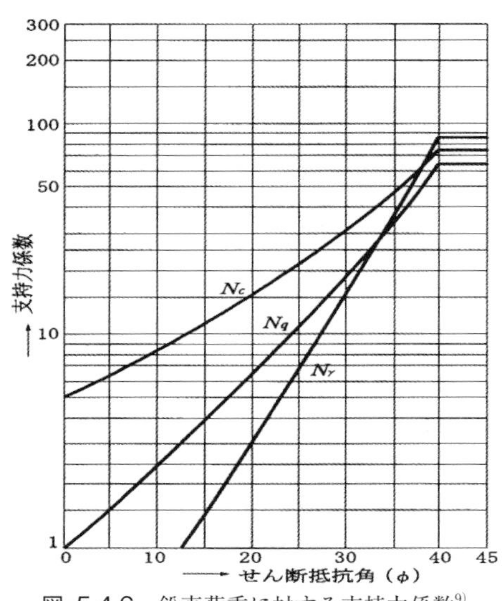

図-5.4.6　鉛直荷重に対する支持力係数[9)]

5.5　地盤反力度

直接基礎の支持力の判定に極限支持力と地盤反力度のいずれを選ぶかが議論になることがあるが、両方とも必要である。塑性平衡理論にもとづく極限支持力は変形量を与えない。地盤反力度も同様であるが、地盤反力係数を用いて基礎の鉛直変位 δ_v、回転角 α、水平変位 δ_h を算出できる。それらの値が構造物の機能などを損なうようであれば許容支持力の範囲内であっても設計上の支持力は制約される。

地盤反力度は式-5.5.1 で求められる。従来は地盤反力度の値が経験的に定められた地盤の支持力を超えないように基礎の大きさを決める方法が一般的であった。

$$q_{max},\ q_{min} = \frac{V}{DB} \pm \frac{6M}{DB^2} \qquad \text{式-5.5.1}$$

ここで、

- q_{max}, q_{min}：基礎底面の地盤反力度の最大値と最小値（kN/m³）
- V：基礎底面に作用する鉛直荷重(kN)
- M：基礎底面に作用するモーメント（kN･m）
- D：基礎の奥行き（m）
- B：基礎の幅（m）

q_{max} の値が地盤の許容地盤反力度を定めるには構造物、地盤の両面から考える必要がある。すなわち、構造物によって鉛直変位、回転変形、水平変位の許容値が異なることによる。それぞれの変形量は次式による。

$$\delta_v = V/k_v \cdot A \qquad \text{式-5.5.2}$$

$$\alpha = M_b/I \cdot k_v \qquad \text{式-5.5.3}$$

$$\delta_h = H_b/k_h \cdot xD \qquad \text{式-5.5.4}$$

ここで、

- δ_v ：基礎底面の鉛直変位量（m）
- α ：基礎の回転角
- δ_h ：基礎底面の水平変位量（m）
- k_v ：鉛直方向地盤反力係数（kN/m^3）
- k_h ：水平方向地盤反力係数（kN/m^3）
- V ：基礎底面に作用する鉛直荷重（kN）
- M_b ：基礎底面に作用するモーメント（kN・m）
- H_b ：基礎底面に作用する水平力（kN）
- A ：基礎底面積（m^2）
- I ：基礎底面の重心周りの断面二次モーメント（m^4）
- x ：底面反力の作用幅（m）（図-5.4.3参照）
- Đ ：基礎の奥行き（m）

ここで得られたδ_v、α、δ_hの値が構造物の機能、形状、寸法に影響を及ばさないことを確認する。すなわち、構造物の沈下量が小さく、傾斜や水平移動もほとんどないことが求められる。しかし、合力着力点は基礎下面の幅の中央1/3（ミドルサード）の範囲内になければならない（図-5.5.1）。直接基礎で合力がミドルサードから外れることは構造物の転倒を意味するので、基礎の寸法を大きくして合力の着力点がミドルサードの範囲内に入るようにする。その上で上部工からの荷重を受け、地面に接するフーチングや地中梁が安全であるように設計すればよい。

支持地盤の破壊形態が局部せん断破壊による沈下である場合は、鉛直地盤反力が地盤の支持力度を超えて地盤を破壊していることを意味する。そのために道路橋示方書は、地質毎に最大地盤反力度の上限値（表-5.5.1）を与えている。岩盤は支持層として適格であるが、亀裂が多いものや軟岩の場合は力学的挙動が多様で、変位や変形に不安があることから最大地盤反力度の上限値（表-5.5.2）を提示している。しかし、亀裂の少ない岩盤などでは一軸圧縮強度から支持力を定めることができる。

表-5.5.1　道路橋示方書で示す常時における最大地盤反力度の上限値[13)]

地盤の種類	最大地盤反力度（kN/m^2）
砂れき地盤	700
砂　地　盤	400
粘性土地盤	200

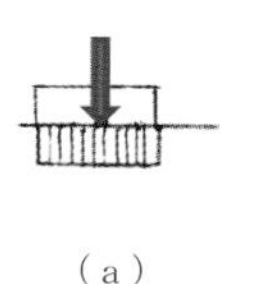

（a）

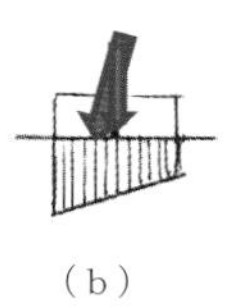

（b）

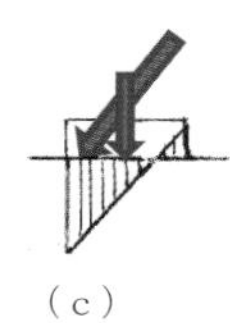

（c）

（a）合力は重心位置で、反力は等分布
（b）合力はミドルサード内で、反力は台形
（c）合力はミドルサードを外れ、反力は三角形

図-5.5.1　大きくなる水平力、モーメントにより拡大する合力の位置による地盤反力

表-5.5.2 道路橋示方書で示す岩盤の最大地盤反力度の上限値[13]

岩盤の種類		最大地盤反力度 (kN/m²) 常時	最大地盤反力度 (kN/m²) レベル1地震時	目安とする値 一軸圧縮強度 (MN/m²)	目安とする値 孔内水平載荷試験による変形係数 (MN/m²)
硬岩	亀裂が少ない	2,500	3,750	10 以上	500 以上
硬岩	亀裂が多い	1,000	1,500	10 以上	500 未満
軟岩・土丹		600	900	1 以上	500 未満

注）ただし，暴風時にはレベル1地震時の値を用いるものとする。

5.6 圧密沈下

沈下については即時沈下と圧密沈下がある。即時沈下は荷重載荷で生じ、除荷で戻る。

圧密沈下は土粒子間の間隙水が載荷荷重で押し出されて沈下するもので、支持力の拠り所である土粒子間の骨格構造の変形とは異なり、載荷荷重が除かれても沈下は戻らない。圧密沈下の恐れのある軟弱地盤上に中規模構造物、大規模構造物を設ける場合には支持層までの杭基礎、ケーソン基礎などの基礎形式が採用される。しかし、軟弱地盤上で住宅などの軽量構造物は建設される場合は地盤改良を行っていれば問題は少ないが、そうでなければ沈下に対する検討が必要である。

圧密沈下の検討は基礎幅の3倍以下の深さに軟弱層があれば必要とされている。検討には均等荷重を対象とした図-5.6.1、式-5.6.1による圧密理論が用いられる。ここで算出される沈下量は載荷荷重の増分による一次圧密である。実際の構造物、住宅の地盤反力には偏心があること、軟弱層も等厚とは限らないことで不等沈下になる恐れもある。それを防ぐためには地盤改良や杭基礎などの手段も考慮する必要がある。また、圧密沈下は一次圧密が終了しても沈下量は少ないものの、二次圧密が長期間継続することにも配慮する必要がある。

$$S = C_z H/(1+e_0)\cdot\log_{10}(p_0+\Delta\sigma_z)/p_c$$

式-5.6.1

ここで、

S ：圧密沈下量（m）

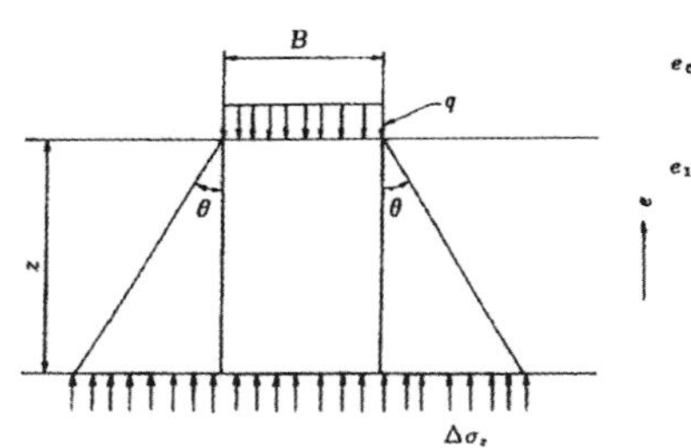

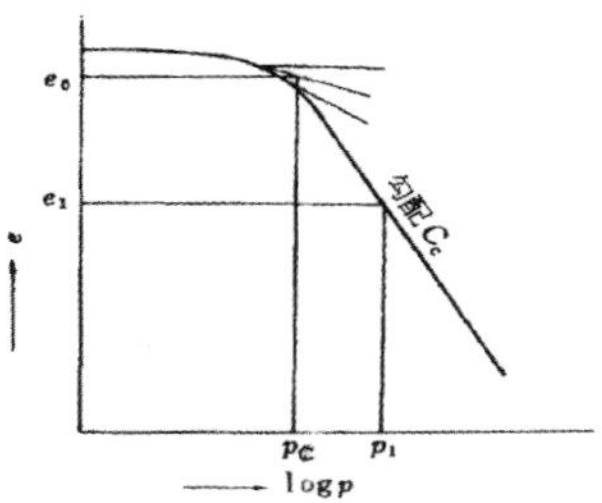

図-5.6.1 載荷荷重の地中拡散と e-log- p 曲線[9]

Cz ：粘性土層の圧密指数
H ：粘性土層の厚さ（m）
e_0 ：初期間隙比
p_0 ：有効土被り荷重（kN/m^2）
q ：載荷荷重（kN）
B ：載荷幅（m）
θ ：荷重の拡散角
$\delta\sigma_c$ ：載荷荷重の地中で拡散後の鉛直荷重の増分（kN/m^2）
p_c ：圧密降伏応力（kN/m^2）

圧密沈下は載荷荷重とは別に地下水の汲み上げによる地下水位の低下でも生じる。沈下が生じると構造物の直接基礎は地表面と共に低下するので標高を保持できず、橋梁などでは桁下空間を確保できなくなる。そのような懸念のある地点では支持杭基礎が採用されるが、圧密層からの負の摩擦力が課題となる。

また、軟弱地盤上の橋台のように背面盛土のような偏載荷重を受ける構造物では側方流動で水平方向に移動することがある。そのために橋台や橋脚との間の距離が縮まり、架設予定の桁が嵌まらないというトラブルも生じる。図-5.6.2は岸壁ケーソンの事例である。背面の盛土の重量で下部の軟弱層が前面に絞り出され、その上のケーソンが移動するというものである。構造物が動く現象を側方流動と呼んでいるが、軟弱層の塑性流動であるあるために移動量を定量的に算出することは困難である。そのために側方流動が生じないように対策を採ることが求められる。そのメカニズムと対策は“11 基礎で考慮すべき事項”を参照されたい。

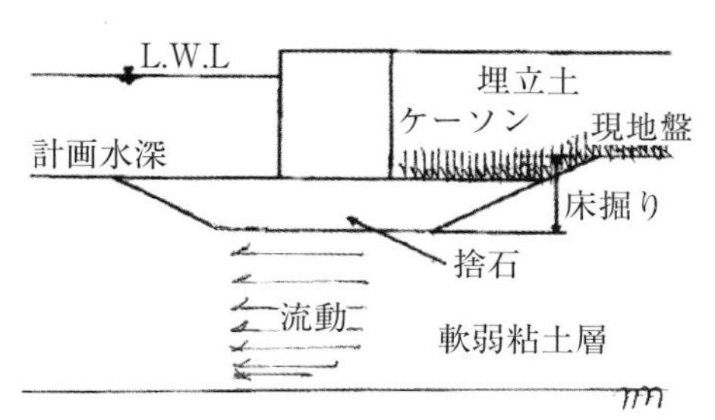

図-5.6.2 背面盛土による側方流動の事例

5.7 地震に対する直接基礎

地下水位の高い砂質土地盤では地震時に液状化現象の恐れがある。液状化現象は飽和砂層が地震波動によるせん断変形を受け、間隙水圧の上昇と砂粒子間の有効応力の減少が生じて砂粒子の骨格構造が崩れる現象である。崩れた砂粒子は高まった過剰間隙水圧の中を浮遊して液体状態になるので、その上の構造物は支持力を失い、地中に沈み込むこととなる。この現象で過去の大地震の際に住宅を中心に被災した事例は数多く報告されている。その発生メカニズムは液状化する飽和砂層の下に分布する粘性土層（軟弱層とは限らない）の揺動に拠っている（図-5.7.1）。

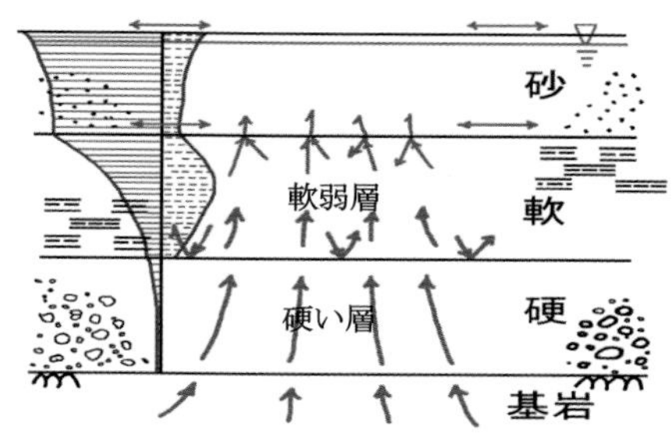

図-5.7.1 液状化現象の概念

地震は地球表面の地殻内で起きた圧縮破壊や圧縮滑りで生じ、その多くがプレート境界付近で発生している。地震波動は硬い地層から軟らかい地層には容易に移行するが、軟らかい地層から硬い地層には反射現象があって移行しがたい。そのために、地殻の基岩の中で生じた波動は地層が次第に軟らかくなる地表に向かって上昇する。上昇した波動は地表近くの軟弱層に吸収され、波動エネルギーが層内に蓄積される。その結果、軟弱層は吸収した波動エネルギーによって独自に揺れ動くことになる。

上層の飽和砂層が緩いと軟弱層や粘性土層の揺れに対する抵抗力が乏しく、液状化現象を惹起することになり、軟弱層や粘性土層は一次の振動モードで揺れることとなる。上層の砂層が硬い場合には軟弱層の上面が拘束されるので軟弱層は二次の振動モードで揺れて液状化現象は生じない。一次の振動は周期が長く、せん断歪みも大きい。液状化現象は軟弱層に蓄積された地震エネルギーによって揺動が減衰するまで長時間、継続することになる。この間、揺動の周期は長い（2、3秒以上）ので地上の人間には感じられず、噴砂、噴水が継続して次第に傾く家屋などが見られる。

埋立地や旧河道などの緩い砂層の上に建てられている比較的軽い建物や住宅などの構造物（図-5.7.2）は沈下や傾斜などの被害を受けるが、適切な対策（過剰間隙水圧を開放する砂杭や砕石杭、地盤強度の増加工法など）を講じておけば被災を免れる。橋脚などの重量構造物はよい地盤（N 値 30 以上）の上に建設され、重量そのものが砂層のせん断抵抗を高めるので、液状化現象による被災は少ない。液状化現象への具体的な設計と対策については“11　基礎で考慮すべき事項”を参照されたい。

図-5.7.2　液状化現象で倒壊したアパートの事例[14]

建築物で怖いのは地震である。被災事例は風によるものもあるが、地震によるものが圧倒的に多く、被害の程度も甚大である。大地震で飽和砂地盤上の軽量建物や住宅は液状化現象により被災する事例が多いが、軟弱地盤上の通常の構造物だけでなく、比較的よい沖積地盤上でも被害を受けることが少なくない。

地震波動（加速度、速度、せん断歪）は震源から地盤の中を上昇してきて、拘束のない自由面の地表近くで急速に増幅する（図-5.7.3）。そのために、直接基礎の地上構造物は増幅した地震力により被害を受けやすい。直接基礎の耐震性を高めるためには建物に地下室を設置するなどの方法で根入れ深さを確保することにより、地震力が増幅する前の小さい波動の状態に留める方法がある。現実に地下室のある建物の方がないものより震害は少ない傾向にある。

Depth (m) | 最大加速度 (GAL) | 最大速度 (CM/SEC) | 最大せん断歪 (%)

Maximum 182 | Maximum 27.0 | Maximum 0.59

図-5.7.3　基岩からの地震波動の伝達

しかし、堅硬な地盤上の本格的な建物でも大地震時に大きく被災することがある。図-5.7.4は阪神大震災で三宮駅前の交通センタービルの途中階の崩壊という被災例である。このような崩壊事例は硬い洪積地盤上で土木構造物でも散見されたが、埋立地盤上では見られなかった。上下方向の衝撃的な波動によるものと考えられるが、現行の地震計による計測波動は50Hz以下であるために衝撃波

図-5.7.4　阪神大震災の三宮駅前の交通センタービル[15)]

動は捕捉されない。このような被災を防ぐには構造物の柱部には粘り強いせん断抵抗が求められる。そのために、せん断歪みが最大となる柱断面の中心部をせん断補強する（図-5.7.5）と、優れた変形性能が発揮されて崩壊することを免れる。

また、図-5.7.6のフーチングと柱の境界部に発する地震被害（主に曲げせん断ひび割れ）が多く生じる。理由のひとつが境界面のレイタンス除去が徹底しないこと（コールドジョイント）にあり、橋脚などの土木構造物でも同様である。柱の施工前にフーチング表面を削り（チッピング）、応力、波動の円滑に伝播ができるようにすることは必須である。

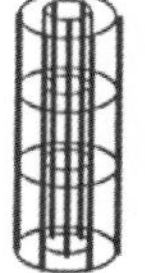

図-5.7.5　中央配筋、せん断破壊した試験体、せん断補強筋の効果

図-5.7.6　フーチングと鉄筋コンクリート柱の境界でのせん断破壊[16)]

5.8　洗掘対策

土木構造物の直接基礎の大敵は洗掘である。橋梁の事故で最も多いのが橋脚の洗掘による倒壊、傾斜、沈下である。洗掘の原因は洪水、海流、津波などの流水による他、河床低下に伴うものもある。洗掘は橋脚の周りの流速が高まり、渦が発生することで生じるとされ、洗掘深は4mに達するものもあるといわれている。通常は洗掘による影響を防ぐためにケーソン基礎や杭基礎が採用されるが、根入れ長の確保した上で橋脚の周りを巨石やコンクリートブロックで囲う根固め工で洗掘を防ぐことも行われている（図-5.1.9）。図-5.8.1は倒壊を免れた橋脚の洗掘事例である。流下物の残滓が見られるが、洪水時には大量の流下物が橋脚にまとわりつくので設計計算以上の水平力が橋脚に作用して倒壊に至ることが多い。

直接基礎の洗掘対策は海外でも古くから悩ましい課題であった。ヨーロッパでは大河川に石積アーチ橋が多く架設され、その橋脚は人工島と云ってもよいほど大きな石積の基礎が築かれた。図-5.8.2は1400年にプラハのモルダウ川に架けられた石積アーチ橋で、洗掘に対する措置が執られている。近代の事例としてバングラデッシュのガンジス川のハーディンジ鉄道橋では橋脚の周りを予め掘り下げておき、地盤面を捨て石で保護する方法が採られた。同じような措置が明石海峡大橋の主塔基礎2Pの洗掘対策（図-5.8.3）で採られている。明石海峡での海流は最大流速4m/秒で、洪水時の流速に相当する。海底を掘り下げて表面を1tの捨て石で保護している。掘り下げた部分はほぼ静水域となるので、海流はその上を通り抜け、基礎周面で高まった流速による地盤面上の巻き上げ

図-5.8.1　洗掘された橋脚の事例[15)]

図-5.8.2　モルダウ川に架かるカレル橋[17)]

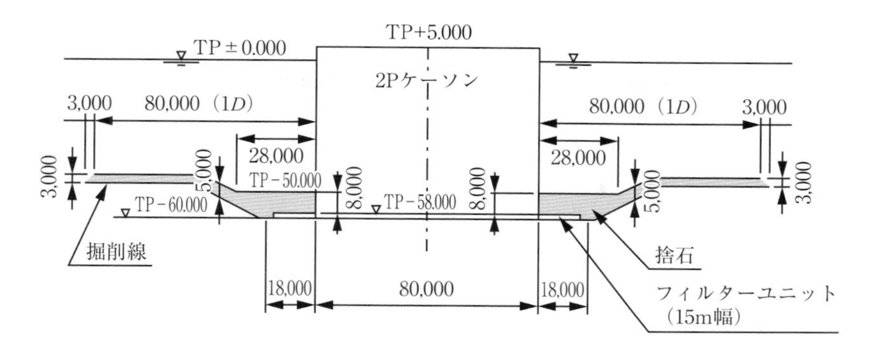

図-5.8.3　明石海峡大橋の主塔の洗掘対応策[18)]

る負圧を緩和する。この方法は工事費が大きくなるので大規模工事で用いられる。

洗掘の調査方法、対応策などについては“11　基礎で考慮すべき事項”を参照されたい。

5.9　フーチングの剛性

荷重と地盤の支持力（地耐力）のバランスから基礎の形状寸法が決まると現場で施工することになる。砂質系地盤の場合、掘削で緩んだ地盤に構造物からの反力を均等に分布させるために割り栗石や砕石層を敷設してフーチングを設置する。岩盤の場合は掘削時の底面の凹凸を均しコンクリートやモルタルで充填してフーチングを施工する（図-5.9.1）。橋脚の場合、フーチングは剛体として取り扱うのが原則である。すなわち、フーチングにはひび割れが発生しないために、撓むものであってはならない。剛体の目安はフーチング幅から柱幅を差し引いた値の1/5の厚さとしてよい。独立フーチングや複合フーチング（ラーメン橋脚）では、フーチングは片持ち梁としての配筋が施される。

道路橋示方書は必要とする剛性は次式で定めるとしている[17)]。

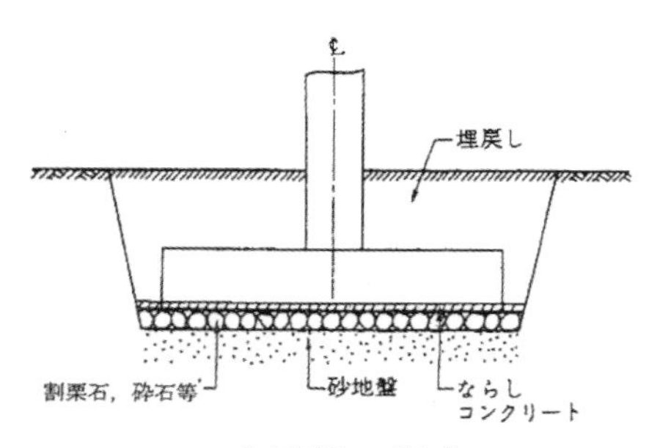

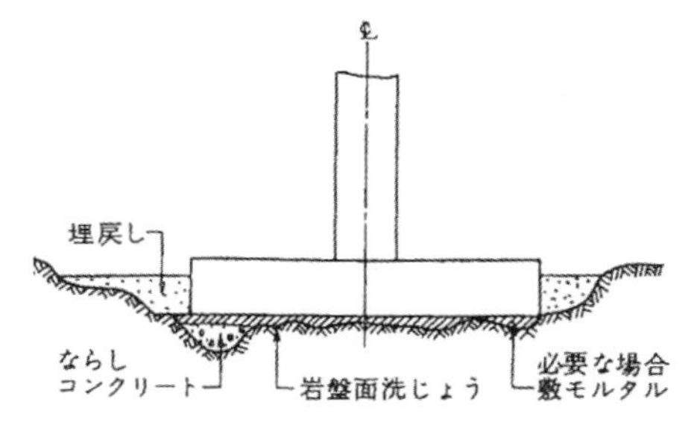

図-5.9.1　橋脚基礎の支持地盤への設置[10)]

$\beta \cdot \lambda \leqq 1.0$　　　　　　　式-5.9.1

ここで、

$\beta =(3k_v/Eh^3)^{1/4}$　　　　　　式-5.9.2

k_v：鉛直方向地盤反力係数（kN/m^3）
E：フーチングの弾性係数（kN/m^2）
h：フーチングの厚さ（m）
λ：単独フーチングの場合はlまたはbの最大値（m）（図-5.9.2）
連続フーチングの場合は

$\lambda =\alpha (\lambda'^2+e^2)/(\lambda'+e)$（m）
式-5.9.3

λ'：連続フーチングのlまたはbの最大値（m）（図-5.9.2）
α：1.3
e：軸直角方向の片持ち梁長（m）（図-5.9.2）

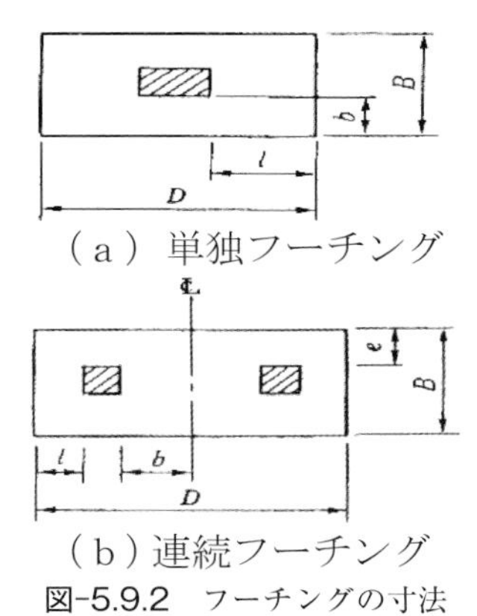

図-5.9.2　フーチングの寸法

建築構造物などで採用される連続フーチングやベタ基礎の場合は連続梁もしくは固定ラーメン構造となるが、複鉄筋で配筋されることが多い。計算における地盤反力の分布はフーチングの剛性によって剛体の下の均等分布とするか、弾性床上の梁や膜の下の曲線分布とするかによって異なる。しかし、ある程度の剛性があれば大きな差が生じないので、計算を容易にするために均等分布としてよい。

参考文献

1）野中寺に遺された古代伽藍の建物礎石「観仏日々帖」2015.8.8　http://kanagawabunkaken.blog.fc2.com/blog-date-201508.html
2）正倉院正倉整備工事の第3回現場見学会「歴史探訪京都から」2013年03月31日　http://blog.livedoor.jp/rekishi_tanbou/archives/2013-03.html
3）父子嶋（てでこじま）（下大利）「福岡県大野城市」http://www.city.onojo.fukuoka.jp/s077/030/010/070/050/2085.html
4）松井淳，玉石の威力，1982年
5）薬師寺食堂の調査（平城第500次調査）「独立行政法人国立文化財機構　奈良文化財研究所」（2013年1月26日）　https://www.gensetsu.com/20130126yakushiji/doc1.htm
6）（検討状況報告書資料）松本城の歴史的価値（p13.14）「松本市」2007年12月　https://www.city.matsumoto.nagano.jp/miryoku/siro/sekai-isan/sekaiisan_siryo/rekishitekikachi_insatsu2.files/3rekishitekikachi13_14.pdf
7）錦帯橋「フリー百科事典　ウィキペディア日本語版」2011年9月4日
8）青木楠男，錦帯橋の構造，岩国市役所，1952年，http://www.kintaikyo-sekaiisan.jp/work3/left/featherlight/book3.html
9）道路橋示方書　Ⅳ下部構造編，日本道路協会，1980年
10）構造物基礎の設計計算演習，第3章　基礎の選定，土質工学会，1982年
11）右城猛，直接基礎の支持力計算法
12）Terzaghi, K. Theoretical Soil Mechanics, John Wiley & Sons, p. 250, 1943.
13）道路橋示方書　Ⅳ下部構造編，日本道路協会，2017年
14）赤木久眞，中野時衛，近年における地震被害の特徴と通信用建物・鉄塔等の耐震安全性確保への取り組み「NTT総研ファシリティーズ」　https://www.ntt-fsoken.co.jp/research/2014.html#02

15) 阪神・淡路大震災調査報告書，土木学会，1996年
16) わが家の耐震—RC 造編「(一社) 日本建築学会」
https://www.aij.or.jp/jpn/seismj/rc/rc2.htm
17) pixabay「カレル橋—ブリッジ—ブルタバ川」
18) 基礎工，Vol. 46. No. 10, p. 95 図-2，2018. 10.

6 ケーソン基礎

6.1 オープンケーソン

ケーソン基礎は直接基礎と杭基礎の中間領域の基礎形式である（図-2.4.4、図-3.2.1 参照）。直接基礎の根入れ長が大きくなるとケーソン基礎となり、ケーソン基礎を細くすると杭基礎となる。ケーソン（caisson）はフランス語で函（箱）を意味する。英語では井戸を意味する well（ウェル）で、日本語で井筒と呼んでいる。嘗ては、つるべ井戸と同じ要領で掘削し、壁面を石材で保護するもの（図-6.1.1）であった。掘削を完了した後に内部に砂利等の詰め物をして基礎とした。ヨーロッパの大河川上の石造アーチ橋の橋脚基礎も締め切りをして内部に石積をして同様の形状が採られている。

現代のケーソン基礎は 19 世紀末に出現した鉄筋コンクリートを用いて 20 世紀になって大きく発展した。剛性の高い大断面の深い基礎であることで、大径、長尺杭が出てくる以前から重要構造物の基礎として長い間、高い信頼が寄せられてきた。ケーソン基礎の名称は土木分野で用いられているが、建築分野では大径杭を含めてピア基礎と呼んでいる。

ケーソン基礎はオープンケーソン（井筒基礎）、ニューマチックケーソン（空気ケーソン、潜函工法）に大別できる。他の形式の基礎に対してケーソン基礎の特徴を次のように挙げることができる。

(1) 鉛直方向、水平方向の支持力が大きく、信頼性が高い。
(2) 掘削土から支持層を確認できる。
(3) 硬い中間層、玉石層などを克服できる。
(4) 断面寸法、根入れ長などの調節を柔軟にできる。
(5) 軟弱な地盤上や大きな水深でも施工できる。
(6) 施工時の騒音や振動は少ない。
(7) 工期は比較的長いが、数基を同時に施工することができる。

オープンケーソン（図-3.2.4、図-6.1.2）は、鉄筋コンクリートもしくは鋼殻の円形または角形の筒型函体の内部を掘削して函体の自重で支持層まで沈設するもので

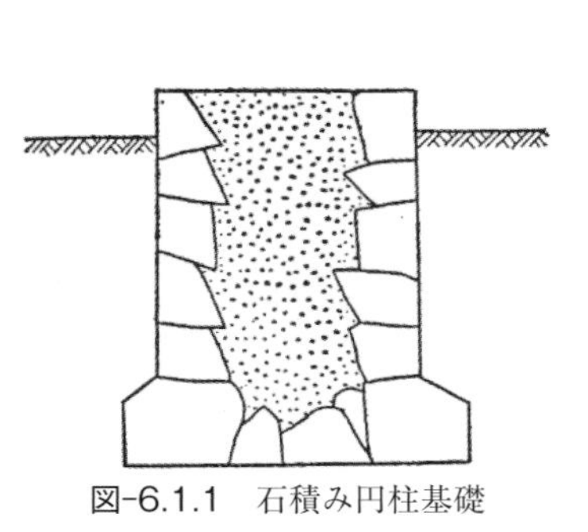

図-6.1.1　石積み円柱基礎

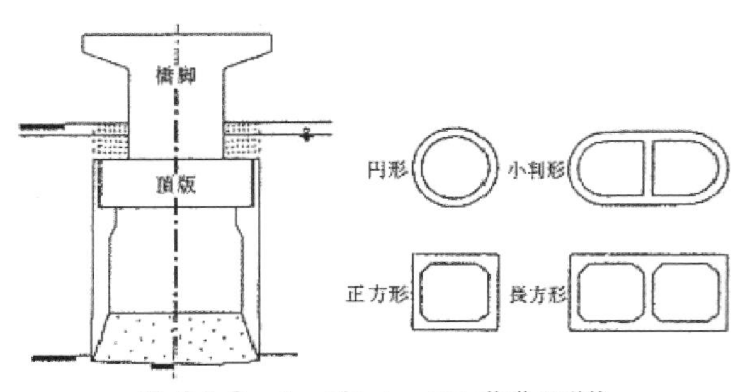

図-6.1.2　オープンケーソン基礎の形状

ある。掘削は地表から主にバケットで行い、一定量の沈下毎に円筒状の鉄筋コンクリート壁を継ぎ足していく（図-6.1.3）。三角デレッキ（図-6.1.4）などの比較的簡易な機械で施工できるという利点のために杭の機械化施工が普及するまでは広く用いられた基礎形式である。地方の橋梁の基礎工事では、この工法は大型の杭打ち機や既製杭の搬入をしなくても、地元の機材、人手で施工できる工法としても多用されていた。

施工は内部掘削で函体壁の先端の刃先下の支持力を削いで壁の自重で沈下せしめるものである。ところが、壁面と周面地層の間の摩擦抵抗は大きいために沈下しがたいのでフリクション・カット（図-6.1.5）を設ける。フリクション・カットとはケーソン函体と周面地盤の間の摩擦を切るための隙間を作り出す段差で、幅5～10cmが一般的である。そのためにケーソン基礎では設計上、周面摩擦力を原則として無視している。しかし、フリクション・カットがあっても周面地層から隙間に崩れ込む土砂が摩擦抵抗となって函体の沈下を阻害することもある。また、完成して長い年月が経つと施工時の隙間は土砂で完全に埋まり、大きな周面抵抗を発揮している。

施工中の周面土層の崩れ込みによる他、支持層が深いと摩擦抵抗が大きくなるので、沈下荷重としての函体重量を増やすために壁の厚さを調整する。通常、

図-6.1.3　オープンケーソンの施工

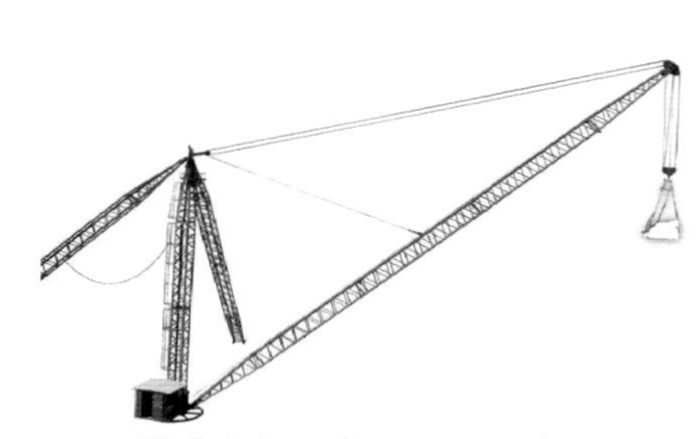

図-6.1.4　三角デレッキの事例

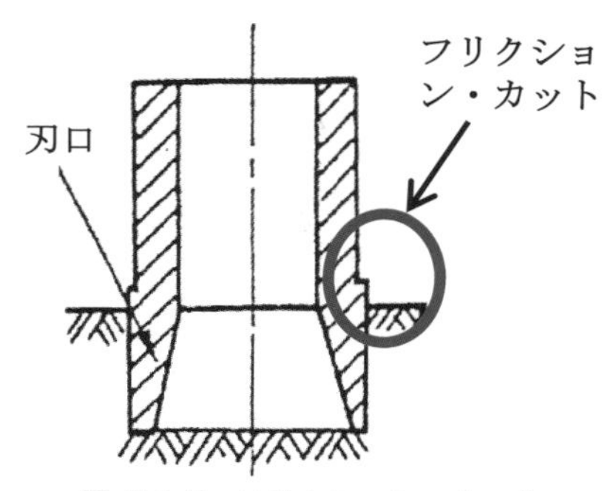

図-6.1.5　フリクション・カット

壁の面積は全断面積の30〜40%であるところ、自重を増加させるために井筒壁を全断面積の60%にしたとしても、径10mの鉄筋コンクリートの場合の壁厚は2m弱で、残りの径6mの作業空間で掘削することになる。

オープンケーソンでは底面の支持力を弱めて函体を円滑に沈下させる掘削作業は図-6.1.6に示すように壁沿いの掘削を先行する手順と函内中央を中心にすり鉢状に掘削する手順が一般的である。すなわち、壁際を先行して掘削すると壁体刃口の下の地盤支持力は弱まるが、すり鉢状に掘削すると刃口の支持力は大きいままで残され、なかなか沈下しない。そのような刃口下の抵抗を取り除く器具で汎用的なものはないが、図-6.1.7や図-6.1.8に示す突き棒や松葉状の掘削機などが工夫されている。

ケーソンの沈設作業の工程では函体周面の周面抵抗が最大の障害になっている。深いケーソンの沈設作業では壁面の抵抗を切るために、函体周面に沿ってエアジェット、ウオータージェット、ベントナイト液などを噴射させる配管を予め壁体内に設ける方法もある。図-6.1.9にエアジェットの事例を示す。この他、シート系減摩剤や塗布系減摩剤を壁面に用いられることもある。また、函体内の水位を上下させて沈下の促進を図る場合もあるが、逆に水位を引き下げると周りの地層を壁面に引き寄せ、次の掘削段階で沈下を困難にすることがあるので避けた方がよい。以前はウオータージェットを用いていたが、周面地盤の乱れや排水処理などの課題もあってエアジェットやベントナイト液に代わっている。

沈設を促進するための載荷方法として

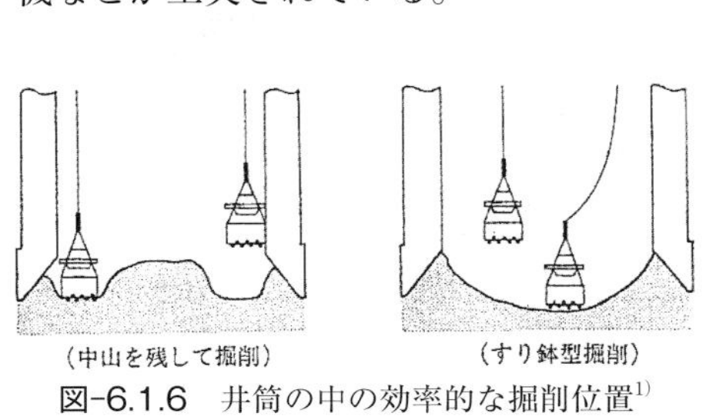

図-6.1.6 井筒の中の効率的な掘削位置[1]

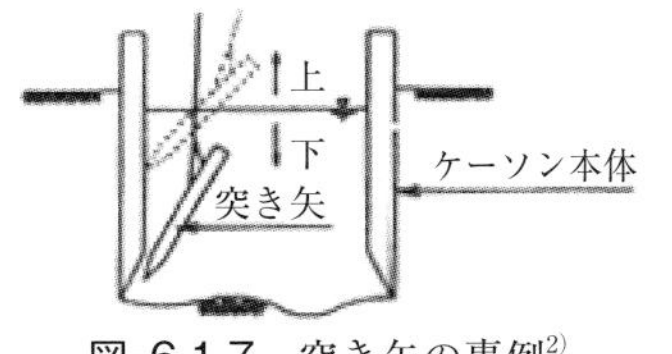

図-6.1.7 突き矢の事例[2]

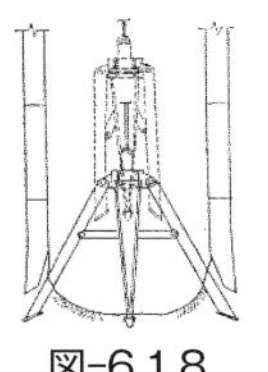
図-6.1.8 傘型突き矢[1]

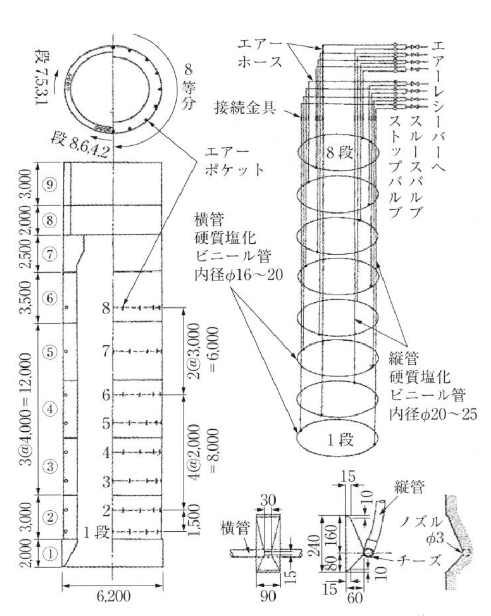

図-6.1.9 エアジェットの配管事例[1]

図-6.1.10、図-6.1.11の装置がある。図-6.1.10は鋼材やインゴットなどをケーソン頂部に井桁に組んで載荷荷重とするものである。図-6.1.11はPCケーソンと同じように予め地中アンカーを敷設しておき、反力桁とジャッキで荷重をケーソン頭部に加えるものである。いずれもロットを継ぎ足すときに載荷装置の盛り換えを実施せざるを得ないので沈設作業が非能率となるために使用される機会は少なく、特殊な事情のある場合に採用される。

この一連の施工過程を図-6.1.12に示す。

基礎の予定位置にケーソンの刃口金物を含む最初のロッド（重ねるとケーソンになる単体の函体）を設置することから始まる。表層地盤が硬い場合は整地するだけでよいが、軟らかい場合は置き換えて安定した地盤にする必要がある。函体内部の掘削作業を始めると、函体は継ぎ足していく過程で不安定になり、傾斜し

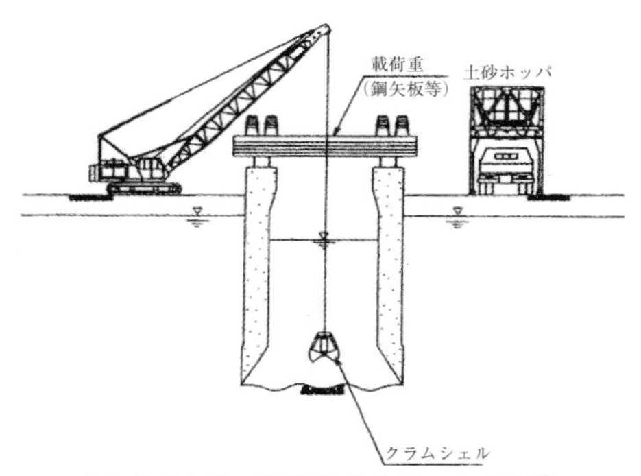

図-6.1.10　載荷荷重を用いた掘削[2]

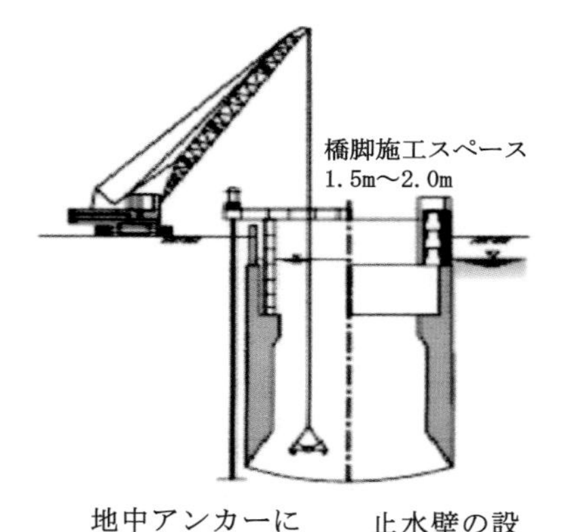

図-6.1.11　掘削の補助装置[3]

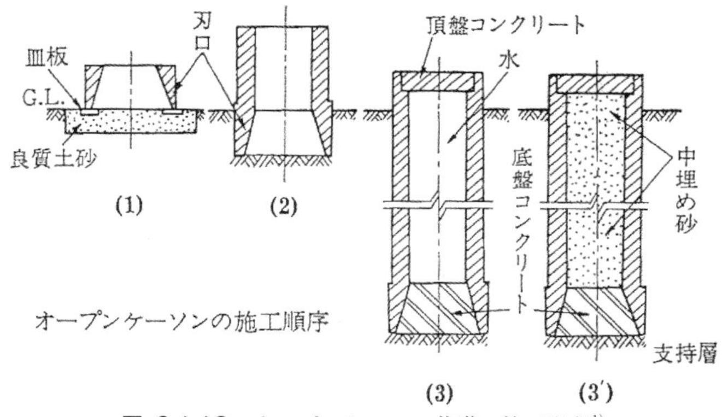

図-6.1.12　オープンケーソン基礎の施工過程[1]

た状態のままで沈下することもある。函体が傾斜した状態では底面全面に上方からの掘削機は届かなくなり、均等に掘削することができなくなり、沈設不能に陥る。そのようなことを防ぐために、はじめの内は鉛直性を保ちながら掘削、沈設することが求められる。2、3ロッドまで鉛直性を保ったまま、沈設が進めば安定した施工ができる。その間、躯体重量の合計が周面摩擦力と浮力の合計よりも大きくなるように設計する（図-6.1.13）。その計算には表-6.1.1の周面摩擦力の値が用いられる。浮力は函体の体積となるが、砂質層上の薄い粘性土層では底面の揚圧力が不均等に働いて傾くことがあるので注意が必要である。

ケーソン躯体が支持層に達して掘削が完了すると底版コンクリート（無筋）を施工する。この場合、底部には水が溜まっていることが多いのでトレミー管を使用するのが原則である。トレミー管がない場合はコンクリート管の先端を地盤に付けたままコンクリートを噴出させて底部にいき渡らせて湧水を止めた上で内部の

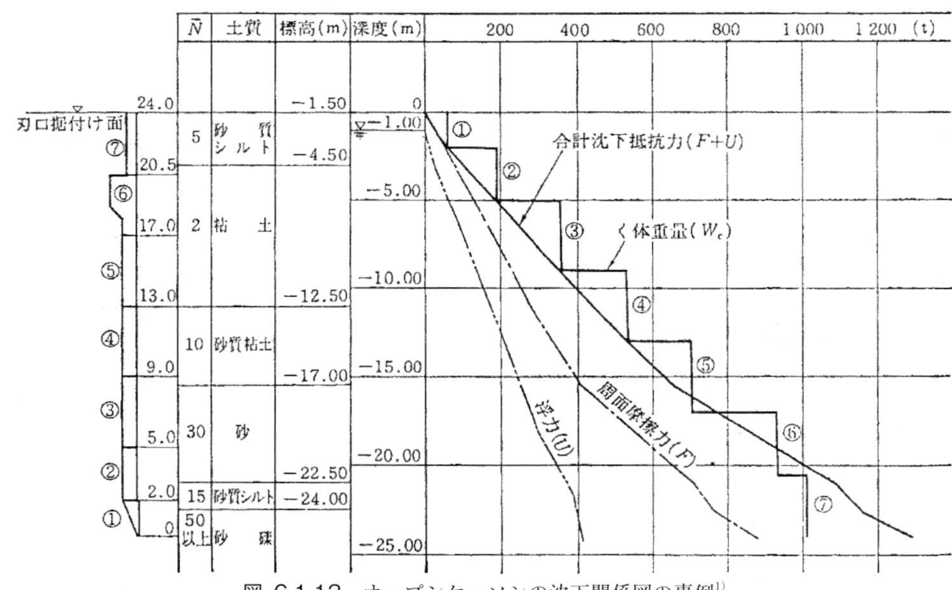

図-6.1.13 オープンケーソンの沈下関係図の事例[1)]

表-6.1.1 道路橋示方書のケーソンの周面摩擦力[4)] (kN/m²)

土質＼ケーソンの深さ	8m	16m	25m	30m	40m
粘性土	5.0	6.0	7.0	0.9	10
砂質土	14	17	20	22	24
砂れき	22	24	27	29	31

水をポンプアップして改めて気中でコンクリートを打設する。この際、ポンプアップ時の函体の浮き上がらないように留意が必要である。そして、内部を土砂や水で埋めて頂版を鉄筋コンクリートで施工するとケーソン基礎の完成となる。

6.2 ケーソン基礎の安定と支持力

ケーソン基礎の設計はケーソン躯体を剛体（箱のように撓まない）と仮定する場合と弾性体（杭のように撓む）として扱う場合がある。

剛体と仮定する場合は図-6.2.1 に示すとおり、鉛直力 N、水平力 H、回転モーメント M と地盤反力 q、p、R とのバランスを計算することで微少回転角 θ、中立点深さ h が定まる。ここで、表層地盤では受動土圧が限界となるために地盤反力係数は三角形となる。計算全体は複雑になるが、電卓でも 2、3 日の作業で断面決定ができる。

地盤反力 q_1、q_2 は支持層の地盤反力係数 Kv と回転角 θ で定まる。ここで、作用する水平力 H や回転モーメント M は主に地震時荷重によるものである。地震時荷重として函体の慣性力を考慮しないのは観測の結果、函体は地盤と共に挙動し、位相差も働かないことからは地中では地震力が慣性力にならないとしたことに拠る。

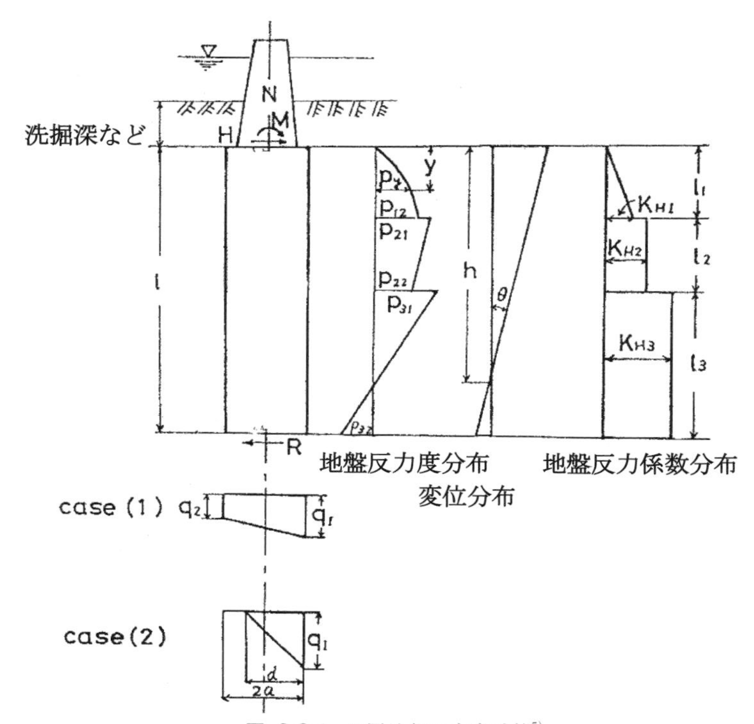

図-6.2.1　3 層地盤の安定計算[5)]

ケーソンも深くなるとPCケーソンのように杭に近くなる。道路橋示方書は弾性体として取り扱い、設計のモデルを図-6.2.2に示す。ケーソンの周りの地盤の抵抗要素として6種類の地盤反力係数が用いられる。底面地盤の支持力Vに係わる地盤反力係数k_V、底面地盤の水平方向せん断抵抗Rに関わる地盤反力係数k_S、ケーソン前面の地盤反力係数k_H、ケーソン側面のせん断抵抗k_{SHD}、ケーソン背面の軸方向せん断抵抗に関わる地盤反力係数k_{SVB}、ケーソン側面の軸方向せん断抵抗に関わる地盤反力係数k_{SVD}である。k_V、k_S、k_Hの値はオープンケーソンや直接基礎と同様に決めてもよい。k_{SHD}、k_{SVB}の効果には疑問が残るが、k_{SHD}はk_Hの1/3〜1/4程度を、他は各層のk_Vの1/3〜1/4程度を採ればよいかと考えられるものの、無視する方が安全側であろう。これらの地盤反力係数は地盤反力度の範囲内で扱われるので図-6.2.3のバイリニア型として用いられる。

ケーソンは多様な作用荷重を図-2.1.1と同様に合成した合力の分力に対して設計される（図-6.2.2）。鉛直力Vは主に底面地盤の支持力で受け止められる。ケーソンの場合、側面で水平力、回転モーメントが負担されるために回転角θは微少となり、支持地盤は鉛直荷重を実質的に受けることになる。

支持地盤の極限鉛直支持力は図-5.4.6の支持力係数を用いて次式で算出される。

$$Q_u = q_a A = A(\alpha c N_c + q N_q + \gamma_1 \beta B_e N_\gamma / 2)$$

式-6.2.1

ここで、

Q_u：ケーソンの極限鉛直支持力
q_a：許容鉛直支持力度
A：ケーソン底面の載荷面積
α、β：基礎底面の形状係数
c：支持層の粘着力
q：支持層面の上載荷重（$=\gamma_2 D_f$）
γ_1、γ_2：支持地盤および根入れ層の単位重量
D_f：根入れ深さ
B_e：基礎幅
N_c、N_q、N_γ：粘着力、上載荷重、内部摩擦角に関わる支持力係数

算出された支持力は変位量（沈下量）

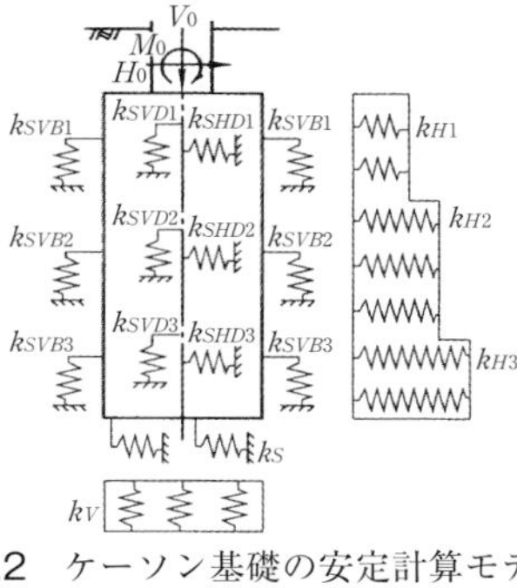

図-6.2.2　ケーソン基礎の安定計算モデル[4)]（地盤抵抗は等価線形バネで評価される）

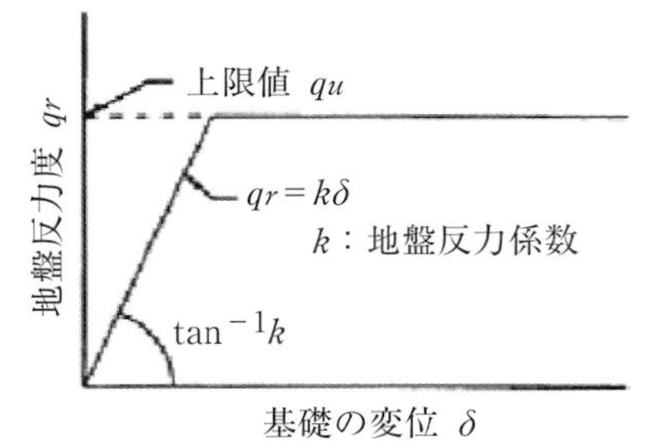

図-6.2.3　地盤抵抗の制限[6)]

を考慮しない値である。ケーソンの場合は函体の沈設の過程で底部を掘削し、上載荷重が除去されるので掘削面は広く緩むことになる。岩盤や粘性土地盤の場合はその影響は小さいが、砂質地盤の場合は底版コンクリートを打設後に緩みの影響は緩和される。この算定式は砂質地盤の場合、根入れ長が大きくなるに従って計算上の支持力は増大するが、その値が発現するまでには大きな沈下が生じる。それでは実際の基礎として不適であるので、道路橋示方書はオープンケーソン、ニューマッチクケーソンの施工方法も考慮して砂礫地盤、砂地盤の許容鉛直支持力度を図-6.2.5 のように制限している。

一方、2017 年に改正された道路橋示方書は性能設計法を取り入れ、基礎の変位を前提に支持力を 11.5.1 の規定で制限している。

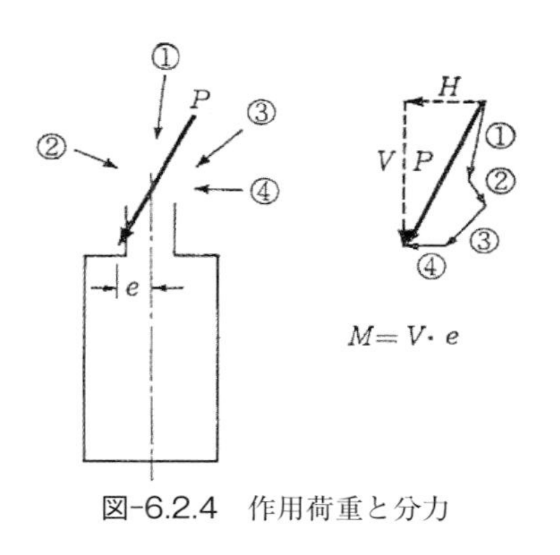

図-6.2.4 作用荷重と分力

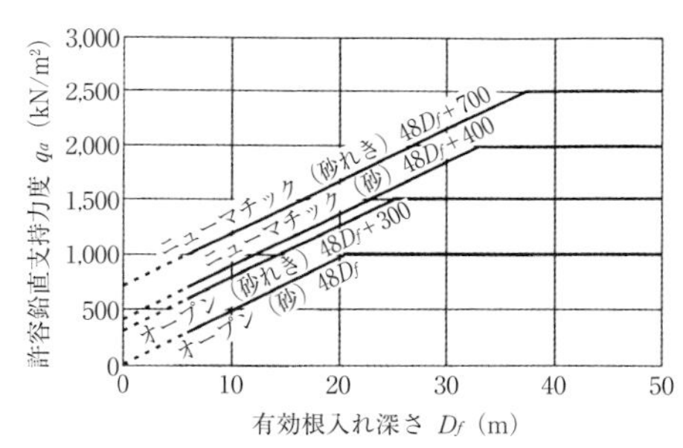

図-6.2.5 ケーソン基礎の砂質地盤における許容鉛直支持力度の制限[4)]

【参考】[6)]

11.5 永続作用支配状況及び変動作用支配状況における安定の設計

11.5.1 基礎の変位の制限

(1) ケーソン基礎が、永続作用支配状況において (2) 及び (3) を満足する場合には、基礎に生じる変位が橋の機能に影響を与えないとみなせる範囲に留まるとみなしてよい。ただし、上部構造から決まる変位の制限値が定められる場合には、その制限値を超えないことも満足する。

(2) 1) 支持層が砂地盤又は砂れき地盤の場合には、基礎底面の鉛直地盤反力度が、表-11.5.1 に示す鉛直地盤反力度の制限値を超えない。

表-11.5.1 基礎の変位を抑制するための基礎底面の鉛直地盤反力度の制限値（kN/m^2）
（支持層が砂地盤又は砂れき地盤の場合）

施工法	地盤の種類	鉛直地盤反力度の制限値
オープンケーソン工法	砂	$48D_f$ （≦ 1,000）
	砂れき	$48D_f + 300$ （≦ 1,500）
ニューマチックケーソン工法	砂	$48D_f + 400$ （≦ 2,000）
	砂れき	$48D_f + 700$ （≦ 2,500）

ここに、D_f：有効根入れ深さ（m）

2) 支持層が粘性土の場合には、圧密の影響等を考慮して適切に定めた制限値を超えない。

3) 支持層が岩盤の場合には、基礎底面の鉛直地盤反力度が表-11.5.2 に示す鉛直地盤反力度の制限値を超えない。

表-11.5.2 基礎の変位を抑制するための基礎底面の鉛直地盤反力度の制限値（kN/m^2）
（支持層が岩盤の場合）

岩盤の種類	鉛直地盤反力度の制限値
軟岩	2,000
硬岩	2,500

(3) 設計上の地盤面位置における水平変位が 1）又は 2）の制限値を超えない。

1) 橋脚基礎の場合には、水平変位の制限値は基礎の載荷方向幅の１％に相当する値とする。ただし、最小値は 15mm、最大値は 50mm とする。

2) 橋台基礎の場合には、水平変位の制限値は 15mm とする。

6.3 PC ケーソン

オープンケーソンの多くは函体の壁体を現場打ちコンクリートで施工している。これに対して工場製作した函体からフリクション・カットをなくし、軸方向にプレストレスを導入した函体が PC ウェルである。その内部を掘削しながら函体を次々と重ね、地中アンカーまたは反力杭、反力枠（加圧板）、ジャッキを盛り換えて支持層まで押し込む基礎工法が PC ウェル工法である（図-6.3.1）。日本生まれの基礎形式で、プレキャスト

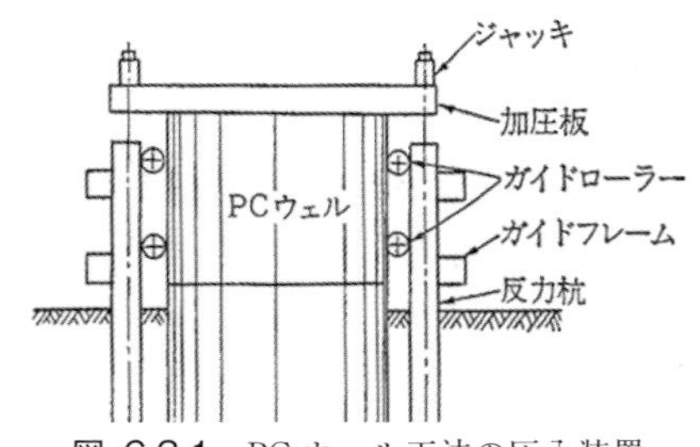

図-6.3.1 PC ウェル工法の圧入装置

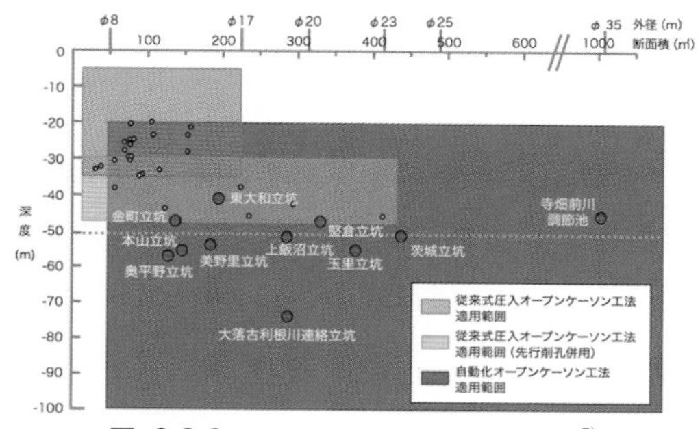

図-6.3.2　PC ウェル工法の適用範囲[7)]

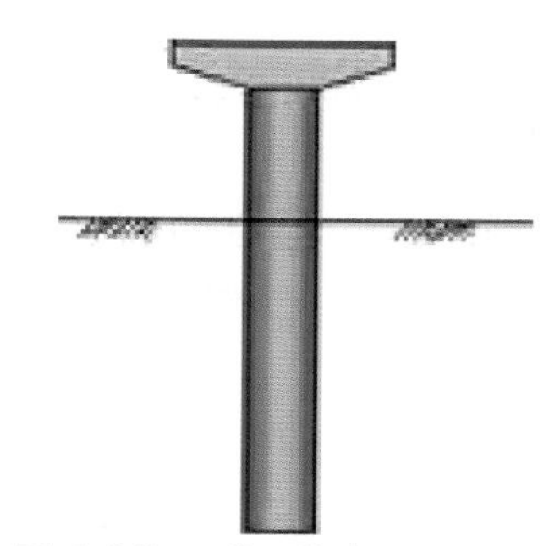

図-6.3.3　一脚一柱式の PC ウェル

函体の最大径は運搬の制約から 3.5m となっている。それ以上の直径の函体に対しては現場打ち鉄筋コンクリートとなる。基礎というよりも大深度の大径の立て坑や調節池などに利用されている（図-6.3.2）。通常の PC ウェルの基礎は一脚一柱の橋脚兼用方式（図-6.3.3）の基礎か、数本の PC ウェルをフーチングで一体化した基礎とする。圧入方式はオープンケーソンなどの沈設（図-6.3.4）でも採用されている。地下高速道路、地下鉄道、地下河川などの大断面の長大トン

図-6.3.4　施工状況[9)]

ネルを掘るには大型機材、機械などの投入と効率的な揚土のために大口径のシャフトがトンネル延長の途中に必要となる。現場で築造される函体の内側を掘削しながら圧入装置で押し込んで広い開放空間を創出する。

基礎のPCウェルを含めて深いシャフトの施工では迅速な工事と安全確保のために、掘削の自動化が求められる。図-6.3.5は函体に取り付けられたレールに沿って、水中でも遠隔操作で自動掘削できる、PCウェル専用の掘削機である。この機械を含めて掘削現場全体を図-6.3.6のシステムにより遠隔操作で管理できるようになっている。この方式は大水深の大規模基礎にも適用できるものである。将来、海峡横断道路などの大規模橋梁にも適用が期待できる。

PCウェルの特徴には次のようなものがある。

① 比較的小径のプレキャスト製品で、大きな曲げ剛性があり、品質が保証される。

② 軽いので圧入装置で沈下させるこ

図-6.3.5　自動水中掘削機[8]

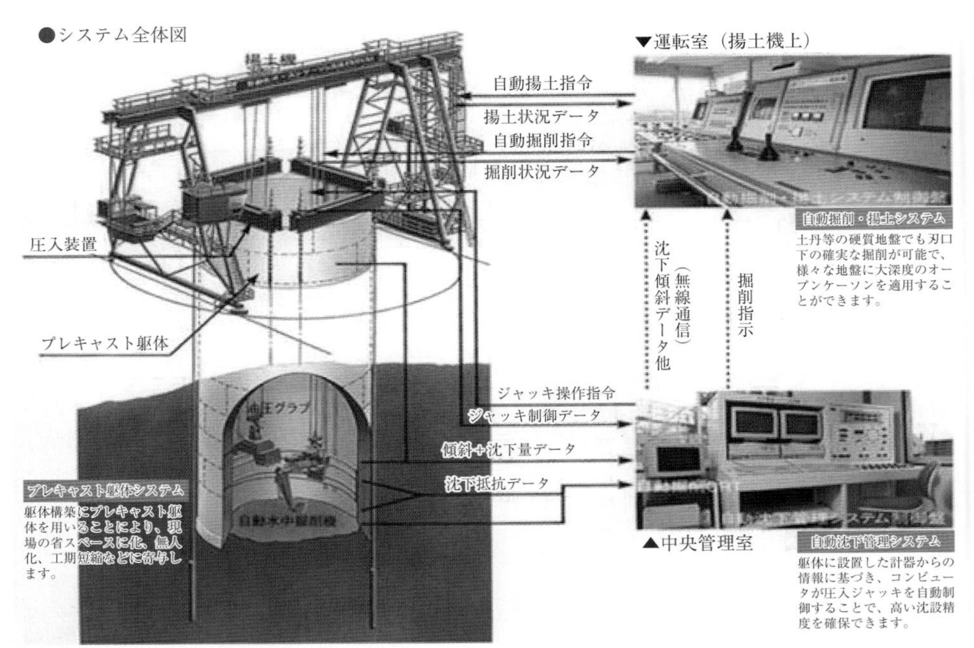

図-6.3.6　PCウェルの遠隔操作による自動掘削、沈設の全体システム[10]

とから正確かつ確実な施工で長尺ものに適する。

③ 適用できる地盤範囲が広く、各種の掘削機械を採用できる。

④ 騒音振動がほとんどなく、排土も産業廃棄物にならないので環境問題を生じない。

⑤ 急速施工が可能で、現場を合理化、省力化できる。

⑥ 狭い作業空間での施工が可能で、近接施工にも適する。

⑦ 函体の大径化に制約が多く、輸送などに工夫が必要である。

6.4 ケーソン基礎と地震

橋梁ではケーソン基礎は剛性があるために長い間、耐震性が高いとされてきた。しかし、近年の大地震でケーソン基礎に関わる被災事例が数例、発生している。

ケーソン基礎の設計では水平方向荷重H、回転モーメントMに対して**図-6.2.1**、**図-6.2.2**の計算モデルによる安定計算で地盤反力を算出する。設計に大きく影響するのは地震荷重であるが、地震力を慣性力で評価すると、剛性が高いために僅かな傾斜でも橋脚上の上部工の位置で大きな水平変位となる計算結果になる。しかし、現実の地震波動は交番荷重であるので、慣性力のような一方向荷重による変位で落橋することはないが、過去にケーソン基礎の橋で落橋したものには、阪神大震災（M = 7.3）による西宮大橋の側径間の単純箱桁（**図-6.4.1**）や宮城県沖地震（M = 7.8）による錦桜橋のゲルバーの吊り桁（**図-6.4.2**）がある。西宮大橋の場合は背面の埋め立て土の液状

図-6.4.1 阪神大震災（1995年）で落橋した西宮大橋の側径間[11]

図-6.4.2 宮城県沖地震（1978年）で落橋した錦桜橋のゲルバーの吊り桁[12]

化現象で岸壁が海側に押し出された影響により橋脚が移動したものである。錦桜橋の場合は3ヶ月前の前震でゲルバー桁の吊り桁の支承が破損して修理中のために固定していなかったことによる。

ケーソン基礎の耐震設計上で考慮するべきことは高い剛性を持つが故に、衝撃波動を橋脚に伝えやすいことである。**図-6.4.3**は浦河地震（M = 7.1）における静内橋の橋脚の共役のせん断破壊である。隣の橋脚もせん断破壊しているが、桁は落橋には至っていない。

図-6.4.4は宮城県沖地震における主径間がディビダーグで、側径間はPCの単純桁橋の閖上大橋である。すべての橋脚は砂層を支持層とするケーソン基礎で

図-6.4.3　浦河沖地震（1982 年）で被災した静内橋の橋脚[13)]

図-6.4.4　閖上大橋の全景とＰ３、Ｐ４橋脚

ある。特に、ディビダーグのPC箱桁の主径間のP3、P4橋脚は支持力に不安があったので荷重を減らすために橋脚の中心部を空洞にし、鉄筋コンクリートの円筒形にしていた。地震では両橋脚の円筒壁に無数の共役のせん断ひび割れと引張ひび割れ（図-6.4.5）が発生したが、いずれも微少ひび割れで落橋に至るものではない。この他、側径間の橋脚にもせん断ひび割れが生じた。

宮城県沖地震では閖上大橋のみならず、多くのケーソン基礎上の橋脚に大小のせん断ひび割れや引張ひび割れが発生している。これらのせん断ひび割れは設計で想定したものではなく、発生箇所も橋脚の中間部分や橋座などの反力集中部分（例：天王橋）である。その原因として考えられるのは地震波動に含まれる、通常の地震波動よりも短周期のスパイクと云われる衝撃波である。数百 Hz から数千 Hz の極短周期波で、現在の地震計の計測能力（50Hz 以下）では補足できない。そのような波動が地盤動の中に含まれていることは小さい加速度ながら常時微動計の記録からも明らかである。基礎の分野では杭の打撃時の杭体内の波動の加速度は 100G 以上になる。それでも、2008 年の岩手宮城内陸地震（M ＝ 7.2）では上下動で約 4G（T ＝ 0.06 秒？）の

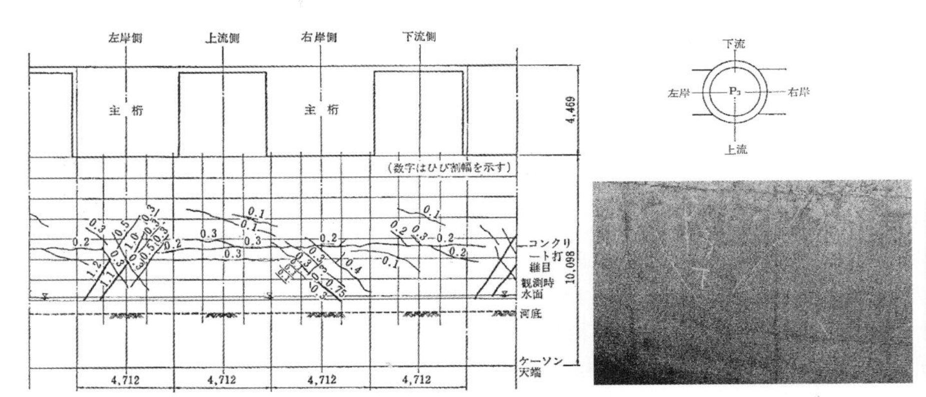

図-6.4.5　閖上大橋の円筒型橋脚の壁体のせん断ひび割れと引張ひび割れ[14)]

加速度を記録している（図-6.4.6）。他の地点でも、高周波動の分解能のある精度の高い地震計があればより大きな値を記録されていたと考えられる。

ケーソン基礎の断面は大きいので硬い支持層からの波動をそのまま橋脚や上部構造へ伝えることができる。波動は橋脚躯体の中を通り、頂部で反射して戻る過程で大きなせん断ひずみとなるが、せん断ひずみは断面中心部で最大となる（図-6.4.7）ので、せん断破壊は中心部から外周面に広がる。せん断破壊の発生位置は柱の中間部（図-6.4.8）や柱頭部（図-6.4.9）に多く、設計で対象としている柱底部ではない。衝撃波動による破壊は橋脚躯体だけではない。橋梁で上部工と下部工の接点である支承にも集中する。鋼製支承では橋座の破壊（図-6.4.10）、

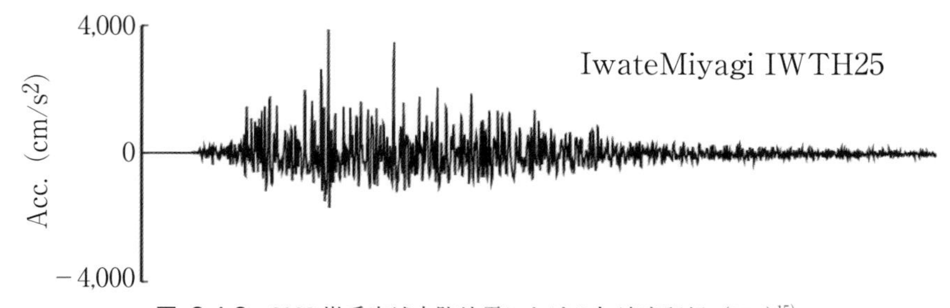

図-6.4.6　2008岩手宮城内陸地震における加速度記録（UD）[15)]

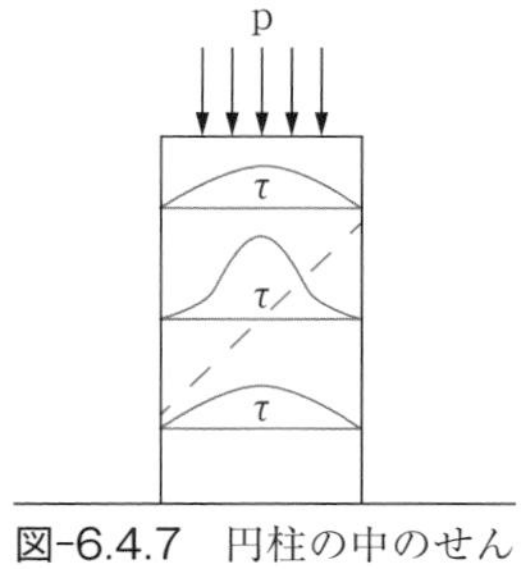

図-6.4.7　円柱の中のせん断応力

図-6.4.8　柱中間部での共役せん断破壊の事例[16)]

図-6.4.9　柱頭部のせん断破壊の事例[16)]

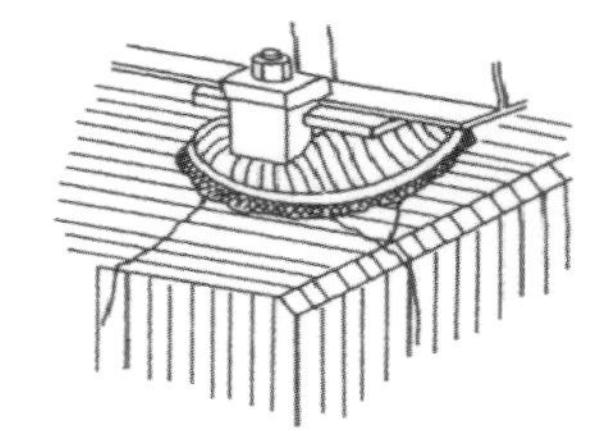

図-6.4.10　橋座のせん断ひび割れ[14)]

図-6.4.11　鋼製支承の損傷事例[17)]

アンカーボルトの引き抜けや切断、支承の損傷（図-6.4.11）などが生じる。このようなせん断破壊の被害は阪神大震災以前には主にケーソン基礎上の橋脚に生じていたが、大径で剛性の高い場所打ち鉄筋コンクリート杭が普及し、杭基礎上の橋脚でも阪神大震災で良好と云われた洪積層の地盤上で顕在化した。

このようにケーソン基礎上の橋脚などには現在の設計基準にない衝撃波動が伝達されるが、杭基礎の場合の衝撃波はフーチング下面で反射されて被害は杭頭に限られ、構造物にはせん断波が伝達されにくい。大地震でケーソンの中空断面の鉄筋コンクリート壁にせん断ひび割れが発生したか否かは不明であるが、閖上大橋の中空の橋脚の事例から形状を損なうほどのものとならないと推定されるので、敢えて特別の措置は不要であろう。ただし、上部の橋脚などには衝撃波に対するせん断補強を行い、十分な靱性を付すことが求められる。

6.5　ニューマチックケーソン基礎の概要

ケーソン基礎のうち、気中または水中の孔底をバケットなどで掘削、揚土するオープンケーソンやPCケーソンに対して、孔底の気密な作業室（チャンバー）内から圧搾空気で地下水を排除して気乾状態（自然乾燥状態）にした函内地盤を人力または機械で掘削するのがニューマチックケーソン（空気ケーソン）である

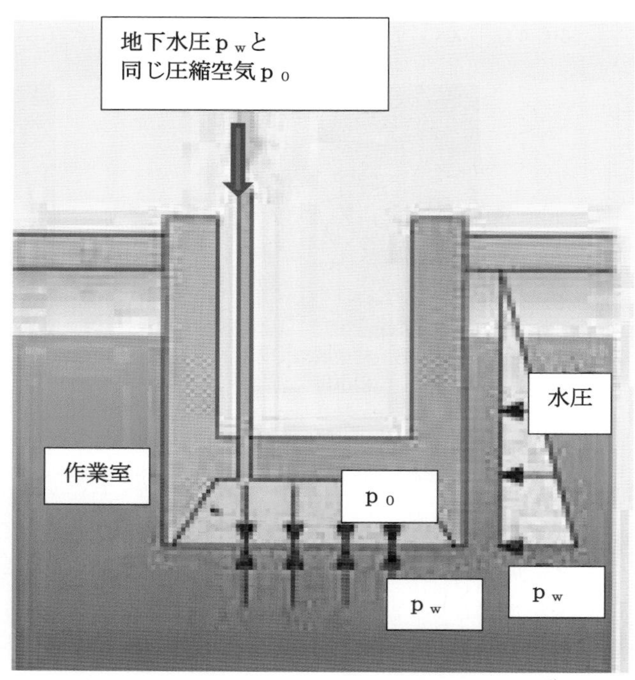

図-6.5.1　ニューマチックケーソンのメカニズム[18)]

（図-6.5.1）。

19世紀中旬にフランスで生まれ、20世紀中頃までの欧米で主に大型橋梁の基礎に採用された。しかし、高気圧下の作業（潜函作業）で技術者や作業員が潜函病に罹患、死亡する事例が多くなったために多くの国々で禁止となった。日本では関東大震災の復興事業で隅田川にかかる永代橋などの3橋の基礎に導入された後、独自の発展を遂げて潜函病にも法令の整備、ホスピタル・ロックなどの安全対策が進み、大規模橋梁、溶鉱炉などの多くの重要構造物の基礎として今日を迎えている。

その原理は図-6.5.1に示すように、ケーソン底部の気密性のある作業室内に地下水圧 p_w に相当する圧縮空気 p_0 を送り、作業室内部の地盤から地下水を押し出して作業空間を創出して地盤を気乾状態にする。その上で底面地盤を掘削してケーソンを自沈させていく。

その過程は図-6.5.2に示すとおりである。最初に施工基盤を整えて気密性の高い作業室を構築する。その上にケーソンく体となる鉄筋コンクリート壁（く体）を立ち上げる。そして、作業員、材料、掘削土砂の出入り口となるシャフトと送気管を取り付ける（艤装）。シャフトは事故などの非常時に備えて2本以上が義務づけられ、通常は人の出入り口（マンロック）と機材の搬入口、掘削土の搬出口（マテリアルロック）で使い分けられている。動力を含む給電装置も2系統以上が必要である。気圧の管理はシャフトの上側と下側に取り付けられたエアロック（圧力調整室）とハッチ（底扉）の開閉で行われ、土砂バケットの昇降に合わせて操作される。作業員はエアロック内で気圧に身体を馴染ませて作業室に降りて掘削作業に従事する。掘削と水荷重によりケーソンが沈下すると、函体やシャフトの継ぎ足す作業はハッチを閉めて内部気圧を保った上で開始する。

支持層に到達すると掘削面を整地して載荷試験を実施できる。載荷試験で支持力を確認できる点が他の工法にない利点で、重要構造物に採用される大きな理由でもある。試験終了後、作業室の装置類を取り外し、作業室内にコンクリートを充填してケーソン基礎が完成する。

ニューマチックケーソンの施工深は作業気圧の関係で深さ30m程度であったが、無人化施工や種々の対応策で50m程度まで施工が可能になっている。この工法は周辺地盤を乱さないという利点から都市内のビルなどの基礎に近接施工を克服するために採用されることもある。

以前の掘削作業は潜函工による人力掘削であったが、現在は潜函病に対する配慮から自動式の機械掘削（図-6.5.3）に切り替わりつつあり、適切な設備と制御装置が必要である。掘削機械の操作は地上の遠隔操作室から行われ、沈下作業全体がITで管理される。現在では載荷試験も無人の自動装置で実施可能である（図-6.5.4）。

函体には小さなフリクション・カットやエアジェットの装置などの補助設備が設けられることもあるが、函体に水や土砂を投入して沈下荷重にすることができる点もニューマチックケーソンの利点である。沈下作業はオープンケーソンと同

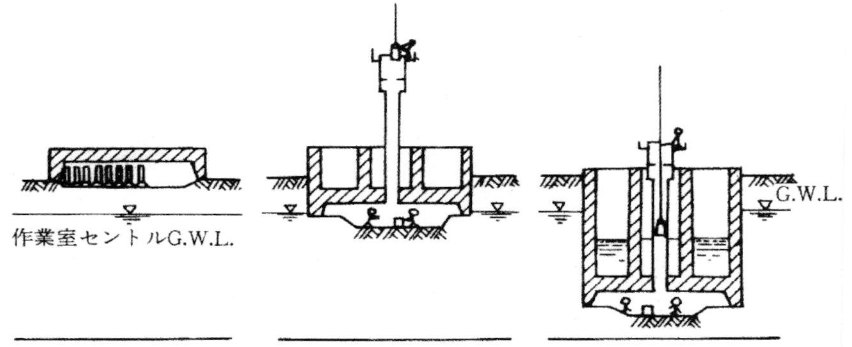

(a) 作業室構築　(b) く体コンクリート（第２ロッド）構築およびぎ装　(c) 沈下施工進行

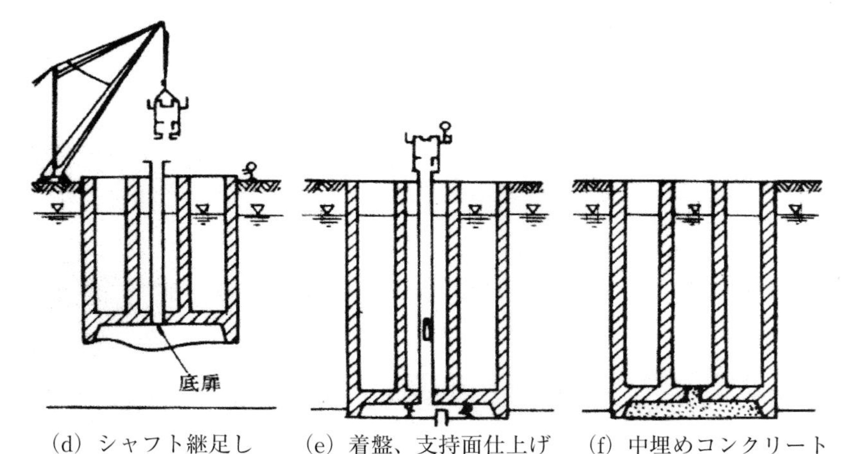

(d) シャフト継足し　(e) 着盤、支持面仕上げ　(f) 中埋めコンクリート

図-6.5.2　ニューマチックケーソンの施工順序[1)]

様、沈下関係図を作成して実施される（図-6.5.5）。

ニューマチックケーソンは圧縮空気を作業室に送り、地下水位以下でも水のない状態で掘削できることを特徴としているが、その圧縮空気の圧力管理が極めて重要である。深度に応じて地下水圧と圧縮空気の微妙なバランスを保つことが鉄則である。しかし、故意に圧力を下げて地下水圧との圧力の差分を沈下荷重として利用しようとすることがある。いわゆる、減圧沈下で、厳禁するべきものである。作業室内に人間が居る場合は事故につながるが、居なくとも掘削底面を乱し、函体周面の地層を引き寄せて周面摩擦力を増大させる。すると、沈下がより困難になり、更に大きな減圧を繰り返すことになって最終的に沈下不能に陥る。減圧沈下は一度行うと次の掘削段階でも行わざるを得なくなり、麻薬中毒に似ている

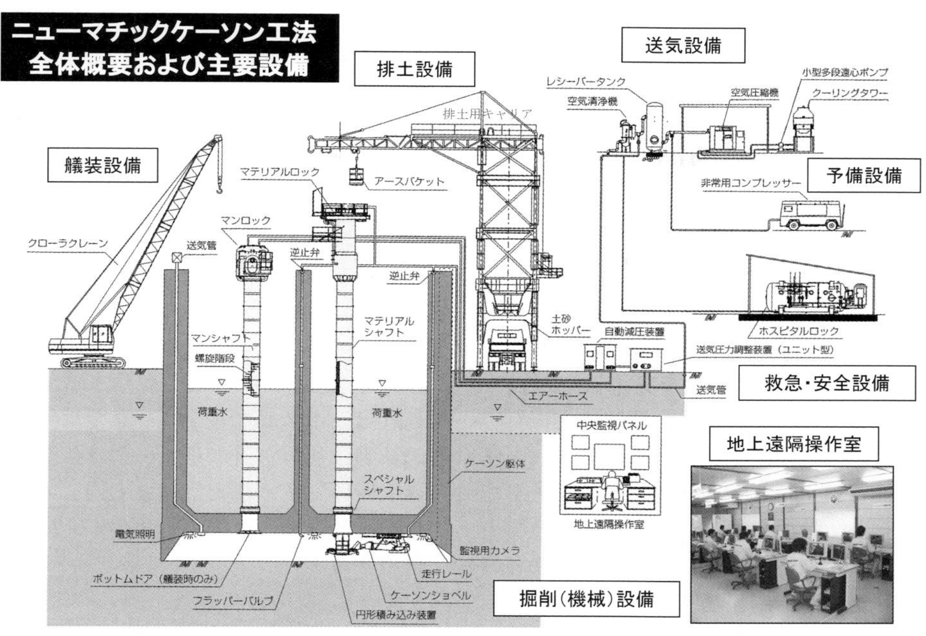

図-6.6.3　ニューマッチクケーソンの自動掘削のための設備[3)]

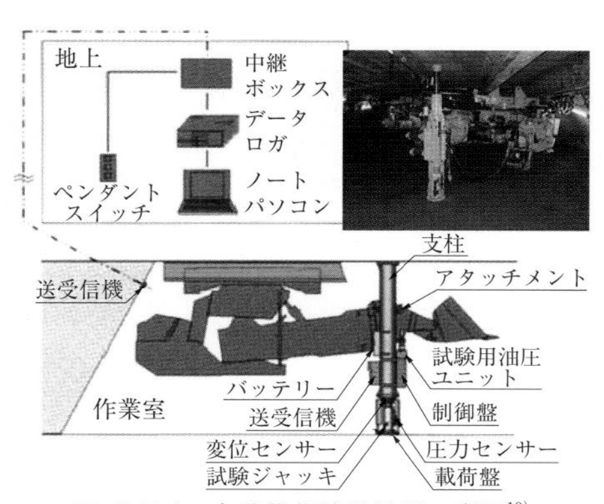

図-6.5.4　自動載荷試験装置の事例[19)]

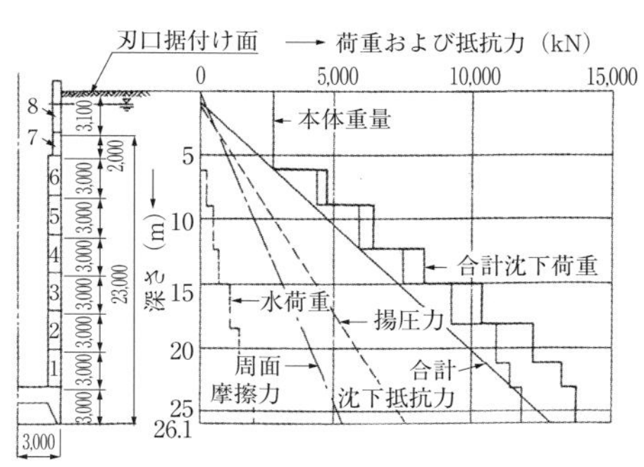

図-6.5.5　ニューマチックケーソンの沈下関係図[5)]

ので厳禁するべきものである。

また、作業室内の掘削地盤に含まれる水分を排除するために圧力をかけ過ぎるのも様々な問題を引き起こす。地下水圧を超えた圧力で函内の空気は外部に漏れ出す。いわゆる、漏気である。漏気が函体に沿って上昇しているのであれば問題がない。しかし、地中に留まっていた酸素欠乏空気や有毒ガスなどが押し出されると中間層の砂礫や砂層などを通って他の地点、例えば井戸や地下室などに吹き出し、思わぬ問題を引き起こすことがある。また、井戸涸れ、地下水噴出などを起こすこともある。いずれにしても圧縮空気の操作については細心の注意と厳格な管理が求められる。

ニューマッチクケーソンに関する用語には、船舶の用語が多く用いられている。

6.6　ニューマチックケーソン基礎の技術開発

ニューマチックケーソンに関する技術は日本で数多く開発され、広い底面積を持つ大型、大深度基礎を実現した。特に、高圧気下での掘削作業の機械化、自動化、無人化は画期的で、作業員の潜函病の防止に貢献すると共に作業能率の向上を実現した。その結果、大水深の軟弱地盤上のレインボーブリッジ、名港三橋などの吊り橋基礎、斜張橋基礎を可能にした。

その主な動機となった潜函病の症状は多岐にわたり、加圧時には思考力が鈍り、作業能率も低下する（通称、窒素酔い）。主な症状は減圧時に起こり、関節痛、呼吸器障害、皮膚の変色などで、後遺症が将来にわたって残ることがある。原因は高圧下で空気が血液中に入り込み、血行障害となることにあると云われている。減圧時には体内に入り込んだ空気中の窒素が大気圧に戻り、急激に膨張して排出されずに身体中の毛細血管を詰まらせて各種の障害を惹起することになる。

対応策として防止に関わる法令も整備されており、企業側の施工マニュアルも充実している。症状が軽微であれば、酸素を吸いながら十分に時間をかけて体内の空気の自然排出を待つのがベストであるが、通常は、現場に設置されているホスピタル・ロック（図-6.6.1）が利用される。ホスピタル・ロックでは作業員の体調に負担が掛からないように潜函病発生時の気圧から大気圧まで内部の気圧を段階的に減圧しながら体内から空気を排出する。

図-6.6.1　ホスピタル・ロックの事例[20]

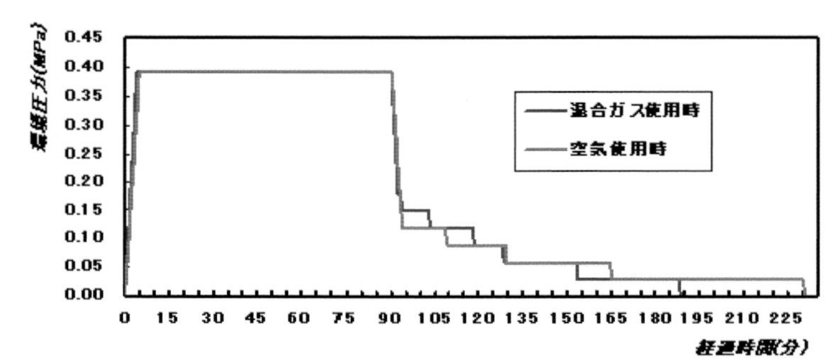

図-6.6.2　混合ガスと空気の潜函作業の減圧時間の比較（作業圧力 0.39MPa、作業時間 90 分の場合）[21]

また、ニューマチックケーソンの掘削作業（潜函作業）に関わる技術者や作業員は高気圧下の作業室内に入るためにエアロック内において徐々に加圧して身体を慣らすのに相当の時間を要し、作業終了後の減圧段階では更に多くの時間を必要とする。そのために実質的に作業できる時間は著しく短縮されて掘削深が大きくなるほど作業能率は低下する。掘削作業の機械化、自動化、無人化は人間の作業室内に出入りの調節時間を省いて作業を進められるので大幅に作業能率を高めることができる。

ニューマチックケーソンの施工深度が大きくなると高い空気圧を作業室の中に送る必要がある。機械化、自動化、無人化の技術開発で通常の作業では人間が函内に入る必要がなくなったが、掘削機器の不具合、取り外しなどのために一時的に入る必要性が生じることがある。施工深度が大きい場合や短時間で入函を必要とする場合などに窒素酔いを防ぐために窒素をヘリウムガスと置き換えた混合ガスを利用することもある（図-6.6.2）。大水深潜水作業で使われるものである。ヘリウムガスは窒素などによる中毒症状を起こしにくく、身体からの排泄速度も速い。しかし、混合ガスは高価であることと混合割合などの取扱いに注意を要することから慎重な対処が必要である。

日本独自のニューマチックケーソンの技術として大豊式潜函工法（図-6.6.3）がある。このケーソンは作業室の上階に上側と下側にハッチを持つもう一つの気密室（気閘室）を設ける構造である。上階の上のハッチを閉じた状態で作業室の掘削した土を上階の床に仮置きし、下のハッチを閉じた後に大気圧の下で揚土するものである。深いケーソンの場合に、掘削、排土の能率を向上させることができる利点があったが、通常のニューマチックケーソンより工事費が大きくなるという弱点もあった。現在は上階の気閘室は作業室の掘削機などの修理、保守を大気圧でできるメンテナンスロック、作業員の待機のための二重スラブ・マンロックとして活用され、大深度では無人化施工のできるNEW DREAM工法（図-6.6.4）として衣替えしている。

オープンケーソン、ニューマチックケーソンの海上や水上での施工法には吊り込み工法（図-6.6.5）や海上曳航方式（図-6.6.6）がある。前者の吊り込み工法は大きい水深下の軟弱地盤などに適用され、陸上で構築した函体を大型起重機船で現地に運んで沈設後に内部を掘

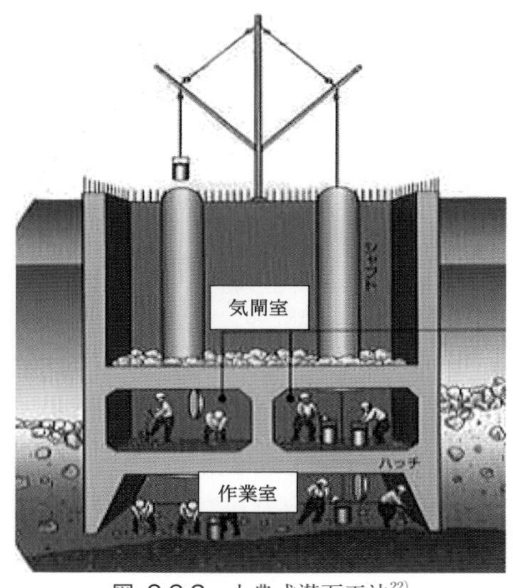

図-6.6.3　大豊式潜函工法[22)]

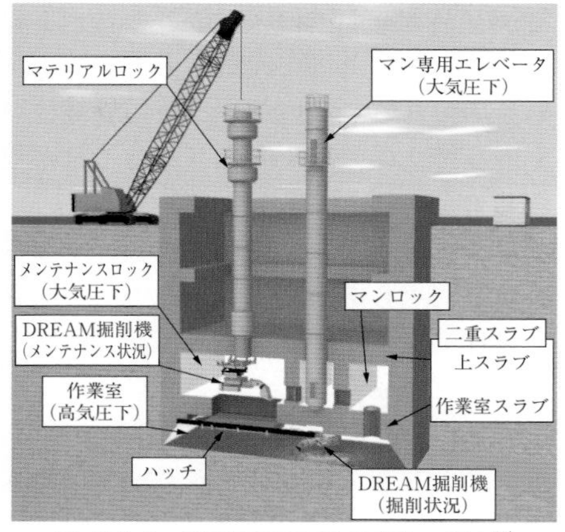

図-6.6.4　NEW DREAM 工法の概念[23)]

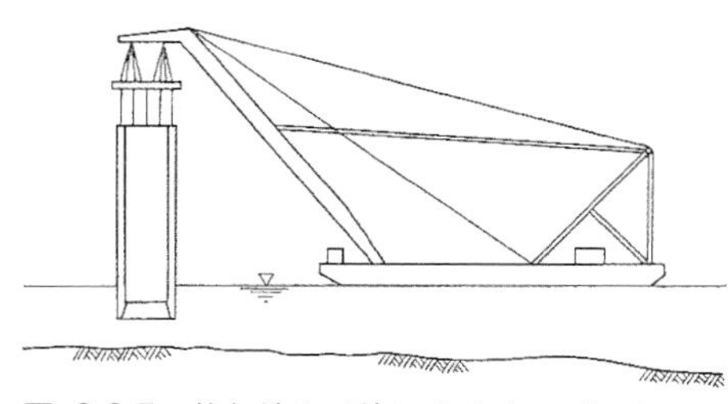

図-6.6.5　釣り込み工法によるオープンケーソンの設置（広島大橋　国道 31 号）[1)]

図-6.6.6　設置ケーソンの曳航（瀬戸大橋）[24)]

削するものである。予め、作業構台を設置しておき、所定のところに沈設する場合もある。工期が短縮し、品質も確保され、不安定な海上気象の影響を避ける利点がある。

後者の海上曳航方式のケーソンは巨大な函であるが、基礎としての機能は直接基礎となる設置ケーソンである。大水深の巨大な橋梁基礎に適用される。鋼製の函体は船舶のドックで構築され、現地に曳航されて所定の場所に沈設される。本州四国連絡橋の瀬戸大橋では吊り橋のアンカレッジ（水深約 50m）や主塔の基礎に用いられ、内部をプレパクトコンクリートで充填した。その後、明石海峡大橋の主塔基礎（水深約 60m）の内部充填には水中コンクリートが用いられた。

東京湾岸のレインボーブリッジのアンカレッジ、主塔の基礎はニューマチックケーソン基礎である。台場側のアンカレッジは巨大な断面（約 45m × 70m）の鋼殻コンクリートケーソンである。曳航した鋼殻を水深約 10m に設置した後に、主に図-6.5.3 に示す方式の無人化施工で掘削沈設が行われた。軟弱層の下の固く締まった土丹層（海面下約 40m）に着底させた。そして、最終掘削面の地盤支持力を載荷試験で確認後に作業室をコンクリートで充填し、アンカレッジのコンクリート工事に移行した。

6.7　ケーソンの断面設計

オープンケーソン、ニューマチックケーソン共に外形、寸法、地盤反力が定まると函体の設計に着手することになる。函体には常時は全周にわたって土圧、水圧が、地震時には地震による一方向からの偏荷重が作用する。施工時にも函体が傾斜すると片側に大きな地盤反力が生じる。これらの荷重、地盤反力によって函体の断面内に軸力、曲げモーメントが発生する。その軸力、曲げモーメントを正確に算出することは難しいが、図-6.7.1 のように断面内に仮の支点を設けると近似値として比較的容易に、これらの値を算出することができる。

そうして算出された、矩形ケーソンの矩形断面の軸力と曲げモーメントの分布と算出式を図-6.7.2 に、円環断面の軸力と曲げモーメントの分布と算出式を図-6.7.3 に示す。いずれも常時荷重に対しては大きな応力にはならないが、地震時には大きなプラス、マイナスの曲げモーメントが発生することから複鉄筋での対応が必要である。

小判型ケーソンの断面に生じる軸力、曲げモーメントの分布と算出式を図-6.7.4 (1)、(2) に示す。小判型の形状は河川などの流水に有利であるが、外側からの荷重に対して変形しやすく、矩形や円環と較べて断面に大きな曲げモーメントが発生する。

広い幅員の橋梁では橋台、橋脚も幅広になる。その基礎の寸法も縦横比の大きいものとなり、ケーソン基礎では長辺の壁の曲げモーメントが過大になるために隔壁が採用される。その場合の矩形断面に一つの隔壁を配置したものの軸力、曲

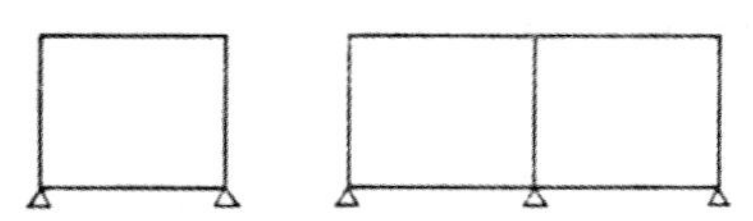

図-6.7.1　ケーソンの断面に生じる軸力、曲げモーメントの算出のための支点[5)]

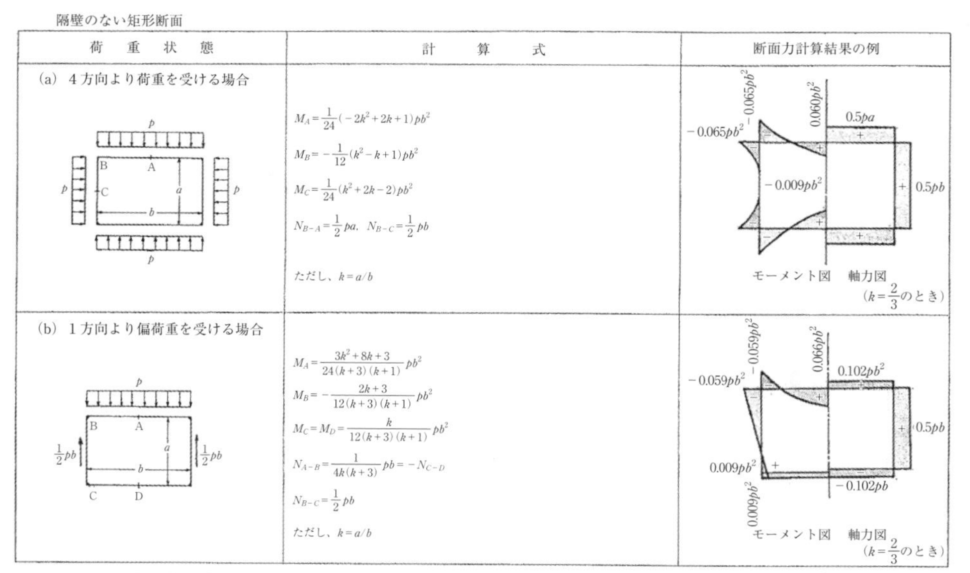

隔壁のない矩形断面

荷重状態	計算式	断面力計算結果の例
(a) 4方向より荷重を受ける場合	$M_A=\frac{1}{24}(-2k^2+2k+1)pb^2$ $M_B=-\frac{1}{12}(k^2-k+1)pb^2$ $M_C=\frac{1}{24}(k^2+2k-2)pb^2$ $N_{B-A}=\frac{1}{2}pa,\ N_{B-C}=\frac{1}{2}pb$ ただし、$k=a/b$	モーメント図　軸力図 ($k=\frac{2}{3}$のとき)
(b) 1方向より偏荷重を受ける場合	$M_A=\frac{3k^2+8k+3}{24(k+3)(k+1)}pb^2$ $M_B=-\frac{2k+3}{12(k+3)(k+1)}pb^2$ $M_C=M_D=\frac{k}{12(k+3)(k+1)}pb^2$ $N_{A-B}=\frac{1}{4k(k+3)}pb=-N_{C-D}$ $N_{B-C}=\frac{1}{2}pb$ ただし、$k=a/b$	モーメント図　軸力図 ($k=\frac{2}{3}$のとき)

図-6.7.2　矩形ケーソンの断面内の軸力と曲げモーメントの分布の計算式[5)]

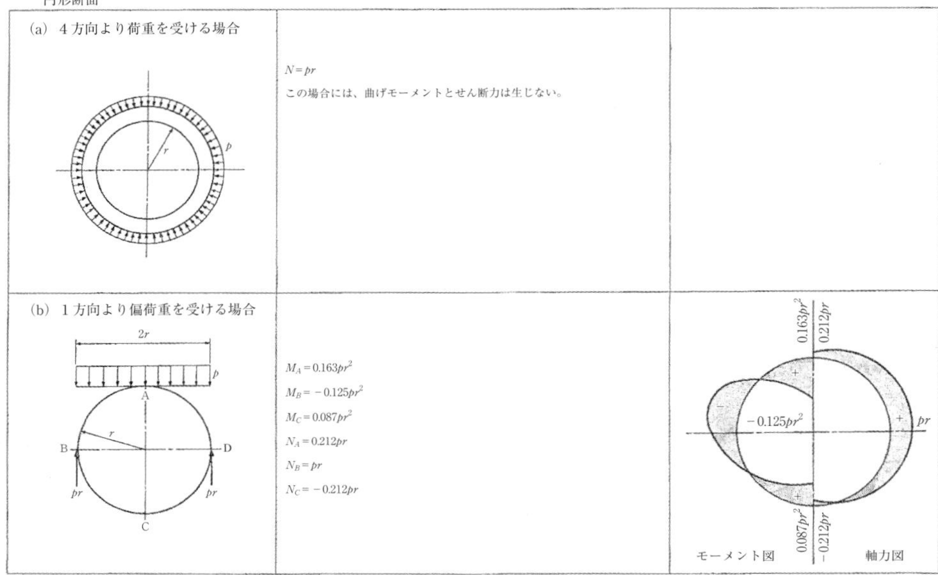

図-6.7.3　円形ケーソンの断面内の軸力と曲げモーメントの分布の計算式[5)]

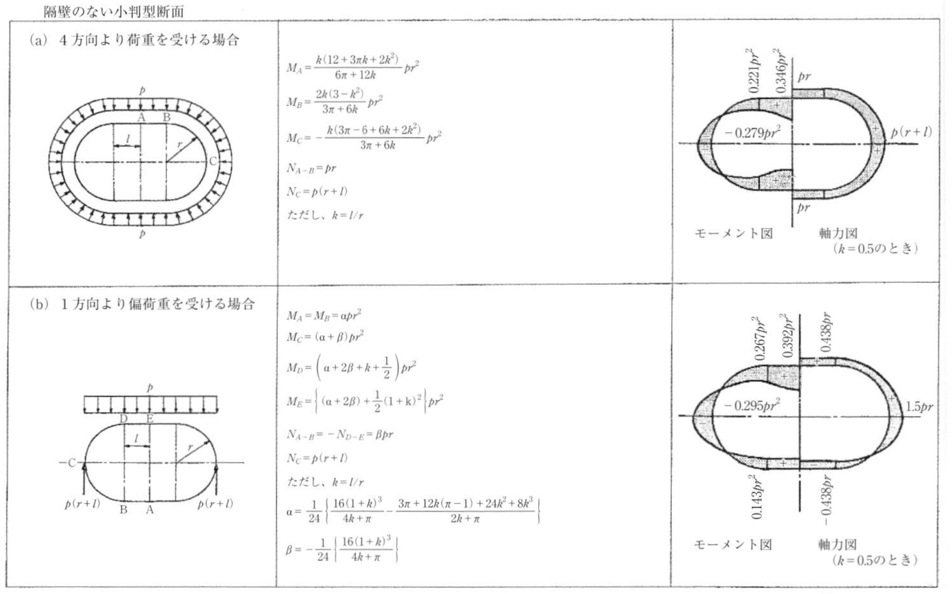

図-6.7.4 (1)　小判型ケーソンの断面内の軸力とモーメントの分布の計算式[5)]

げモーメントの分布と算出式を図-6.7.5（1）、（2）に、二つの隔壁を配置したものの軸力、曲げモーメントの算出方法を図-6.7.6に示す。小判型ケーソンの断面に一つの隔壁を配置した場合の軸力、曲げモーメントの分布と算出式を図-6.7.7に示す。隔壁の設置で軸力、曲げモーメント共に低減しており、隔壁の効果が大きいことが確認された。

隔壁を設けると断面の剛性が高まる

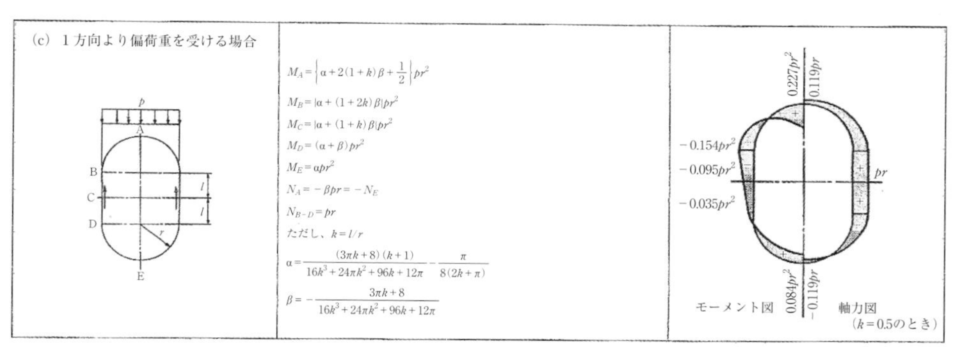

図-6.7.4（2） 小判型ケーソンの断面内の軸力とモーメントの分布の計算式[5)]

隔壁が一つの矩形断面

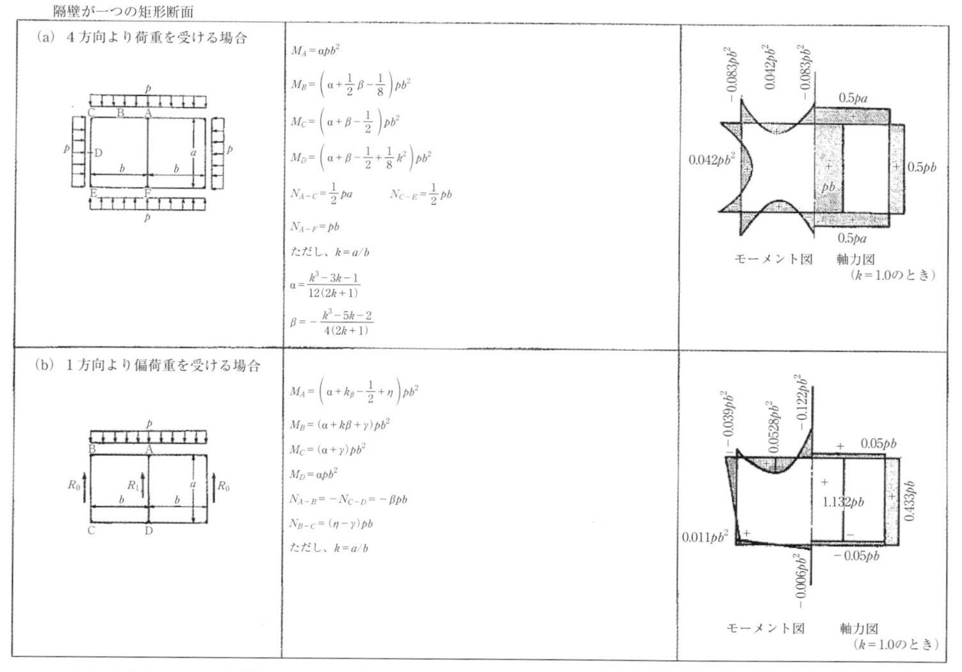

図-6.7.5（1） 隔壁一つの矩形ケーソンの断面内の軸力とモーメントの分布の計算式[5)]

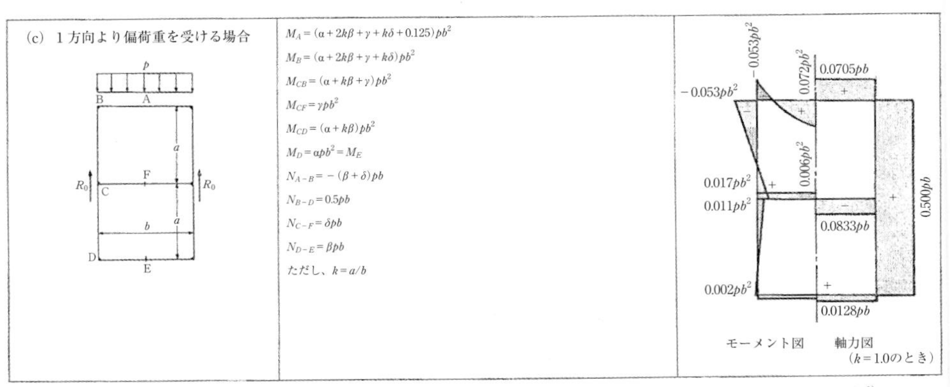

図-6.7.5 (2) 隔壁一つの矩形ケーソンの断面内の軸力とモーメントの分布の計算式[6)]

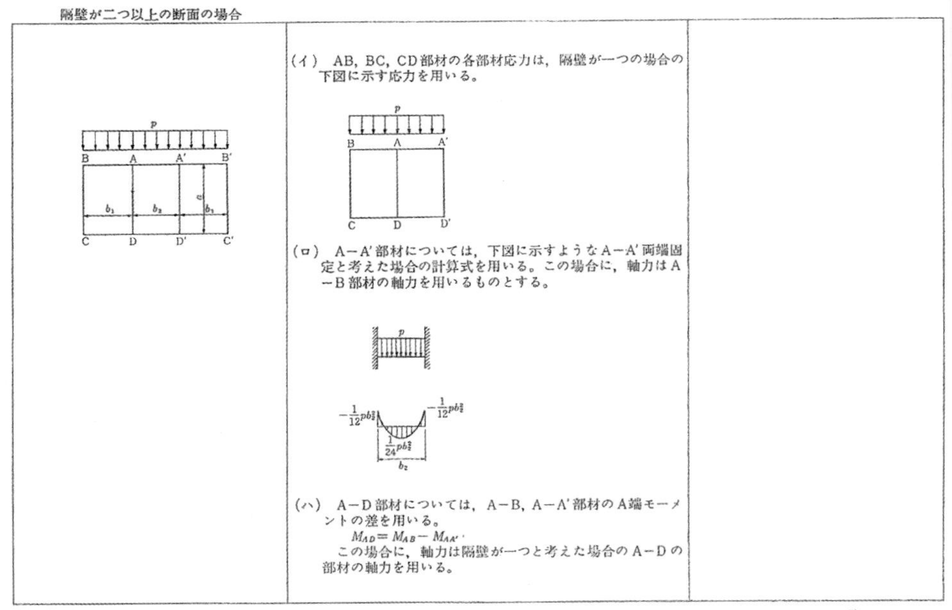

図-6.7.6 隔壁二つの矩形ケーソンの断面内の軸力とモーメントの分布の計算式[5)]

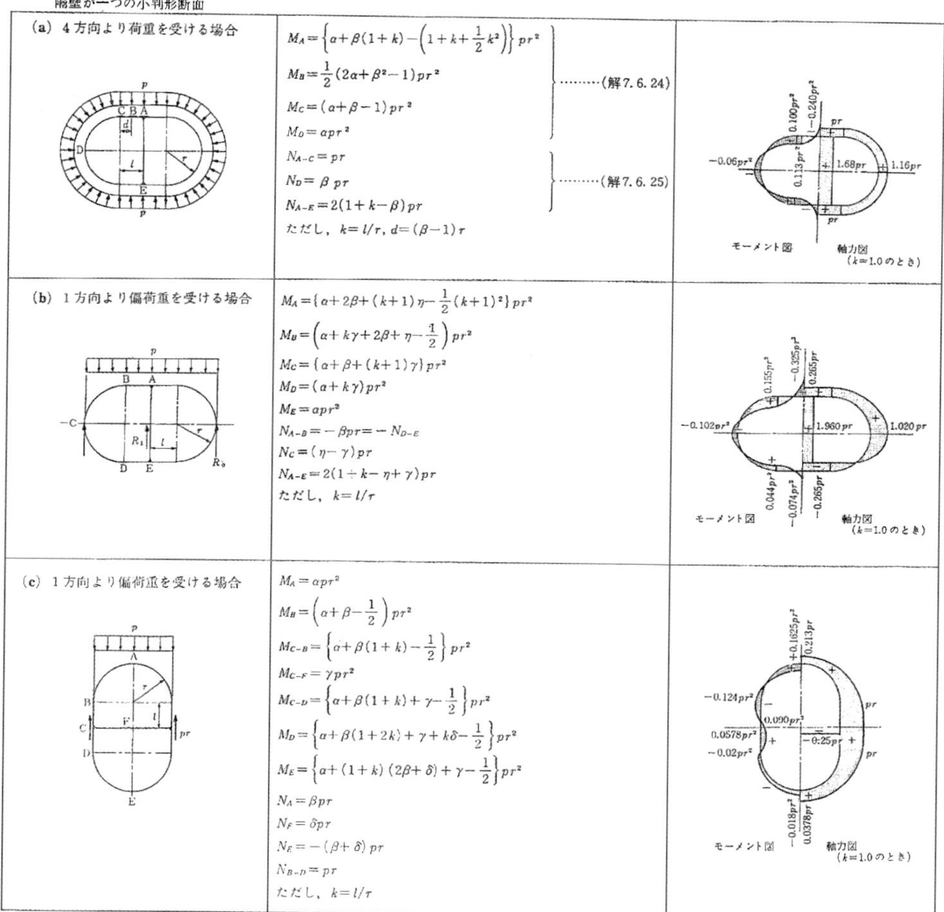

図-6.7.7　隔壁一つの小判型ケーソンの断面内の軸力とモーメントの分布の計算式[5]

が、不静定構造であるために発生する曲げモーメントが複雑となるために複配筋とする必要がある。

横断面の配筋と同時に軸方向鉄筋も定めることになる。軸方向には頂部の水平力、回転モーメントにより函体には微小な曲げ変形が生じる（図-6.7.8）。その挙動は弾性計算で函体の周りの地盤抵抗をバネで評価して鉛直力 V_0、水平力 H_0、回転モーメント M_0 とバランスさせて行う。図-6.2.2 は道路橋示方書 Ⅳ 下部構造編で与えている３層地盤に対する地盤抵抗要素である。それぞれは次のとおりである。

$$k_V = k_{V0}(B_V/0.3)^{-3/4} \qquad \text{式-4.4.2}$$

$$k_{V0} = \alpha E_0/0.3 \qquad \text{式-4.4.3}$$

$$ks = 0.3k_H \qquad \text{式-6.7.1}$$

$$k_H = k_{HD} = \lambda k_{V0}(B'/0.3)^{-3/4} \qquad \text{式-6.7.2}$$

$$k_{SHD} = 0.3k_{HD} \qquad \text{式-6.7.3}$$

$$k_{SVB} = 0.3k_{HD} \qquad \text{式-6.7.4}$$

$$k_{SVD} = 0.3k_H \qquad \text{式-6.7.5}$$

ここで

k_V：基礎底面の鉛直方向地盤反力係数（kN/m^3）

k_S：基礎底面の水平方向せん断地盤反力係数（kN/m^3）

k_H：基礎前面の水平方向地盤反力係数（kN/m^3）

k_{SHD}；基礎側面の水平方向せん断地盤反力係数（kN/m^3）

k_{SVB}：基礎前背面の鉛直方向せん断地盤反力係数（kN/m^3）

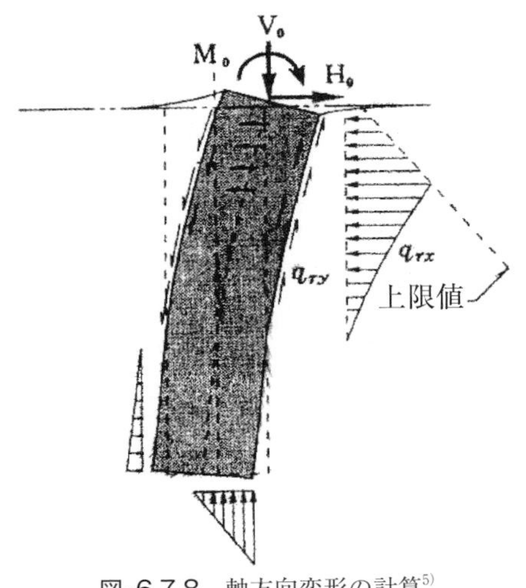

図-6.7.8　軸方向変形の計算[5)]

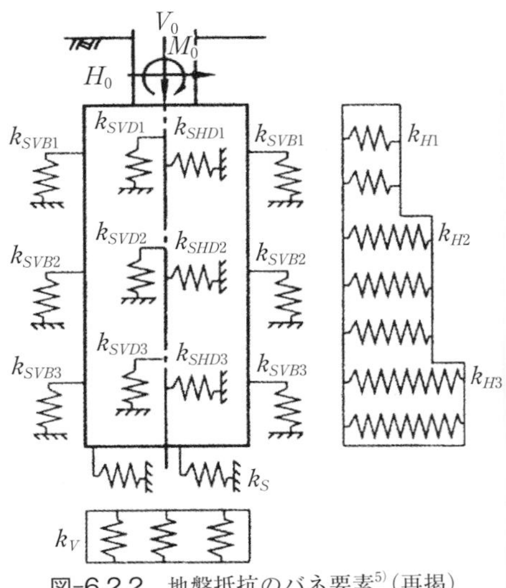

図-6.2.2　地盤抵抗のバネ要素[5)]（再掲）

k_{SVD}：基礎側面の鉛直方向せん断地盤反力係数（kN/m^3）

λ：施工方法の影響を考慮する係数

各地盤反力係数は図-6.2.3のように変位に応じてバイリニアのモデルで取り扱われる。ここで、基礎壁面のせん断地盤反力係数k_{SHD}、k_{SVB}、k_{SVD}は施工時の地盤面での乱れもあり、抵抗値も小さいことから特別の場合を除いて無視しても差し支えない。基礎底面の水平方向せん断地盤反力係数k_Sの値は直接基礎と同様に基礎底面の鉛直方向地盤反力係数k_Vの1/4〜1/3を採ればよい。

ここで算出された軸力、曲げモーメントに対して軸方向の配筋を要するが、通常は水平方向の鉄筋を支えるのに必要な剛性のもつ配筋量で十分である。

ケーソン基礎の多くは鉄筋コンクリート製である。鋼殻ケーソンもあるが、外殻鋼板は長期間の内には腐食などで無くなるものとして算出された軸力、曲げモーメントに対して鉄筋コンクリートか、鉄骨コンクリートで設計される。PCケーソンの場合はプレストレストコンクリートとして設計される。鉄筋コンクリートの場合の横断面の配筋の事例を図-6.7.9に、軸方向の壁面の配筋の事例（ニューマチックケーソン）を図-6.7.10に示す。

オープンケーソンの場合は施工の途中で周面摩擦Fが効き過ぎて掘削が先行しているのにも拘わらず、函体が沈下せず、下部函体が宙吊りの状態になることがある（図-6.7.11）。その際、函体が分断しないように全体重量を支える（F ＝ W_1 ＋ W_2）だけの軸方向鉄筋量を配置することが必要である。その間に上部の摩擦力を低減する措置が取られることになる。

鉄筋コンクリートのケーソン基礎は沈設の進行に合わせて単体の函体（ユニット）を継ぎ足していくことになる（図-6.1.3参照）。その際の鉄筋の継ぎ足し

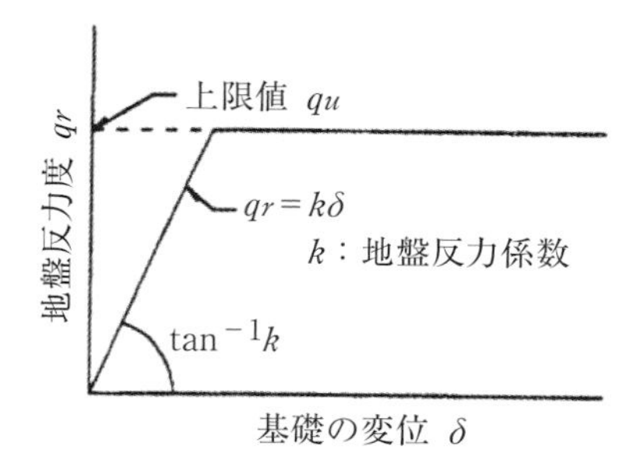

図-6.2.3　地盤反力度と変位の関係[5]（再掲）

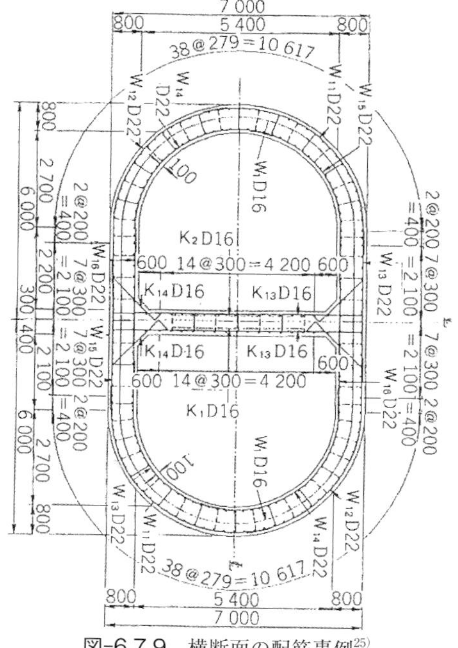

図-6.7.9　横断面の配筋事例[25]

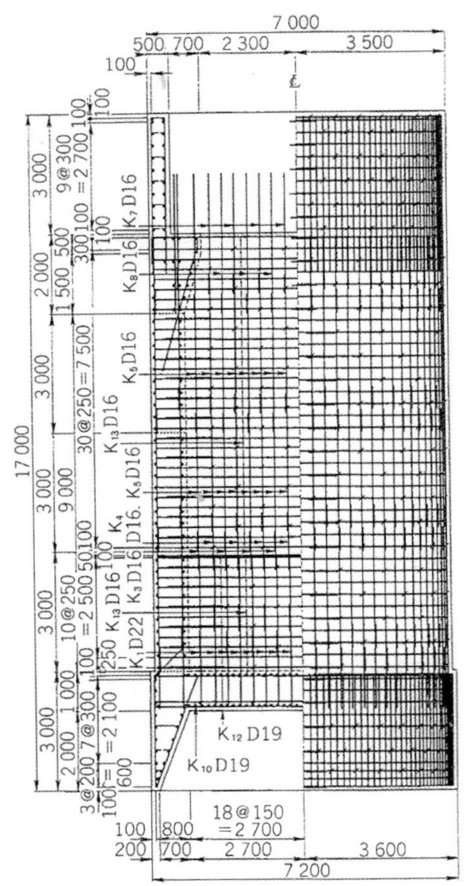

図-6.7.10　軸方向の壁面の配筋事例[25)]

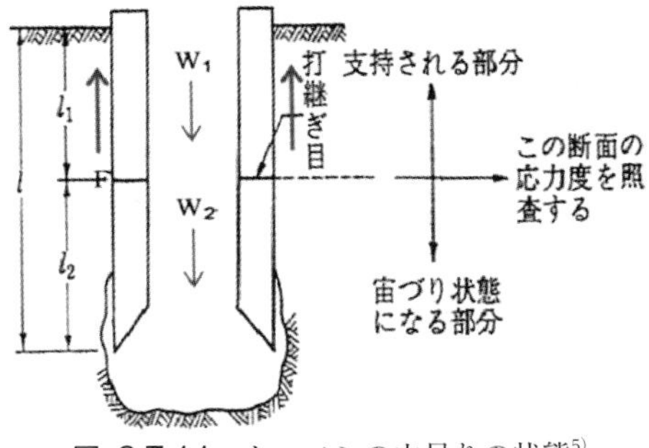

図-6.7.11　ケーソンの中吊りの状態[5)]

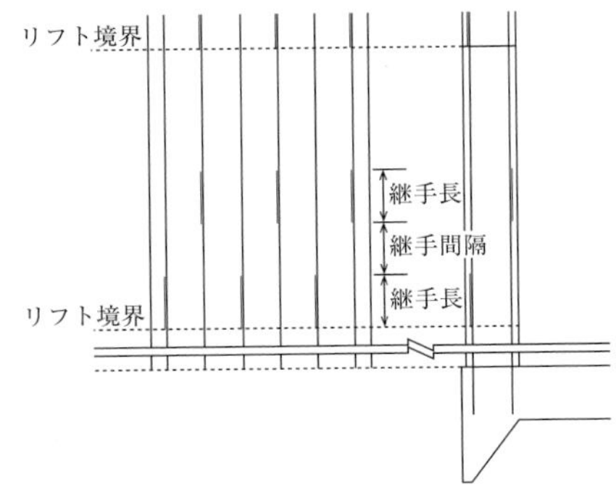

図-6.7.12　軸方向鉄筋の重ね継手[26)]

は重ね継手となるので十分な継手長をとっておく必要がある（図-6.7.12）。また、既施工のケーソンの表面にはレイタンスなどが集中しているので高圧水などで除去することも必須である。

6.8　ケーソン基礎の構造細目

壁体の構造が決まると細部構造の設計に移行する。ケーソンの刃先には正常に沈下していれば、外側からの水圧、土圧が、内側からは水圧が作用し、大きな力にはならない（図-6.8.1）が、ケーソンが施工途中で傾くようなことがあると刃口に大きな反力が作用する。その際には十分な曲げ抵抗を有する細部構造が必要になる。

沈設が完了すると底面にコンクリートを充填して無筋コンクリートの底版とする（図-6.8.2）。函体からの荷重は支持層に45°で分散するとして設計している。図-6.8.2では仮想の支間を設けているが、現実には両刃口から地盤にドーム状のアーチ作用が生じているので全断面が圧縮力に有効となる。

ケーソンの刃口は多様な地層を押し分

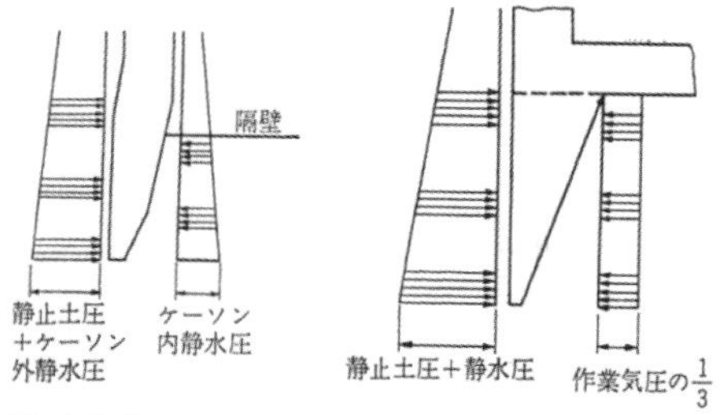

図-6.8.1　オープンケーソン（左）とニューマチックケーソン（右）の刃先にかかる荷重[5)]

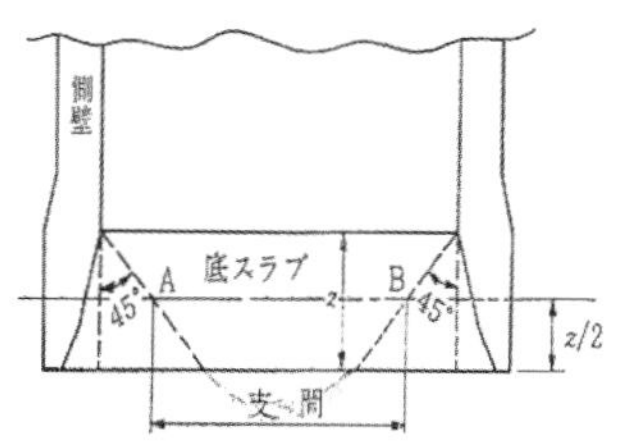

図-6.8.2　底スラブコンクリートの反力とアーチ効果[5)]

けて進むと同時に函体の不測の沈下が生じないように支えなければならない。そのために想定される地盤条件、ケーソンの重量、種類、発破の要否などを勘案した設計をすることになる。図-6.8.3は通常の砂地盤、粘性土地盤を想定したオープンケーソンの刃口構造の事例である。ニューマチックケーソンにも適用できる一般的なものである。図-6.8.4は掘削途中の玉石層で、反力集中を想定したニューマチックケーソンの刃口の構造の事例である。この他、地盤条件に応じて様々な刃口構造が考案されている。

筒状のオープンケーソンに対してニューマチックケーソンの構造体は多種の荷重が作用するために設計上の検討事項も多い。その中でも作業室への圧縮空

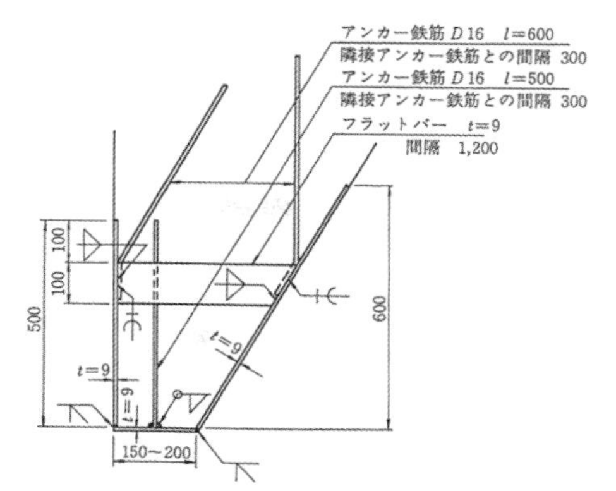

図-6.8.3　オープンケーソンの通常地盤における刃先の構造事例[5)]

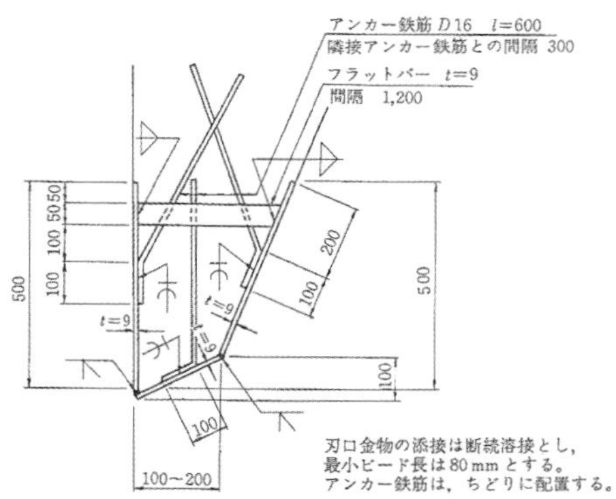

図-6.8.4　ニューマチックケーソンの玉石層における刃先の構造事例[5)]

気の送気と漏気防止が極めて重要で、図-6.8.5はシャフトと天井版の結合部分の配筋である。鋼製のシャフトと鉄筋コンクリートの天井版との固定度、密着度が重要であるところから、シャフト孔の周りに数段の環状鉄筋を配置し、上下の鉄筋網でシャフトに作用するモーメントやせん断変形に備えている。天井版には作業室からの圧気圧が上方向に作用する場合と沈下荷重として下向きに水や土砂を載せた場合（図-6.8.6）について

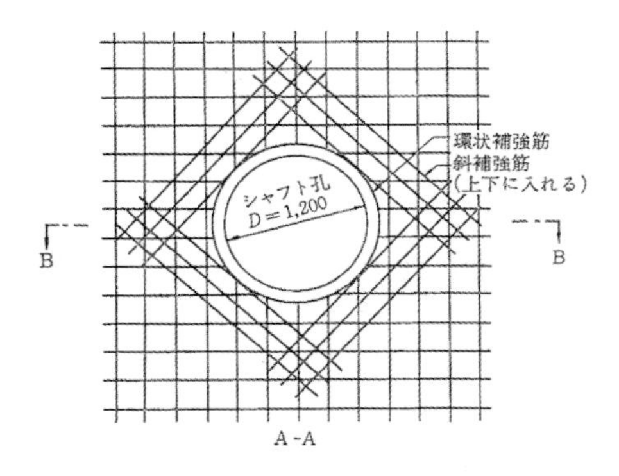

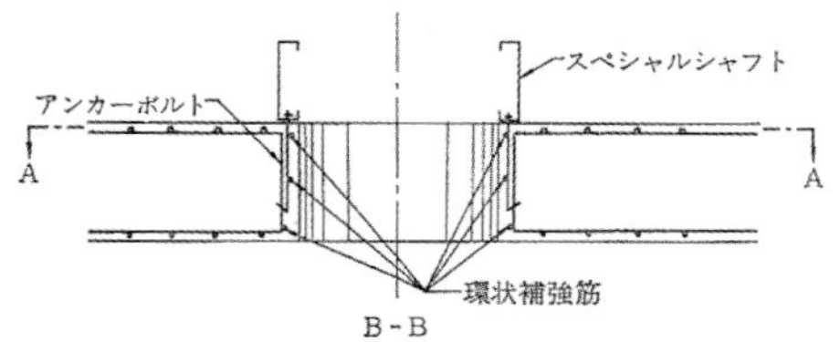

図-6.8.5 ニューマチックケーソンのシャフトの周りの天井板の設計[5)]

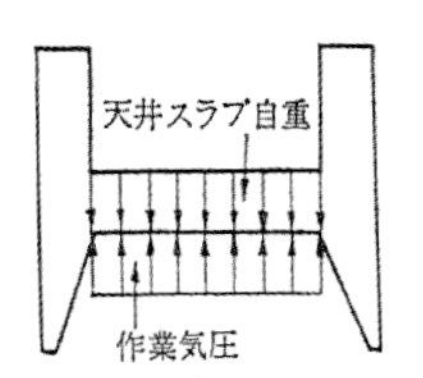
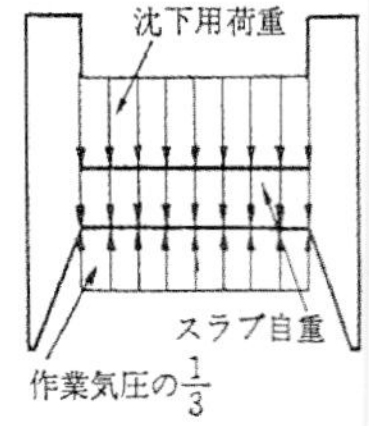

図-6.8.6 ニューマチックケーソンの天井板にかかる荷重[5)]

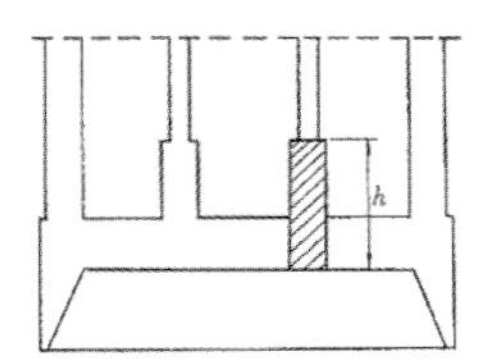
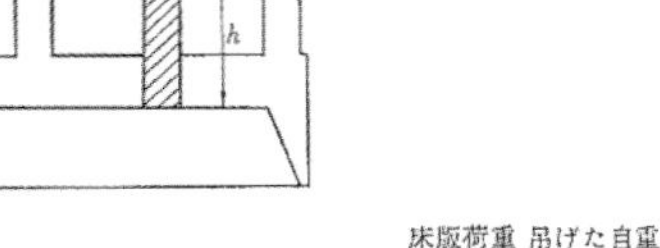
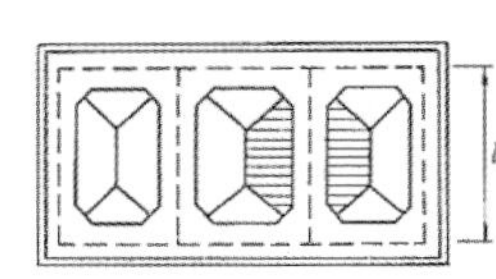
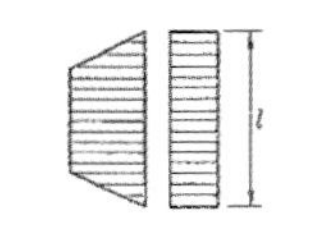

図-6.8.7 ニューマチックケーソンの吊り桁の荷重分担[5)]

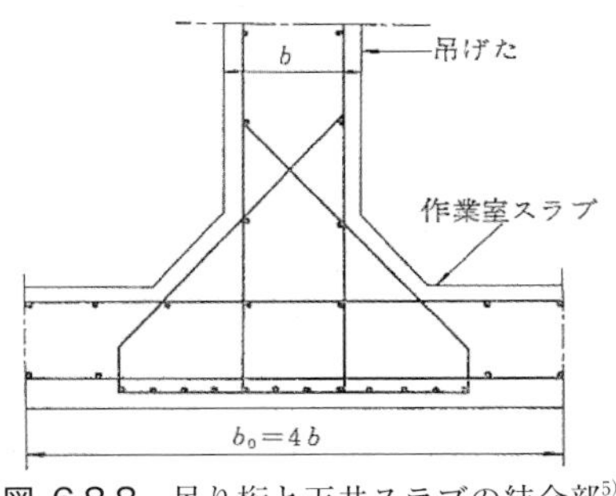

図-6.8.8 吊り桁と天井スラブの結合部[5)]

両面から安全性を照査する。この場合、漏気防止が必須なので鉄筋の応力を許容応力度の半分程度に抑えてコンクリートにひび割れが生じないようにすることが求められる。

作業室が広い場合、壁体間隔が大きくなり、図-6.8.6 の天井版（天井スラブ）が内圧や水や土砂の上載荷重によるモーメントに耐え切れなくなることがある。そのために図-6.8.7 のように吊り桁を天井版の上に配置して補剛する。図-6.8.7 は吊り桁の負担する天井版の荷重の分担範囲を示している。吊り桁と天井版の結合部の配筋事例を図-6.8.8 に示す。I 桁として作業室からの内圧に耐えるように天井板を補剛し、T 桁として上載の沈下荷重によるモーメントを負担することになる。

6.9 ケーソン基礎と洗掘

橋梁のケーソン基礎は洗掘に強いと云われる。洗掘は河床低下や洪水時の水深、流速に拠るが、橋梁によっては数 m に及ぶこともある。図-6.9.1 は洗掘されたケーソン基礎の事例である。杭基礎の場合はフーチングの下に隙間が生じて自由長のある杭基礎（図-6.9.2）となり、地震などへの耐荷力が低下する。ケーソン基礎の場合は函体が露出しても上部工の水平方向の支えで、大きな地震でも転倒する事例はこれまで出ていない。図-6.9.3は宮城県の錦桜橋の洗掘で露出状態になったケーソン基礎である。宮城県沖地震（M=7.8）では他でもケーソン基礎の橋脚頂部の支承が損壊した(図-6.9.4)が、ケーソンの函体は健全で、現在も供用されている。しかし、函体の露出長がどこまで許されるかは判定できないので洗掘防止対策を施すべきであろう。図-6.9.5、図-6.9.6は根固めブロックによる洗掘防止工である。この他、捨石ブロックの積み

図-6.9.1　洗掘されたケーソン基礎の事例[27]

図-6.9.2　洗掘されて隙間の生じた杭基礎[28]

図-6.9.3　ケーソンが露出している錦桜橋

図-6.9.4　破損した支承[29]

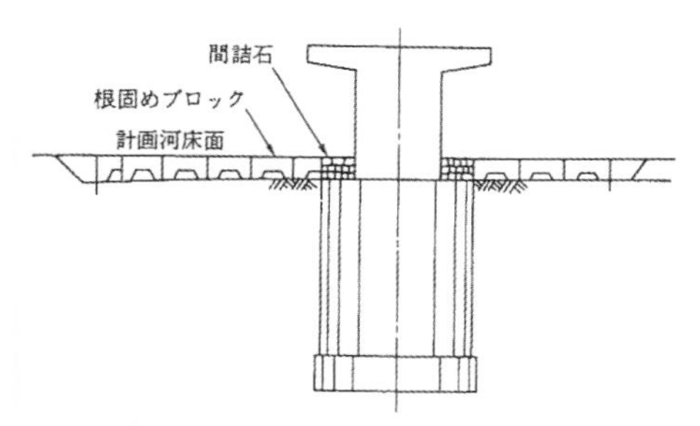

図-6.9.5　ケーソン基礎の洗掘防止対策

図-6.9.6　橋脚の洗掘防止対策[30]

上げや周辺に杭の配置などの方法がある。

6.10　ケーソン基礎の未来

ケーソン基礎は直接基礎を深く沈めるという概念から発展した。大きな支持力を広い底面積で得られるところから信頼できる基礎形式として存続してきた。嘗ては、オープンケーソンは比較的簡易な機器で施工できることから、地方の架橋工事で長期間にわたって零細な予算で1基ずつ施工せざるを得ない時代に多く採用された。しかし、施工機械の大型化、高性能化で大径の長尺杭が施工できるようになると次第に減少してきた。弱点には長い工期、多種の人力作業、熟練技能者の不足などがあり、経済的な基礎形式とは云いがたくなった。しかし、大きな支持力の他、低振動・低騒音施工、玉石層や傾斜支持層の掘削などの地質の制約を受けがたい利点は捨てがたいところから、工法の改善で利用の機会を増やす努力が求められる。

具体的にはPCケーソン（図-6.10.1）と共通するが、函体のプレハブ化、圧入装置、自動制御などにより作業の迅速化、省力化、安全性の強化など、沈設工事の合理化を図っていくことである。図-6.10.2ケーソンの個々の函体（ユニット）のプレハブ化は現場で行い、ユニット間を結合する主鉄筋は沈設後に挿入してモルタルを注入する。図-6.10.2はPPRC（プレハブ・プレストレスト鉄筋コンクリート）ケーソンの横断面である。プレストレス鋼棒と主鉄筋の挿入用孔はシースで確保されて

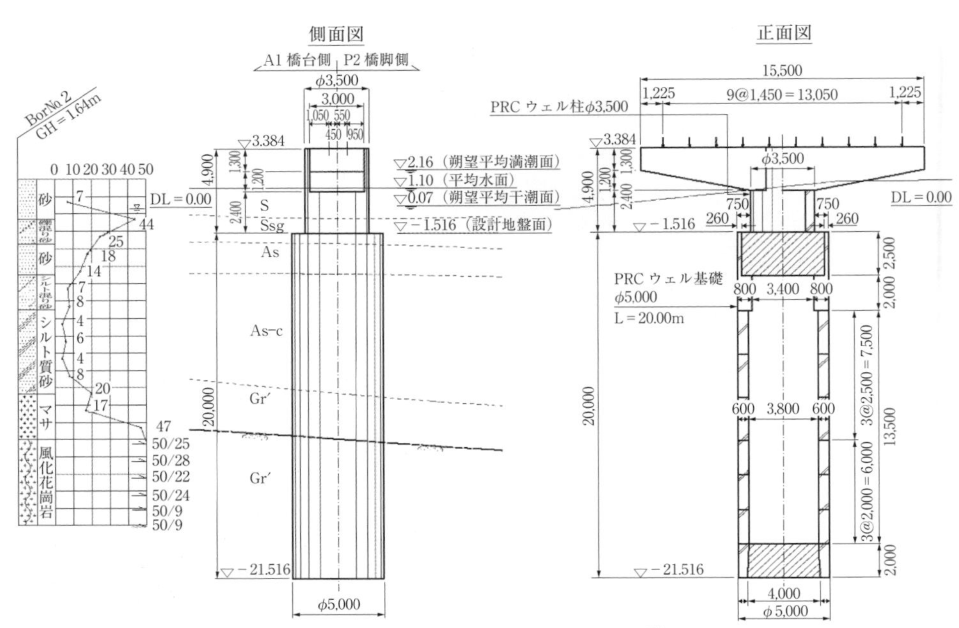

図-6.10.1　PCケーソンの施工事例[31]

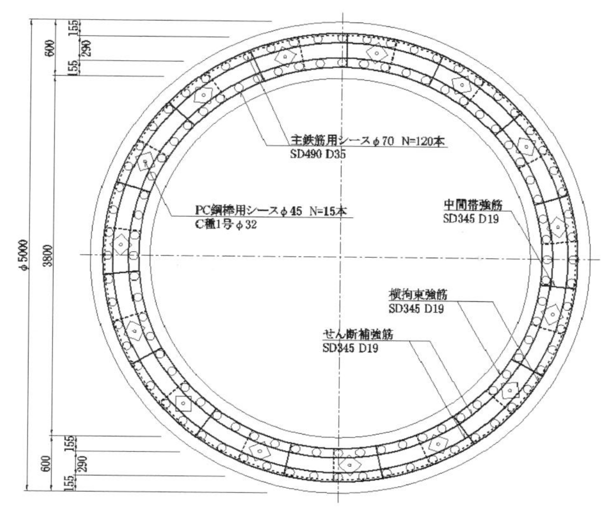

図-6.10.2　PPRC ケーソン函体の横断面[31)]

いる。

その製作ヤードの平面図が図-6.10.3である。製作台は2基設けて既設のユニット（先行の函体）の上に組立てられた、シースを含む鉄筋籠を設置してコンクリートを打設して後行の函体を製作するという、マッチキャスト方法（図-6.10.4）がとられる。コンクリートの硬化後に上のユニットを隣の製作台に移し、次の新設ユニットを製作に取りかかる。そして、下のユニットはストックヤードに運搬する。

現場のケーソン基礎の貫入状況に応じて次のユニットがストックヤードから届けられる。貫入作業では予め施工してある地中アンカーからの反力を反力フレームとジャッキで函体に伝える（図-6.10.5）。掘削バケットで掘進すると共にジャッキで函体を押し込み、各ジャッキ間で傾斜などは矯正する。この方法で沈設は効率的に行われる。ニューマッチクケーソンの沈設速度が0.3m/日程度、オープンケーソンが0.5m/日程度である。この方法は反力フレームなどの盛換えなどの手間を要するが、10m/日以上の沈設速度が可能である。ケーソンの径にもよるが、従来工法に較べて経済性で優れたものにすることができる。また、杭基礎にも支持力ベースで十分に対抗できるものである。

課題は使用機器の汎用性で、使用機会が少ないので長期間、寝かせると管理などで煩わしさが生じる。対象となるものは反力フレーム、ジャッキ、制御装置になる。反力フレームは部材を標準化して使い回せるようにするか、その都度、償却する。ジャッキと制御装置は個別に使えるものとし、汎用性を確保する。このようにして全国どこでも採用できるようにしてオープンケーソンの未来を切り拓

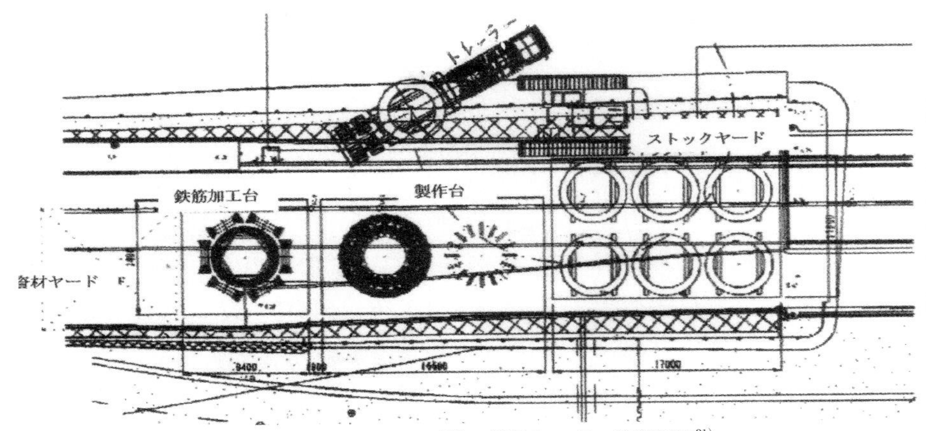

図-6.10.3　ケーソン函体の製作ヤードの設備配置[31]

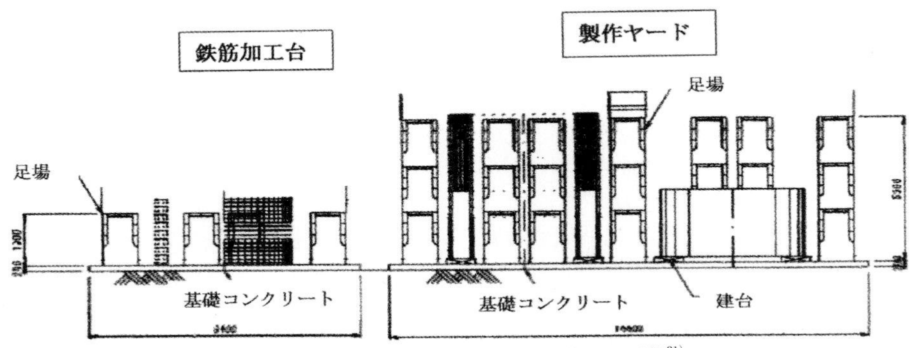

図-6.10.4　函体の製作ヤードと製作中の函体[31]

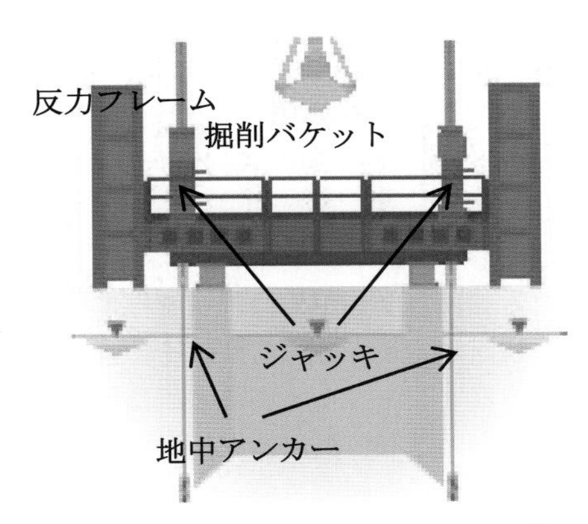

図-6.10.5　地中アンカーと反力フレーム[32]

いていく努力が求められる。

参考文献

1) ケーソン工法の調査・設計から施工まで，土質工学会，1980 年
2) わかりやすいケーソン基礎の計画と設計，総合土木研究所，1998 年
3) 工法の概要，ニューマチックケーソン工法と開削工法の比較「オリエンタル白石（株）」 http://www.orsc.co.jp/tec/newm_v2/ncon02.html
4) 道路橋示方書　Ⅳ下部構造編，日本道路協会，2017 年
5) 道路橋示方書　Ⅳ下部構造編，日本道路協会，1980 年
6) 道路橋示方書　Ⅳ下部構造編，日本道路協会，2002 年
7) 自動化オープンケーソン工法「PC ウェル工法研

究会」 https://www.pc-well.gr.jp/socs.php
8) PCウェル工法・自動化オープンケーソン工法(SOCS)の最新施工技術, 基礎工, Vol. 43. No. 5, 29p, 写真-3, 2015. 5.
9) 自動化オープンケーソン(SOCS)工法の施工状況, 基礎工, Vol. 43. No. 5, 30p, 写真-5, 2015. 5
10) ケーソン工法について「東洋大学地盤環境学研究室」 http://endeavor.eng.toyo.ac.jp/~geolabt/caisson.htm
11) 第4章. 材料の破壊と破壊力学,「徳島大学　理工学部　理工学科　機械化学コース」 http://www.me.tokushima-u.ac.jp/zairyoukyoudo/18/l4.pdf
12) 東北地方における災害に強い道路整備に向けて「郡山国道事務所」 http://www.thr.mlit.go.jp/koriyama/roadtopics/niigata/05/saigai.html
13) 安江朝光ほか, 浦河沖地震における土木関係被害調査速報, 土木技術資料 24-7, 1882年
14) 1978年宮城県沖地震災害報告書, 土木研究所報告第59号, 1983年
15) 京都大学防災技術研究所
16) 阪神・淡路大震災調査報告書　橋梁, 土木学会, 1996年
17) 東日本大震災　橋梁被害調査報告「一般社団法人　日本橋梁建設協会」 http://www.jasbc.or.jp/seminar/files/20120620/001.pdf
18) (株) 大本組
19) New DREAM工法の技術「大豊建設(株)」 https://www.daiho.co.jp/tech/nk2/automation.html
20) ホスピタルロック「(株) 大本組」 https://www.ohmoto.co.jp/rovo/matic4_4.html
21) 混合ガスおよび空気潜函作業の減圧時間比喩「(株) 潜水技術センター」 http://ditecjapan.com/tri_chara.html
22) 大豊建設のニューマチックケーソン工法の歴史「大豊建設(株)」 https://www.daiho.co.jp/tech/nk1/daiho-history.html
23) ニューマチックケーソン工法の最新施工技術, 基礎工, Vol. 43. No. 5, 25p, 図-2, 2015. 5.
24) ケーソン製作・設置「本四高速道路」 http://www.jb-honshi.co.jp/seto-ohashi/shoukai/kakeru3.html
25) 吉田　巌・塩井　幸武, 基礎工の設計実技　上・各種基礎編, 建設図書, 1995年
26) 塩井幸武, 竹内純一郎, 藤田宏一ほか, わかりやすいケーソン基礎の計画と設計, 総合土木研究所, 1998年
27) (有) フカダソフト
28) 国土交通省　国土技術政策総合研究所　国総研資料第748号：1.4　共通の損傷㉖洗掘「道路橋の定期点検に関する参考資料(2013年版)—橋梁損傷事例写真集—」 http://www.nilim.go.jp/lab/bcg/siryou/tnn/tnn0748pdf/ks074831.pdf
29) 1978年宮城県沖地震災害報告書, 土木研究所報告第59号, 1983年
30)「環境工学(株)」
31) 11) PCウェル工法(PPRC構造)の硬質地盤での施工—志賀島橋—, (株) ピーエス三菱技報第7号, 2009年と関連資料
32) PCウェル工法・グリップジャッキ「(株) 加藤建設」 http://www.kato-kensetu.co.jp/tech/citytec/pc.html

7 杭基礎

7.1 杭基礎の概要

杭基礎は構造物の最も古い基礎形式である（図-7.1.1）。直接基礎は基礎構造物という概念がないまま古代から自然体で慣れ親しんだ基礎形式であるが、杭基礎は地盤が軟らかい場合に杭材を打ち込んで基礎として構造物を載せてきた。

杭材としては古代から木杭が中心であった。産業革命以降にポルトランドセメント、鋼材などが開発されて鉄筋コンクリート杭、ペデスタル杭などの小径場所打ちコンクリート杭、H 型鋼杭、鋼管杭、プレストレストコンクリート杭（PC杭）、外殻鋼管高強度コンクリート杭（SC杭）、大径場所打ちコンクリート杭、深礎杭などの多様な杭が出現した。

杭基礎の杭は支持層の深さによって完全支持杭、不完全支持杭、摩擦杭に大別できる（図-7.1.2）。完全支持杭は文字通り、杭先端が支持層に到達している杭で、その支持力は周面支持力と先端支持力からなる。より大きな支持力を確保するには支持層の中に深く貫入させると杭からの荷重が支持層の深くまで拡散する。

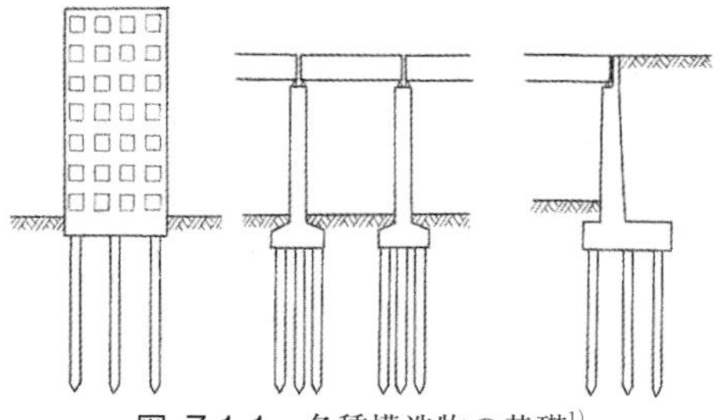

図-7.1.1　各種構造物の基礎[1]

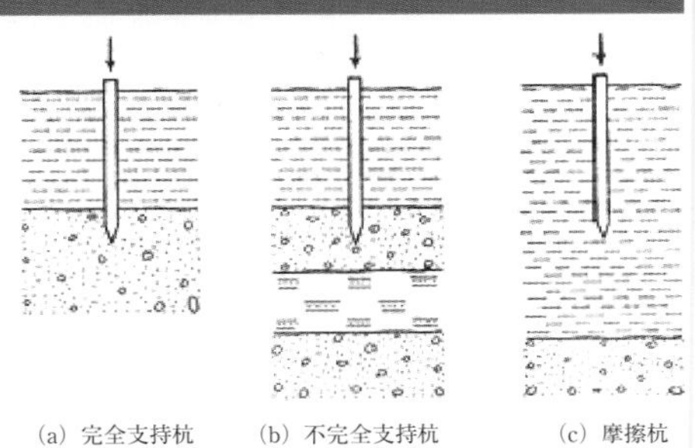

(a) 完全支持杭　(b) 不完全支持杭　(c) 摩擦杭

図-7.1.2　支持形態による杭の分類[2]

る。不完全支持杭は支持層が深すぎて長尺杭が不経済な場合に、比較的硬い中間層に杭先端を留める杭である。その支持力は周面支持力と先端支持力からなるが、基礎と中間層以浅の地盤とを一体化するという概念である。

摩擦杭は先端が支持層に達しないで比較的軟らかい地盤に留まる杭で、杭周面の地盤の粘着力で荷重を支えている。東京や大阪の大型構造物の基礎など、過去の軟弱な沖積地盤上の基礎のほとんどが木杭基礎である。摩擦杭を密に打った人工地盤である。通常の摩擦杭基礎の支持力は軟弱な地層の粘着力なので長期では沈下する懸念があるが、現実の摩擦杭基礎はフーチング底面と杭とが荷重を分担するので沈下は表層地盤の沈下とほぼ同じである。この現象は後世のパイルドラフト基礎に繋がっている。

7.2 木杭

木杭基礎は世界で普遍的に利用された基礎形式である。

図-7.2.1 は青森市の約 4500 年前の縄

文時代の沖積地盤上の三内丸山遺跡で発掘された6本柱の櫓を復元したものである。

驚くべき発見は青森ロームの丘陵地に最大径で105cmという栗の木柱の根元部分（図-7.2.2）が出てきたことである。地中部（2～2.5m）を焼き焦がし、周りを陶土材のような白色の粘土で塗りこめられた、僅かな傾斜で統一された杭である。実際の構造や高さは分からないが、復元された柱の高さは14.7mである。

建てる方法は不明であるが、より小型の6本柱の跡が散在していることから次第に大型化したと考えられる。栗の木は集落の近隣で食料のために栽培されていたものと報告されている。焼焦がしや白色粘土は長持ちさせるための措置で、経験から得られたものと推定される。ローム土の中に埋もれていた木柱は水持ちがよい緻密な白色粘土で囲われれて、酸素の供給がないことから原型を保ったものであろう。木杭は水面下で半永久的に健全性を保つことは広く知られている。

図-7.2.3はイタリアのベニスのリアルト橋とその基礎杭である。ベニスは古代から外敵の襲撃を避けるために海沿いの沼沢地に築かれた都市国家であった。地の利を生かして海洋都市として繁栄し、市街地の石造りの建物や教会の基礎には松杭（摩擦杭）が使われた。その杭のためにイタリア本土に松林を確保したほどである。

市街地には運河が網のように巡らされているが、主航路の一つに石造アーチのリアルト橋が1591年に架けられた。その基礎は建物と同様に木杭を密集して打ち込んだ人工地盤で、空石積みのアーチ橋を支えて今日に至っている。このようにベニスでは木杭に対する信頼性が高く、現在も松杭を積んだバージ船に遭遇することがある。

木杭基礎はベニスだけでなく、イギリスのウィンチェスター寺院、テームズ河畔の橋梁、フランスのセーヌ河畔の橋梁、アムステルダムの建造物など、多くの国々の軟らかい地盤に木杭が支持杭、半支持杭、摩擦杭として用いられている。

図-7.2.1　三内丸山遺跡の6本柱の櫓[3)]

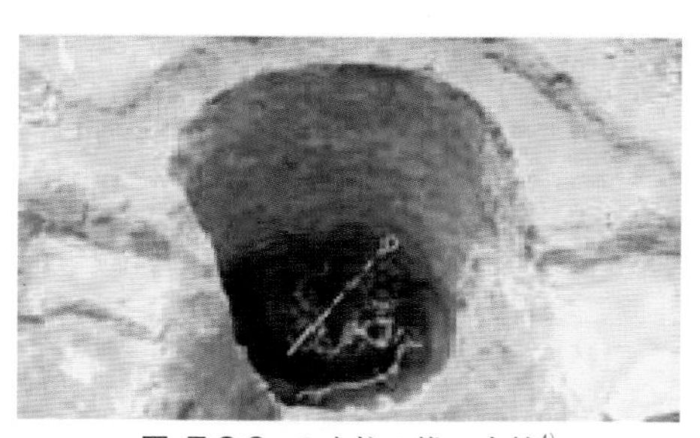

図-7.2.2　6本柱の櫓の木杭[4)]

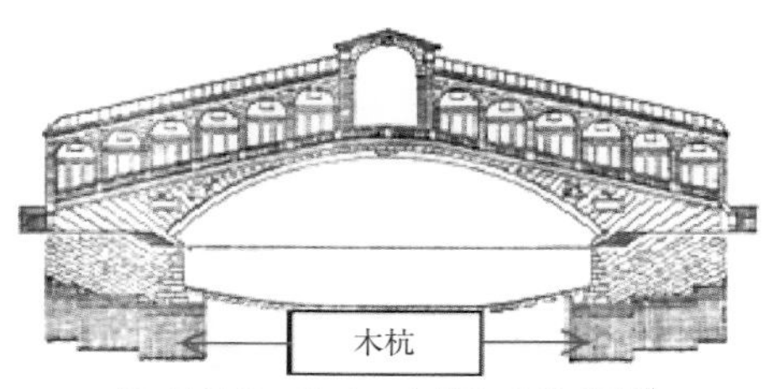

図-7.2.3　リアルト橋と木杭基礎[2)]

日本でも木橋だけでなく、石造アーチ橋にも木杭基礎が使われている。図-7.2.4は1839年完工の長崎県諫早市の本明川に架かっていた眼鏡橋の基礎杭である。1957年の諫早豪雨で洪水疎通を阻害したという理由で移設された際に掘り起こされたもので、施工したときのままの状態であった。

図-7.2.5は東京駅前の旧丸ビル（1923年2月完成）のアメリカ産の松杭（米松杭）で、1999年に取り壊されたときに掘り起こされたもので新品同様である。東京駅は明治末から建設され、青森県から送られた約11,000本の松杭が使われた。当時の構造物の基礎は木杭を密に打ち込み、一種の人工地盤を形成してその上に砂利などを盛り上げて構造物を構築した（図-7.2.6）。この他、石造アーチの日本橋、常盤橋を含めて同様の木杭基礎が多用され、いずれも関東大震災で無事であった。

この木杭による人工地盤では基礎の外縁の杭から打ち回し、内側に打ち進める。最後の中心付近は軟弱地盤であっても杭の打ち込みが困難になるほど堅くなる。このようにして軟弱地盤でも堅実な基礎とすることが出来る。そうして、隅田川沿いや大阪市内の古い長大橋の基礎は構築された。

木杭の施工は古代も打撃によるのが一般的で、図-7.2.7のような櫓を組んでハンマー（重錘）に相当する巨石または木槌で打ち込む方法（ヨイトマケ）であったろうと推測される。一般の木杭の場合は、打撃で周面の摩擦を切りながら施工するのは効率的であるが、三内丸山の櫓（図-7.2.1）や関東大震災の液状化現

図-7.2.4　諫早の眼鏡橋の基礎[5)]

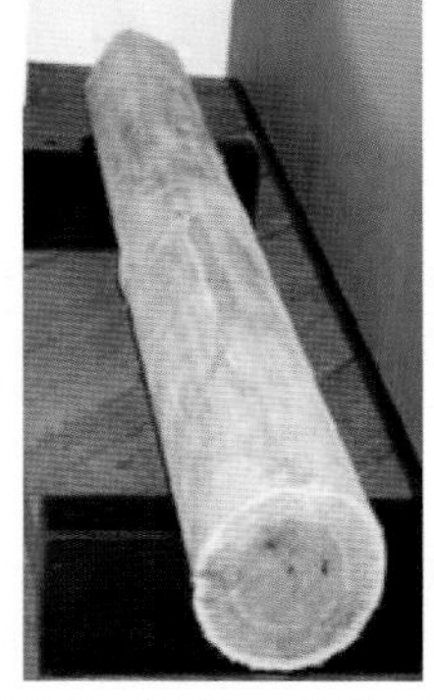

図-7.2.5　丸ビルの基礎の米松[6)]

図-7.2.6　木杭による人工地盤[7)]

図-7.2.7　昔の杭打ち風景（ヨイトマケ）

象で浮き上がった橋脚基礎（図-7.2.8）のような巨木基礎の施工方法は不明である。江戸時代になるとヨイトマケの他に図-7.2.9 のような船打ちも行われたようである。

明治時代以降は重錘に鋼塊(図-7.2.10)が使われ、ドロップハンマーと呼ばれた。更に、鋼製の重錘の中央に明けられた穴に心棒を通した真矢（しんや）方式（図-7.2.11）や２本柱の間で角型重錘を上下させる二本構（図-7.2.12）が考案され、昭和 30 年代まで使用された。しかし、大規模工事で多くの木杭を打ち込むには非効率であることから図-7.2.13 のようにレール上に櫓を組み立てて連続的に施工する工法もあった。これらの打ち込み工法の重錘の巻き上げは人力またはウィンチによるものであった。

図-7.2.8　相模川の橋の杭（1189 年）[5)]

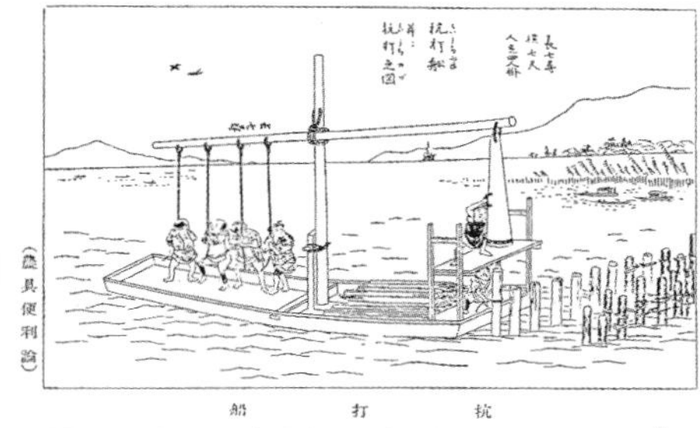

図-7.2.9　明治時代以前の杭の船打ち風景[2)]

19 世紀後半にアメリカで蒸気ハンマーによる杭打ち機（図-7.2.14）が開発され、20 世紀前半には日本にも導入されている。蒸気ハンマーは主に木杭に適用され

図-7.2.10　ドロップハンマー（重錘）

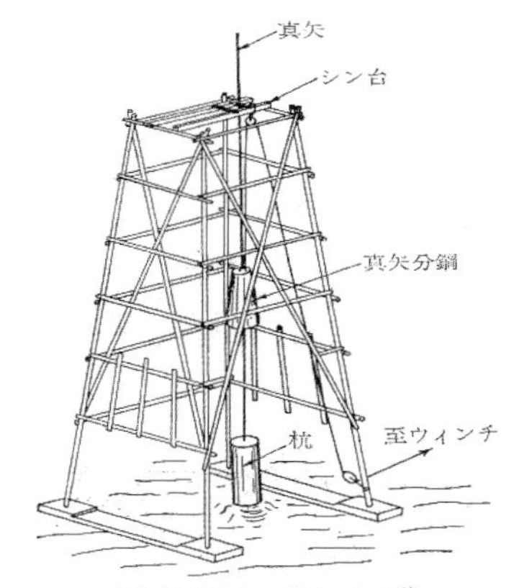

図-7.211　真矢方式[2)]

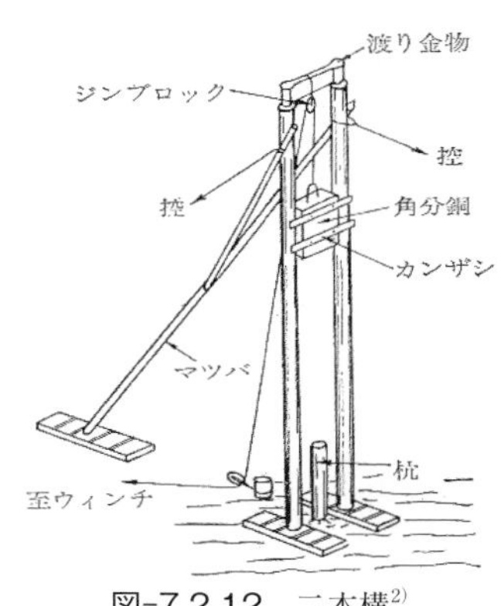

図-7.2.12　二本構[2)]

たが、後には鉄筋コンクリート杭でも使われている。図-7.2.14のハンマーは左側を杭頭に設置して円筒管の内部のハンマーを蒸気で持ち上げて落とすメカニズムで、海外では大規模化したものが現在も使われることがある。基本的にはディーゼルハンマーも同様のメカニズムである。

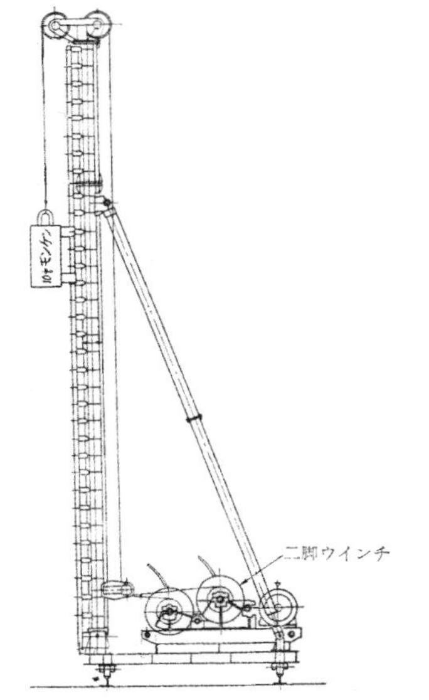

図-7.2.13　ドロップハンマーによる杭打ち[2)]

図-7.2.14　杭打ち用の蒸気ハンマー[8)]

7.3　既製コンクリート杭

日本では基礎杭として松杭の需要が高く、大量の松が消費されたために国内産の松材が不足して多くの米国産の松杭（米松）が輸入された。その状態で国内産の木材の枯渇が懸念される状態になり、政府はコンクリート杭への転換を推奨するようになった。鉄筋コンクリート杭（RC杭）は1930年頃に遠心力装置が導入されて量産されるようになり（図-7.3.1）、建築分野を中心に普及が進んだ。RC杭は1950年代に入ると土木分野でも広く使われるようになり、JIS化も図られた。

図-7.3.1　遠心力RC杭（PC杭）

RC杭の配筋は図-7.3.2のようになるが、RC杭は運搬中や打撃時に杭体にひび割れが生じやすいことが課題であった。その弱点を解消するために軸方向鉄筋をPC鋼線に置き換えてプレストレスを導入した杭、プレストレストコンクリート杭（PC杭）が1960年代に普及した（図-7.3.3）。それによって杭の取扱中や打込時のひび割れはなくなった。

また、初期のRC杭は単体で用いる分には問題がなかったが、長尺になって継ぎ杭になる場合はホゾ継ぎ手（嵌合継ぎ手）または充填式継ぎ手となり、構造上の弱点となっていた。この弱点も1960年代半ばに端部を鋼板にした溶接式の継ぎ手（図-7.3.2）が開発されて解消した。更に初期のRC杭の先端はペンシル型（図-7.3.4）で貫入しやすくしていたが、打込中に先端が中間地層の中の礫などに当たると逸れて斜めに貫入することがある。その後、先端を平坦にした方が鉛直に貫入することが分かり、現在はほとんどのRC杭、PC杭の先端は平坦（フラット型）になっている（図-7.3.5）。先端をフラット型とすると先端には在来地層で出来た円錐形のコーンが形成されてペンシル型のものと同じ効果を発揮する。すなわち、軟らかい地層では杭先端が礫などに当たってもコーン内の土が潰れて礫などはコーンの一部に取り込まれるか、杭体が礫を押しのけるので鉛直性が確保される（図-7.3.6）。

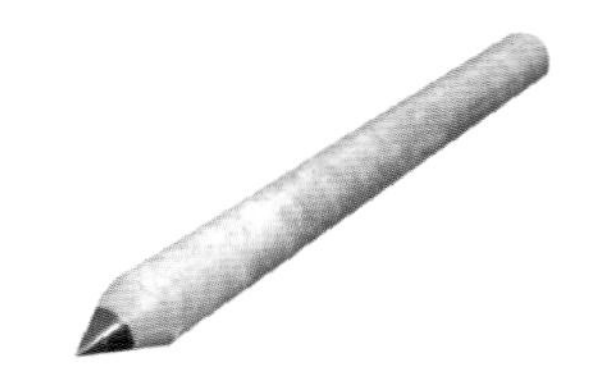

図-7.3.4　ペンシル型RC杭

図-7.3.5　フラット型RC杭

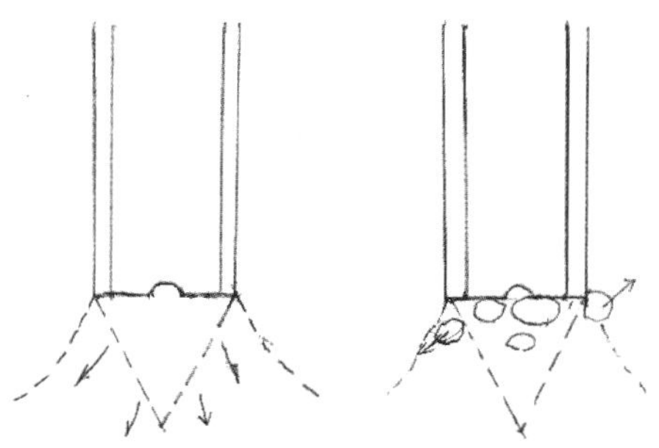

図-7.3.6　RC杭の平坦型先端の挙動

図-7.3.2　RC杭の配筋と端板継ぎ手[9)]

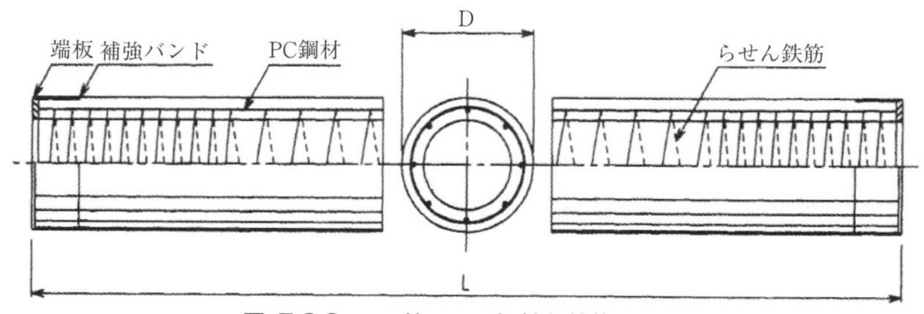

図-7.3.3　PC杭のPC鋼材と鉄筋の配置

現状の既製コンクリート杭のほとんどがPC杭（図-7.3.3）になっている。更に、コンクリートの強度を引き上げ（60Mp以上）、導入するプレストレス量を高めたPHC杭が広く普及している。高強度コンクリートとプレストレス量の増加で曲げ剛性が強く、せん断抵抗も大きくなっている。既製コンクリート杭は径300mm～1,200mmが一般的で、長さは継ぎ杭で30m程度までが多く、長いもので50mに及ぶものもある。遠心力装置がなければコンクリート杭は現場打ちの角形RC杭（図-7.3.7）となる。日本国内には具体的な事例が見当たらないが、海外、特に発展途上国では広く使われている杭である。

図-7.3.7　現場打ちの角形RC杭

1960年代には遠心力装置による円筒杭は図-7.3.8のような節杭も製作されている。周面支持力を最大限に引き出そうとするものである。更に、1970年代には鋼管を外殻管として内部に高強度コンクリートを遠心力装置で円筒状に充填した杭・外殻鋼管高強度コンクリート杭（SC杭）が現れた（図-7.3.9）。鋼管杭とコンクリート杭の特徴を併せ持つ、曲げモーメントに強力な耐荷力を有するので、既製コンクリート杭の最上部に採用されることが多い。

コンクリート杭の施工も木杭に準じている。古くから用いられていたドロップハンマーや二本構などに対して1950年代にディーゼルハンマー（図-7.3.10）がドイツから導入された。約20kNの重錘を持つディーゼルハンマーによる連続

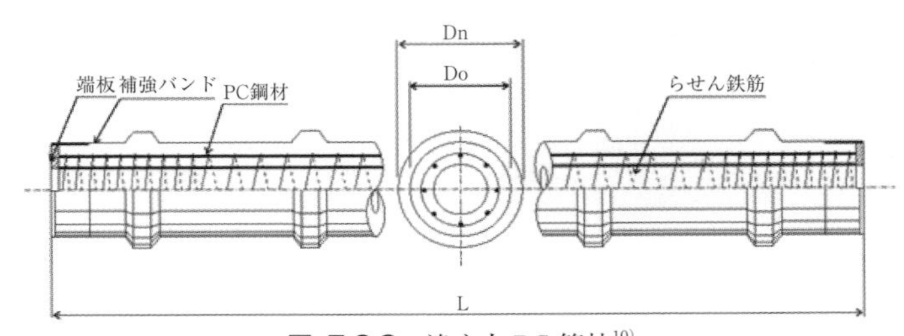

図-7.3.8　遠心力RC節杭[10)]

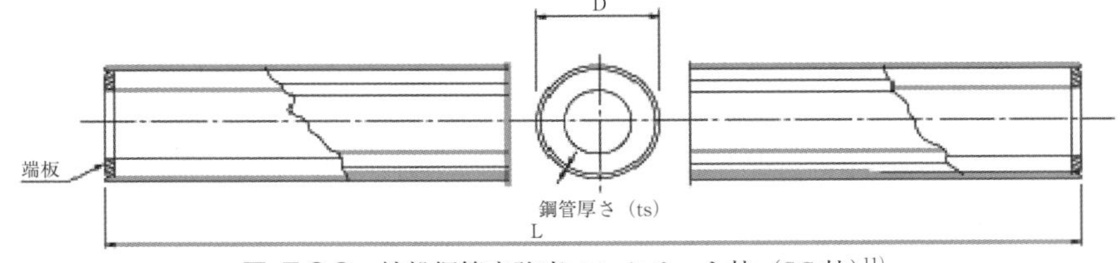

図-7.3.9　外殻鋼管高強度コンクリート杭（SC杭）[11)]

打撃で効率よく貫入でき、経済的で既製杭の施工に革命を起こした感があった。そのメカニズムは自由落下とディーゼル油の燃焼爆発で複動効果が効いて効率的に貫入するというものである(図-7.3.11)。

しかし、打撃時の金属音の騒音や振動が大きく、油の飛散もあり、環境問題から次第に利用が減り、現在は埋め立て地などで使用される程度となっている。そ

図-7.3.10　ディーゼルハンマーによる施工[12]

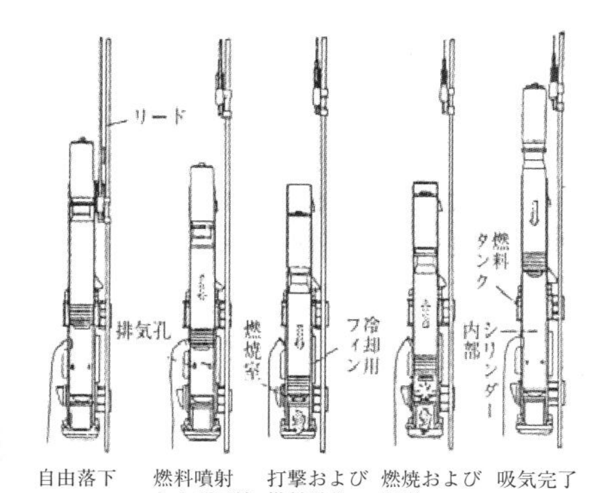

図-7.3.11　ディーゼルハンマーのメカニズム[13]

図-7.3.12　油圧ハンマー[14]

の課題を緩和するために油圧ハンマーが導入された（図-7.3.12)。その原理は細長く重いハンマー（80kN 以上）を低空頭から自由落下させると打撃音も振動も極めて小さくなる一方、貫入効率がよいことにある。しかし、現行の油圧ハンマーはダブルアクション（複動）で貫入効率を重視するために騒音、振動低下の効果が損なわれている。

昭和 42 年（1967 年）に公害対策基本法が制定された。それに基づく騒音規制法が昭和 43 年（1968 年）に、振動規制法が昭和 51 年（1976 年）に法制化された。打撃による杭打ち工事は上記の法律に拠る規制値のために人々の居住地付近では実施できなくなった。

その規制値の範囲内で施工するために先端閉塞型の既製コンクリート杭は少なくなり、杭内部の中空部にオーガーを差し込んで先端地盤を掘削して杭を沈設する中堀工法（図-7.3.13)、セメントミルクと共に削孔した掘削孔のソイルセメントの中に杭体を押し込むセメントミルク

工法（図-7.3.14）などが開発された。更に、建築分野を中心に杭先端部の地盤を拡大掘削して地盤とセメントを攪拌したソイルセメントの根固め部分を形成して大きな先端支持力を獲得する拡大根固め工法（図-7.3.15）も普及している。

図-7.3.13　中堀工法[15)]

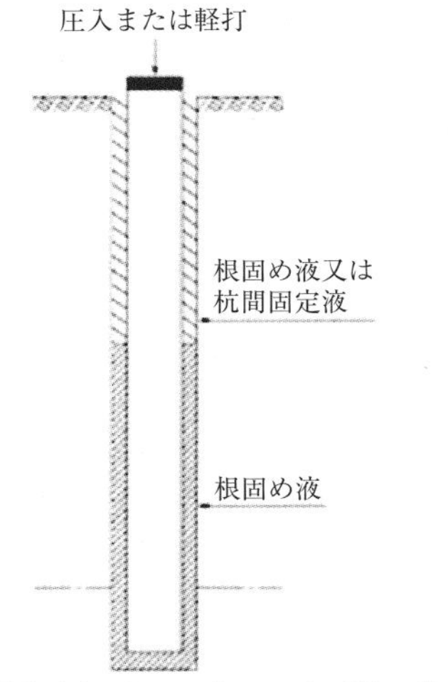

図-7.3.14　セメントミルク工法の定着

図-7.3.15　杭先端の拡大根固め球根

7.4　鋼管杭、H形鋼杭

日本で大きく普及したものに鋼管杭（図-7.4.1）基礎がある。欧米ではH形鋼杭（図-7.4.2）が多く使われ、鋼管杭は海上構造物など、一部で用いられるだけである。その利点は耐震設計上、地震時の水平力に対する断面剛性の大きさにある。例えば、杭径500mmの肉厚9mmの鋼管杭は一辺300mmの肉厚15mmのH形鋼杭に単位長さあたりの重量はほぼ同じであるが、断面二次モーメントは約2倍である。しかし、鉛直載荷試験を行うと両者の支持力の間にほとんど差は見られない。H形鋼杭は鋼材同士の結合部で摺り合わせがよいことと支持力があることが仮設構造を中心に広く使われている理由であろう。

鋼管杭基礎は土木分野を中心に1960年代に使われはじめ、東京オリンピック（1964年）に伴う建設ブームに乗り、大きな支持力とディーゼルハンマーの普及で土木分野、建築分野で急速に広がりを見せた。鋼管杭やコンクリート杭などの既製杭に対する打撃工法は現在でも迅速に貫入させて支持力も確認できる最も経済的な工法である。

図-7.4.1　鋼管杭

図-7.4.2　H型鋼杭

しかし、工事中の高い騒音、振動は都市内の住民の厳しい反発を呼ぶことになり、1967年に公害対策基本法、翌年の騒音規制法などの成立を促した。鋼管杭の騒音は杭頭の打撃音よりも管体の振動から発する騒音の方が大きいのが鋼管杭の特徴である。その騒音に対処するためにディーゼルハンマーと鋼管杭全体を包み込む防音カバー付きの杭打ち機（図-7.4.3）も開発されたが、作業が非効率で経済的に不利になることから使用する機会が次第に失われた。コンクリート杭と同様に油圧ハンマーも一時期、使用されたが、ダブルアクションのハンマーや管体から発生する騒音を防ぐことが出来ず、使用されなくなった。

リング状の開端の鋼管杭を支持層に打ち込むことによって先端が閉塞されて全断面積で設計支持力を負担できるメカニズムを図-7.4.4に示す。開端杭を打ち込むと管内土は圧縮され、支持層に到達

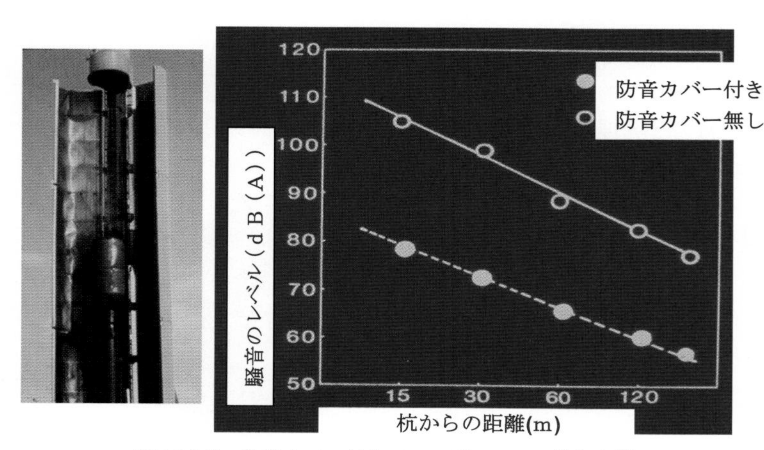

図-7.4.3　防音カバー付きディーゼルハンマ杭打ち機

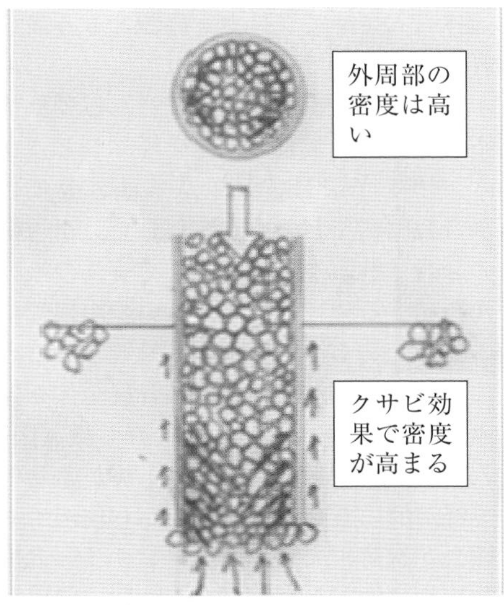

図-7.4.4　鋼管杭の先端閉塞

しても管内の圧縮された土砂は孔壁との間の摩擦力によって円周沿いにアーチ作用を発現する。アーチ作用で形成された土砂の環状体は一種の栓となって先端の開口部を閉塞する。径が小さいほど閉塞しやすく、径が大きくなると支持層への貫入長を大きく取らないと完全な閉塞は期しがたい。それでも、環状体の外周圧縮部の面積が圧倒的に大きいので大径でも先端支持力を発揮する。同時に、中心の圧縮がそれほど進んでいない部分でも深さ方向のドーム作用で支持力に貢献する。鋼管杭の径は30～300cmまでの広い範囲のものが、長さは10m前後から80mほどのものが使われている。

H形鋼杭もフランジ間の土砂との摩擦力によって外周に囲まれた面積で先端支持力を発現するが、全体の支持力のうち、周面支持力が圧倒的に大きい。H形鋼杭では300mmと400mmの寸法が多く使われている。

ここでいう設計支持力は静的な支持力である。打撃による衝撃波動は杭と周面地盤の摩擦力を切り、先端地盤をせん断しながら杭を貫入させる。衝撃で切られた周面地盤との摩擦力は時間の経過と共に回復し、地盤抵抗が大きくなって貫入不能に陥ることがあるので、所定の支持層に達するまで連続して打撃することが求められる。打撃で貫入させるには重いハンマーの方が効率的で、油圧ハンマーの原理となる。軽いハンマーでは杭体内に発生する衝撃波の波長が短く、落下高を上げても衝撃波の値が大きくなるだけで摩擦を切る打撃の波長（仕事量の大きさ）は短く、衝撃で杭体を破損することになる。

ディーゼルハンマーと前後してソ連(今のロシア）からバイブロハンマー（図-7.4.5）が導入された。バイブロハンマー

図-7.4.5　バイブロハンマ－による杭打ち[16)]

は供給する動力により電動式と油圧式に大別され、バイブロ工法として普及した。その中で油圧式は日本で大きく発展している。いずれも杭頭とハンマーをチャックで強力に固定する必要がある（図-7.4.5）。電動式バイブロハンマーの原理は図-7.4.6 に示すように偏心回転子を同期させてハンマー全体の重量を上下に振動させ、杭を貫入させるものである。起震機の原理と同様である。油圧式バイブロハンマーは油圧ユニットから高周波の微振動を送り、ハンマーの全体重量の振動で杭の周面摩擦を切って貫入させるものである（図-7.4.7）。

しかし、バイブロハンマーは貫入能力の限界から大型杭には適用しがたく、主に仮設構造物の鋼矢板の打込、引抜きなどに用いられている（図-7.4.8）。初期の電動式バイブロハンマーの少なからぬ騒音、振動を低減するために油圧式バイブロハンマーの開発が強力に進められた。その結果、油圧式バイブロハンマーの延長線上にサイレントパイラーが生まれた（図-7.4.9）。それによって騒音、

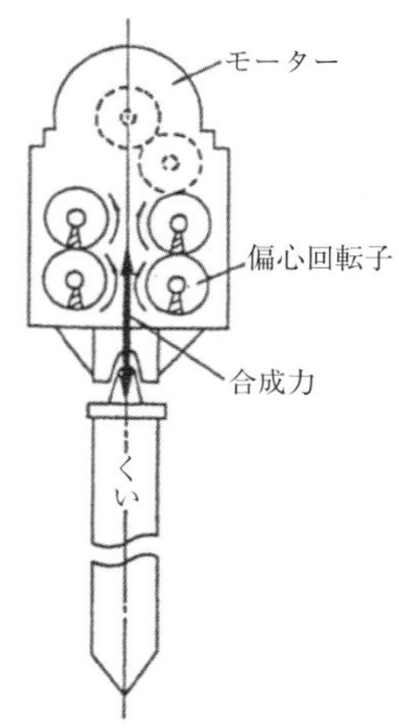

図-7.4.6　電動式バイブロハンマーの原理[17]

図-7.4.7　油圧式バイブロハンマーの事例[18]

図-7.4.8　バイブロハンマーによる鋼矢板の打込[19]

図-7.4.9　サイレントパイラー[20]

振動の問題は解決したが、杭としての貫入力不足は否めず、サイレントパイラーのほとんどは土留め工や仮締め切り工の矢板の打込み、引抜きに用いられている（10　基礎工事の仮設構造　参照）。

鋼管杭の施工にともなう騒音、振動問題を解決するために種々の工法が開発されている。そのひとつに鋼管ソイルセメント杭（図-7.4.10）がある。ソイルオーガーでセメントモルタルを注入しながら削孔した孔内にリブ付き鋼管を押し込む工法がソイルセメント合成鋼管杭である。また、鋼管杭の内側に掘削機を挿入してセメントミルクを噴出させながら支持層まで到達させる方法（図-7.4.11）もある。但し、排土はセメントが含むために産業廃棄物として処理しなければならない。

設計上の先端支持力、周面支持力はソイルセメントの先端面積、周面面積から得られる。水平支持力の算定にもソイルセメントの杭幅が用いられるが、杭の曲げ剛性はリブ付き鋼管の剛性が採用される。以上から、ソイルセメント鋼管杭はソイルセメント柱と鋼管のそれぞれの特性を最大限に引き出した合成杭と云うこ

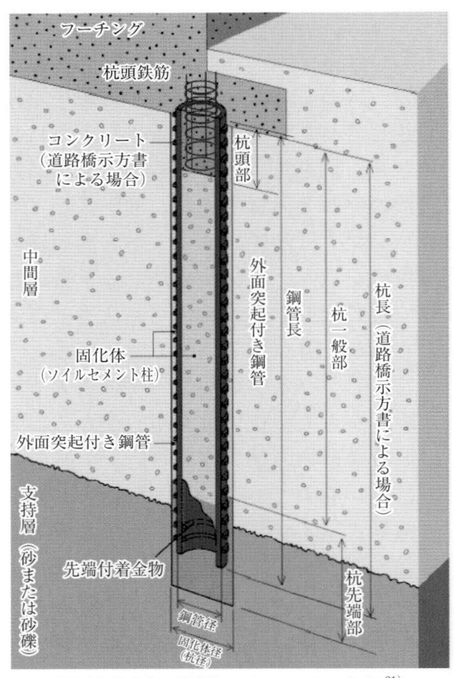

図-7.4.10　鋼管ソイルセメント杭[21)]

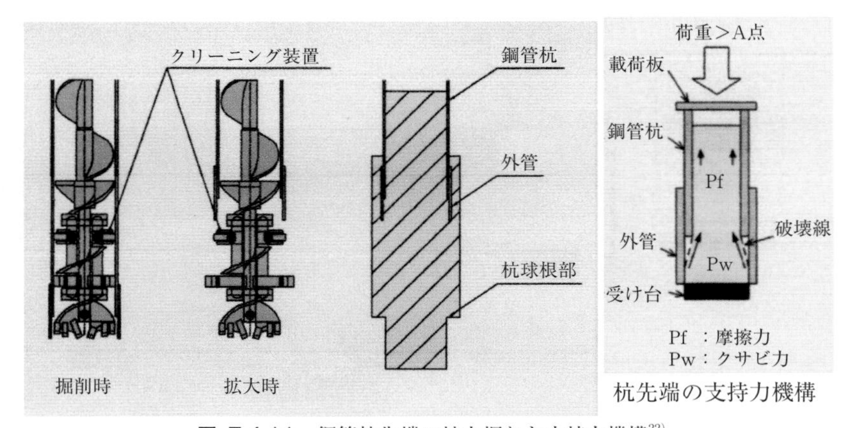

図-7.4.11　鋼管杭先端の拡大掘りと支持力機構[22)]

とができる。

また、図-7.4.11のように先端部分の拡大堀りや鋼管先端を加工して先端支持力の増強を図ることもできる。類似の施工法の中には削孔後に小口径杭や大径鉄筋を挿入して孔内をグラウトするマイクロパイル工法もある（図-7.4.12、図-7.4.13）。

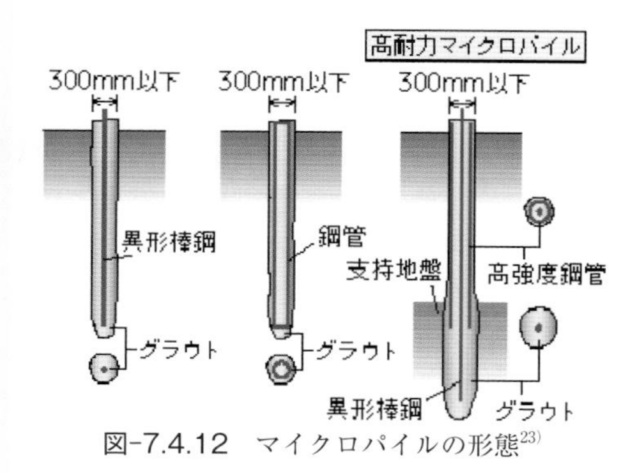

図-7.4.12　マイクロパイルの形態[23]

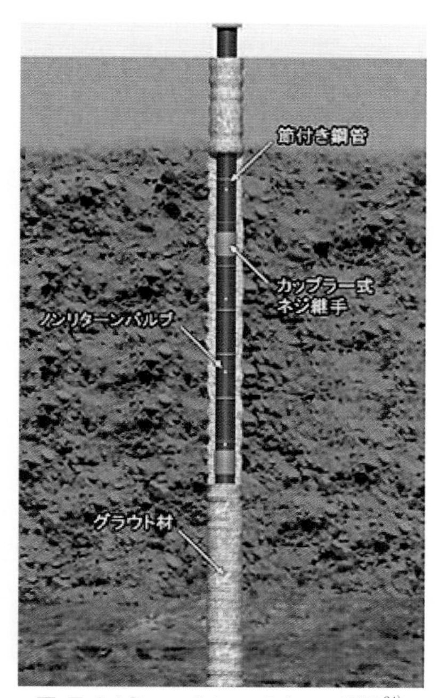

図-7.4.13　マイクロパイルの形状[24]

口径300mm以下の鋼管や鉄筋であるために大きな支持力は期待できないが、既存基礎の補強や法面の安定のために用いられている。しかし、外国では高強度コンクリートを充填することで大きな支持力を負担させている事例もある。

また、騒音、振動のない施工方法として回転圧入工法も開発されている（図-7.4.14）。先端に回転翼（羽根）の付いた鋼管杭（図-7.4.15）を全回転装置で地盤中にねじ込み、支持層まで到達せしめるものである。回転圧入装置にはベースマシン登載の自走式と据置式全回転圧

図-7.414　回転圧入工法による鋼管杭の施工[25]

図-7.4.15　回転圧入鋼管杭の先端形状

入機（図-7.4.16）があり、主に前者は小径の杭、後者は大径の杭に使われる。大径杭の場合は先端の開口部から管内に土砂が入ることによって貫入しやすくなる。小径杭の場合は排土量が少ないので先端は閉鎖されている（図-7.4.17）。自走式

図-7.4.16　据置式回転圧入工法の事例

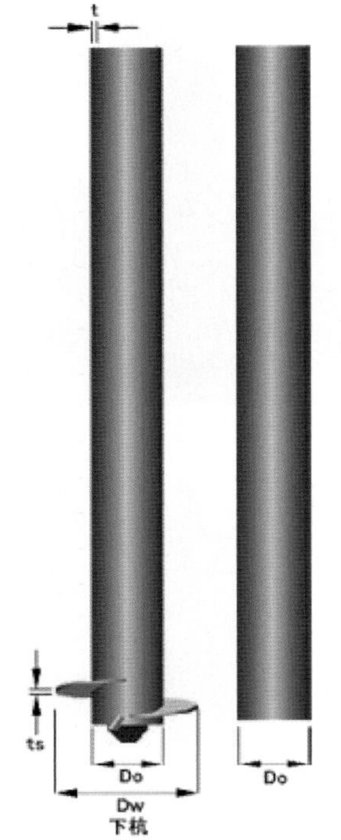

図-7.4.17　小口径回転圧入鋼管杭の先端

の全回転装置は低空頭の地点や近接施工にも適用できる（図-7.4.18）。回転圧入工法は騒音、振動がほとんどないだけでなく、排土量も僅少であるために都市内の施工に適している。

回転圧入杭の場合、羽根の幅（直径）で先端支持力が決まるが、幅が広すぎると撓みが生じ、つけ根の応力集中が大きくなる。また、羽根の幅が広くなると地盤抵抗が増大して回転トルクも大きくなり、長い杭軸の場合は回転力を伝達しがたくなる。そのために、羽根の外径と杭径の比は小径杭（200mm 程度）では 3 倍以下、中径杭（500mm 程度）では 2～2.5 倍、大径杭（1,000mm 以上）では 1.5 倍程度に制限するのがよい。全回転装置の位置から羽根までの杭の長さは杭径の 80 倍程度が目安になる。

図-7.4.18　低空頭の近接施工の回転圧入工法の事例

7.5　場所打ち鉄筋コンクリート杭

7.5.1　場所打ちコンクリート杭の概要

1960年代の末期から建設公害が社会問題となってくると既製杭の普遍的な施工法であった打撃工法やバイブロ工法は居住地域では採用できなくなった。それに代わるものとして場所打ち鉄筋コンクリート杭が急速に普及した。場所打ちコンクリート杭では1910年代初めに無筋コンクリートのアボット杭が導入された。これは打ち込んだ鋼管を引き上げながら内部にコンクリートを詰め込み、無筋コンクリート杭とするものであった。

しかし、1923年の関東大震災でコンクリート杭にも鉄筋コンクリートの必要性が認識されてペデスタル杭が用いられるようになった。その工法は図-7.5.1に示すように、鋼管（ケーシングチューブに相当）の先端に円錐状のシューを取り付けて打ち込み、支持層に達したあと、鋼管を吊った状態で先端に充填した固練りコンクリートを突き棒の打撃で潰してシューを含めて先端に球根を形成する。その後に鉄筋籠を下ろして突き棒で叩きながらコンクリートを充填して鋼管を引き上げるものである。最終的に小径の場所打ち鉄筋コンクリート杭となる。施工過程で鋼管の打ち込みと引き上げの必要性から鋼管の径と長さに制約があり、径は30～50cm程度で、長さは15～20m程度、最長でも30mである。シューの最初は鋼製の円錐であったが、1950年代になるとコンクリート製のコーンとなった。

主に建築分野で用いられ、土木分野では国道6号の四つ木橋など少数で、打撃時の騒音、振動が大きいことと支持力にも限界があった。そのことから後の既製のコンクリート杭の打撃工法と同様に場所打ち鉄筋コンクリート杭（図-7.5.2）に取って替わられ、1960年代に姿を消した。類似工法として鋼管の先端に固練りコンクリートで栓をして打ち込み、後はペデスタル杭と同様に杭を引き上げながら鉄筋コンクリート杭を形成するフランキー杭（図-7.5.3）があるが、日本で

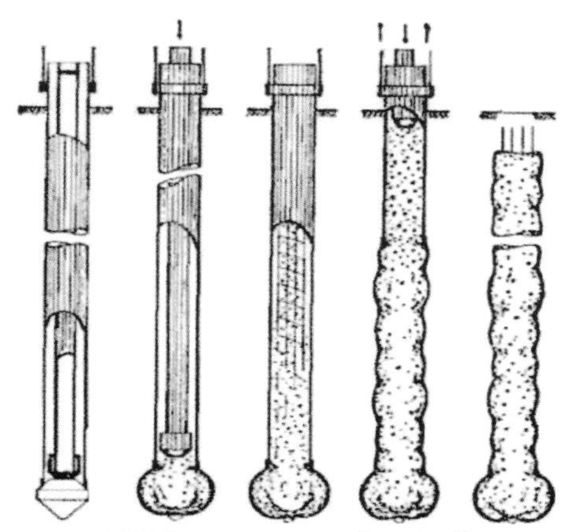

図-7.5.1　ペデスタル杭の施工[2)]

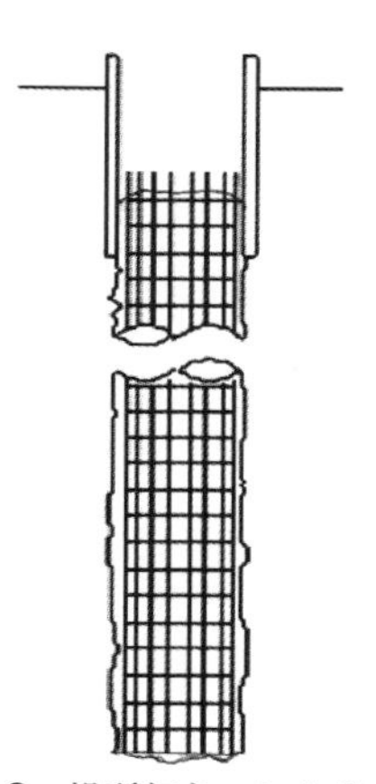

図-7.5.2　場所打ちコンクリート杭

はほとんど採用されなかった。

杭の施工の主流であった打込み工法の問題点を解決し、大きな支持力を確保する方法として機械施工による削孔方式の大径の場所打ち鉄筋コンクリート杭が1950年代以降に外国から導入され、大きく発展した。場所打ち鉄筋コンクリート杭ばオールケーシング杭、リバースサーキュレーション杭、アースドリル杭に大別でき、大径化（約3m）、長尺化（約70m）が図られた。これらの大径杭は人力掘削による深礎杭も含めて建築分野ではピア基礎と呼ばれている。その他、機械掘削による大径杭としてホッホストラッセル工法、BH工法などが存在したが、あまり普及することはなかった。

機械掘削による場所打ちコンクリート杭とは別に人力掘削による場所打ちコンクリート杭（深礎杭）が日本で1910年代に生まれている。

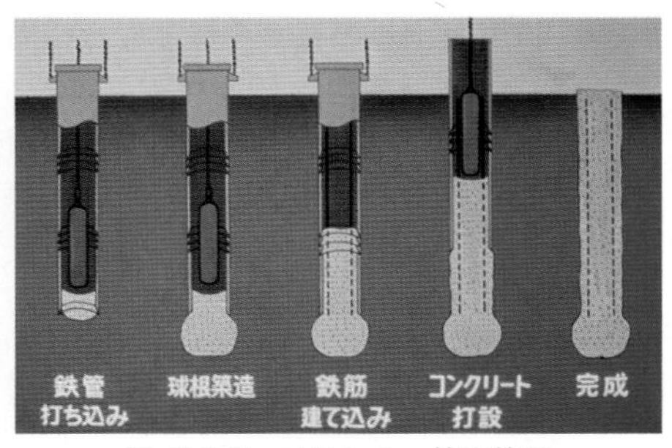

図-7.5.3　フランキー杭の施工

7.5.2　オールケーシング工法(ベノト工法)

オールケーシング工法は1954年にフランスのベノト社から日本国有鉄道（国鉄）が導入したもので、ベノト杭とも呼ばれたが、土木や建築分野で広く利用されるようになったのは建設公害が顕在化した1960年代後半からである。その施工の手順は図-7.5.4に示すとおりである。掘削機（図-7.5.5）を所定の位置に据え付けた上で、ケーシングチューブの内部土砂をハンマーグラブで掘削しながら、揺動装置で掴んだケーシングチューブを交互に半回転を繰り返しながら押し込むものである。掘削土はベントナイトなどを含まないので乾燥させれば産業廃棄物とはならない。

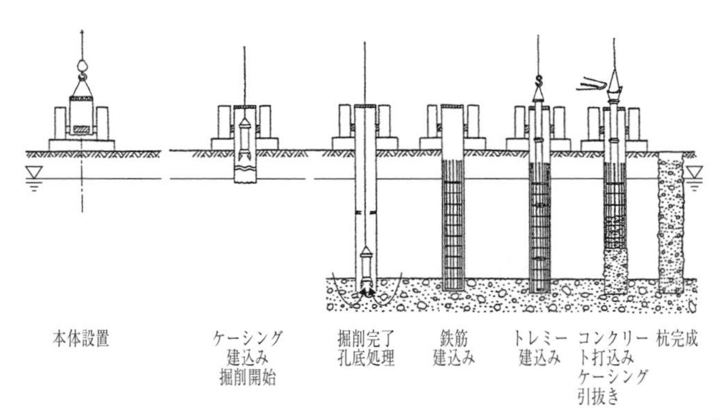

図-7.5.4　オールケーシング工法による場所打ちコンクリート杭の施工[26]

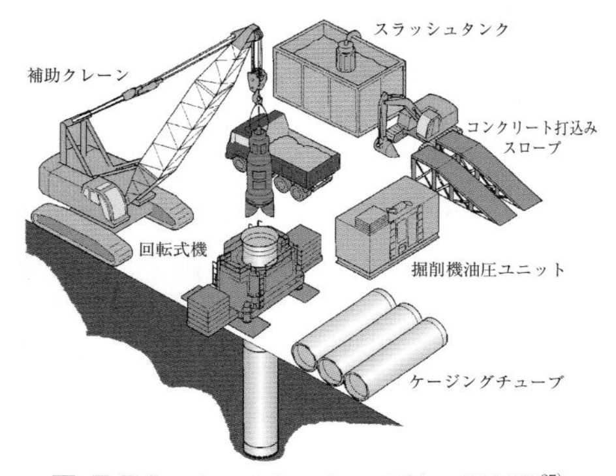

図-7.5.5　オールケーシング杭の掘削機[27)]

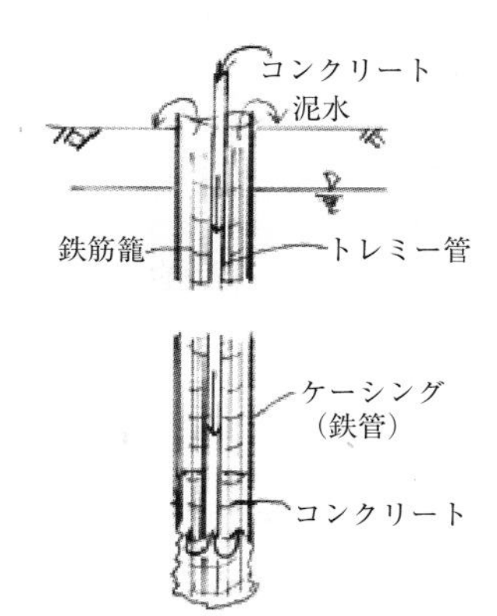

図-7.5.6　トレミー管によるコンクリートの注入のメカニズム

支持層に到達した後、孔底の掘削屑など（スライム）を除き、鉄筋籠とトレミー管を孔底まで下ろして再度、沈降土砂を除いてコンクリート打設に移行する。コンクリートは孔内の水中に直に打ち込まず、トレミー管の中に流し込み、その先端からケーシング孔内に噴出させる。コンクリートは水中に打つと分離して強度を発揮できない。そのために、トレミー管の先端が貫入している流動コンクリートの中にフレッシュなコンクリートを流し込むとそのコンクリート圧で流動コンクリートの表面は押し上げられ、フレッシュなコンクリートは掘削泥水に触れずに孔内に充填される（図-7.5.6）。コンクリート表面の上昇に合わせてケーシングやトレミー管を引き上げるが、管体の先端はコンクリート表面の下に約2m入っている必要がある。この際、流動コンクリートの表面上昇でケーシング上端から越流する泥水はコンクリートのアルカリ分を含むので、その処理に留意が必要である。オールケーシング工法の利点はケーシング内径の杭径が確保されることである。

更に、孔内コンクリートは杭頭部の所定の位置より0.5～1mほど高くまで打設し、硬化後に上部の余分な部分を切り取って除去する。理由は孔内泥水と触れている、表面付近のコンクリートは除去しきれないスライムなどが混じって劣化しているので、そのコンクリート部分（図-7.5.7）を除去して杭頭を健全なコンクリートとすることにある。杭頭ではモーメントが最大となるために強度、品質を確保する必要がある（表-7.7.1 参照）。

オールケーシング工法で留意しなければならない事項は緩い砂質地盤を掘削途中に孔底から噴出する地下水である。一種のボイリング現象で、ケーシング内を地下水位以下まで掘削して孔内水位が低下すると外側の地下水が砂粒子を伴って管内に流入する（図-7.5.4）。すると、ケーシング周面の砂層は緩んで崩れ、ケーシングを締め付けることになる。ベノト機のケーシングの引き上げ能力の低い時代にはケーシングが引き上げ不能に

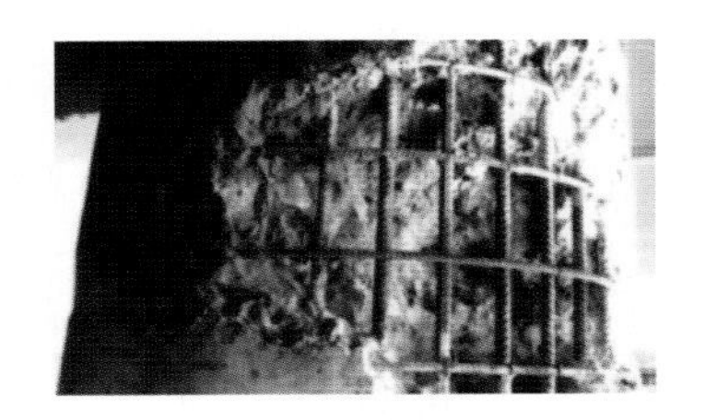

図-7.5.7　劣化した頭部コンクリートの事例

なる事態が散発した。現在は掘削機に十分な引き上げ能力が備えられているが、周面の砂層の緩みは避けられない。しかし、コンクリートの打設の段階でコンクリートの流動圧が働いて砂層の緩みはある程度回復する。緩みを防ぐには、掘削された内部土砂の量に見合う水量をケーシング内に注水して孔内水位を保ちながら掘削する必要がある。しかし、そうすると掘削効率が低下するとして実施されていないのが現状である。

7.5.3　リバースサーキュレイション工法(リバース工法)

リバース・サーキュレイション工法（図-7.5.8）はドイツのザルツギッター社で開発され、1962年に導入された。リバース・サーキュレイション工法とは逆循環工法で、先端の掘削ビットで掘削した土砂を自然泥水と共にシャフトの中を通して真空ポンプで吸い上げる工法である。ボーリングなどで人工泥水をシャフト内部に送り、掘削土砂を頂部の孔口から排出する通常の循環工法とは逆方向の排土方法である。排土を連行する自然泥水はポンプを通過して複数の貯留タンク（スラッシュコンテナー）に送られ、土砂は沈殿させて上澄み泥水だけが鋼製のスタンドパイプのある掘削孔に戻ると云う循環方式である。同工法による杭（リバース杭）の施工順序を図-7.5.9に示す。

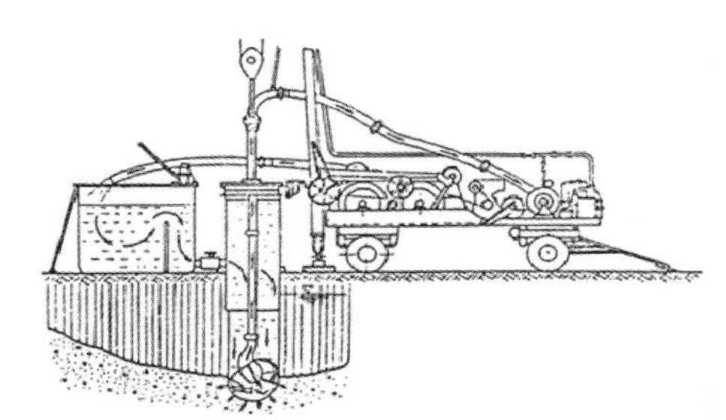

図-7.5.8　リバースサーキュレイション杭の施工概要

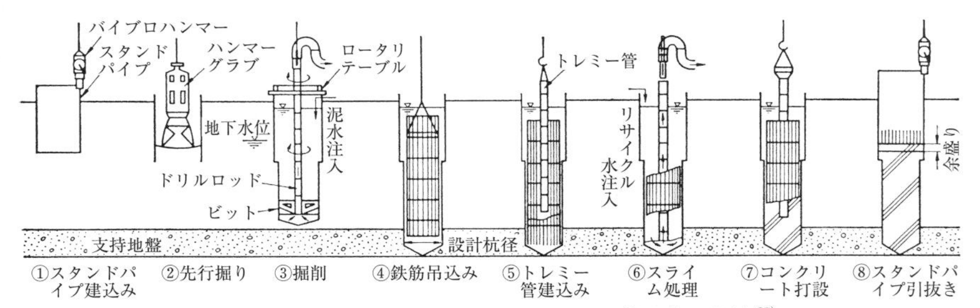

図-7.5.9　リバースサーキュレイション杭の施工順序[28)]

先ず、所定の杭位置にスタンドパイプを立て込み、内部を掘削した上で上部にロータリーテーブルを据え付ける。次に、先端に掘削ビット（ドリルビット、図-7.5.10）を装着し、頭部で真空ポンプと送泥管（パイプ）で結ばれたシャフトをロータリーテーブルに取り付ける。そして、孔内水位を地下水位より2m以上高く保った状態（2mの圧力ヘッド）でロータリーテーブルでシャフトの先の掘削機を回転させて掘削を進行する。シャフトの上にはスイベルがあり、掘削土砂はシャフトから送水パイプに吸い上げられる。一定の孔内水位を保つために地盤内に浸透していく水量を補うように常に外部から給水することになる。そのために杭体体積の約3倍の水量を準備して補給する必要がある。掘削ビットの構造も導入した頃はユンボビット（図-7.5.8）であったが、掘削効率のよい三角ビット（図-5.5.10）に改良され、現在はほとんどが三角ビットとなっている。

孔壁が保持される理由は自然泥水と圧力ヘッドの存在である。掘削時に生じる微細な土粒子による自然泥水は濃度が1.02程度であるが、2m程度の圧力ヘッドがあるために泥水が孔壁に浸透する際に濾過されて表面に微細な土粒子による泥水膜（マッドフィルム）が形成される。泥水膜は不透水性であるために圧力ヘッドを孔壁表面にかけて崩壊を防ぐ役割を果たす（図-7.5.11）。しかし、海中や海岸付近では海水の影響を受けると自然泥水中の土粒子の沈降が速くなり、泥水膜が形成しにくくなる。

孔壁の周りでは地盤内の円形アーチ作用があり、小さな内圧（P_a）でも大きな土圧（P_k）に耐えることができる（図-7.5.12）が、杭径が大きくなるとアーチの応力が大きくなり、より大きな圧力ヘッドを確保するために孔内水位を高くして内圧（Pa）を大きくすることになる。このメカニズムを支えているのは孔内の圧力ヘッドの存在であるから、もしも、逸水などによる孔内水位の低下や被圧地下水の噴出で一瞬でも圧力ヘッドが効かなくなると孔壁は崩れて掘削ビットなどが埋まることになる。そのために孔内水位には厳重な管理と監視が必要である。

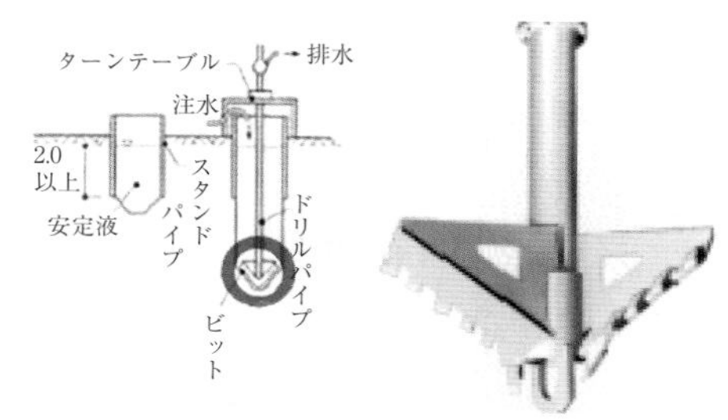

図-7.5.10　三角掘削ビットの事例

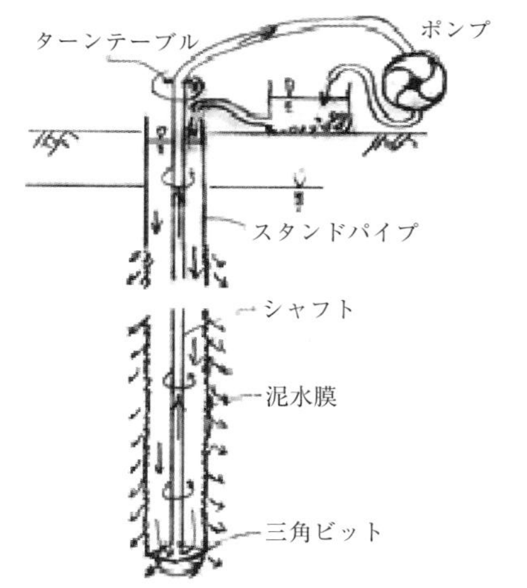

図-7.5.11　泥水膜の形成と泥水圧の作用のメカニズム

Po ：実際に作用する土圧
$(ex.\ Po=(\gamma z+q-w'\ h')Ka-2C\sqrt{Ka}$
Pa ：孔内水圧と地下水圧の差
$(ex.\ Pa=wh-w'\ h')$
R ：外圧の均衡する境界までの半径
a ：孔の半径
Ka ：当該地層の主働土圧係数
γ ：土の単位体積重量
z ：孔の深さ
q ：載荷荷重
w' ：地下水の比重
h' ：地下水の水深
c ：当該地層の粘着力
w ：孔内水に比重
h ：孔内水の水深
Pr ：孔壁周縁の円周反力

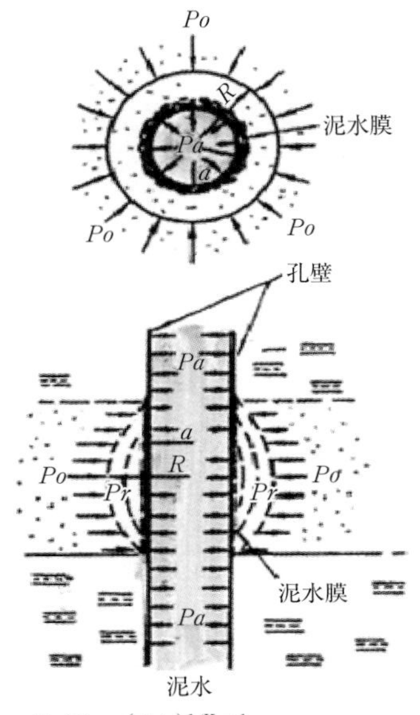

$Pr/Pa=(R/a)^{1/Ka-1}$

図-7.5.12　泥水圧による孔壁保持のメカニズム

リバース杭では掘削土をシャフトの中を通して真空ポンプで吸い上げるシステムであるために揚力と掘削深に限界が生じる。理由はシャフトの中を流れる土砂流の比重は約1.25前後であるために大気圧下（約100kPa）では40mが限界となり、掘削速度を落としてシャフト内の比重を下げても70m付近が限界となる。掘削深を大きくするためには、エアリフト（図-7.5.13に示すように空気をシャフト内の先端近くに圧送し、浮上する空気でシャフト内に上昇水流を起こす）や水中ポンプを掘削機に取り付けて土砂流を押し上げる方法を採ることになる。

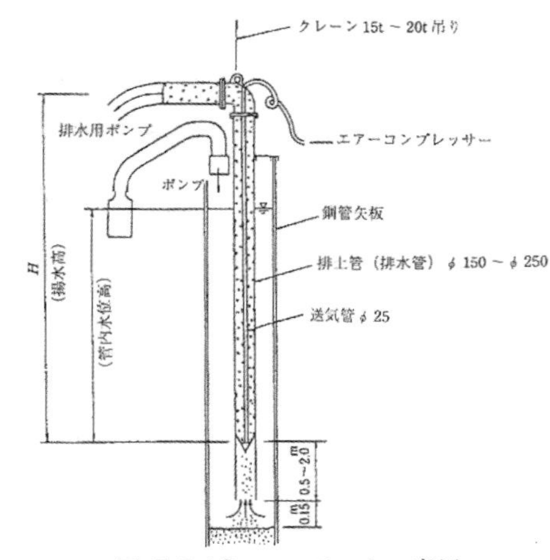

図-7.5.13　エアリフトの事例

掘削が終了すると鉄筋籠を下ろし、トレミー管を用いて孔底のスライム処理をして孔内水を静水置換した後の施工はコンクリートの打設など、オールケーシング工法と同様の過程である。

リバース杭の利点の一つが掘削土を自

然泥水で上げるために掘削土は乾燥させれば、そのまま利用できることである。しかし、砂層などで微粒子の含有量が少ない場合にはベントナイトを添加することがあるが、その場合は産業廃棄物として取り扱われる。

7.5.4　アースドリル工法（カルウェルド工法他）

アースドリル工法は1959年にアメリカから導入され、当初はカルウェルド杭と呼ばれた。その施工順序は図-7.5.14に示すとおり、リバースサーキュレイション杭と共通するところがある。アースドリル掘削機（図-7.5.15）はドリリングバケット（回転バケット、図-7.5.16）で

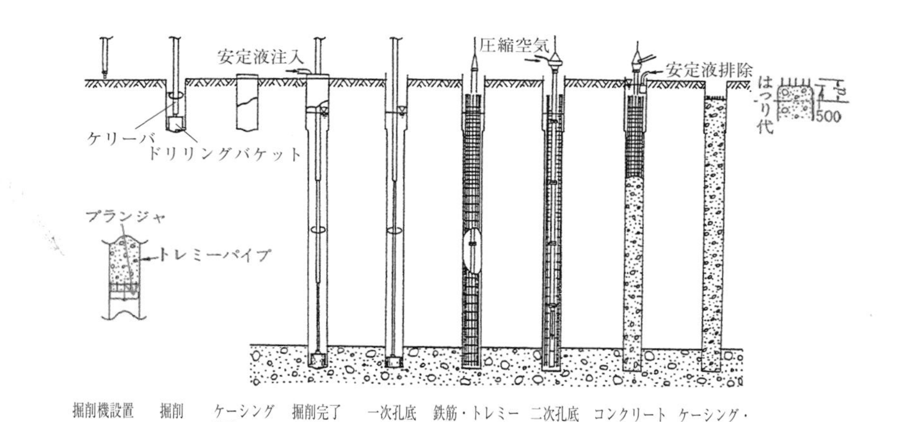

図-7.5.14　アースドリル杭の施工順序

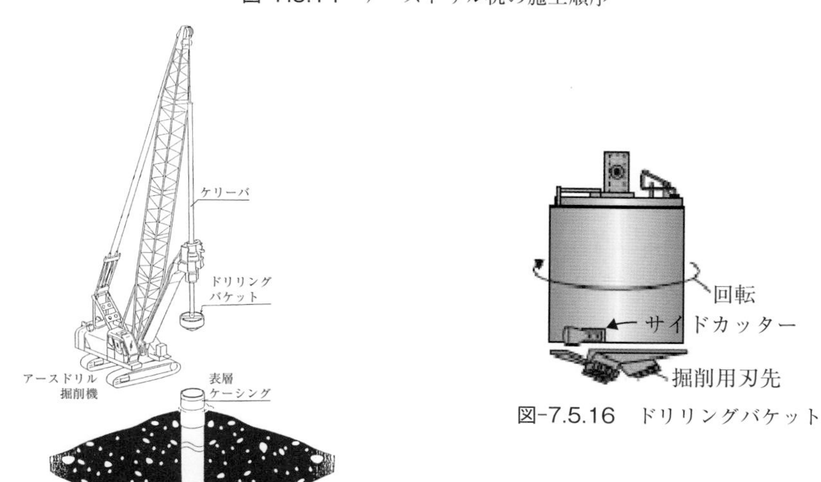

図-7.5.16　ドリリングバケット

図-7.5.15　アースドリル掘削機[29]

削孔するが、オールケーシング工法のベノト機（全装備で約60tf）に対して小型で小回りの効く軽量（約30tf）の施工機械なので、アースドリル杭は経済的に施工できる利点がある。

アースドリル掘削機を所定の位置に設置して表層ケーシングを打ち込み、その内部を回転バケットで掘削して地山に達したならばベントナイト溶液またはポリマー溶液（一種の糊状の液体）を供給して掘削を継続する。バケットの回転軸となっているケリーバーはテレスコープ（望遠鏡）型で3段に伸び、27mまで掘削できる。それ以上の掘削深にはステムの継ぎ足しが必要となるで作業効率が低下する。

回転バケットの外径は標準で杭径より12cm小さく、外側の孔壁との間に6cmの隙間がある。回転バケットの外側にはサイドカッター（リーマーとも云う）が付いており、回転時に外周部の幅6cmの隙間に相当する地盤を削り取る。バケットの径毎の断面積（A）と隙間面積（a）の比を図-7.5.17に示す。隙間の存在でバケットの上昇時の負圧の発生を防ぐことができる。負圧は一瞬で孔壁の崩壊を招きかねない。バケットの急速な上昇速度は隙間に速い流速を生み出して孔壁を損傷したり、バケットの下方に負圧を発生させるので避けなければならない。バケットの径が大きくなるほど注意が必要である。

ベントナイト溶液の比重は約1.10程度に調整して地下水と溶液の比重差による圧力で孔壁を保持する。ポリマー溶液は掘削に伴う土粒子を取り込んで比重が大きくなるので、ベントナイト液と同様に液圧差で孔壁を保持することができる。両溶液は掘削の進行と共に孔内に供給され、地下水との比重差で孔壁を保持すると云う原理で用いられるが、孔壁をより安定させるために、液面を地下水面よりも幾分高くしておいた方が安心である。両溶液とも品質と濃度の管理が重要で、各種の試験が指定されている。また、人工泥水でも地下水に塩分が含まれてい

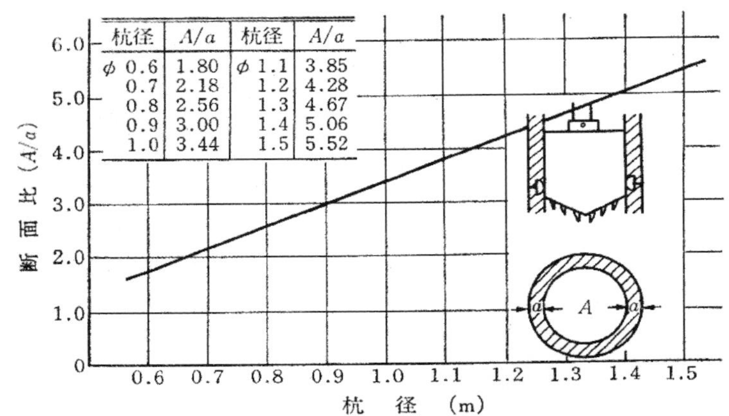

図-7.5.17　バケット断面（A）とサイドカッター回転面積（a）の断面比[1]

る海辺などでは微粒子の凝集が早く、泥水の効きが悪くなることに注意が必要である。

アースドリル工法に使われるベントナイト溶液などによる泥水膜（マッドケーキと呼ばれる）は比較的厚く、道路橋示方書などでは孔壁に形成される泥水膜の厚さと接するコンクリートの劣化を考慮して設計径を当初は10cm、現在では5cmの低減をしている。このことは杭の設計において断面積で約1割、断面二次モーメントで約20％の低減となるので、土木分野でのアースドリル工法の利用の妨げとなっている。しかし、建築分野ではこの低減をしないので広くアースドリル工法が活用されている。現実には打設したコンクリートの液圧による圧縮や水和反応による水分の吸収でベントナイトなどの泥水膜はほとんど薄膜状態となっているので設計径の5cmの低減は意味をなさなくなっている。

掘削はドリリングバケットで効率的に行われるが、掘削土砂にはベントナイトやポリマーが混入しているために産業廃棄物として取り扱われる。しかし、遠心分離器などにより脱水して盛土などに利用すれば産業廃棄物にはならない。また、コンクリートの打設で越流する人工泥水も繰り返し使用することもあるが、最終的には産業廃棄物となる。これらの産業廃棄物を投棄箇所まで運搬して処理する費用はアースドリル杭の施工における大きな負担になっている。人工泥水は繰り返し使用していると劣化が進み、土粒子の保有能力が低下して孔内のスライムが多くなるので、施工中もその品質を確認する必要がある。掘削が終了して鉄筋籠挿入、スライム処理後の施工はオールケーシング工法、リバースサーキュレイション工法と同様である。図-7.5.14の中でプランジャはトレミー管内のコンクリートと孔内泥水とが混じらないようにする蓋で、右側のはつり代は杭頭部の劣化部分の除去である。

アースドリル工法では人工泥水が重要な役割を果たすが、人工泥水の混じった掘削土は見た目も悪く、産業廃棄物として遠距離運搬、脱水処理などに大きな費用を要し、最大の隘路となっている。この問題を解決できればアースドリル杭は極めて経済的な場所打ち鉄筋コンクリート杭となる。その解決方法としてマイクロバブル（図-7.5.18）やナノバブルの利用が考えられる。

マイクロバブルは50マイクロメーター(10^{-6}m)以下、ナノバブルは100ナノメー

図-7.5.18　マイクロバブルの溶解した状態[30]

ター（10^{-9}m）の水中での気泡を指す。ナノバブルは生成に費用がかかるが、マイクロバブルは比較的容易に生成できる。一般に水中の気泡（ミリサイズ）はすぐに水面に上昇するが、マイクロサイズ以下の気泡は内圧が高いため水中に長時間滞留し、ゆっくりと上昇しながら収縮していく。そして、この上昇と収縮の過程で汚れを吸着し（図-7.5.19）、ほかにも様々な効果を持つのがマイクロバブルである。マイナスに帯電しているマイクロバブルが上昇の過程でナノバブル化してマイクロバブルとナノバブルの混合体となり、水中で圧壊する。

地盤中にプラスに帯電している微粒子がどれだけあるか分からないが、もしも少なければセルローズなどの有機系繊維材を混入することも考えられる。孔内水位を地下水位より高く保つことでマイクロバブルを含む泥水膜が形成できる可能性がある。掘削土にはベントナイトやポリマーが含まれていないので乾燥させて利用土にでき、経済性の向上になる。

アースドリル工法の特徴の一つが先端を拡大して拡底杭とすることが出来る点（図-7.5.20）である。支持層まで掘削した後、拡底掘削機（図-7.5.21）を下ろして杭先端を漏斗状に掘削して広げた杭である。拡底部を含む孔壁の出来上がり状態は泥水の中なので分からないが、図-7.5.22に示す孔壁測定装置で確認することが出来る。孔内に下ろした超音波発信器からの波動の反射波を受け止めて記録するもの（図-7.5.23）であるが、泥水の濃度によって数値が変わることに留意する必要がある。拡底掘削の施工はリバース杭でも適用可能であるが、主としてアースドリル杭で採用されている。建築分野では先端支持力を重視しているので、アースドリル杭の拡底掘削は広く用いられているが、土木分野では周面支

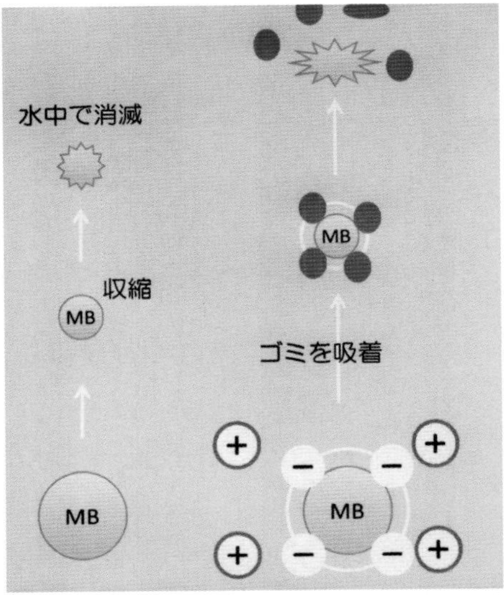

図-7.5.19　マイクロバブルの微細粒子の吸着[30]

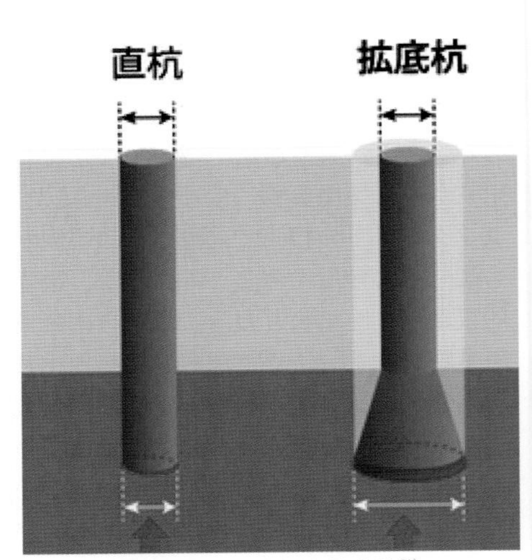

図-7.5.20　直杭と拡底杭[31]

拡大翼開き時

拡大翼閉じ時

図-7.5.21　孔底拡大に使われる掘削機の事例[32]

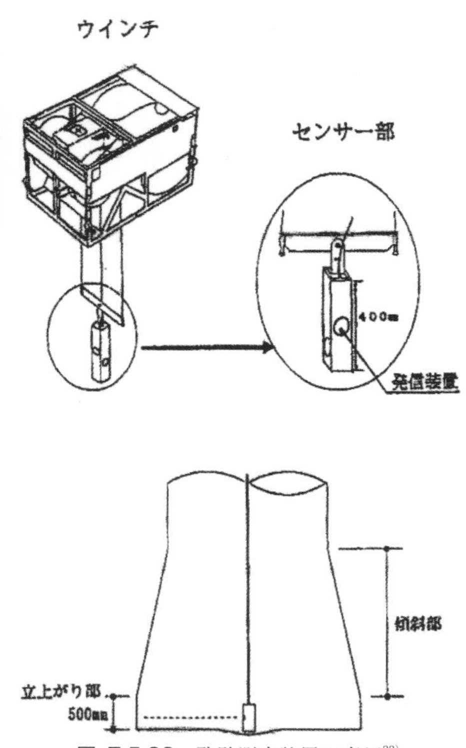

図-7.5.22　孔壁測定装置の事例[33]

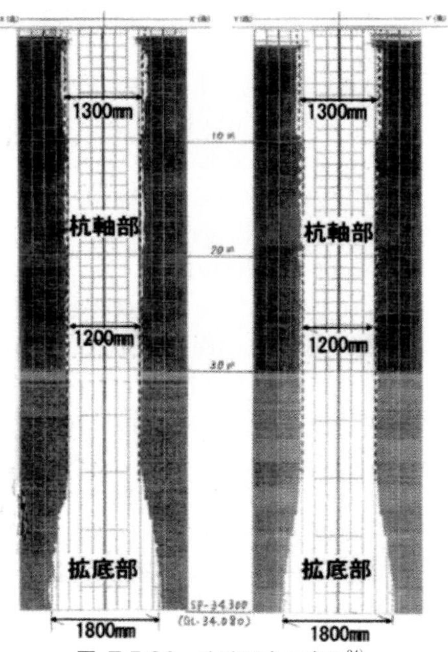

図-7.5.23　孔壁測定の事例[34]

持力の評価が高く、先端支持力に不安がある場合もあるのでほとんど使われていない。拡底部の傾斜面の孔壁は泥水のヘッドと地盤の円形アーチ作用（図-7.5.12参照）で保持されていると考えられる。

7.5.5 深礎工法

上記の場所打ち鉄筋コンクリート杭は機械掘削であるが、人力掘削による鉄筋コンクリート杭が日本で生まれている。1930年頃に木田建業が井戸掘り工法の延長として開発したもので、孔壁を鋼製の形鋼のリングとなまこ板（波板）で保護しながら人力で孔底を掘削していく工法（図-7.5.24）であった。この工法は支持地盤を直接確認出来ることや施工にともなう騒音、振動を生じないことが利点である。ただし、狭い作業空間（直径3～6m）での施工であるために安全管理に十分な配慮を払う必要があり、杭長にも自ずから限界（約20m）がある。その後、孔壁の保護には鋼製のライナープレートが使われるようになり、安全性と作業効率が向上している（図-7.5.25）。この場合はコンクリートを打設した後にライナープレートと地山の間の隙間にグラウトが必要である。

施工は三角櫓（三叉）やウィンチなどの簡易な器具で進められるために1960年代以降も山岳地帯、斜面上、狭い市街地などの橋梁基礎で広く採用されている。また、橋梁基礎だけでなく、地滑り防止杭としても活用されている。この工法は地下水のない地盤上で採用されているが、地下水位が低い場合はポンプ排水

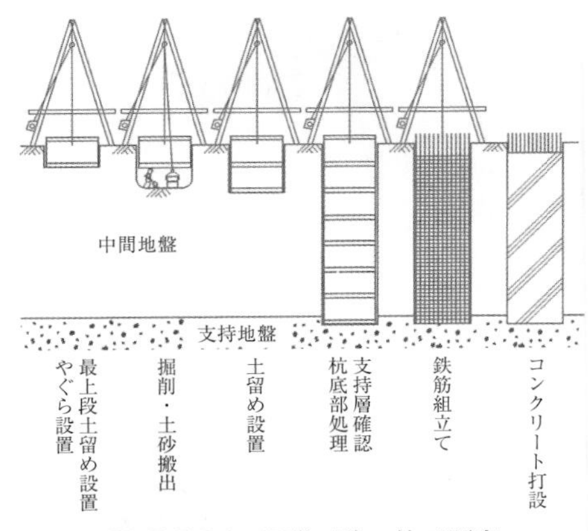

図-7.5.24 深礎工法の施工順序

図-7.5.25 深礎杭の施工状態

で施工される。掘削が完了すると孔内で鉄筋を組み上げて、気中コンクリートを打設するので品質の健全性は確保される。最近では小型の掘削機やクレーン車を投入して掘削する事例も増えており、深礎工法は杭のみならず地下水位の低い地点の立坑（図-7.5.26）にも利用されている。

深礎杭は橋梁や建物などの構造物基礎だけでなく、地滑り防止杭や法面保護杭として採用される理由は鉛直力よりも水平力に対するせん断抵抗杭、曲げモーメ

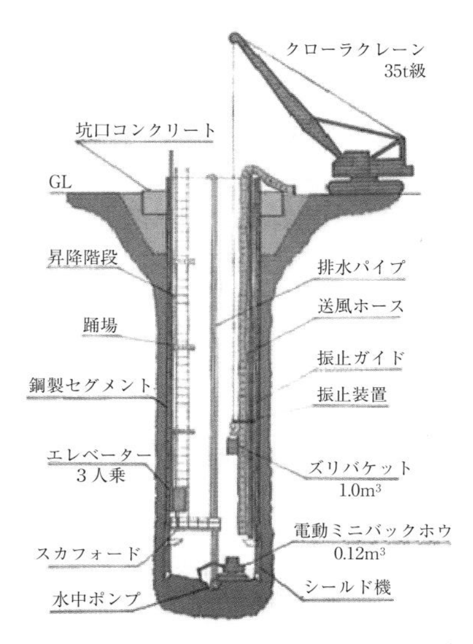

図-7.5.26　立坑としての施工概念図[35)]

ント抵抗杭として機能させることにある。大きな水平力に耐えられるようにするためには硬い支持層に深く根入れして反力を支持層で負担できるようにする必要がある。そのために、大きなせん断曲げモーメントに対する設計が求められる。

7.5.6　場所打ち鉄筋コンクリート杭の配筋と鋼管との合成杭

鉄筋コンクリート部材の現行の設計基準の中で曲げモーメントとせん断力が作用する構造部材に対して、道路橋示方書はせん断力に対する抵抗を平均せん断応力度で評価している。部材断面に分布するせん断応力（図-7.5.27、図-7.5.28）が断面中央部で最大となり、端部でゼロとなる状態を評価することが難しいので、設計上、コンクリート自体のせん断抵抗より極端に小さくした、平均せん断応力の許容値を用いられている。

しかし、深礎杭ではコンクリート断面が圧倒的に大きい過少鉄筋比の部材であるためにコンクリートの持つ固有のせん断抵抗の許容値を前提に設計するのがよい。一方、断面中央部のせん断破壊（図-7.5.29）の発生を防ぎ、ねばり強い部材（図-7.5.30）にするために二重配筋（図-7.5.31）が有効であるが、現実には採用に至っていない。

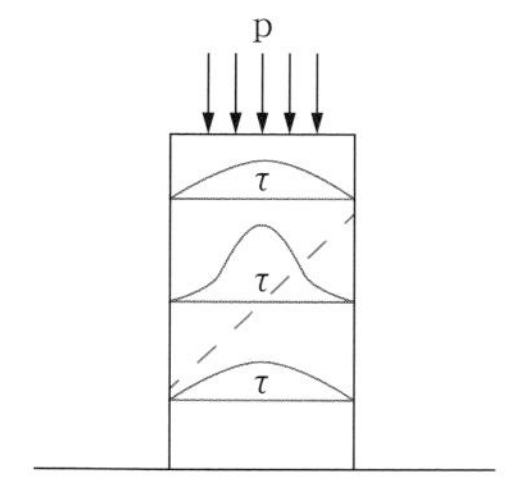

図-7.5.27　鉛直荷重に対する断面内せん断応力

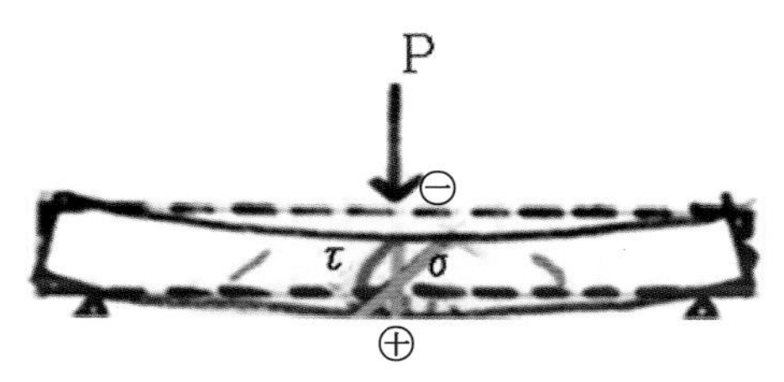

図-7.5.28　曲げモーメントで生じる圧縮、引張、せん断応力

図-7.5.29　せん断破壊した試験体

場所打ちコンクリート杭は杭頭の曲げモーメント抵抗、水平せん断力抵抗を増強するために鋼管コンクリート合成杭（図-7.5.32）とすることもある。これは掘削された杭頭部に鋼管を設置した後に鉄筋を挿入して鉄筋コンクリートと合成するもので、曲げモーメントが大きくなる杭頭に有効である。主に建築分野で採用されている。

図-7.5.30　せん断変形した鉄筋籠

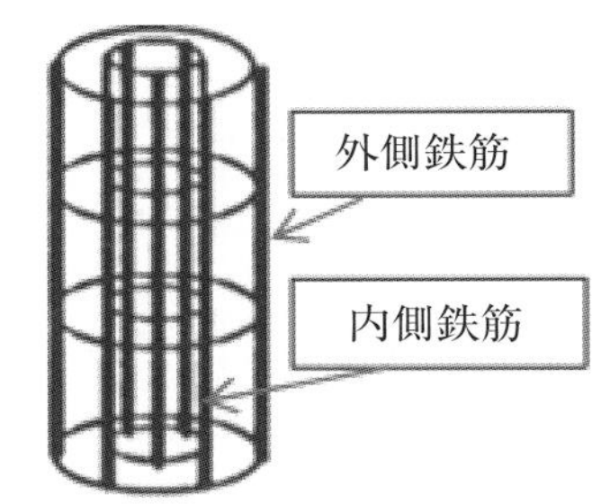

図-7.5.31　外側鉄筋と内側鉄筋の配置

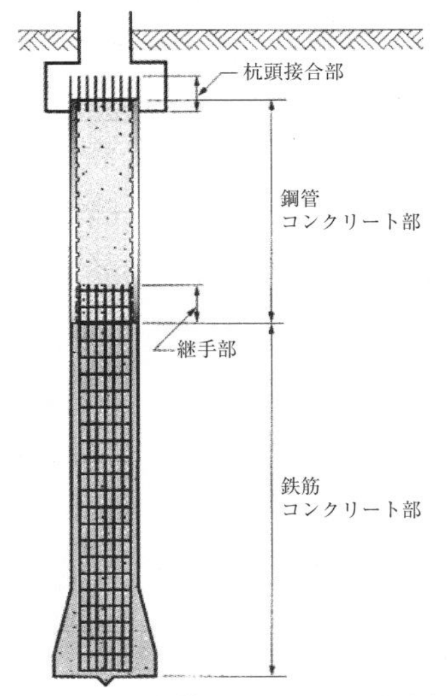

図-7.5.32　鋼管コンクリート合成杭

7.6　杭基礎の経験による構築

古代から橋梁や建物の基礎として用いられてきた伝統的な基礎形式の杭基礎は木杭が中心であった。先端支持杭も摩擦杭（図-7.6.1）もあり、本数、配置、寸法、長さなどは長い間、設計計算というよりは経験で定められていた。

有名なものには、紀元前1世紀にシーザーがゲルマン民族を攻める軍隊のためにライン川に架けたという木橋（図-7.6.2）がある。建物では5世紀に外敵の侵入を防ぐためにイタリアの.ベニスの街は湿地帯に建設され、密に打設した松杭（図-7.6.3）の上に石造りの街全体

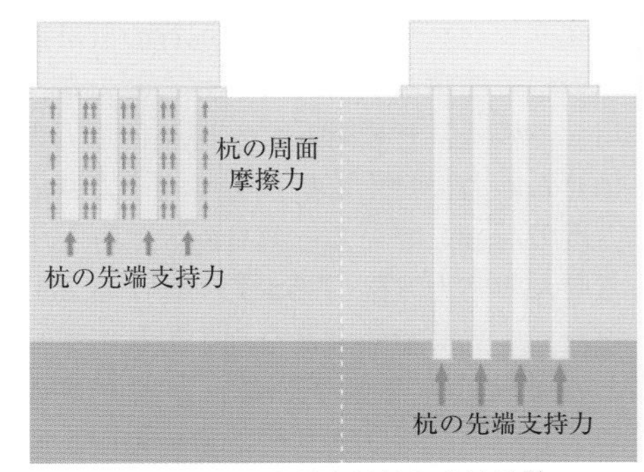

図-7.6.1　先端支持杭と摩擦杭[36)]

が載っている（図-7.6.4）が、商業都市として発展を遂げて今日を迎えている。

日本でも約4500年前の三内丸山（青森市）の遺跡で高い櫓（図-7.2.1）の栗の木の基礎杭（図-7.2.2）が発掘されている。畿内では7世紀以降、中国から帰朝した留学僧の道登、道昭、行基、空海らの指導により大きな川に木橋（図-7.6.5）が架けられた。8世紀には正倉院などの高床式建物（図-7.6.6）が建設されている。16世紀以降には木製の杭と筏を組みあわせた筏基礎が城壁の石積基礎（図-7.6.7）や錦帯橋の橋脚基礎に適用されている。特に、日本の城壁は穴太衆（あのうしゅう、戦国時代以降の城造り集団）の手で濠の下の軟弱地盤上に自然の大石が漆喰などの接着剤なしの野面積（のづらづみ）で高く積み上げられたが、その基礎に使われた筏基礎の機能には驚愕するものがある。

(Fowler: A Practical Treatise on Sub-Aqueous Foundation p. 56, John Wiley & Sons Inc.)

図-7.6.2　シーザーがライン河に架けたと云われる木橋の想像図[2)]

図-7.6.3　ベニスにおける松杭地盤[37)]

図-7.6.4　ベニスの石造りの町並み

図-7.6.5　木橋をイメージした現在の宇治橋[38)]

図-7.6.6　高床式の正倉院[39)]

図-7.6.7　松本城の濠内の石垣の下の木の筏基礎[40)]

7.7 杭基礎の設計計算法

7.7.1 鉛直荷重に対する慣用計算

杭基礎を計算で設計するようになったのは19世紀後半のことと考えられる。それから長い間、杭基礎の設計は、変位の概念の入らない作用荷重と杭の支持力のバランスで計算されていた。水平力が作用する場合は杭の曲げ剛性を考えずに、斜杭などの手段が用いられた（図-7.7.1）。通常、鉛直力（N）、水平力（H）、回転モーメント（M）が作用するが、水平力は無視されることが多く、鉛直力や回転モーメントを主体に杭反力が計算された（図-7.7.2）。

各杭の軸方向反力の算定式は次の通りである。

$$P_i = N/n + M \cdot x_i/\Sigma x_i^2 \qquad \text{式-7.7.1}$$

ここで、

P_i：i番目の杭の軸方向反力（kN）
N：鉛直力（kN）
n：杭の全本数
M：回転モーメント（kN・m）

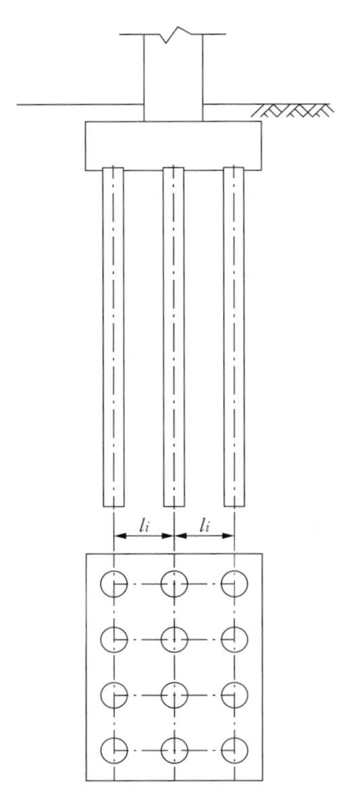

図-7.7.2　直杭のみの杭基礎

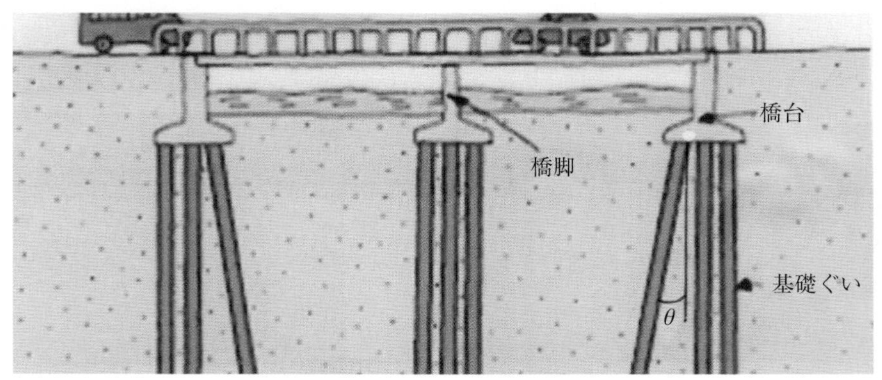

図-7.7.1　橋梁における斜杭の使用事例

x_i：i 番目の杭のアーム長（m）
Σx_i^2：杭の配列位置による二次モーメントの合計（m^2）

水平力に対する考え方としては摩擦杭の場合はフーチング底面が地面と接しているので摩擦抵抗力で負担できるとする意見もあった。しかし、先端支持杭の場合はフーチングと地面の間に隙間が生じるとして水平力も杭で負担するべきであるとの意見も強く、斜杭が適用された。斜杭のよる水平抵抗力は次式で算定されたが、杭の傾斜角は施工性から15°以内とされた。

$$H < \Sigma P_i \sin\theta \qquad \text{式-7.7.2}$$

ここで、
H：水平力（kN）
P_i：斜杭の軸力（kN）
θ：斜杭の傾斜角

この方法は簡便法とも呼ばれて多くの構造物の杭基礎に適用され、これまで設計、施工されてきた基礎には特に目立つ支障は伝えられていない。今でも通常の中小規模の構造物の杭基礎ではこの方法でもよいのではないかと考えられる。水平方向荷重に対しては、軸方向支持力を決めた後から杭の水平抵抗と変位を計算すればよいとされた。

7.7.2　水平荷重に対する弾性床上の梁としての計算法

構造物が大型化され、深い軟弱地盤上や水面上に重要構造物が計画されると杭基礎は複雑で、大きな荷重を負担することになる。これらの荷重による基礎の変形が上部構造物や杭本体に大きな影響を持つことから荷重と支持力の関係における変位量を考慮することが必要になってきた。すなわち、支持力と変位量の関係を明らかにした、変位法と呼ばれる設計方法である。この計算法の必要性に大きな影響を与えるのは地震力や軟弱地盤上の土圧などの水平力である。

水平荷重に対する杭の水平抵抗すなわち地盤反力度と変位量の関係は地盤を疑似弾性体として取り扱うという考え方で計算される。地盤のバネ係数（地盤反力係数）をもつ弾性床として、その上の剛性（EI）をもつ弾性梁に集中荷重Pを加えると図-7.7.3のように変形する。この時の地盤反力と弾性梁からの分布荷重は次のように表現される。

$$EI(d^4y/dx^4) = k \cdot y \qquad \text{式-7.7.3}$$

ここで、
y：たわみ量（cm）、変形量（cm）
x：軸方向の座標（cm）
k：地盤反力係数（kN/cm^3）

この解すなわち梁の変形量（y）は次のようになる。

$$y = e^{\beta x}(A\sin\phi + B\cos\phi) + e^{-\beta x}(C\sin\phi + D\cos\phi) \qquad \text{式-7.7.4}$$

$$\beta = (kd/4EI)^{1/4} \qquad \text{式-7.7.5}$$

ここで、
A、B、C、D：梁（杭）の周辺の境界条件で決まる係数
ϕ：βx で与えられる梁（杭）の位置を示す数値
β：梁（杭）の特性値（cm^{-1}）

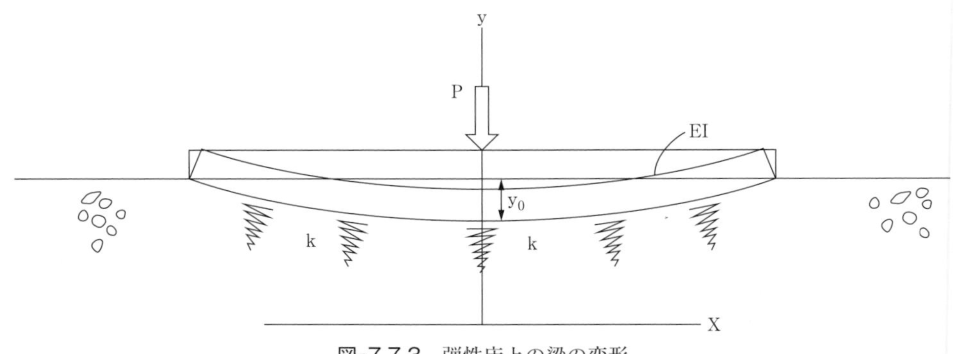

図-7.7.3　弾性床上の梁の変形

d：梁幅（杭径）（cm）
E：弾性係数（kN/cm^2）
I：断面二次モーメント（cm^4）

変形量（$y=\delta$）をx座標で微分したものが梁の傾斜角（θ）となる。傾斜角（θ）の変化は曲げ変形となるので、傾斜角（θ）をx座標で微分して梁の剛性（EI）を乗じると梁の曲げモーメント（M）となる。曲げモーメント（M）はせん断力（S）の作用で変化するので、x座標で微分するとその点における梁のせん断力（S）となる。せん断力（S）は梁に働く分布荷重（p）の変化で生じるので、せん断力（S）をx座標で微分すると地盤の分布反力（p）となる。これらの関係は以下の通りである。

$$dy/dx = \theta \qquad \text{式-7.7.6}$$

$$EI(d^2y/dx^2) = M \qquad \text{式-7.7.7}$$

$$EI(d^3y/dx^3) = S \qquad \text{式-7.7.8}$$

$$EI(d^4y/dx^4) = p = k \cdot y \qquad \text{式-7.7.9}$$

基本式-7.7.4の係数A、B、C、Dは境界条件で定まる。杭の場合は杭頭、杭先端、断面変化点、地層境などの条件で決まる。図-7.7.4に示す杭頭、杭先端の境界条件を前述の4式、すなわち変位量（$\delta = y$）の式-7.7.4、傾斜角（θ）の式-7.7.6、曲げモーメント（M）の式-7.7.7、せん断力（S）の式-7.7.8を用いて4連立方程式を立てることから不定係数A、B、C、Dは定まる。また、杭の断面の変化点、地層の変化面では連続条件式とすることによって不定係数A、B、C、Dは決まる。

水平力に対して有限長の杭と半無限長の杭では設計が異なる（図-3.2.1）。有限長の杭（$1.0 < \beta\ell < 3.0$）は深礎杭、PCケーソンなどの太く、剛性の大きく、短い杭が対象で、杭頭の水平力や曲げモーメントの影響が杭先端（$x = \ell$）まで及ぶ杭である。半無限長の杭（$\beta\ell \geqq 3.0$）は通常の杭で、杭頭の水平力や曲げモーメントの影響が杭先端（$x = \ell$）まで及ばない杭である。（3. 基礎の種類と基礎形式の選択　参照）

有限長の杭は杭頭と杭先端の境界条件（δ、θ、M、S）による4連立方程式を解くことによってA、B、C、Dの係数が定

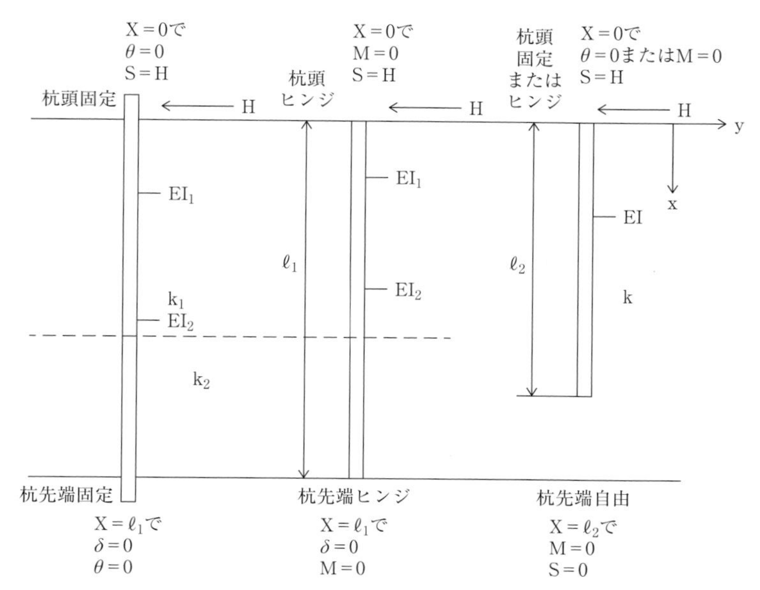

図-7.7.4　杭頭、杭先端の境界条件

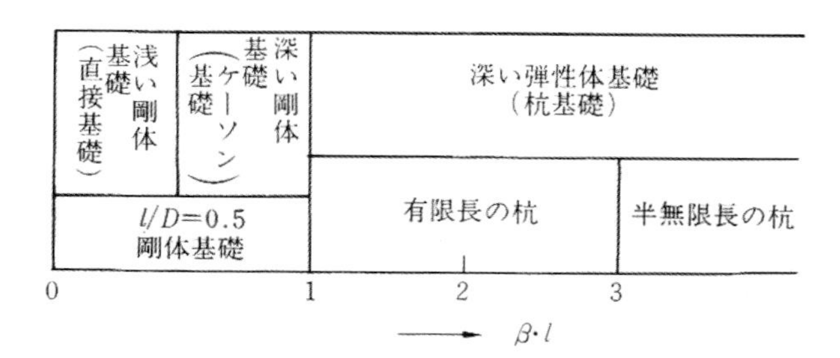

β：$\sqrt[4]{\frac{K\cdot D}{4EI}}$　　K：横方向地盤反力係数

l：根入れ長さ

D：基礎の短辺幅　EI：基礎の曲げ剛性

図-3.2.1　基礎の設計上の分類（再掲）

まり、x座標の任意の位置の変位量、傾斜角、曲げモーメント、せん断力を算出できる。半無限長の杭の先端ではδ、θ、M、Sのいずれもゼロとなるので式-7.7.4はA＝0、B＝0となってC、Dが残り、杭頭の境界条件（杭頭固定または杭頭ヒンジ）で係数が決まる。それによって杭頭の水平力、回転モーメントによる杭の変形曲線が与えられる。

杭の断面変化点や地層の変化点では杭の連続条件を式-7.7.4に与えることによって影響を計算できる。すなわち、$\delta_i = \delta_{i+1}$、$\theta_i = \theta_{i+1}$、$M_i = M_{i+1}$、$S_i = S_{i+1}$とする。ここで、iは直上の杭下端を指し、i + 1は下側の杭の上端を指すものである。地層についても同様である。しかし、杭頭の水平力曲げモーメントの影響は杭頭から深さ（π/β）以深の杭体には影響しないので、それ以深での検討は省略できる。

半無限長の杭に作用する水平力によって杭体に生じるモーメントの計算式を**表-7.7.1**、**表-7.7.2**に示す。**表-7.7.1**は、水平力が作用する通常の杭基礎における基本系、杭頭固定（回転しない結合）、杭頭ヒンジ（回転自由の結合）の場合の撓み曲線式、杭頭変位、杭頭傾斜角、杭各部の曲げモーメント、杭各部のせん断力、杭の軸方向の各種特性値（l_mは地中の最大曲げモーメントの位置）を与えている。**表-7.7.2**は水平力が作用する多柱式基礎やドルフィン（係船杭）などのように地表から突出した杭における基本系、杭頭固定、杭頭自由の場合の撓み曲線以下の項目に対して、**表-7.7.1**と同様に算定式を与えている。

ここで留意しなければならないのは杭頭結合において完全な固定構造も完全なヒンジ構造もないということである。固定構造としても杭体もフーチング自体も弾性体であるために杭頭曲げモーメントを受けると双方とも弾性変形をして回転バネとして機能する。回転バネの値が小さい（曲げ剛性が小さい）ほど、杭頭の発生モーメントは緩和され、杭体の変形はヒンジ構造の場合に近づく。ヒンジ構造（杭頭モーメントがゼロ、回転バネがゼロの状態）は蝶番（ちょうつがい）としない限り実現できないので、通常の結合方法ではどうしても杭頭には杭頭モーメントが発生する。ということで、荷重が最も集中する杭の上部では杭頭固定と杭頭ヒンジの双方を満足するように設計するのが望ましい（**図-7.10.3**参照）。

7.7.3　杭本体の応力度の算出

荷重と変位との関係から各杭の軸方向反力を算定する変位法（**図-7.7.5**）によらなくても、簡便法で各杭の軸方向力を算出し、水平力により杭体に生じる曲げモーメントを**表-7.7.1**、**表-7.7.2**で求める方法でも両者の間には大差がない。これらの計算は電卓もしくは手計算でも出来るので、コンピューターで算出された結果の照査にも利用できる。データの入れ違いやプログラムの選び違いなどによ

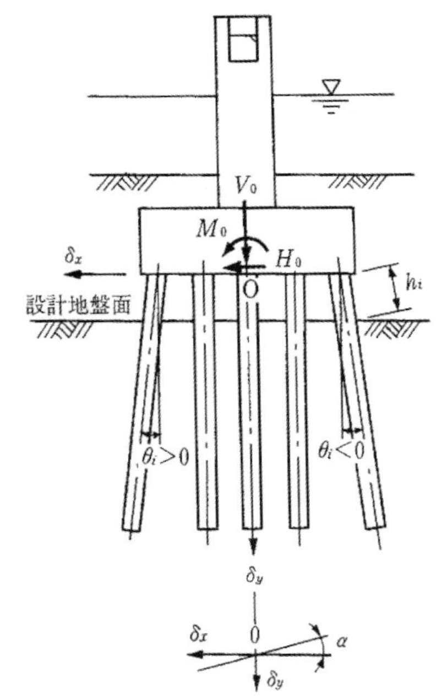

図-7.7.5　杭基礎の荷重と変形の関係（変位法の座標）[41)]

表-7.7.1 杭頭水平力により杭に発生する曲げモーメント（自由長なし）[41]

	たわみ曲線の微分方程式	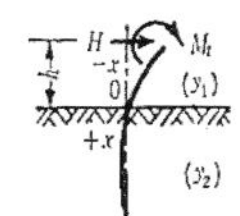	地上部分：$EI\frac{d^4y_1}{dx^4}=0$ 地中部分：$EI\frac{d^4y_2}{dx^4}+p=0$ $P=kDy_2$	
	杭の状態	地中に埋め込まれた杭（$h=0$）		
		イ）基本系	ロ）杭頭が回転しない場合	ハ）杭頭が自由の場合
	たわみ曲線図 曲げモーメント図			
a	たわみ曲線 y (cm)	$y=\frac{H}{2EI\beta^3}e^{-\beta x}[(1+\beta h_0)\cos\beta x-\beta h_0\sin\beta x]$	$y=\frac{H}{4EI\beta^3}e^{-\beta x}(\cos\beta x+\sin\beta x)$	$y=\frac{H}{2EI\beta^3}e^{-\beta x}\cos\beta x$
b	杭頭変位 δ (cm)	$\delta=\frac{H}{2EI\beta^3}+\frac{M_t}{2EI\beta^2}=\frac{1+\beta h_0}{2EI\beta^3}H$	$\delta=\frac{H}{4EI\beta^3}=\frac{\beta H}{KD}$	$\delta=\frac{H}{2EI\beta^3}=\frac{2\beta H}{KD}$
c	地表面変位 f (cm)	$f=\delta$	$f=\delta$	$f=\delta$
d	杭頭傾斜角 α (rad)	$\alpha=\frac{H}{2EI\beta^2}+\frac{M_t}{EI\beta}=\frac{1+2\beta h_0}{2EI\beta^2}H$	$\alpha=0$	$\alpha=\frac{H}{2EI\beta^2}$
e	杭各部の曲げモーメント M (kgf·cm)	$M=-\frac{H}{\beta}e^{-\beta x}[\beta h_0\cos\beta x+(1+\beta h_0)\sin\beta x]$	$M=-\frac{H}{2\beta}e^{-\beta x}(\sin\beta x-\cos\beta x)$	$M=-\frac{H}{\beta}e^{-\beta x}\sin\beta x.$
f	杭各部のせん断力 S (kgf)	$S=-He^{-\beta x}[\cos\beta x-(1+2\beta h_0)\sin\beta x]$	$S=-He^{-\beta x}\cos\beta x$	$S=-He^{-\beta x}(\cos\beta x-\sin\beta x)$
g	杭頭曲げモーメント M_0 (kgf·cm)	$M_0=-M_t=-Hh_0$	$M_0=\frac{H}{2\beta}$	$M_0=0$
h	地中部l_mの点の曲げモーメントM_m(kgf·cm)	$M_m=-\frac{H}{2\beta}\sqrt{(1+2\beta h_0)^2+1}\cdot exp(-\beta l_m)$	$M_m=-\frac{H}{2\beta}e^{-\frac{\pi}{2}}=-0.2079M_0$	$M_m=-\frac{H}{\beta}e^{\frac{\pi}{4}}\sin\frac{\pi}{4}=-0.3224\frac{H}{\beta}$
i	l_m (cm)	$l_m=\frac{1}{\beta}\tan^{-1}\frac{1}{1+2\beta h_0}$	$l_m=\frac{\pi}{2\beta}$	$l_m=\frac{\pi}{4\beta}$
j	第一不動点の深さ l (cm)	$l=\frac{1}{\beta}\tan^{-1}\frac{1+\beta h_0}{\beta h_0}$	$l=\frac{3\pi}{4\beta}$	$l=\frac{\pi}{2\beta}$
k	たわみ角0となる深さ L (cm)	$L=\frac{1}{\beta}\tan^{-1}[-(1+2\beta h_0)]$	$L=\frac{\pi}{\beta}$	$L=\frac{3\pi}{4\beta}$
l	ばね定数 $K_{HH}, K_{HM}, K_{OH}, K_{OM}$ $\delta=\frac{H}{K_{HH}}+\frac{M}{K_{HM}}$ $\alpha=\frac{H}{K_{OH}}+\frac{M}{K_{OM}}$	$K_{HH}=2EI\beta^3=\frac{kD}{2\beta}$ $K_{HM}=K_{OH}=2EI\beta^2$ $K_{OM}=EI\beta$	$K_{HH}=4EI\beta^3=\frac{kD}{\beta}$ $K_{HM}=K_{OH}=2EI\beta^2$ $K_{OM}=2EI\beta$	$K_{HH}=\frac{kD}{2\beta}$

表-7.7.2 杭頭水平力により杭に発生する曲げモーメント（自由長あり）[41]

H：杭軸直角方向力（kgf）
M_t：杭頭の外力モーメント（kgf·cm）
D：杭径（cm）
E：杭の弾性係数（kgf/cm²）
I：杭の断面二次モーメント（cm⁴）
k：横方向地盤反力係数（kgf/cm³）
h：H, M_tの作用する地上高（cm）
$\beta=\sqrt{kD/4EI}$ (cm⁻¹)
$h_0=\frac{M_t}{H}$ (cm)

地上に突出している杭（$h>0$）		
イ）基本系	ロ）杭頭が回転しない場合	ハ）杭頭が自由の場合
$y_1=\frac{H}{6EI\beta^3}[\beta^3x^3+3\beta^3(h+h_0)x^2-3\{1+2\beta(h+h_0)\}\beta x+3\{1+\beta(h+h_0)\}]$ $y_2=\frac{H}{2EI\beta^3}e^{-\beta x}[\{1+\beta(h+h_0)\}\cos\beta x-\beta(h+h_0)\sin\beta x]$	$y_1=\frac{H}{12EI\beta^3}[2\beta^3x^3-3(1-\beta h)\beta^3x^2-6\beta^2hx+3(1+\beta h)]$ $y_2=\frac{H}{4EI\beta^3}e^{-\beta x}[(1+\beta h)\cos\beta x+(1-\beta h)\sin\beta x]$	$y_1=\frac{H}{6EI\beta^3}\{\beta^3x^3+3\beta^3hx^2-3\beta(1+2\beta h)x+3(1+\beta h)\}$ $y_2=\frac{H}{2EI\beta^3}e^{-\beta x}\{(1+\beta h)\cos\beta x-\beta h\sin\beta x\}$
$\delta=\frac{(1+\beta h)^3+1/2}{3EI\beta^3}H+\frac{(1+\beta h)^2}{2EI\beta^2}M_t$	$\delta=\frac{(1+\beta h)^3+2}{12EI\beta^3}H$	$\delta=\frac{(1+\beta h)^3+1/2}{3EI\beta^3}H$
$f=\frac{1+\beta(h+h_0)}{2EI\beta^3}H$	$f=\frac{1+\beta h}{4EI\beta^3}H$	$f=\frac{1+\beta h}{2EI\beta^3}H$
$\alpha=\frac{(1+\beta h)^2}{2EI\beta^2}H+\frac{1+\beta h}{EI\beta}M_t$	$\alpha=0$	$\alpha=\frac{(1+\beta h)^2}{2EI\beta^2}H$
$M_1=-H(x+h)-M_t=-H(x+h+h_0)$ $M_2=-\frac{H}{\beta}e^{-\beta x}[\beta(h+h_0)\cos\beta x+\{1+\beta(h+h_0)\}\sin\beta x]$	$M_1=\frac{H}{2\beta}[-2\beta x+(1-\beta h)]$ $M_2=\frac{H}{2\beta}e^{-\beta x}[(1-\beta h)\cos\beta x-(1+\beta h)\sin\beta x]$	$M_1=-H(x+h)$ $M_2=-\frac{H}{\beta}e^{-\beta x}[\beta h\cos\beta x+(1+\beta h)\sin\beta x]$
$S_1=-H$ $S_2=-He^{-\beta x}[\cos\beta x-\{1+2\beta(h+h_0)\}\sin\beta x]$	$S_1=-H$ $S_2=-He^{-\beta x}(\cos\beta x-\beta h\sin\beta x)$	$S_1=-H$ $S_2=-He^{-\beta x}[\cos\beta x-(1+2\beta h)\sin\beta x]$
$M_0=-M_t=-Hh_0$	$M_0=\frac{1+\beta h}{2\beta}H$	$M_0=0$
$M_m=-\frac{H}{2\beta}\sqrt{\{1+2\beta(h+h_0)\}^2+1}\cdot\exp(-\beta l_m)$	$M_m=-\frac{H}{2\beta}\sqrt{1+(\beta h)^2}\cdot\exp(-\beta l_m)$	$M_m=-Hh\frac{\sqrt{(1+2\beta h)^2+1}}{2\beta h}\exp\left[-\tan^{-1}\frac{1}{1+2\beta h}\right]$
$l_m=\frac{1}{\beta}\tan^{-1}\frac{1}{1+2\beta(h+h_0)}$	$l_m=\frac{1}{\beta}\tan^{-1}\frac{1}{\beta h}$	$l_m=\frac{1}{\beta}\tan^{-1}\frac{1}{1+2\beta h}$
$l=\frac{1}{\beta}\tan^{-1}\frac{1+\beta(h+h_0)}{\beta(h+h_0)}$	$l=\frac{1}{\beta}\tan^{-1}\left(\frac{\beta h+1}{\beta h-1}\right)$	$l=\frac{1}{\beta}\tan^{-1}\frac{1+\beta h}{\beta h}$
$L=\frac{1}{\beta}\tan^{-1}[-\{1+2\beta(h+h_0)\}]$	$L=\frac{1}{\beta}\tan^{-1}(-\beta h)$	$L=\frac{1}{\beta}\tan^{-1}\{-(1+2\beta h)\}$
$K_{HH}=\frac{3EI\beta^3}{(1+\beta h)^3+1/2}$ $K_{HM}=K_{OH}=\frac{2EI\beta^2}{(1+\beta h)^2}$ $K_{OM}=\frac{EI\beta}{1+\beta h}$	$K_{HH}=\frac{12EI\beta^3}{(1+\beta h)^2+2}$ $K_{HM}=K_{OH}=K_{HH}\frac{1+\beta h}{2\beta}$ $K_{OM}=\frac{4EI\beta}{1+\beta h}\frac{(1+\beta h)^3+0.5}{(1+\beta h)^3+2}$	$K_{HH}=\frac{3EI\beta^3}{(1+\beta h)^3+1/2}$

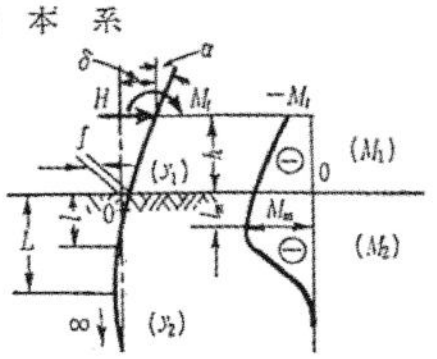

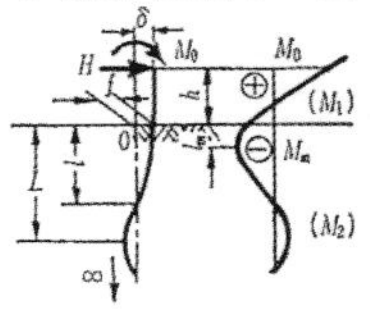

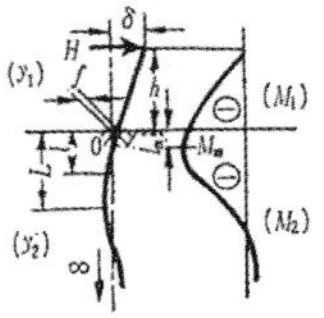

る間違いもチェックできる。その上で杭の断面、配筋などを決めることが出来る。

杭の断面を決める設計方法は鋼杭を場所打ち鉄筋コンクリート杭、既製コンクリート杭では異なる。鋼管杭、H 型杭の場合は次式による。

$$\sigma = N/A \pm M/I \cdot x \qquad \text{式-7.7.10}$$

ここで、

Σ：杭体に発生する応力（kN/cm^2、kPa）
N：軸方向力（kN）
A：杭の断面積（cm^2）
M：曲げモーメント（kN/cm）
I：断面維持モーメント（cm^4）
x：中心軸からの当該杭までの距離（cm）

場所打ち鉄筋コンクリート杭、鉄筋コンクリート杭の場合は表-7.7.3 による。表中の記号は次のとおりである。

A_s：鉄筋の断面積（cm^2）
n：鉄筋とコンクリートの弾性係数比　n = Es/Ec
σ_c：コンクリートに発生する圧縮応力（kN/cm^2、kPa）
σ_s：鉄筋に生じる引張応力（kN/cm^2、kPa）

PC 杭の応力度（図-7.7.6）については次式による。

$$\sigma_{cu} = \sigma_{ce} + M/Z_c + N/A_e \qquad \text{式-7.7.11}$$

$$\sigma_{cl} = \sigma_{ce} - M/Z_c + N/A_e \qquad \text{式-7.7.12}$$

$$\sigma_p = \sigma_{ps} + n \cdot M/Z_e - n \cdot N/A_e \qquad \text{式-7.7.13}$$

表-7.7.3　場所打ち鉄筋コンクリート杭と鉄筋コンクリート杭の曲げモーメントへの配筋方法[1)]

円形断面（e が核半径より小さい場合）	円形断面（e が核半径より大きい場合）	円環断面（e が核半径より大きい場合）	円環断面（e が核半径より大きい場合で t が r に比べて小さい場合の簡略式）
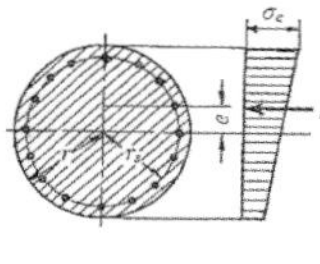 $e=\frac{M}{N}$ 核半径 $r_K \doteqdot \frac{r}{4}$	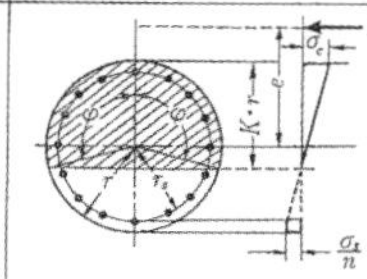 $e=\frac{M}{N}$ 核半径 $r_K \doteqdot \frac{r}{4}$	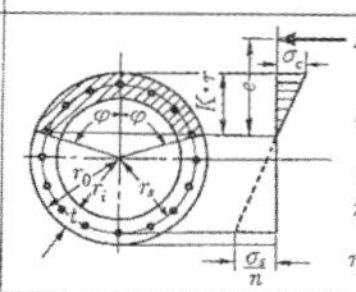 $e=\frac{M}{N}$ $r=\frac{r_0+r_i}{2}$ 核半径 $r_K \doteqdot \frac{r_0^2+r_i^2}{4r_0}$	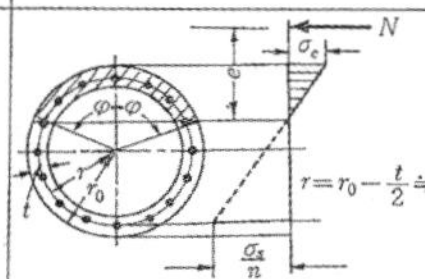 $r=r_0-\frac{t}{2} \doteqdot r_s$
$P=\frac{A_s}{\pi r^2}$	$P=\frac{A_s}{\pi r^2}$	$P=\frac{A_s}{2\pi rt}$	$P=\frac{A_s}{2\pi rt}$
	$\frac{e}{r}=\frac{\frac{\varphi}{4}-\left(\frac{5}{12}-\frac{1}{6}\cos^2\varphi\right)\sin\varphi\cos\varphi+\frac{n\pi p}{2}\left(\frac{r_s}{r}\right)^2}{\frac{\sin\varphi}{3}(2+\cos^2\varphi)-\varphi\cos\varphi-n\pi p\cos\varphi}$	$\frac{e}{r}=\frac{3\varphi(r_0^2+r_i^2)-(2r^2+r_0r_i)\sin 2\varphi}{4\{(4r^2-r_0r_i)\sin\varphi-3r^2(\varphi+}$ $\Big/ \frac{+6\pi npr_i^2}{n\pi p)\cos\varphi\}}$	$\frac{e}{r}=\frac{1}{2}\cdot\frac{\varphi+n\pi p-\sin\varphi\cos\varphi}{\sin\varphi-(\varphi+n\pi p)\cos\varphi}$
$C=\frac{1}{1+np}+\frac{e}{r}\cdot\frac{4}{\{1+2np(r_s/r)^2\}}$	$C=\frac{\frac{\sin\varphi}{3}(2+\cos^2\varphi)-\varphi\cos\varphi-n\varphi p\cos\varphi}{1-\cos\varphi}$	$C=\frac{r_0-r\cos\varphi}{(4r^2-r_0r_i)\sin\varphi-3r^2(\varphi+n\pi p)\cos\varphi}$	$C=\frac{\frac{r_0}{r}-\cos\varphi}{\sin\varphi-(\varphi+n\pi p)\cos\varphi}$
$\sigma_c=\frac{N}{\pi r^2}\cdot C$	$\sigma_c=\frac{N}{r^2 C}$ $\sigma_s=n\frac{r_s/r+\cos\varphi}{1-\cos\varphi}\sigma_c$	$\sigma_c=\frac{3N}{2t}C$ $\sigma_s=n\frac{r_s+r\cos\varphi}{r_0-r\cos\varphi}\sigma_c$	$\sigma_c=\frac{N}{2rt}C$ $\sigma_s=n\frac{r(1+\cos\varphi)}{r_0-r\cos\varphi}\sigma_c$

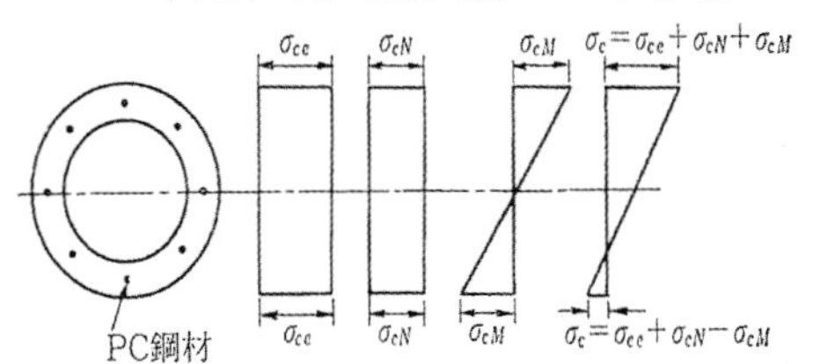

図-7.7.6 PC 杭のコンクリート応力度の概念[1)]

ここで、

σ_{cu}：コンクリートの圧縮側端部における圧縮応力（kN/cm²、kPa）

σ_{cl}：コンクリートの引張側端部における圧縮応力（kN/cm²、kPa）

σ_{ce}：有効プレストレス（kN/cm²、kPa）

Z_e：杭の換算断面係数（cm³）

A_e：杭の換算断面積（cm²）

σ_p：PC 鋼材の引張応力度（kN/cm²、kPa）

σ_{ps}：PC 鋼材の有効引張応力度（kN/cm²、kPa）

鋼杭や PC 杭に較べて、鉄筋コンクリート杭の断面計算における中立軸の決め方、発生応力の算出は煩雑であるところから、予め作成されているインターラクションカーブを利用するとよい。その作成と杭種毎の事例を図-7.7.7、図-7.7.8に挙げる。算出された軸方向力（N）とモーメント（M）の値を図中にプロットし、その点がカーブの外側であれば、より大径の杭のカーブにプロットしなおして杭を選定することになる。

7.7.4 変位法による計算

力と変形の関係を軸とする設計法を取

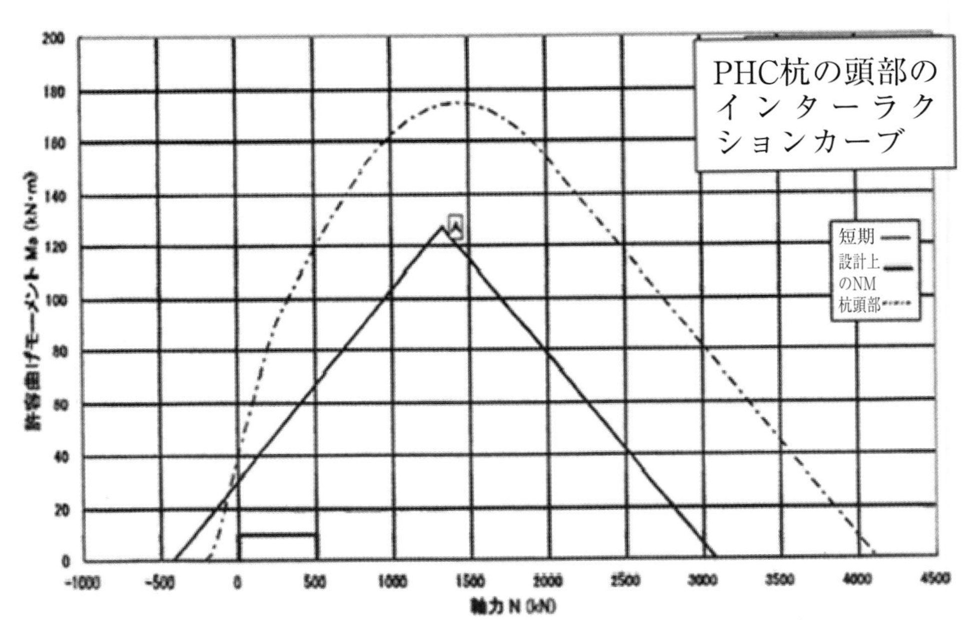

図-7.7.7 PHC 杭頭部のインターラクションカーブの作成の事例[42)]

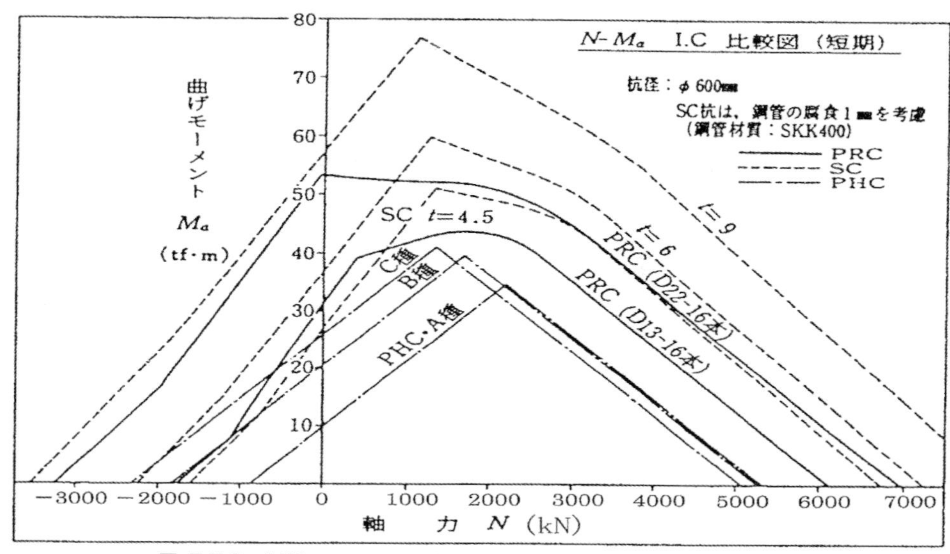

図-7.7.8　既製コンクリート杭のインターラクションカーブの事例[42]

る道路橋示方書下部構造編は杭基礎では変位法（図-7.7.5）を採用しており、ケーソン基礎、直接基礎でも力と変形の関係が設計の基本となっている。

杭基礎の変形法では杭や地盤をバネで評価し、下部構造に作用する合成荷重の3要素、鉛直力（V_0）、水平力（H_0）、回転モーメント（M_0）による変形状態を計算する。図-7.7.9はV_0、H_0、M_0による地盤反力、基礎の鉛直変形δy、水平変形δx、回転角αの関係と、杭基礎全体の各変形で各杭（i）に生じる水平反力P_{Hi}、鉛直反力P_{Vi}、M_iを図示している。作用荷重V_0、H_0、M_0と基礎の変形δy、δx、αの関係は式-7.7.14で表される。式中の係数Axx、Axy、Axαなどは荷重要素間の関わりを示すもので、図-7.7.9の表の中に記載されている。表中の項の中でアンダーラインを付した部分が示方書などの技術基準に用いられている。それ以外の部分は微小であるために無視しても差し支えない程度のものである。

$$\left.\begin{aligned}\sum_i(\mathrm{Axx}\delta\mathrm{x}+\mathrm{Axy}\cdot\delta\mathrm{y}+\mathrm{Ax\alpha}\cdot\alpha)_i&=\mathrm{Ho}\\ \sum_i(\mathrm{Ayx}\delta\mathrm{x}+\mathrm{Ayy}\cdot\delta\mathrm{y}+\mathrm{Ay\alpha}\cdot\alpha)_i&=\mathrm{Vo}\\ \sum_t(\mathrm{A\alpha x}\delta\mathrm{x}+\mathrm{A\alpha y}\cdot\delta\mathrm{y}+\mathrm{A\alpha\alpha}\cdot\alpha)_i&=\mathrm{Mo}\end{aligned}\right\}$$

式-7.7.14

また、図-7.7.9の中の杭と地盤の間の4種類のバネK1、K2、K3、K4の機能は次のとおりで、通常の杭基礎（自由長なし）、多柱式基礎（自由長あり）に対する具体的な値は表-7.7.4で与えられる。

K1：水平力Hに対する変位量δによるバネ係数（H/δ、kN/cm^3、kPa/cm）

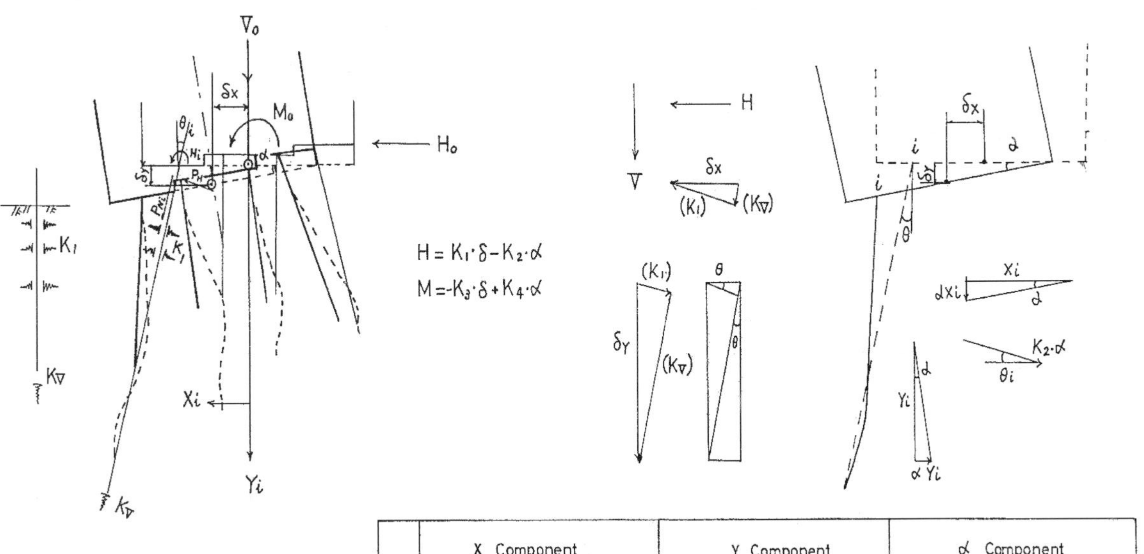

$H = K_1 \cdot \delta - K_2 \cdot \alpha$

$M = -K_3 \cdot \delta + K_4 \cdot \alpha$

$$\begin{cases} \sum_i (A_{xx}\delta x + A_{xy}\cdot\delta y + A_{x\alpha}\cdot\alpha)_i = H_0 \\ \sum_i (A_{yx}\delta x + A_{yy}\cdot\delta y + A_{y\alpha}\cdot\alpha)_i = V_0 \\ \sum_i (A_{\alpha x}\delta x + A_{\alpha y}\cdot\delta y + A_{\alpha\alpha}\cdot\alpha)_i = M_0 \end{cases}$$

$$\begin{cases} P_{Hi} = K_1(\delta x - \alpha^2 X_i)\cos\theta_i - K_V(\delta y + \alpha X_i)\sin\theta_i - K_2\alpha \\ P_{Vi} = K_V(\delta x - \alpha^2 X_i)\sin\theta_i + K_V(\delta y + \alpha X_i)\cos\theta_i \\ M_i = K_3\{(-\delta x + \alpha^2 X_i)\cos\theta_i + (\delta y + \alpha X_i)\sin\theta_i\} + K_4\cdot\alpha \end{cases}$$

	X Component	Y Component	α Component
H	$K_1\delta x\cos^2\theta_i$ $K_V\delta x\sin^2\theta_i$ 《$A_{xx}\delta x$》	《$A_{xy}\cdot\delta y$》 $K_V\delta y\cos\theta_i\sin\theta_i$ $-K_1\delta y\sin\theta_i\cos\theta_i$	$K_V\alpha X_i\cos\theta_i\sin\theta_i - K_1\alpha X_i\sin\theta_i\cos\theta_i$ $-K_2\alpha\cos\theta_i - (K_1\cos^2\theta_i + K_V\sin^2\theta_i)\alpha Y_i$ 《$A_{x\alpha}\cdot\alpha$》
V	$-K_1\delta x\cos\theta_i\sin\theta_i$ $+K_V\delta x\sin\theta_i\cos\theta_i$ 《$A_{yx}\cdot\delta x$》	《$A_{yy}\cdot\delta y$》 $K_V\delta y\cos^2\theta_i$ $+K_1\delta y\sin^2\theta_i$	$K_V\alpha X_i\cos^2\theta_i + K_1\alpha X_i\sin^2\theta_i + K_2\alpha\sin\theta_i$ $+(K_1\cos\theta_i\sin\theta_i - K_V\sin\theta_i\cos\theta_i)\cdot\alpha Y_i$ 《$A_{y\alpha}\cdot\alpha$》
M	$-K_1\alpha\cos\theta_i\sin\theta_i X_i$ $-K_1\alpha\cos^2\theta_i Y_i$ 《$A_{\alpha x}\cdot\delta x$》 $+K_V\alpha\cos\theta_i\sin\theta_i X_i$ $-K_V\alpha\sin^2\theta_i Y_i$ $-K_3\alpha\cos\theta_i$	$K_V\alpha\cos^2\theta_i X_i$ $-K_V\alpha\cos\theta_i\sin\theta_i Y_i$ 《$A_{\alpha y}\cdot\delta y$》 $+K_1\alpha\sin^2\theta_i X_i$ $+K_1\alpha\sin\theta_i\cos\theta_i Y_i$ $+K_3\alpha\sin\theta_i$	$K_V\alpha X_i^2\cos^2\theta_i + K_1\alpha X_i^2\sin^2\theta_i + K_2\alpha X_i$ $\sin\theta_i - (K_V - K_1)\sin\theta_i\cos\theta_i\alpha X_i Y_i$ 《$A_{\alpha\alpha}\cdot\alpha$》 $-K_V\alpha Y_i\sin\theta_i\cos\theta_i X_i + K_1\alpha Y_i\cos\theta_i\sin\theta_i$ $X_i + K_2\alpha Y_i\cos\theta_i + (K_1\cos^2\theta_i + K_V\sin^2\theta_i)$ $\cdot\alpha Y_i^2$ $+K_3(\alpha X_i\sin\theta_i + \alpha Y_i\cos\theta_i) + K_4\alpha$

図-7.7.9 杭基礎の変位法の解説図面

K2：水平力Hに対する回転角αによるバネ係数（H/α、kN/cm²）

K3：モーメントに対する変位量δによるバネ係数（M/δ、kN/cm²）

K4：モーメントに対する回転角αによるバネ係数（M/α、kN/cm）

そして、軸方向バネ係数Kvは式-7.7.15で与えられ、式中のaの値は杭種毎に図-7.7.10で与えられる。

$$Kv = a \cdot Ap \cdot Ep/l \qquad \text{式-7.7.15}$$

ここで

Kv：軸方向バネ係数（kN/cm）

a：根入れ比に対する係数

表-7.7.4　杭の水平力、曲げモーメントに対する軸直角方向バネ係数と回転バネ係数[41]

	杭頭剛結合		杭頭ヒンジ結合	
	$h\neq0$	$h=0$	$h\neq0$	$h=0$
K_1	$\dfrac{12EI\beta^3}{(1+\beta h)^3+2}$	$4EI\beta^3$	$\dfrac{3EI\beta^3}{(1+\beta h)^3+0.5}$	$2EI\beta^3$
$K_2,\ K_3$	$K_1\dfrac{\lambda}{2}$	$2EI\beta^2$	0	0
K_4	$\dfrac{4EI\beta}{1+\beta h}\dfrac{(1+\beta h)^3+0.5}{(1+\beta h)^3+2}$	$2EI\beta$	0	0

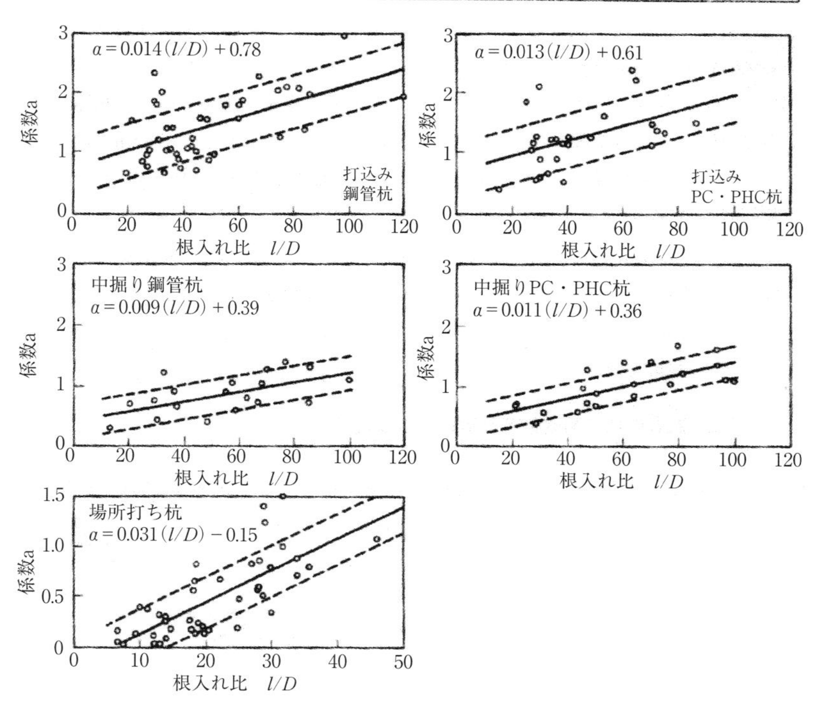

図-7.7.10　杭の軸方向バネ係数の算定のための係数（a）と根入れ比（l/D）の関係[43]

Ap：杭の断面積（cm^2）
Ep：杭の弾性係数（kN/cm^2）
l：杭長（cm）

各杭の杭頭の水平反力 P_{Hi}、鉛直反力 P_{Vi}、曲げモーメント M_i は式-7.7.16 で算定される。ここでも、$\alpha^2 X_i$ の項は微小なので無視しても差し支えない。

$$\left.\begin{aligned} P_{Hi} &= K_1(\delta x - \alpha^1 X_i)\cos\theta_i - K_1(\delta y + dX_i)\ \sin\theta_i - K_{2d}\alpha \\ P_{Vi} &= K_V(\delta x - \alpha^1 X_i)\sin\theta_i + K_V(\delta y + dX_i)\ \cos\theta_i \\ M_i &= K_3\{(-\delta x + \alpha^1 X_i)\cos\theta_i + (\delta y + dX_i)\sin\theta_i\} + K_{4 \cdot d}\alpha \end{aligned}\right\}$$

式-7.7.16

ここで
Kv：軸方向のバネ係数（kN/cm）
θ：杭の傾斜角

杭頭の水平力、鉛直力、曲げモーメントが定まると支持力の算定、杭本体の設計が行われる。水平力、曲げモーメントについては「2. 基礎の成り立ち」の図-2.4.3 地盤反力の求め方に示す着目する変位（基準変位量）の範囲で支持力を決めることとなる。この場合の支持力は変形量との関係で決まるので安全率の概念は当てはまらない。

7.7.5　杭の支持力機構

鉛直力については先端支持力と周面支持力の合計から杭頭における支持力が決まる（式-7.7.17）。

$$R_u = q_d A + U \Sigma L_i \cdot f_i \qquad \text{式-7.7.17}$$

ここで
R_u：杭頭の極限支持力（kN）
q_d：杭先端の最大支持力度（kN/m^2）
A：杭先端の面積（m^2）
U：杭の周長（m）
L_i：杭周面の地層の厚さ（m）
f_i：杭周面の地層の最大周面摩擦力度（kN/m^2）

この関係は図-7.7.11 に示す。図-7.7.11 は表面にひずみゲージを貼り付けた杭の載荷試験時の載荷段階毎に各ひずみゲージから得られた地層の各深度の支持力を表す。各深度の支持力の上下の差が周面支持力になる。すなわち、先端支持力と各深度間の周面支持力の合計が杭頭の支持力となる。

以前は地盤の内部摩擦角や粘着力をベースに塑性平衡理論から支持力を求める幾つかの支持力公式（古典的支持力理論）が存在したが、これらの算定方式による極限支持力は約 10 倍の範囲でばらつくので著しく信頼性を欠くものであった。

それに対して、1980 年に発行の道路橋示方書Ⅳ　下部構造編の前身の道路橋下部構造設計指針は標準貫入試験の N 値を指標にする支持力公式を載荷試験データの統計的処理によって、鋼管杭、既製コンクリート杭、場所打ち鉄筋コンクリート杭などについて極限支持力の算定式を定めた。これらの算定式による設計支持力は載荷試験でもよい対応を示し、設計を合理化した。しかし、鉛直変位量と対応するものにはなっていない。N 値による支持力は土質力学上、意味がないという批判も多かったが、N 値は現状地盤の動的せん断試験の性格を有し、支持力の推定精度が高いので批判するに及ばない。載荷試験との相関関係では中央値を挟んで 3 倍の範囲内にあるので設計支持

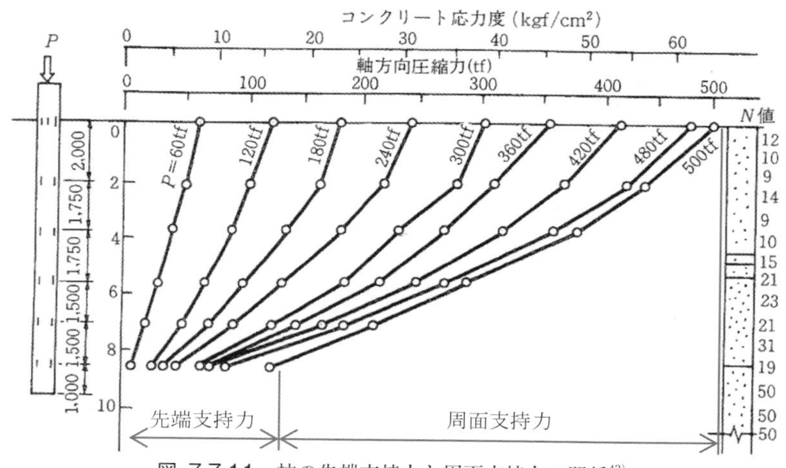

図-7.7.11　杭の先端支持力と周面支持力の関係[43)]

力は安全率3で十分に保証できる。支持力のバラツキが比較的大きい場所打ち鉄筋コンクリート杭の支持力の設計計算値と載荷試験による実測値との関係を図-7.7.12に重力単位で示す。各点のバラツキはA = 2BとA = 0.5Bの間、すなわち、±2倍の範囲内に分布しているので安全率3で許容支持力と定めてもよい。

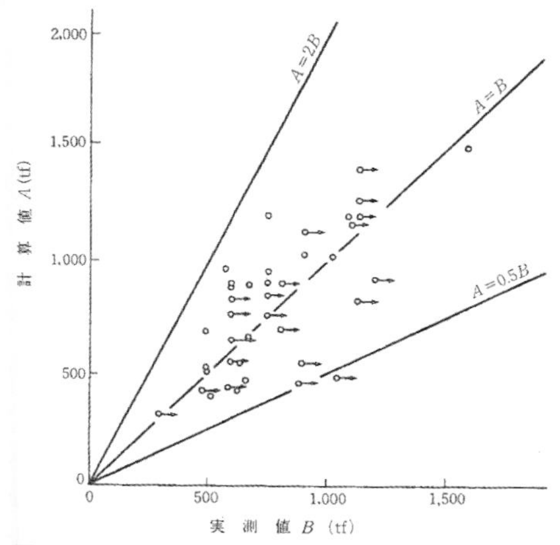

図-7.7.12　場所打ち鉄筋コンクリート杭の支持力の計算値と実測値の比較[43)]

式-7.7.17の杭先端の最大支持力度は杭の種類、工法によって異なる。その極限支持力度に支持地盤の地盤反力を十分に発揮させるために杭先端を杭径程度、支持層に貫入させることで求められる（図-7.7.13）。支持層の強度が漸増する条件の地盤では杭先端とその上の地層のN値を平均して設計用N値としている。この場合、杭先端地盤の破壊曲線は対数らせん曲線と仮定している。対数らせん曲線は地盤の破壊面が作用荷重に対して（45°－Φ/2）の角度で推移すること形成される曲線である（図-7.7.14）。

また、岩盤のように貫入できずに表面に留める場合、支持力理論から極限支持力は岩盤の一軸圧縮強度の約3倍となる。砂質系地盤の場合は沈下対策であるが、“直接基礎の根入れ長効果を考慮した式-5.3.7”による支持力度となる。建築分野で採用されることの多い拡底杭（杭先端の径を大きくした杭、図-7.7.15）

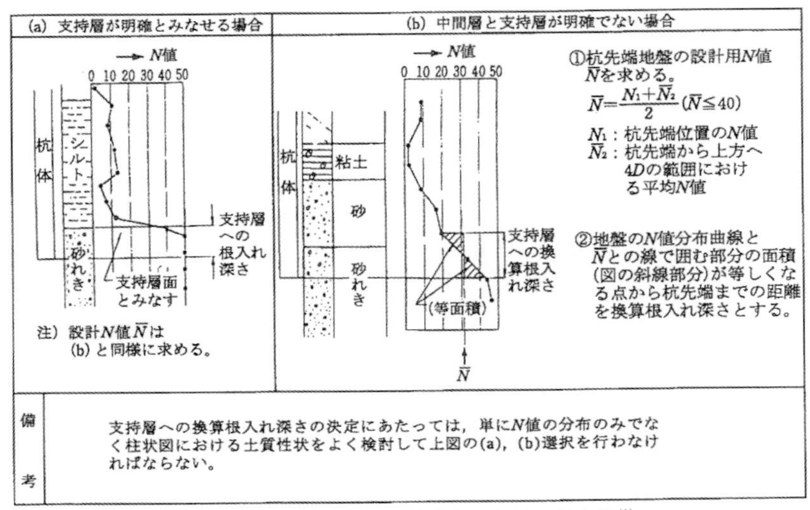

図-7.7.13　支持層への換算根入れ長に決定法[41)]

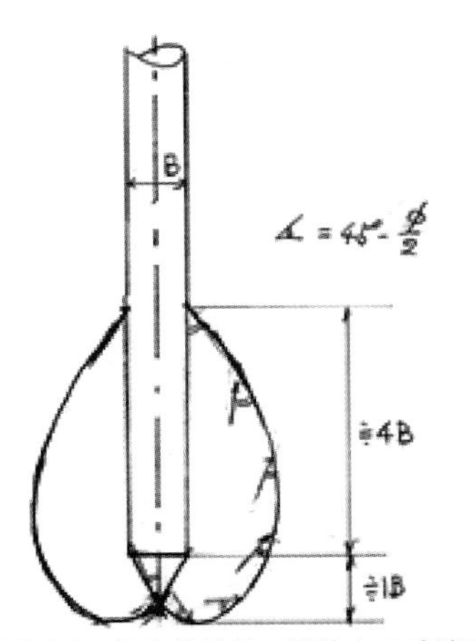

図-7.7.14　杭先端地盤の理論上の破壊形状

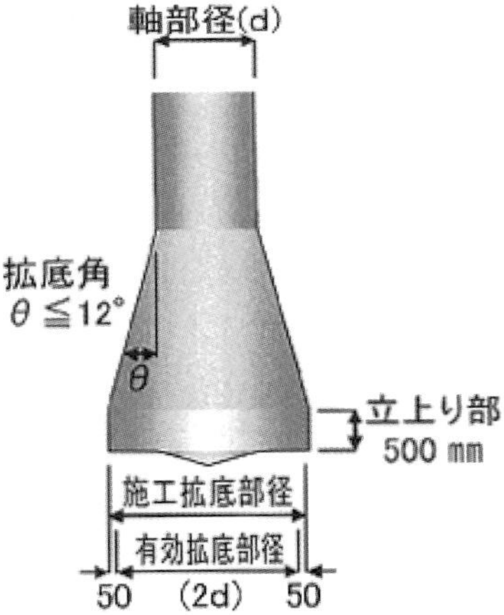

軸部径(d)
拡底角
$\theta \leqq 12°$
立上り部
500 mm
施工拡底部径
有効拡底部径
50 (2d) 50

図-7.7.15　拡底杭の事例[44)]

では支持層への貫入は難しいが、その極限支持力は杭先端から下の地盤のＮ値で算定されている。

道路橋示方書では、既製杭の打ち込み工法の場合の支持力は重力単位で示される図-7.7.16で算定できる。鋼管杭のように開端杭の値は貫入土による先端閉塞効果が発揮されるので点線のように設定している。示方書では支持地盤への打ち込みによる根入れ長さを考慮して q_d/N の上限値は30以下としている。しかし、これは学術的な知見で決めた措置ではなく、不特定多数の設計技術者を対象とするための安全側の規定である。

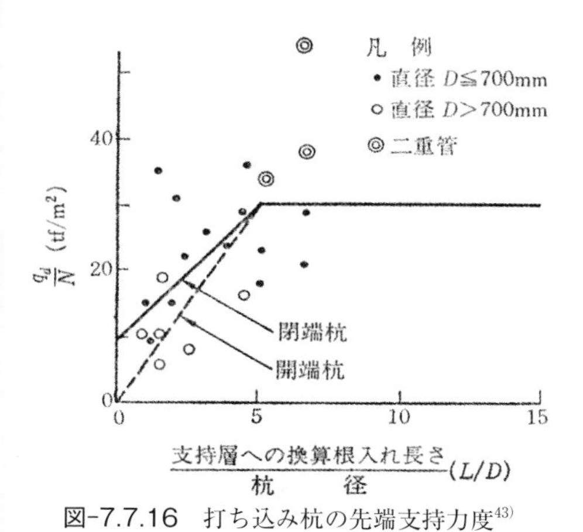

図-7.7.16　打ち込み杭の先端支持力度[43)]

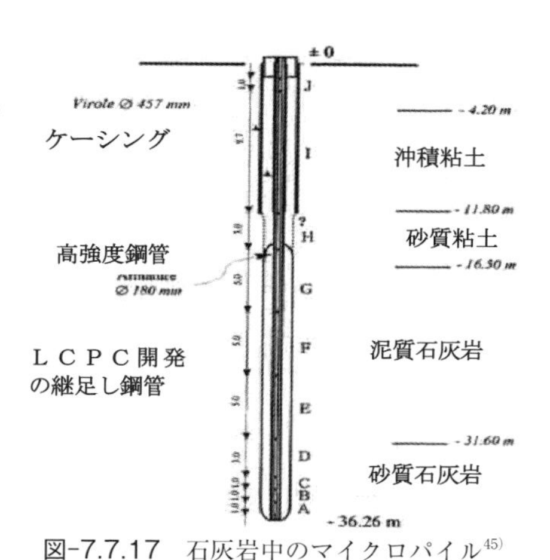

図-7.7.17　石灰岩中のマイクロパイル[45)]

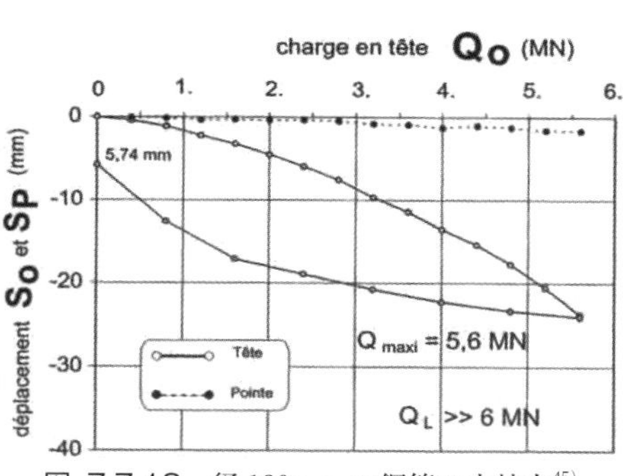

それ以上に杭の支持力を大きく取るには支持層のもつ支持能力を最大限に引き出すことである。杭を支持層に深く打ち込むことにより、その周面支持力も一体になって杭体を通じて支持層表面よりもはるかに大きな支持力を引き出すことが出来る。

図-7.7.17、図-7.7.18はパリのセーヌ川に架かる鉄道橋の改修工事に使われた径180mmの高張力鋼のマイクロパイルの支持力である。軟らかい石灰質岩の中に深く埋め込まれた杭は信じられないほどの大きな支持力を発揮している。この杭の採用は狭い現場事情により、LCPC（フランス土木中央研究所）の指導で行われたものである。

図-7.7.19、図-7.7.20は台北市の高さ509mの超高層の国際ファイナンシャルビルの径2mの場所打ちコンクリート杭の載荷試験データである。砂岩層に掘削した杭で支持力と共に地震時の引き抜き力に備えた基礎杭である。このように

charge en tête Qo (MN)
0　1.　2.　3.　4.　5.　6.
déplacement So et Sp (mm)
0　-10　-20　-30　-40
5,74 mm
Tête
Pointe
Q maxi = 5,6 MN
Q L >> 6 MN

図-7.7.18　径180mmの鋼管の支持力[45)]

図-7.7.19　台北市国際ファイナンシャルセンター[45)]

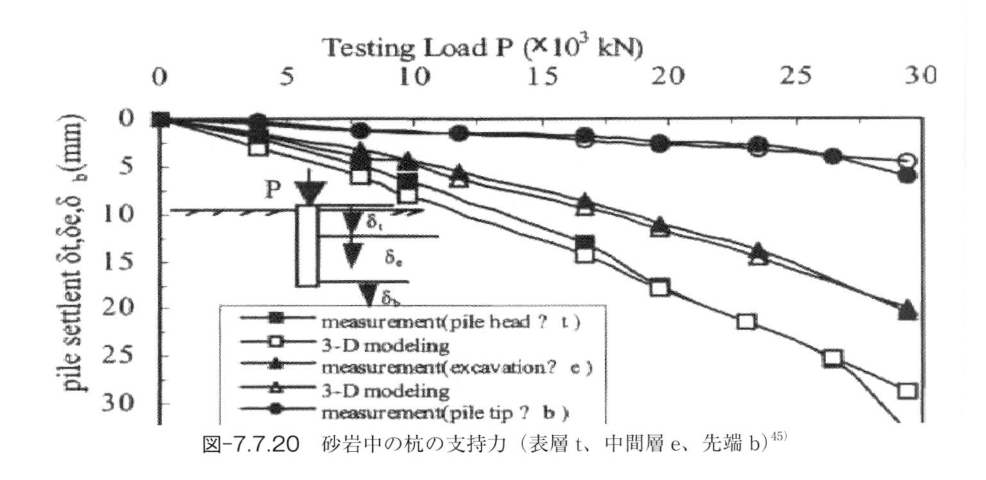

図-7.7.20　砂岩中の杭の支持力（表層 t、中間層 e、先端 b）[45]

個々に十分な検討をすると大きな支持力を確保できるが、日本の設計基準では杭本数は鉛直力よりは水平力で決まることが多いので、このように鉛直支持力を極端に大きく取る事例はあまり見られない。

2002 年に発刊の道路橋示方書は場所打ち鉄筋コンクリート杭の先端支持力度を、過去の載荷試験データを統計的に整理して表-7.7.6 のように定めている。砂礫層及び砂層の極限支持力度は低く抑えられているのは施工による影響である。砂層におけるオールケーシング工法では掘削時にボイリングを生じている可能性が高く、リバース工法ではポンプの吸引力、アースドリル工法ではバケットの引き上げ時の負圧の影響を受けやすいことによる。良質な砂礫層ではこれらの影響を受けにくく、受けたとしても礫の噛み合わせで荷重を負担できるので支持力が損なわれない。硬質粘性土層は岩盤と同様に支持力理論から一軸圧縮強度の耐荷力を有する。

建築分野では次式を用いている。

$$R_v = a15NA_p \qquad \text{式-7.7.18}$$

ここで

R_v：杭の先端極限支持力（kN）

a：補正係数、載荷試験で確認しない場合は 0.5

N：杭先端部の平均 N 値（≧ 50）

表-7.7.6　場所打ちコンクリート杭の杭先端の極限支持力度[41]

地盤種類	杭先端の極限支持力度(kN/m²)
砂れき層及び砂層（N≧30）	3,000
良質な砂れき層（N≧50）	5,000
硬質粘性土層	$3q_u$

ただし，q_u は一軸圧縮強度（kN/㎡），N は標準貫入試験の N 値

A_p：杭先端面積（m^2）

2002年の道路橋示方書は中堀工法による杭先端の極限支持力度を**表-7.7.7**のように定めている。杭の沈設後に打撃で打ち止めた場合は打ち込み杭の算定式を、杭先端部にコンクリートを打設した場合は場所打ち杭の規定を適用する。セメントミルク噴出撹拌方式を採る場合は過去の載荷試験データから砂層、砂礫層毎に杭先端地盤の N 値で規定している。建築分野でも中堀工法による杭は埋め込み杭として扱われ、杭先端の極限支持力度（q_d）は200Nで算出されるとしているが、上限値は12,000（kN/m^2）となっている。

プレボーリング杭および鋼管ソイルセメント杭の杭先端の極限支持力度についても2002年の道路橋示方書は**表-7.7.7**のセメントミルク噴出撹拌方式の値 q_d を用いることとしている。

これらの杭の周面支持力も施工方法によって異なる。2002年の道路橋示方書は各杭の最大周面支持力度を**表-7.7.8**のように N 値、粘着力 c の値で定めている。N 値は地盤のせん断強度の原位置試験値と見做せるので支持力度の指標と

表-7.7.7 中堀杭工法による杭先端の極限支持力度[41]

先端処理方法	杭先端の極限支持力度の算定法
最終打撃方式	打込み杭の算定法を適用する。
セメントミルク 噴出撹拌方式	極限支持力度（kN/m^2） $q_d = \begin{cases} 150N & (\leqq 7{,}500) \text{ 砂層} \\ 200N & (\leqq 10{,}000) \text{ 砂れき層} \end{cases}$ ここに，N：杭先端地盤の N 値
コンクリート 打設方式 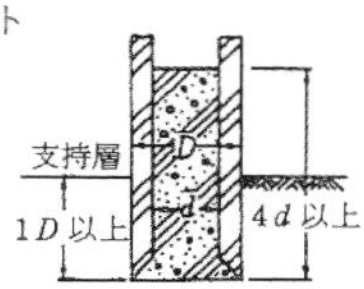	場所打ち杭の極限支持力度を適用する。

表-7.7.8 各工法の最大周面支持力度（kN/cm^2）[41]

施工方法 ＼ 地盤の種類	砂質土	粘性土
打込み杭工法 （打撃工法，バイブロハンマ工法）	$2N$（≦100）	c 又は$10N$（≦150）
場所打ち杭工法	$5N$（≦200）	c 又は$10N$（≦150）
中掘り杭工法	$2N$（≦100）	$0.8c$ 又は$8N$（≦100）
プレボーリング杭工法	$5N$（≦150）	c 又は$10N$（≦100）
鋼管ソイルセメント杭工法	$10N$（≦200）	c 又は$10N$（≦200）

ただし，c は地盤の粘着力（kN/m^2），Nは標準貫入試験のN値

している。ただし、$N<2$ の粘性土層は軟弱粘土であるために粘着力による周面支持力は信頼性に乏しいので無視するべきである。これらの内、打ち込み杭工法と場所打ち杭工法の杭の砂、砂礫地盤と粘性土地盤の最大周面支持力度とN値の関係は重力単位で図-7.7.21に示されるが、多少のバラツキがあるものの相関関係が明確に見られる。

これらの算定式による杭頭における極限支持力について打込み杭、場所打ち杭、プレボーリング杭の計算値と実測値の関係を図-7.7.22、図-7.7.23に示す。先端支持力度、周面支持力度の計算値と実測値の相関のバラツキは両者の合計の極限支持力の値では両者のバラツキが相殺されて2倍から1/2倍の間に収まっているのが分かる。地盤の多様な地層の非線形の力学的性状は捉えがたいが、計算値と載荷試験による実測値が密な相関関係が確保されたことは画期的な成果である。許容支持力に対する安全率3は適切であろう。

その後、道路橋示方書は性能設計法を全面的に取り入れるために2017年に大きく改訂した。それにより与えられている杭先端の極限支持力度と杭周面摩擦力度の特性値を表-7.7.9、表-7.7.10に示す。ここで、特性値とは“地盤の支持力度のバラツキを想定した上で、支持力度がそれを下回る確率がある一定の値となることが保証される値”ということであ

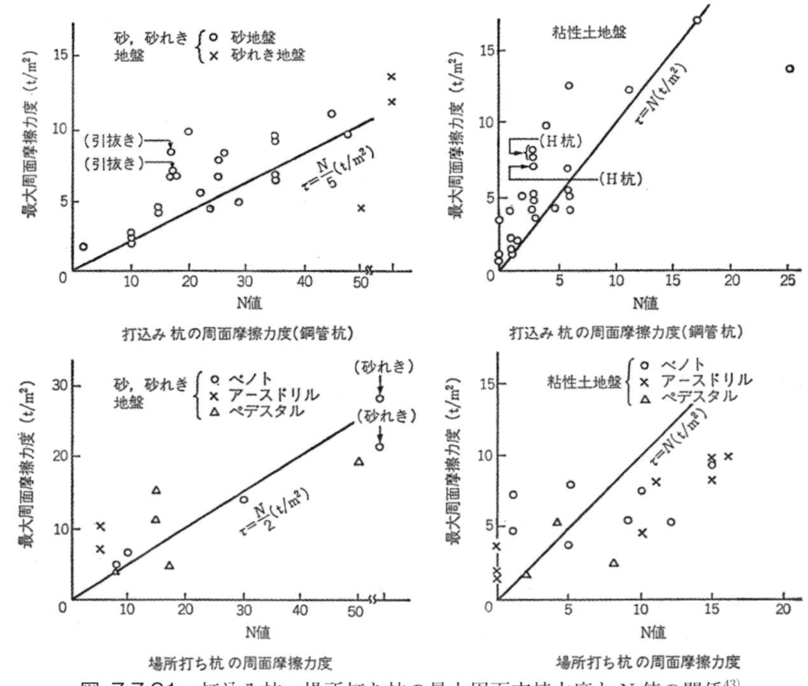

図-7.7.21　打込み杭、場所打ち杭の最大周面支持力度とN値の関係[43]

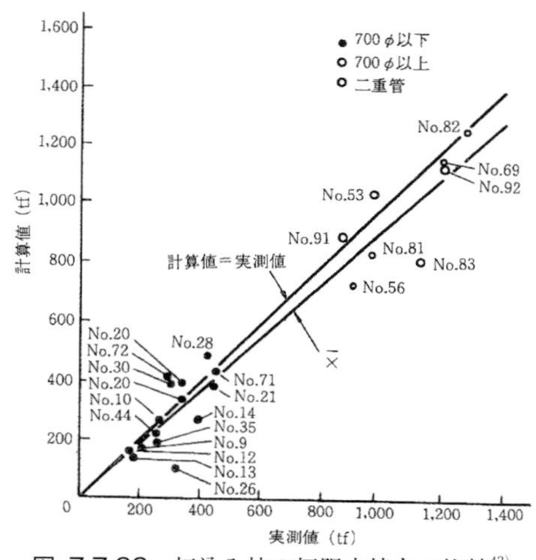

図-7.7.22　打込み杭の極限支持力の比較[43]

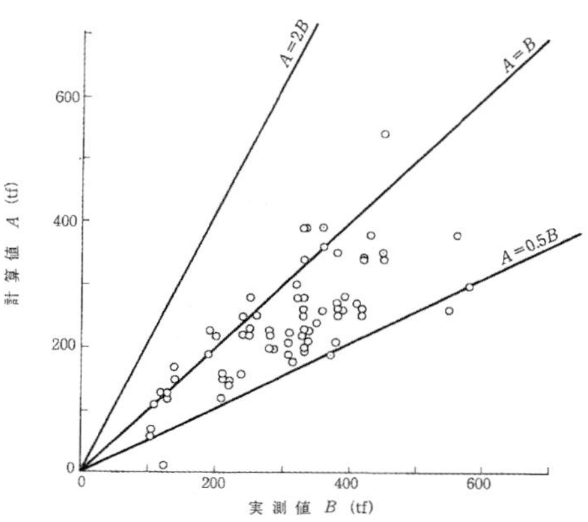

図-7.7.23　プレボーリング杭の極限支持力の比較[43]

表-7.7.9　杭先端の極限支持力度の特性値（kN/m³）[46]

杭工法	地盤の種類	杭先端の極限支持力度の特性値 q_d
打込み杭工法	粘性土	90 N（≦ 4,500）
	砂	130 N（≦ 6,500）
	砂れき	130 N（≦ 6,500）
場所打ち杭工法	粘性土	110 N（≦ 3,300）
	砂	110 N（≦ 3,300）
	砂れき	160 N（≦ 8,000）
中掘り杭工法 *	砂	220 N（≦ 11,000）
	砂れき	250 N（≦ 12,500）
プレボーリング杭工法	砂	240 N（≦ 12,000）
	砂れき	300 N（≦ 15,000）
鋼管ソイルセメント杭工法	砂	190 N（≦ 9,500）
	砂れき	240 N（≦ 12,000）
回転杭工法（1.5 倍径）	砂	120 N（≦ 6,000）
	砂れき	130 N（≦ 6,500）
回転杭工法（2.0 倍径）	砂	100 N（≦ 5,000）
	砂れき	115 N（≦ 5,750）

ここに，N：標準貫入試験の N 値

*：セメントミルク噴出攪拌方式における特性値である。なお，最終打撃方式では打込み杭工法の特性値を適用する。

表-7.7.10　杭周面摩擦力度の特性値　(kN/m^3)[46]

杭工法	地盤の種類	最大周面摩擦力度の特性値 f_i
打込み杭工法	粘性土	c 又は $6N$ (≦ 70)
	砂質土	$5N$ (≦ 100)
場所打ち杭工法	粘性土	c 又は $5N$ (≦ 100)
	砂質土	$5N$ (≦ 120)
中掘り杭工法	粘性土	$0.8c$ 又は $4N$ (≦ 70)
	砂質土	$2N$ (≦ 100)
プレボーリング杭工法	粘性土	c 又は $7N$ (≦ 100)
	砂質土	$5N$ (≦ 120)
鋼管ソイルセメント杭工法	粘性土	c 又は $10N$ (≦ 200)
	砂質土	$9N$ (≦ 300)
回転杭工法	粘性土	c 又は $10N$ (≦ 100)
	砂質土	$3N$ (≦ 150)

ここに，c：粘着力（kN/m^2），N：標準貫入試験の N 値

る。2017年刊行の道路橋示方書は性能設計法を前提にしており、定義した基礎の限界状態に対する支持力を与えている。従前の示方書での載荷試験のデータを統計処理して小さな標準偏差の範囲内で提示してきた方法を変更したものである。その規定は下記のとおりで[13)]、「限界状態1」は地盤抵抗の塑性化が抑制されている範囲（従来の降伏支持力に相当）としている。因みに、「限界状態3」は地盤の支持力、抵抗力の喪失防止できる状態（従来の極限支持力に相当）である。

【参考】[46)]

10.5.2　杭の軸方向押込み力に対する支持の限界状態1

(1)　杭基礎が (2) を満足する場合には、永続作用支配状況及び変動作用支配状況において、杭の軸方向押込み力に対する支持の限界状態1を超えないとみなしてよい。

(2) 1)　全ての杭において、杭頭部に作用する軸方向押込み力が、式-10.5.3により算出される杭の軸方向押込み力の制限値を超えない。

$$R_d = \xi_1 \phi_r \lambda_f \lambda_n (R_y - W_s) + W_s - W \qquad \text{式-10.5.3}$$

ここに、

R_d：杭の軸方向押込み力の制限値（kN）

ξ_1：調査・解析係数で、表-10.5.1に示す値とする。

ϕ_r：抵抗係数で、表-10.5.1に示す値とする。

λ_f：支持形式の違いを考慮する係数で、2) に従って設定する。

λ_n：杭本数に応じた抵抗特性の差を考慮する係数で、1.00を標準とする。

R_y：地盤から決まる杭の降伏支持力の特性値（kN）で、(3) に従って設定する。

W_s：杭で置き換えられる部分の土の有効重量（kN）

W：杭及び杭内部の土の有効重量（kN）

表-10.5.1　調査・解析係数及び抵抗係数

地盤から決まる降伏支持力の特性値の推定方法	ξ_1	ϕ_r	
		打込み杭工法、場所打ち杭工法、中掘り杭工法	プレボーリング杭工法、鋼管ソイルセメント杭工法、回転杭工法
推定式から求める場合	0.90	0.80	0.90 *
載荷試験から求める場合	0.95	1.00	

*ただし、摩擦杭基礎の場合には0.80とする。

2)　支持形式の違いを考慮する係数は、支持杭基礎の場合は1.00とする。打込み杭工法、場所打ち杭工法又は鋼管ソイルセメント杭工法を摩擦杭基礎として適用する場合は0.70とすることを標準とする。ただし、支持杭基礎と同等の安全性を有する打込み杭工法、場所打ち杭工法又は鋼管ソイルセメント杭工法の摩擦杭基礎の場には1.00としてよい。

(3) 1)　地盤から決まる杭の降伏支持力の特性値は、地盤条件、構造条件、施工方法及び杭頭部の沈下量等を考慮して、杭の応答が可逆性を有する範囲で設定しなければならない。

2)　地盤から決まる杭の降伏支持力の特性値を (4) に従って設定した地盤から決まる杭の極限支持力の特性値の0.65倍とする場合には、1) を満足するとみなしてよい。

(4) 1)　地盤から決まる杭の極限支持力の特性値は、地盤条件、構造条件、施工方法及び杭頭部の沈下量等を考慮して設定しなければならない。

2)　地盤から決まる杭の極限支持力の特性値をｉ）又はⅱ）により設定する場合には、1) を満足するとみなしてよい。

ｉ）　杭の鉛直載荷試験で得られた杭頭部の荷重と沈下量の関係において、沈下量の軸に平行とみなせるときの荷重とする。ただし、杭頭部の沈下量が杭径の10%を超えても荷重と沈下量の関係が沈下量の軸に平行とみなせない場合には、杭頭部の沈下量が杭径の10%に達したときの荷重とする。

ii） 式-10.5.4 により算出される値とする。

$$R_u = q_d A + U \Sigma L_i f_i \qquad \text{式-10.5.4}$$

ここに、

R_u：地盤から決まる杭の極限支持力の特性値（kN）

q_d：杭先端の極限支持力度の特性値（kN/m^2）で、表-10.5.2 による。

A：杭先端面積（m^2）

U：杭の周長（m）。ただし、鋼管ソイルセメント杭の場合にはソイルセメント柱の周長とする。

L_i：周面摩擦力を考慮する i 層の層厚（m）

f_i：周面摩擦力を考慮する i 層の最大周面摩擦力度の特性値（kN/m^2）で、表-10.5.3 による。

表-10.5.2 杭先端の極限支持力度の特性値（kN/m^2）

杭工法	地盤の種類	杭先端の極限支持力度の特性値 q_d
打込み杭工法	粘性土	90N(≦ 4,500)
	砂	130N(≦ 6,500)
	砂れき	130N(≦ 6,500)
場所打ち杭工法	粘性土	110N(≦ 3,300)
	砂	110N(≦ 3,300)
	砂れき	160N(≦ 8,000)
中掘り杭工法*	砂	220N(≦ 11,000)
	砂れき	250N(≦ 12,500)
プレボーリング杭工法	砂	240N(≦ 12,000)
	砂れき	300N(≦ 15,000)
鋼管ソイルセメント杭工法	砂	190N(≦ 9,500)
	砂れき	240N(≦ 12,000)
回転杭工法（1.5 倍径）	砂	120N(≦ 6,000)
	砂れき	130N(≦ 6,500)
回転杭工法（2.0 倍径）	砂	100N(≦ 5,000)
	砂れき	115N(≦ 5,750)

ここに、N：標準貫入試験の N 値

*：セメントミルク噴出攪拌方式における特性値である。なお、最終打撃方式では打込み杭工法の特性値を適用する。

表-10.5.3　最大周面摩擦力度の特性値（kN/m²）

杭工法	地盤の種類	最大周面摩擦力度の特性値 f_i
打込み杭工法	粘性土	c 又は $6N(\leq 70)$
	砂質土	$5N(\leq 100)$
場所打ち杭工法	粘性土	c 又は $5N(\leq 100)$
	砂質土	$5N(\leq 120)$
中掘り杭工法	粘性土	$0.8c$ 又は $4N(\leq 70)$
	砂質土	$2N(\leq 100)$
プレボーリング杭工法	粘性土	c 又は $7N(\leq 100)$
	砂質土	$5N(\leq 120)$
鋼管ソイルセメント杭工法	粘性土	c 又は $10N(\leq 200)$
	砂質土	$9N(\leq 300)$
回転杭工法	粘性土	c 又は $10N(\leq 100)$
	砂質土	$3N(\leq 150)$

ここに、c：粘着力（kN/m²）、N：標準貫入試験の N 値

2017年の示方書の支持力は従前の示方書の値と異ならないようにしているというが、地盤と杭の相互関係からの本来の支持力は、支持力の算定式を変更しても変わるものでない。工法毎、地盤毎、作用荷重の大小、杭径毎、杭長毎、杭間隔毎に支持力特性は変化し、経時変化により支持力は増加して安定する。的確な支持力の算定には、今後、これらの要因に対する杭の支持力の性状を把握していくことが求められる。

7.8　杭の動的支持力と杭体内の衝撃波動

施工された杭の支持力を正しく評価することは古くから課題であった。古い時代の杭は打ち込み工法で施工されており、杭が支持層に達して急激に貫入量が小さくなると“それでよし”とされた。その際の支持力の算定には世界的に数多くの提案式が公表されていた。その中で、打撃力と貫入量のバランスから支持力を導くものが多く、初期のものとして式-7.8.1がある。しかし、この値は現実の支持力からかけ離れたものが多く、あまり使われなかった。20世紀半ばに貫入量とリバウンド量を用いてHileyの式-7.8.2が理論的に導かれ、精度が大幅に向上して世界的に広く用いられた。

日本でも利用されていたものの、精度の上でまだまだ不十分であった。一方、建築分野を中心に建設省告示式1622（式-7.8.3）が“5エス（S）の式”として馴染まれ、広く用いられた。不思議と載荷試験による実測値との対応がよかった。道路橋示方書は宇都一馬、冬木衛の提案する波動理論に基づく式-7.8.4を採用した結果、載荷試験による実測値ともよい相関が得られた（図-7.8.1）。

$$Pu = Wh \cdot H / S \text{（Sander の式）}$$
式-7.8.1

$$Pu = e_f \cdot Wh \cdot H[1 - Wp(1 - e^2) / (Wh + Wp)] / (S + 0.5C) \text{ または }$$
$$Pu = e_f \cdot Wh \cdot H / (S + 0.5K)$$
（Hiley の式）　式-7.8.2

$$Pu = Wh \cdot H / (5S + 0.1)$$
（建設省告示式 1622）式-7.8.3

$$Pu = A \cdot E \cdot K \cdot Wp / (e_f \cdot l \cdot Wh) + N \cdot U \cdot l / e_f$$
（道路橋示方書）　式-7.8.4

ここで

Pu：極限支持力（kN）
Wh：ハンマーの重量（kN）
H：ハンマーの落下高（m）
S：最終貫入量（m）
e_f：打撃効率
Wp：杭の重量（kN）
e：ハンマーと杭の反発係数
K：リバウンド量（m）
A：杭の断面積（m^2）
E：杭の弾性係数（$kN \cdot m^2$）
l：杭の長さ（m）
N：杭の周面地盤の平均 N 値

これらの算定式は打ち止め時の貫入量とリバウンド量から杭の支持力を求めるものである。その貫入量とリバウンド量の測定方法は図-7.8.2 に示すように杭に記録紙を貼り付けて鉛筆で右の図の通りの記録をとるという簡便な方法が一般的であった。杭頭にゲージを取り付けて測定する方法もあるが、施工途中で取り付けに時間を取ると周面摩擦力が回復するので避けられていた。鋼管杭の打ち込み時には杭体内に 0.01 秒に満たない極短周期の 100G を超える衝撃波動が発生する（図-7.8.3）が、杭の直近で図-7.8.2 の方法により人間の手で記録することができる。この場合、図-7.8.3 の鋭い衝撃波の波形は潰れて図-7.8.2 のリバウンド量の中に取り込まれている。

杭打ち時の杭の貫入量は物理的には仕事量（力 × 長さ）である。一方、リバウンド量は弾性変形で、跳ね返りを表す。この両者が杭打ち時のエネルギーで、打ち止め時の杭の支持性状を表現する。ここで、式-7.8.4 を除く各式においてハンマーの落下高（H）を高く取ると計算上の支持力が大きくなるが、高過ぎると衝突時の速度が上がって杭体内のひずみは飛躍的に大きくなるものの、波動の周期（波動の作用時間）短くなるので貫入量が小さくなって打撃効率が下がる。その結果、杭頭破壊の危険性が高まり、騒音、振動だけが大きくなる。それに対して、より重いハンマーを低い落下高で打設すると杭体内のひずみは小さくとも、先端地盤に作用する波動の作用時間は長くなりことから低い騒音、振動で貫入量が大きくなり、打撃効率が高くなる。油圧ハンマーはこの原理に基づく。

道路橋示方書の式-7.8.4 はリバウンド量（K）で先端支持力を算定している。リバウンド量が大きいということは先端地盤の跳ね返す力が大きいとして先端支持力を評価している。それに周面支持力を加えて極限支持力としている。

既製杭の打撃工法以外の場所打ち杭工法などでは、掘削された土砂から先端地

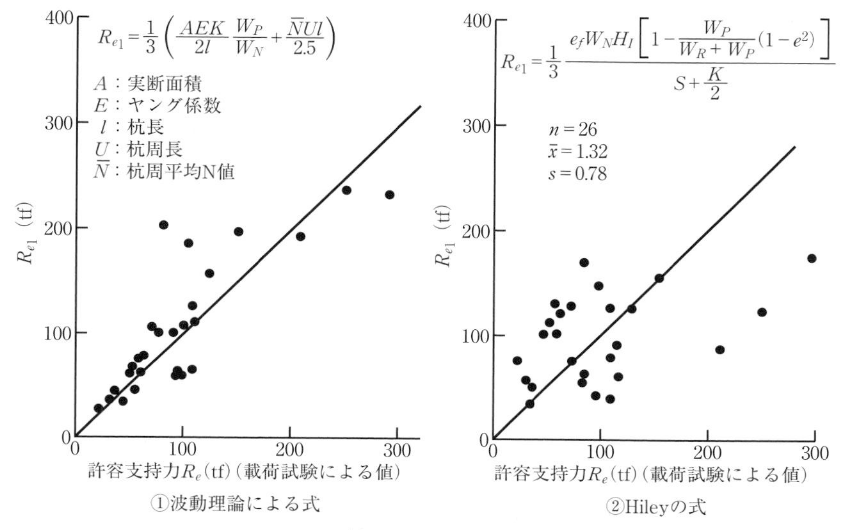

(a) コンクリート杭

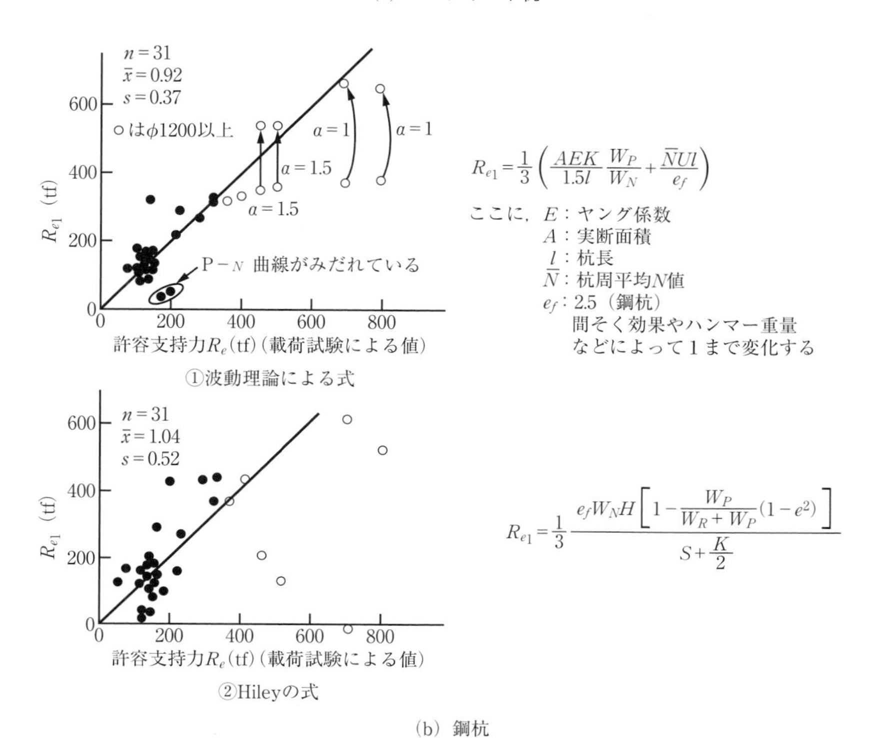

(b) 鋼杭

図-7.8.1　既製杭の動的支持力と載荷試験の支持力の比較[47]

打撃時の貫入量とリバウンド量の簡易測定方法

テープまたはのりづけ
鉛筆
記録紙
定規
鉛筆

貫入量とリバウンド量の測定記録

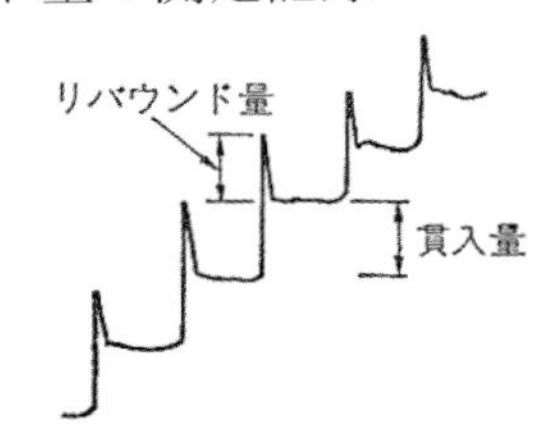

図-7.8.2 杭の打撃時の貫入量とリバウンド量の測定方法と記録[48]

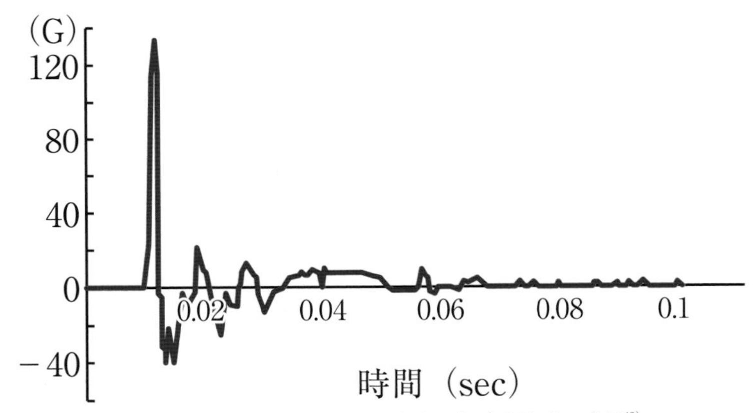

図-7.8.3 鋼管杭打撃時に発生する加速度波形の事例[49]

盤の土質を判定して支持地盤に達していることを確認している。その支持力を知るためには載荷試験が必要となるが、載荷試験の装置、載荷には多大な費用と時間を要する。既製杭も含めて簡単に支持力を評価する方法には急速載荷試験があり、試験方法は打撃による杭打ちである。杭頭にひずみゲージを取り付け（図-7.8.4)、ハンマーによる打撃時の波動（図-7.8.5）を測定し、入力波と反射波を波動理論で解析して支持力を算定する。解析方法にはCASE法や波形マッチング法（図-7.8.6）がある。この場合の載荷継続時間は0.1〜0.02秒程度で、支持力算定には高

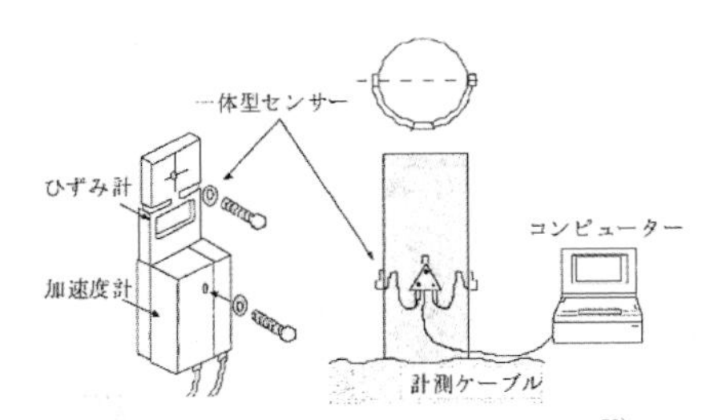

図-7.8.4 急速載荷試験の測定装[50]

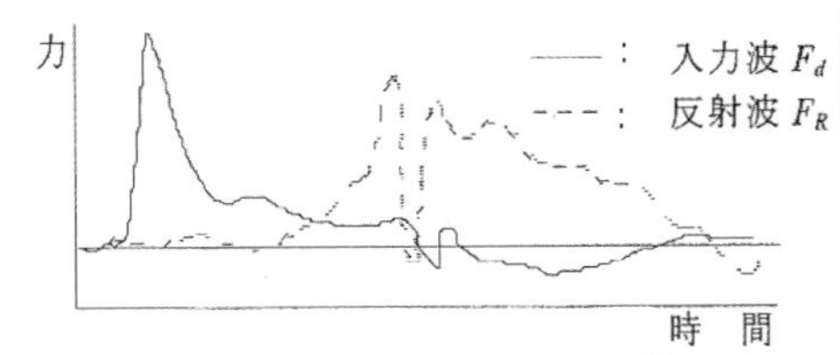

図-7.8.5 入力波と反射波[50]

度な解析技術を要する。これに対して杭頭にクッションを載せて重いハンマーで低い位置から打撃すると載荷時間は0.1～0.2秒となり、杭頭の鉛直変位と荷重の関係を記録できる（図-7.8.7）。荷重または落下高を変化させて荷重変位曲線を求める解析手法もある。

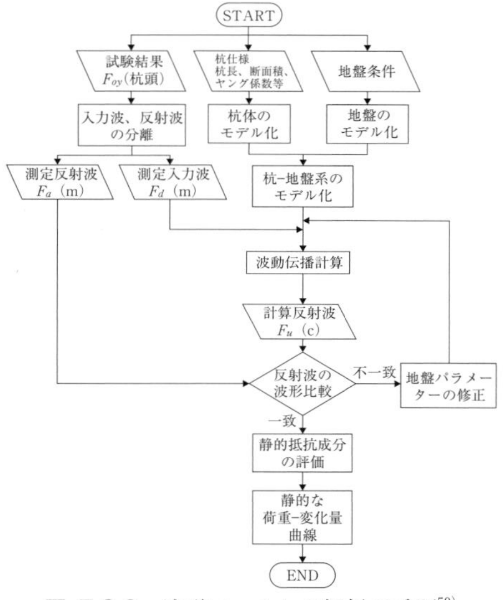

図-7.8.6　波形マッチング解析の手順[50)]

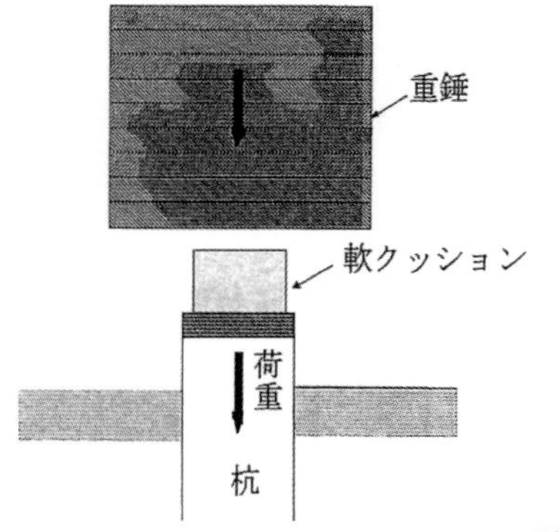

図-7.8.7　（軟クッション）重錘落下方式[50)]

7.9　杭の載荷試験

実際の支持力は載荷試験で求めるのが最適である。図-7.9.1は試験杭の上に設計荷重に相当する土嚢を積み上げた載荷試験の事例である。今でも、長尺杭の支持力の高い精度の推定方法を持たない東南アジア諸国では立方体のコンクリートブロックを積み上げて試験をしている。日本では杭基礎の中の一本を試験杭として周りの杭数本を反力杭として荷重を加える方式（図-7.9.2）の載荷試験が一般的である。図-7.9.1の事例は古いので重力単位で荷重を示している。

載荷試験の測定結果は図-7.9.3のように整理される。荷重は数回に分けて載

図-7.9.1　実荷重による載荷試験の事例[51)]

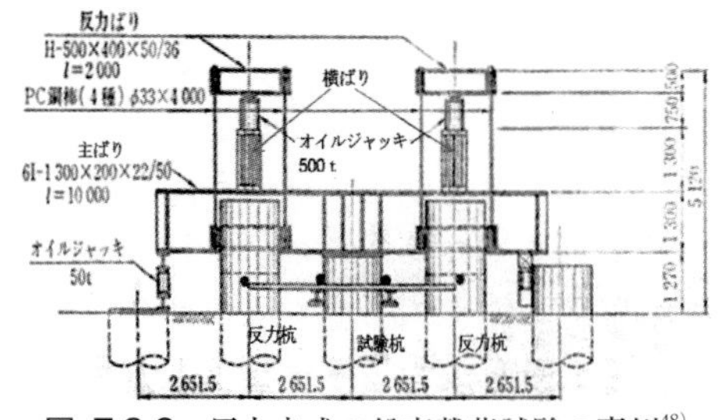

図-7.9.2　反力方式の鉛直載荷試験の事例[48)]

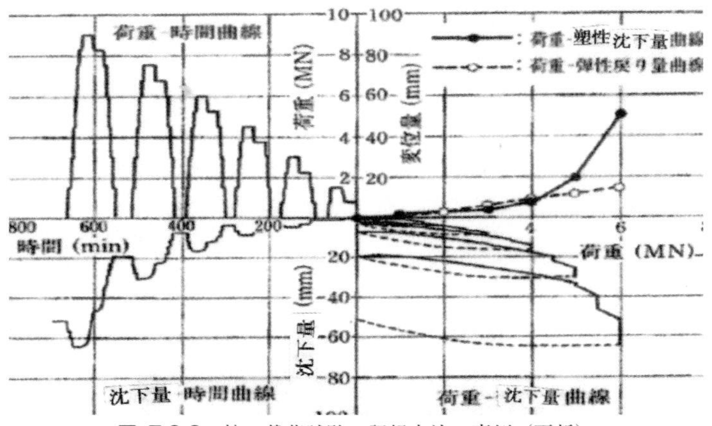

図-7.9.3　杭の載荷試験の記録方法の事例（更新）

荷して荷重沈下曲線を第2象限に記録する。分割した荷重載荷の戻り曲線から弾性沈下量と塑性沈下量を導いて荷重ごとに第1象限にプロットする。載荷試験を通して沈下量と時間の関係は第3象限に表現する。荷重段階と載荷時間の関係は第4象限に記録する。第2象限の荷重・沈下曲線は非線形で、第1象限に示すように荷重が大きくなると塑性沈下量が幾何級数的に増加する。設計では荷重の増減幅に対して沈下量が少なく、弾性的に挙動する領域を対象とする。沈下量が大きくなっても荷重沈下曲線は戻り曲線上では弾性的に挙動するが、塑性沈下量が大きくなる分が構造物の安全性の余裕、安定、機能に影響するので構造物の構造特性にもよるが、塑性沈下量の小さい領域で許容支持力が設定される。

許容支持力は通常、極限支持力を安全率3で除した値を用いる。極限支持力とは沈下量が無限大もしくは相当に大きくなった段階の支持力を指し、道路故郷示方書では杭径の0.1倍の沈下量の段階の

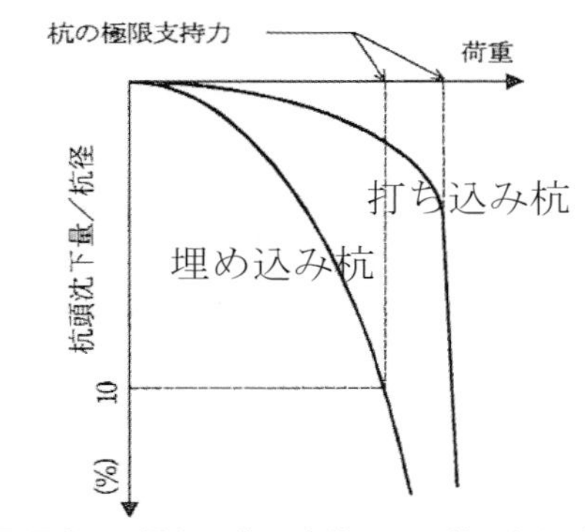

図-7.9.4　異なる施工方法による杭の極限支持力の定義

支持力と定義している。杭の支持力性状は施工方法によって大きく異なる。図-7.9.4は打ち込み杭と場所打ち杭などの埋め込み杭の支持力性状と極限支持力の定義を模式化したものである。

打ち込み杭は初期荷重の段階での沈下量が小さく、長い間、信頼されて慣用されてきた。埋め込み杭は打ち込み杭の打撃時の騒音、振動を避けるために重用されているが、許容支持力は判定しがたい面がある。その判定に用いられる方法に

半対数紙による判定やワイブル分布を利用する方法がある。図-7.9.5は対数紙上に杭頭荷重と杭頭沈下量をプロットすると塑性沈下量が増加するところに折り線の交点が現れる。これを降伏支持力として安全率２で除して許容支持力とする。ワイブル分布は統計学の確率分布の一種で、極限支持力を定義するのに便利である。ワイブル分布を用いて支持力を表す方法（図-7.9.6）は宇都、冬木の提案によるもので、荷重沈下量の数点の記録しかなくても最小自乗法で曲線を補完して極限支持力を定義できるという利点もある。

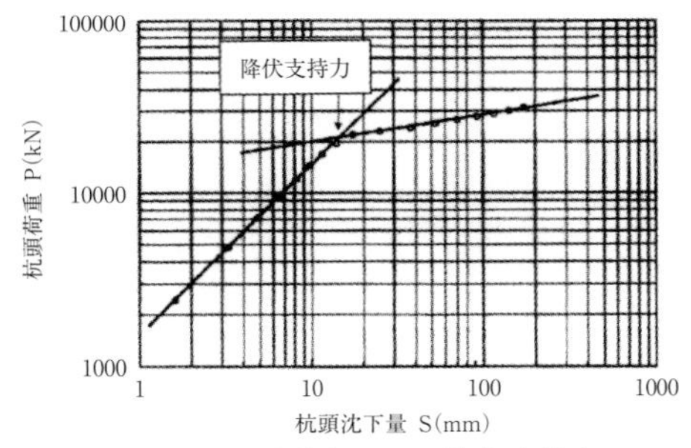

図-7.9.5　対数紙による降伏支持力

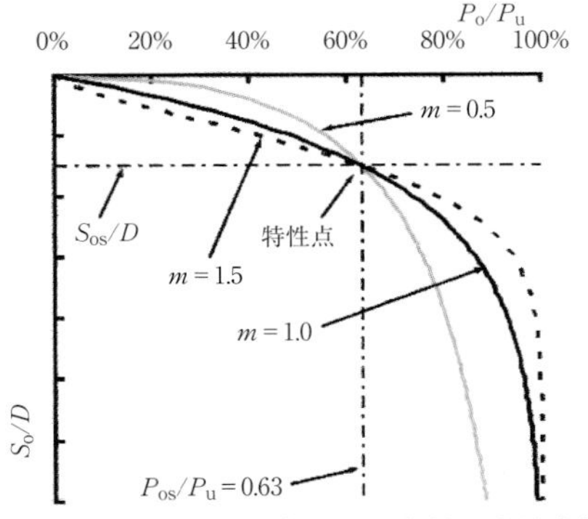

図-7.9.6　ワイブル分布による各杭の支持力性状の同定[52)]

その基本式は下記のとおりである。

$$P_0/P_0u = 1 - \exp[-(S_0/S_0u)]^m$$

式-7.9.1

ここで

P_0：杭頭荷重（kN）

P_0u：杭頭における極限支持力（kN）

S_0：杭頭の沈下量（m）

S_0u：杭頭の降伏沈下量（m）

m：各杭の性状を表す指数

設計の根幹に力と変形の相関をおいている道路橋示方書は、杭の支持力に対応する杭軸方向バネ係数(Kv)を必要とする。載荷試験から得られる杭頭沈下量（Δl）と杭長（l）との比（Δl/l）が軸方向バネ係数となる。この値は図-7.7.10に見るとおり、杭種、荷重の段階、地層構成、支持層などでバラツキが大きくなるので載荷試験の測定値は貴重である。

杭単体の支持力が決まれば、基礎(フーチング)の中に杭を配置することになる。集合体の中の各杭が支持力を発揮するために、相互の影響範囲の重複を避ける適正な離間距離として2.5D（D：杭径）を保つ必要がある（図-7.9.7）。立地条件などの制約で適正な離間距離を確保できなければ、群杭基礎として外縁部の杭を包絡する仮想のケーソンの支持力としても検討することとなる（図-7.9.8）。

また、杭の位置とフーチングの端が近づきすぎるとフーチング端部にせん断破壊（アゴカケ）や杭の上部に偏心による曲げモーメントが発生する恐れがある。そのため、道路橋示方書は杭からの縁端距離として既製杭1.25D、場所打ち杭1.0Dを規定している（図-7.9.7）。

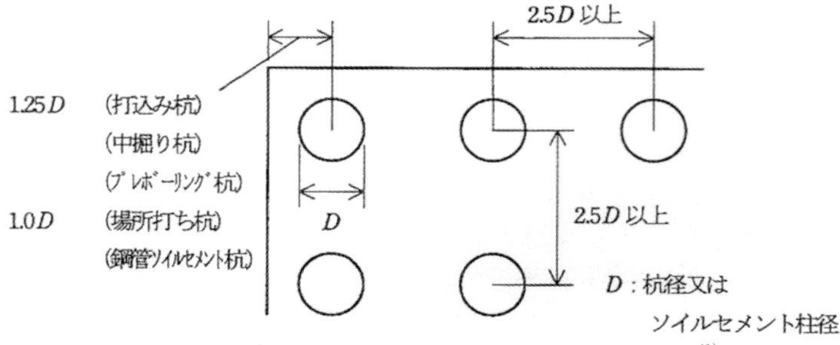

図-7.9.7 杭の最小間隔とフーチング端までの距離[41]

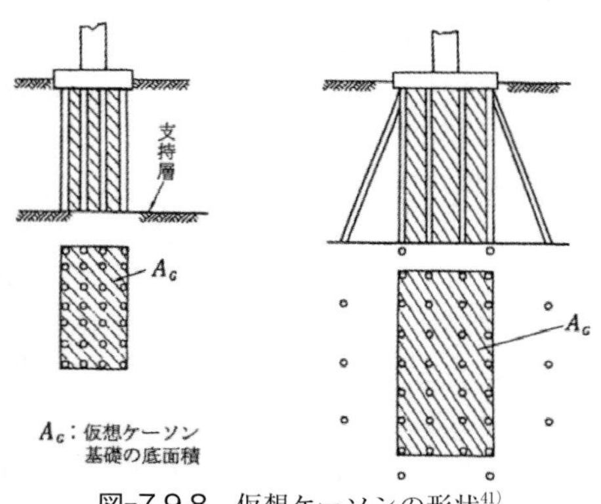

図-7.9.8 仮想ケーソンの形状[41]

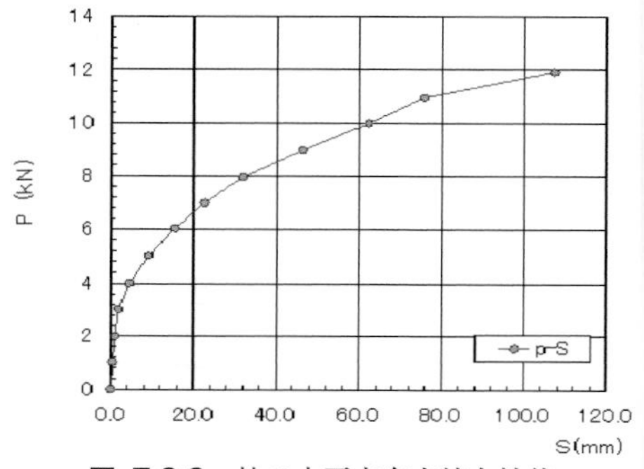

図-7.9.9 杭の水平方向支持力性状

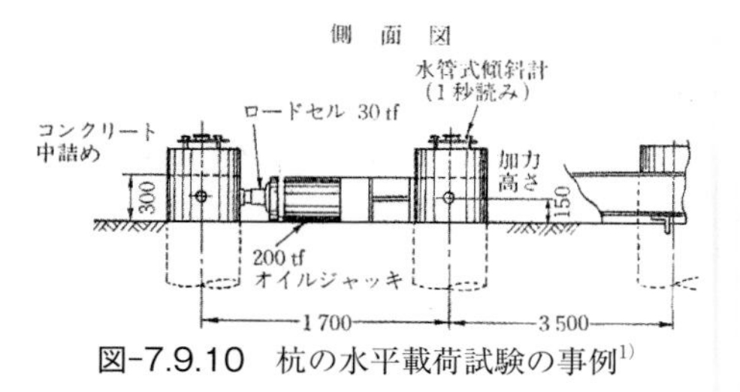

図-7.9.10 杭の水平載荷試験の事例[1]

水平方向の杭の支持力性状(図-7.9.9)を測定するのには水平載荷試験（図-7.9.10）がなされる。設計荷重や変位量は基準変位量の範囲内で決められる（図-2.4.3）ので、水平載荷試験から極限支持力を求めるのは意味がない。すなわち、変位に対する杭の水平抵抗が決まるので、その範囲内で杭本数が定まり、フーチング内に配置される。道路橋示方書は水平方向荷重に対しても図-7.9.7の杭の離間距離は有効であるとしており、離間距離がとれない場合は群杭基礎としての照査も必要である。

しかし、これらの規定は建設省（当時）土木研究所構内の径500mmの9本の鋼管杭基礎の試験体の水平載荷試験の測定結果をベースに検討して設けられたものであるから、大口径杭の離間距離には多少の緩和がされてもよいと考えられる。理由は上部構造の許容変位量は数cmであるので大口径杭基礎における変位量の影響範囲（数 cm）は当該杭の近傍に限られ、隣接杭までは及ばないことによる。大口径杭と中小径杭の相対的な問題で、杭の変位は一定値なので杭間の距離で影響は低減する。本州四国連絡橋の番の州高架橋の基礎杭は径 3m のリバース杭であるが、杭間隔は 2D としている。

杭の水平載荷試験は杭と地盤の相互作用を表す地盤反力係数 k 値を逆算できることに大きな意義がある。載荷試験は杭頭自由の状態で行われ、杭基礎は杭頭固定の状態であるが、変位に応じた逆算 k 値を用いると杭基礎全体の変形に対する安全性を照査することができる。

7.10　杭の構造細目

杭とフーチングの結合には一般に剛結結合が採用される。杭とフーチングの一体性を確保するためである。結合法には杭頭をフーチングの中に貫入させる方法 A（図-7.10.1）と杭からの鉄筋などを伸ばしてフーチングに定着させる方法 B（図-7.10.2）がある。

方法 A は主に既製杭で用いられ、フーチング内に杭が貫入するので小径杭以外では下側鉄筋は切断されることになる。その補強事例を図-7.10.1 の右下に示す。この他、杭の周りにリング状の座蒲団筋を配置したり、帽子状の籠筋を被せたりすることもある。鋼管杭の場合、杭頭部の靭性を向上させるために杭内部にフーチング下から 1D（D：杭径）以上にコンクリートを詰めることとしている。

方法 B は杭から鉄筋などが伸びるだけなのでフーチングの下側鉄筋はそのままにしておける利点がある。既製杭の場合は杭内部に詰めたコンクリートの中に鉄筋などを配置してフーチングとの結合を図る。既製杭の中でも RC 杭、PHC 杭などでは杭体内の鉄筋や PC 鋼線をはつりだしてフーチングに定着することもある。場所打ち杭の場合は杭頭部の劣化コンクリートを取り除く作業もあり、予め配置しておいた頭部鉄筋を伸ばして、そのままフーチングに定着させられるので経済的である。

しかし、杭頭曲げモーメントに対応できるだけの配筋を出来ないこともある。その場合は杭頭固定と杭頭ヒンジの両条件を満足できる杭の本体の配筋がなされればよい。杭頭の回転バネ係数（図-7.7.9）の値によって杭頭の変位、曲げモーメントは連続的に変化する（図-7.10.3）。元々、杭頭は完全固定でもなく、完全ヒンジでもないので両者を満足するような設計は安全側であり、費用の増分も微々たるものである。

既製杭は長さによって継ぎ足しが必要となる。その継ぎ手部では原則として変形、曲げモーメント、せん断力が連続していることが求められる。そのために、堅実な継ぎ手構造にしなければならない。歴史の浅い鋼管杭などは最初から溶接継ぎ手あったが、初期のコンクリート杭はホゾ継ぎ手や充填式継ぎ手が用いられていた。これらは鉛直方向荷重に対しては機能するが、曲げモーメントやせん断力が作用する場合には折れ曲がる懸念があった。そのために 1960 年代に鋼管杭と同様に端板式、円筒式の溶接継ぎ手が開発された（図-7.10.4）。現在は端板式溶接継ぎ手がほとんどとなっている。

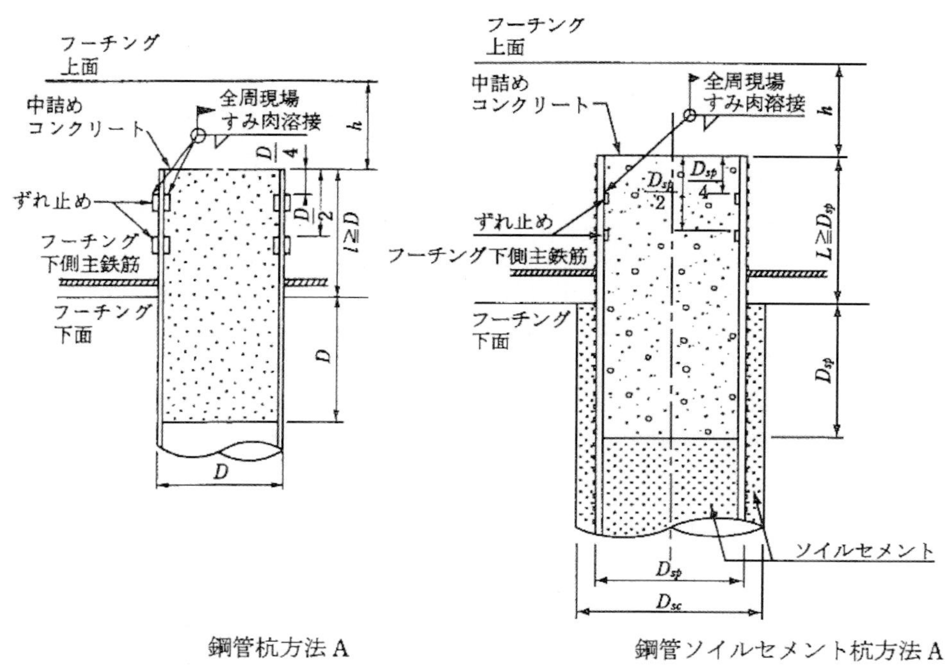

鋼管杭方法 A　　鋼管ソイルセメント杭方法 A

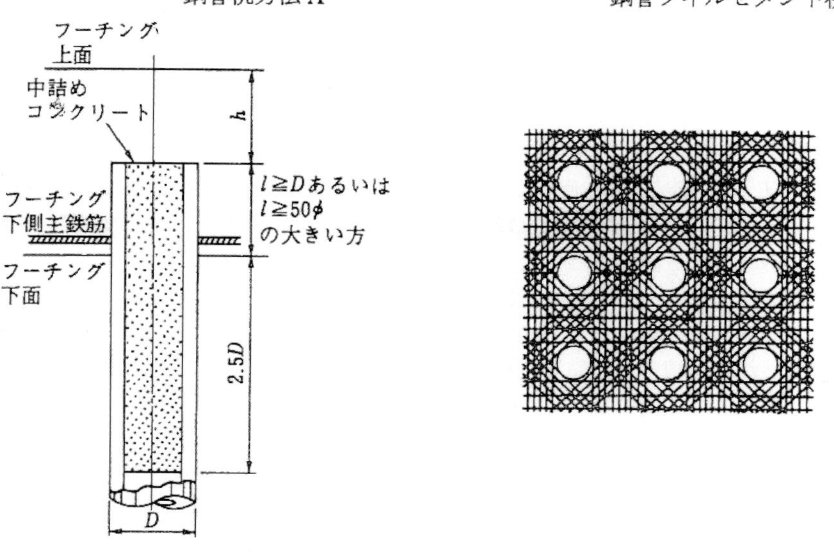

PHC 杭方法 A，RC 杭方法 A　　フーチングの配筋

図-7.10.1　杭とフーチングの結合方法 A とフーチングの配筋[41)]

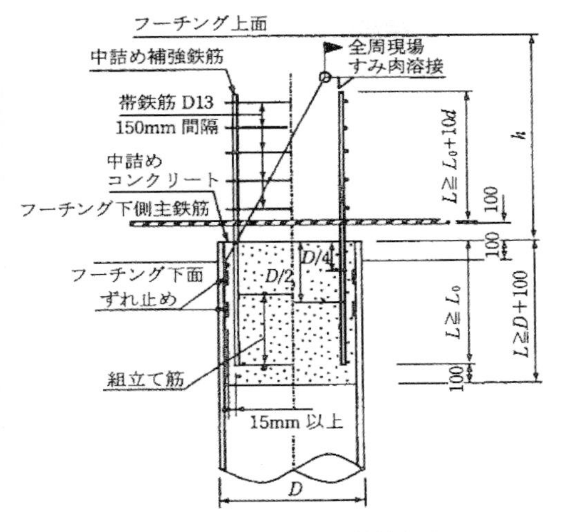

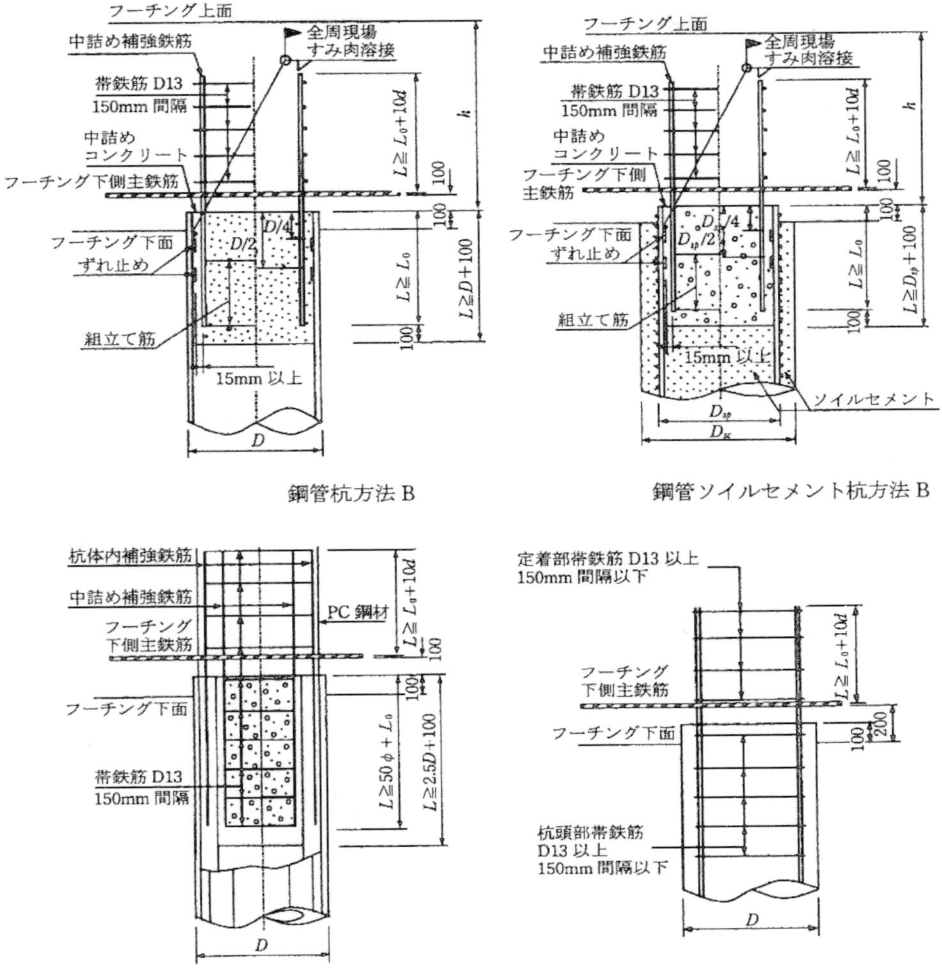

鋼管杭方法 B　　鋼管ソイルセメント杭方法 B

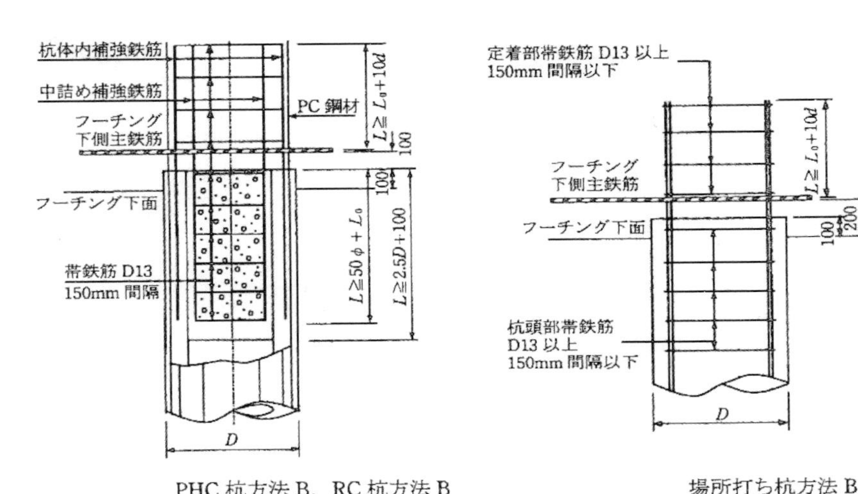

PHC 杭方法 B，RC 杭方法 B　　場所打ち杭方法 B

図-7.10.2　杭とフーチングの結合方法 B[41)]

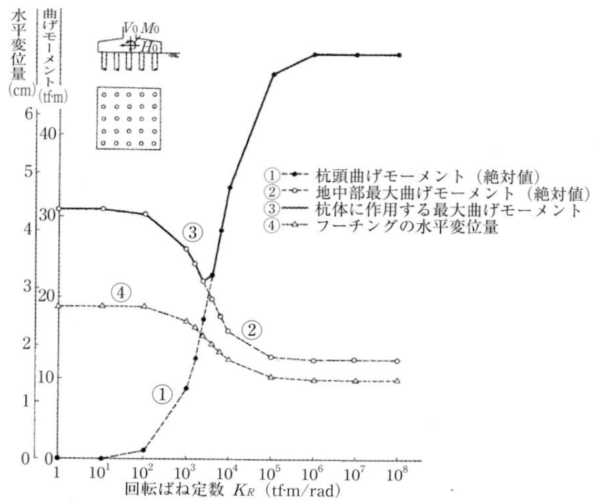

図-7.10.3　回転バネ（K_3）係数と変位、曲げモーメント[43)]

裏あてリングの鋼板厚

外径(呼び径)	t_0(mm)
1000mm以下	4.5
1000mm超	6.0

ストッパの数量

外径(呼び径)	N(個)
600mm以下	4
1000mm以下	6
1000mm超	8

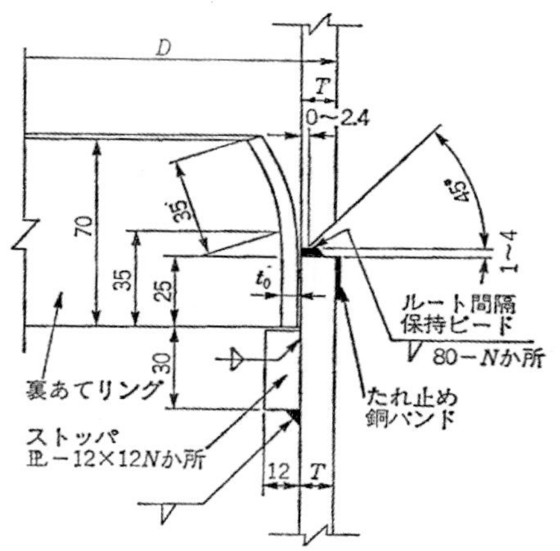

鋼管杭の半自動溶接現場継手標準形状寸法

(a) 円筒式溶接継手

(b) 端板式溶接継手

コンクリート杭継手部の構造

図-7.10.4　鋼管杭と既製コンクリート杭の溶接継ぎ手[53)]

しかし、溶接継ぎ手の施工には熟練技術、複数の溶接ルート数に要する時間、良好な施工環境などが必要である。さらに、良質な溶接のためには風、気温、水分、溶接姿勢などに対する補助体制を整えることが求められる。その体制を取れない場合の継ぎ手はボルト接合（図-7.10.5）が採用されたが、断面積が縮小する弱点がある。溶接継ぎ手の施工には多くの時間と手間がかかるので杭打ち工事の隘路と看做されている。この問題を解決するために鋼管杭ではワンタッチで接合してセットボルトを締め込むだけのラクニカンジョイント（図-7.10.6）が開発された。このジョイントは予め工場で上下の継ぎ手構造を溶接する分の費用が負担となる。コンクリート杭でも接続プレートを介して端板を繋ぐジョイント(図-7.10.7)

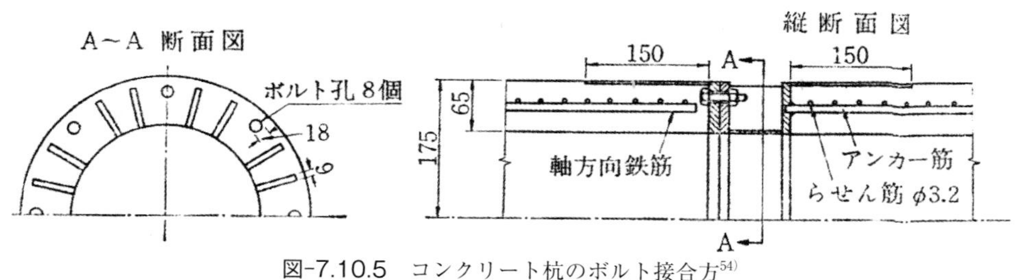

図-7.10.5　コンクリート杭のボルト接合方[54)]

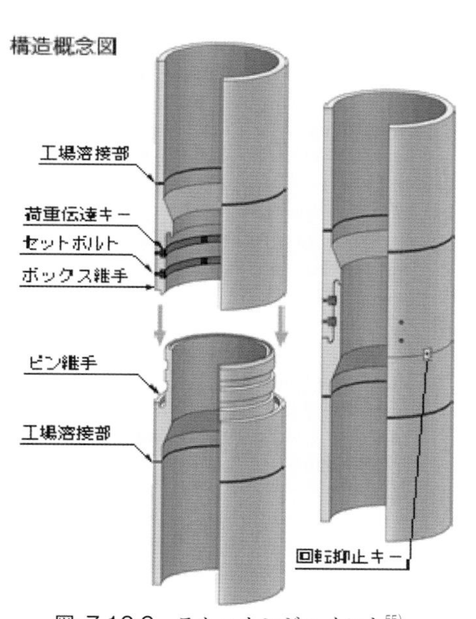

図-7.10.6　ラクニカンジョイント[55)]

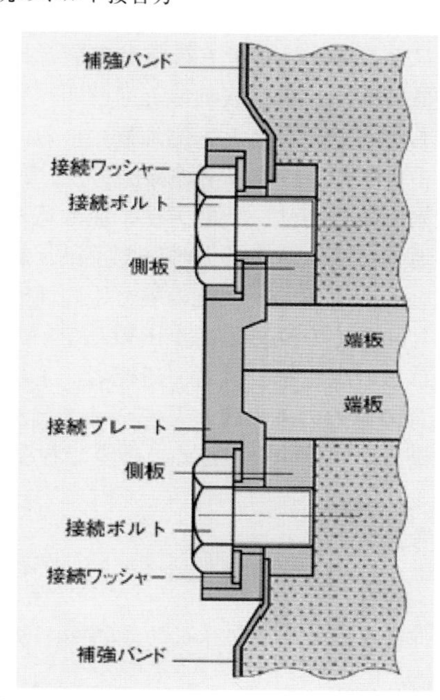

図-7.10.7　既製コンクリート杭の無溶接継ぎ手の事例[56)]

などが生まれている。これらの継ぎ手も工場で金具を取り付けるために費用がかかるので、溶接継ぎ手と比較することになる。

地盤の悪いところに採用される基礎では、杭基礎が圧倒的に多いのにも拘わらず、杭に関して分からないことが多いのも現実である。ここ50年で多くのことが研究され、設計方法や施工方法は飛躍的に発達したが、信頼性を高めて定量化、数値化を図るために究明すべき課題が数多く残されている。主なものでは設計上、精度を向上させるために地盤の非線形性、k値に対する杭径の寸法効果、N値と地盤のせん断剛性の関係、先端地盤の支持力と沈下の関係、杭と周面地盤間のせん断（摩擦）抵抗、群杭効果、表層地盤の水平抵抗、杭頭の曲げせん断抵抗など多岐にわたる。施工上も打撃時の騒音振動の低減方法、衝撃波動の実態解明、場所打ち杭の壁面保持と先端地盤のゆるみ防止、杭頭コンクリートの除去方法、人工泥水の処理方法、代替方法、埋め込み杭と地盤の結合、支持力の確認手段、載荷試験の合理化、既製杭の継ぎ手の簡略化など、多くの改善目標が山積している。これらの課題を設計者、研究者、工事関係者の協力の下に改良していくことが杭基礎の信頼性向上のために必要である。

参考文献

1）杭基礎の調査・設計から施工まで，土質工学会，1983年
2）杭基礎の設計法とその解説，土質工学会，1985年
3）三内丸山遺跡「フリー百科事典　ウィキペディア日本語版」2014年10月
4）「特別史跡　三内丸山遺跡」
5）塩井幸武，長大橋の科学，2014年
6）木の土中貯蔵の可能性を探る「フォレストフォーラム・データベース」 https://wood.co.jp/forestforum/marubil_shiodome_wood_chozou.html
7）木杭により軟弱地盤上の構造物支持力を増加させた事例「藤井基礎設計事務所」 http://www.fujii-kiso.co.jp/tech/jirei/kigui.html
8）世界杭打ち機博物館，スチームハンマ「（株）技研製作所」 https://www.giken.com/ja/mission/scientific_verification/the_musium_of_pile_drivers/
9）PRCパイル　鉄筋かご「日本高圧コンクリート（株）」 http://www.nihonkoatsu.co.jp/product/pile/
10）節杭「（一社）コンクリートポール・パイル協会」，http://www.c-pile.or.jp/cpia/2-3.html
11）SCパイル「日本コンクリート（株）」 https://www.ncic.co.jp/products/foundation/bsc.html
12）基礎のはじまり「日本車両（株）」 http://www.n-sharyo.co.jp/business/kiden/foundation/making.html
13）土木工法事典　改訂V，産業調査会事典出版センター，2001年
14）基礎工・土工　用語辞典，総合土木研究所，P 355，図-1油圧ハンマによる杭打ちの概念，2016年
15）三点式杭打機　国内シェアNo. 1「日本車両（株）」 http://www.n-sharyo.co.jp/recruit/products/no1_piledrive.html
16）ZERO　VR，MRシリーズ「調和工業（株）」 http://www.chowa.co.jp/products/img/zero_vr_p_01.jpg
17）バイブロハンマ動作原理「（有）水野テクノリサーチ」 http://www.mizunotec.co.jp/doboku/doboku_kouza/doboku_kouza_14.html
18）バイブロ（振り子式）「金子機械（株）」 http://kanekokikai.co.jp/wp/wp-content/uploads/hammer.pdf
19）工事実績，バイブロハンマー打込工「丸藤シートパイル（株）」 http://www.mrfj.co.jp/method/results/index.html
20）圧入システムと施工工程，初期圧入工程「（株）技研製作所」 https://www.giken.com/ja/technology/procedure/
21）構成図「ガンテツパイル工法協会」 http://www.gantetsu-pile.info/kou1-kousei.htm
22）助成・表彰・審査制度 / 建設技術審査証明　FB9工法「（財）国土技術研究センター」 http://www.jice.or.jp/review/proofs/civil/list

23) 高耐力マイクロパイルの概要「高耐力マイクロパイル工法研究会」 http://jamp-hmp.jp/mp_sum.html
24) ST マイクロパイル〈タイプ I 〉「NIJ 工法研究会」 http://www.nij-gr.com/stmicropile01.html
25) スーパードライバー工法「(株) 森組」 https://www.morigumi.co.jp/tecnology/
26) 基礎工・土木用語辞典：総合土木研究所, p. 39, 図-1 オールケーシング法, 2016
27) 基礎工, 総合土木研究所, vol. 34. No.12, p16, 図-6, 2006. 12
28) 建築・土木わかりやすい基礎の施工：総合土木研究所, p96, 図 4.2.12, 2003
29) 建築・土木わかりやすい基礎の施工：総合土木研究所, p103, 図 4.2.20, 2003
30) 高橋晋, マイクロバブル基礎資料, 八戸工業大学, 2016 年
31) アースドリル工法　～場所打ち杭工法～「日本車両（株)」 http://www.n-sharyo.co.jp/business/kiden/earthdril/earthdril-method.html
32) アースドリル式拡底杭工法（HND 工法), 拡底バケット「大亜ソイル（株)」 http://www.daiasoil.co.jp/earthdrill/
33) 場所打ちコンクリート拡底杭の監理上の留意点「(一社）日本基礎建設協会」平成 12 年 7 月 http://kisokyo.or.jp/doc/doc_h12abc.pdf
34) 下坂賢二, (一社）気泡工法研究会技術講習会資料, http://exaward.com/wp-content/uploads/2017/11/9ca4e41a0352c86fe846f1d98f9d0f19.pdf
35) 大分県土木建築部砂防課, 大分県日田土木事務所：山際地すべり, 1990 年
36)「井上商事（株)」
37) Fondazioni degli edifici veneziani「venicewiki ヴェニスウィキ」 https://venicewiki.org/wiki/Fondazioni_degli_edifici_veneziani
38) 宇治橋「京都宇治観光マップ」 http://travel.ujicci.or.jp/app/public/shop/index/59
39) 正倉院「フリー百科事典　ウィキペディア日本語版」2005 年 11 月
40)（検討状況報告書資料）松本城の歴史的価値（p 13. 14)「松本市」2007 年 12 月 https://www.city.matsumoto.nagano.jp/miryoku/siro/sekaiisan/sekaiisan_siryo/rekishitekikachi_insatsu2.files/3rekishitekikachi13_14.pdf
41) 道路橋示方書　Ⅳ下部構造編, 日本道路協会, 2002 年
42) 既製コンクリート杭の施工管理, コンクリートパイル建設技術協会, 2006
43) 杭基礎設計便覧, 日本道路協会, 1992 年
44) 新たな拡底杭工法を開発「(株) 奥村組」2006 年 8 月 3 日 http://www2.okumuragumi.co.jp/news/2006/index7.html
45) 塩井幸武, 第 16 回国際地盤工学会　テクニカルセッション 2 c の報告, 基礎工　17.11, 2005 年
46) 道路橋示方書　Ⅳ下部構造編, 日本道路協会, 2017 年
47) 道路橋示方書　Ⅳ下部構造編, 講習会資料, 日本道路協会, 2002 年
48) 土質調査法, 土質工学会, 1982 年
49) 塩井幸武, 見直しが求められる地震工学, 総合土木研究所, 2013 年
50) 実務に役立つ手引き書－建築基礎構造の設計, 基礎構造研究会, 2015 年
51)「八千代エンジニアリング（株)」
52) 中谷昌一, 白戸真大, 横幕清, 杭の軸方向変形特性に関する研究, 土木研究所資料第 4139 号 2009 年　http://www.db.pwri.go.jp/pdf/D6141.pdf
53) 道路橋示方書　Ⅳ下部構造編, 日本道路協会, 1980 年
54) 道路橋下部構造設計指針　くい基礎の施工篇, 日本道路協会, 1968 年
55) ラクニカンジョイント「日本製鉄（株)」 http://www.nssmc.com/product/construction/list-construction/28.html
56)「日本コンクリート工業（株)」

8 中間的基礎

8.1 鋼管矢板基礎の設計と施工

8.1.1 鋼管矢板基礎の概要

基礎の形式は基本的に直接基礎、ケーソン基礎、杭基礎であることは既述のとおりである。しかし、基礎の使命は上部構造を安全に支えることであるから上記の形式にとらわれずに、その使命を果たすことにある。そういう考え方から基本的基礎形式以外の基礎が生まれている。

鋼管矢板基礎は日本で開発された基礎形式で、鋼管矢板（図-8.1.1）を閉鎖形状（図-8.1.2）に連結して基礎（図-8.1.3、図-8.1.4）とするものである。1960年代に開発され、最初は溶鉱炉の基礎に採用された。橋梁基礎としては1969年に石狩河口橋に適用され、その後は東京湾アクアラインや東京港ゲートブリッジをはじめ、大水深、軟弱地盤上の中型、大型橋梁に多く採用されて道路橋示方書にも取り入れられている。また、海外でもベトナムのハノイ郊外の紅河（ソンコイ川）に架かるニャッタン橋（図-8.1.5）のように水深の大きいところで採用されている。鋼管矢板は鋼管杭の両端に耳と呼ばれる継手管を溶接で取り付け、矢板として使用するものである（図-8.1.1）。継手管（図-8.1.6）にはP・P型（パイプ―パイプ）、P・T型（パイプ―山形鋼）、L・T型（L形鋼―山形鋼）があるが、鋼管矢板基礎ではP・P型が用いられている。P・T型、

図-8.1.1 鋼管矢板の形状

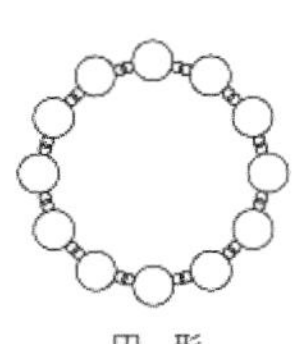

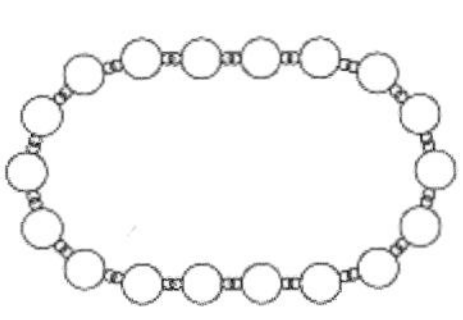

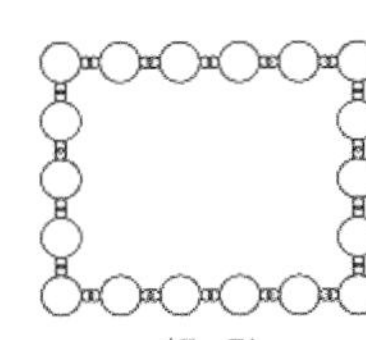

図-8.1.2 鋼管矢板基礎の形状

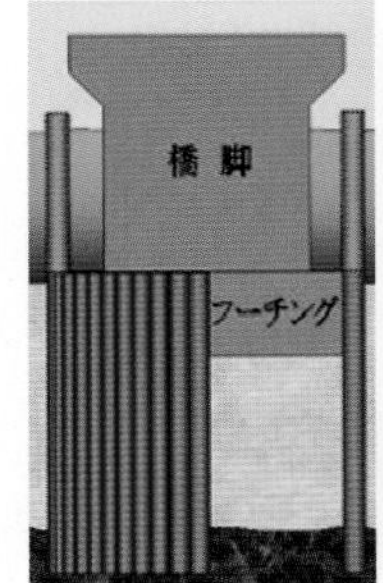

図-8.1.3 鋼管矢板基礎

図-8.1.4 鋼管矢板基礎の施工状況[1)]

図-8.1.5　ベトナム、ニャッタン橋と鋼管矢板基礎[2)]

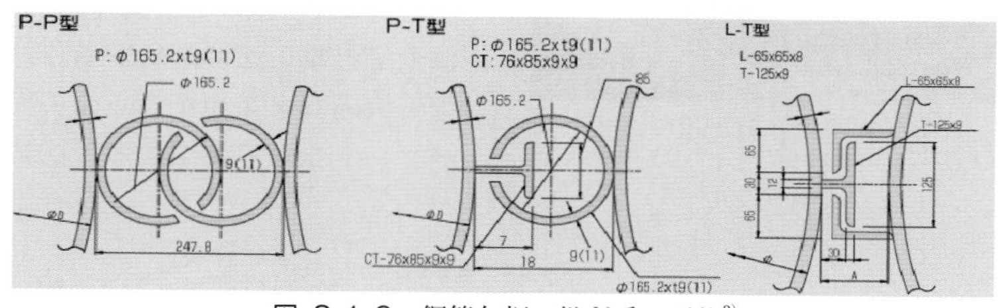

図-8.1.6　鋼管矢板の継ぎ手の形状[3)]

L・T型は護岸や岸壁などに使われている。

鋼管矢板基礎は鋼管杭を小径の継手管で環状につなぐ、鋼管杭基礎とケーソン基礎の利点を併せ持つ中間的な基礎形式で、井筒型と脚付き型がある（図-8.1.7）。井筒型はケーソン基礎と同様の形状の鋼管矢板全体で全荷重に対応するものである。脚付き型は井筒部を中間層にとどめ、一部の鋼管矢板を支持層まで伸ばす形状のものである。井筒部で水平荷重を負担し、脚部で鉛直荷重や回転モーメントに対応するものである。杭基礎に較べて基礎の寸法を縮小でき、周面支持力を有する点でケーソン基礎よりも有利である。

(1)　井筒型　　(2)　脚付き型

図-8.1.7　鋼矢板基礎の構造形式[4)]

8.1.2　鋼管矢板基礎の施工

鋼管矢板基礎の施工には高い精度と環境対策が必要である。多数の鋼管矢板を深部まで鉛直かつ平行に打ち込み、継手管の嵌合で閉合して円筒状の形（図-8.1.2）とするために細心の注意を払って施工することが求められる。すなわち、小径の継手管の嵌合部の隙間は狭いので半径方向にも、円周方向にも傾いた打ち込みは許されない。そのために、導枠として頑丈なガイドフレーム（図-8.1.8、図-8.1.9）を設置した上で鋼管矢板を並べて立て込み、閉合形状として打ち込み作業に入る。鋼管矢板の打ち込みを連続して施工すると次第に円周方向に傾斜していく傾向があるので、1本おきに鉛直に打ち込み、その杭をガイドに残っている鋼管矢板を押し込む順序がとられる（図-8.1.10）。

図-8.1.8 鋼管矢板基礎と施工用のガイドフレーム（導枠）[5]

打ち込みに際し、基礎周辺に環境問題がなければディ-ゼルハンマー、油圧ハンマー、バイブロハンマーなどの打撃工法が一般的である（図-8.1.11）。環境保全で打撃工法に制約がある地点では鋼管矢板内部をスパイラルオーガーや回転バケットなどで掘削する工法を併用して

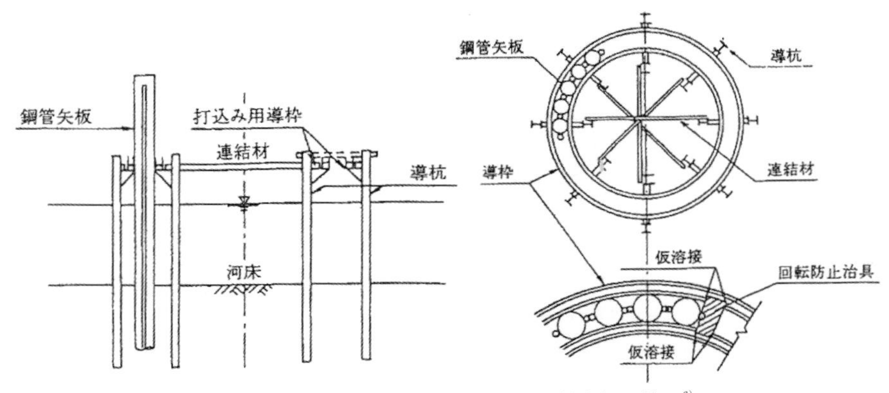

図-8.1.9 ガイドフレームの構造と鋼管矢板の施工[6]

図-8.1.10 鋼管矢板基礎の施工風景[2]

図-8.1.11 ディーゼルハンマーによる鋼管矢板の打設[7]

騒音、振動を低減するようにしている（図-8.1.12、図-8.1.13)。さらに、低い騒音、振動を求められる場合には押し込み力に限界があるものの、サイレントパイラーが用いられる（図-8.1.14)。サイレントパイラーは隣接する既設矢板壁の引き抜き抵抗を反力にして杭や矢板を油圧で押し込む施工機械である。山留め工や仮締め切り工の矢板の打ち込みに多用されている。

打ち込みが終了すると、鋼管矢板同士のせん断力の伝達を図るために継手管の嵌合部３室の内部を高圧噴射で洗浄の上、コンクリートモルタルを充填して一体化を図る（図-8.1.15)。コンクリートモルタルは止水性も向上させる。その上で、鋼管矢板の頭部を頂版コンクリートで剛結合とすることになる（図-8.1.16)。

図-8.1.12　スパイラルオーガーによる中堀工法による鋼管矢板の設置[3]

図-8.1.13　回転バケットによる鋼管矢板内の中堀[8]

図-8.1.14　サイレントパイラーによる鋼管矢板の施工[9]

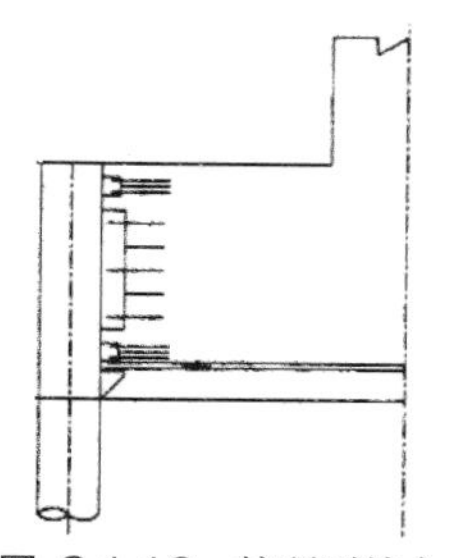

図-8.1.16　杭頭剛結合

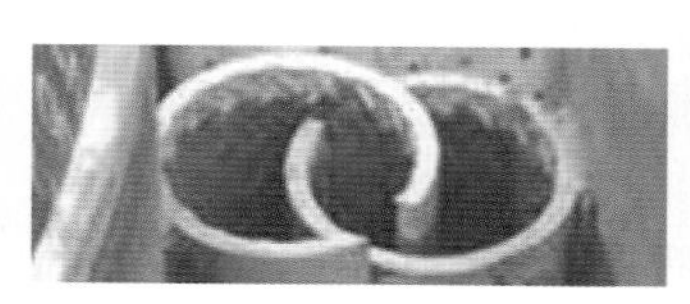

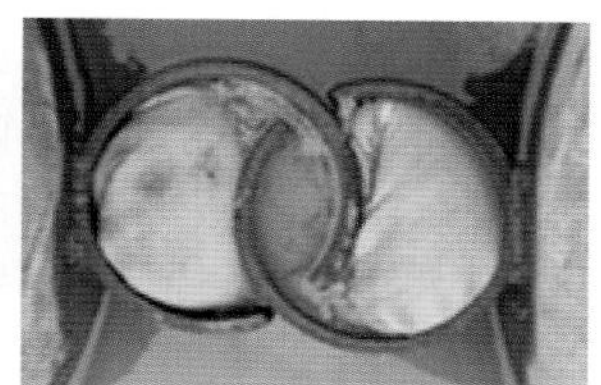

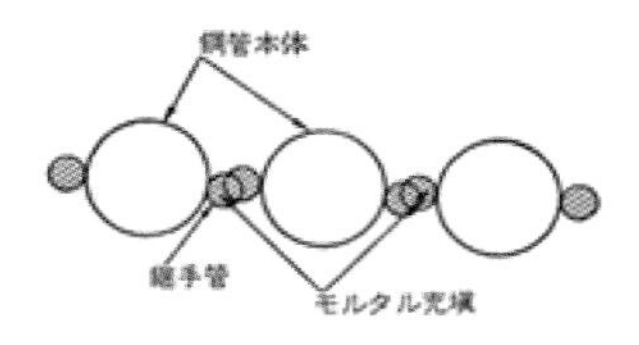

図-8.1.15　継手管のコンクリートモルタルの充填[6),10)]

8.1.3　鋼管矢板基礎の設計

鋼管矢板基礎は弾性体の多数の鋼管で構成され、大きな断面剛性を持つ環状の基礎（図-8.1.2）であるが、荷重による弾性変形を考慮する必要がある。

鉛直荷重に対する支持力は鋼管矢板と鋼管杭の支持力による（図-8.1.17）。基礎が大きくなると矢板壁の間隔が広がり、隔壁や中打ち杭が必要となる（図-8.1.18）。道路橋示方書は各矢板や杭の支持力を算定するにあたり、図-8.1.19により次式を与えている。

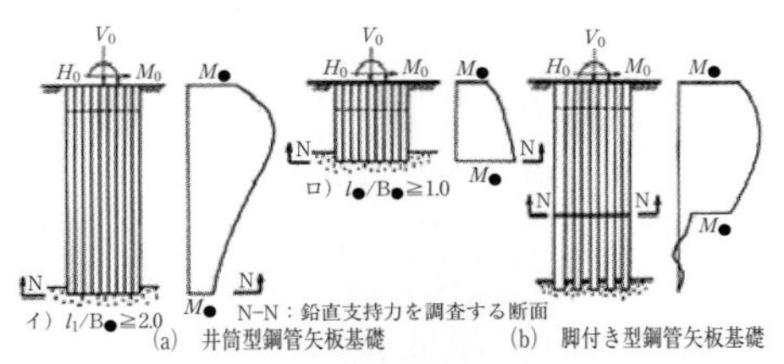

図-8.1.17　構造形式毎の鉛直支持力の照査断面[4)]

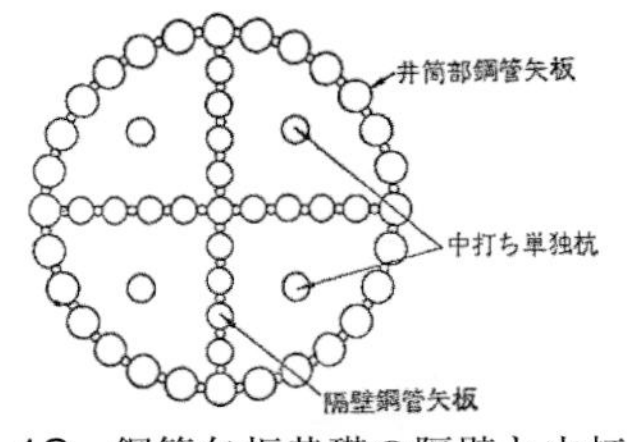

図-8.1.18　鋼管矢板基礎の隔壁と中打ち杭の配置例[6)]

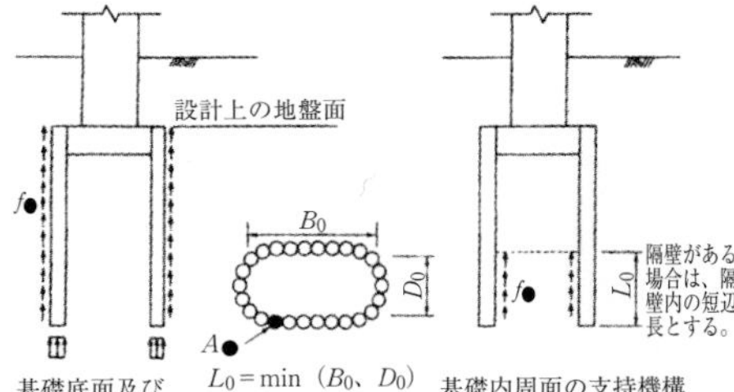

図-8.1.19　井筒部の周面摩擦力の対象範囲[11)]

$$R_u = q_d A_1 + (U_1 \Sigma L_1 f_1 + U_2 \Sigma L_2 f_2) \cdot (n_1 + n_2 + n_3) \qquad \text{式-8.1.1}$$

ここで

R_u　：鋼管矢板や鋼管の極限支持力（kN/ 本）

q_d　：先端地盤での極限支持力度（kN/m^2）

A_1　：鋼管矢板の先端面積（m^2）

U_1　：基礎外周を崩落する周長（m）

L_1　：基礎外周面の周面摩擦力を受ける各層の層厚（m）

f_1　：基礎外周面の各層の周面摩擦力度（kN/m^2）

U_2　：基礎内周面の周面摩擦力を受ける各層の層厚（m）

L_2　：基礎内周面の周面摩擦力を受ける各層の層厚（m）

f_2　：基礎内周面の各層の周面摩擦力度（kN/m^2）

n_1　：外壁鋼管矢板の本数（本）

n_2　：隔壁鋼管矢板の本数（本）

n_3　：中宇利鋼管杭の本数（本）

式-8.1.1の中に示す内周面とは周面摩擦力が働く、基礎先端からの内面の高さを指す。道路橋示方書は内面の周面摩擦力（周面支持力）は鋼管矢板内部の先端地盤で受け止められるという考え方がとられている。そこから内面の摩擦力の有効高さを矢板壁間の間隔の範囲内とする、控えめな提案としている。隔壁も中打ち杭も同様となる。

水平荷重に対しては個々の鋼管矢板は独自の挙動をする（図-8.1.20）。また、鋼管矢板基礎自体も形状によって曲げ変形からせん断変形まで変化する（図-

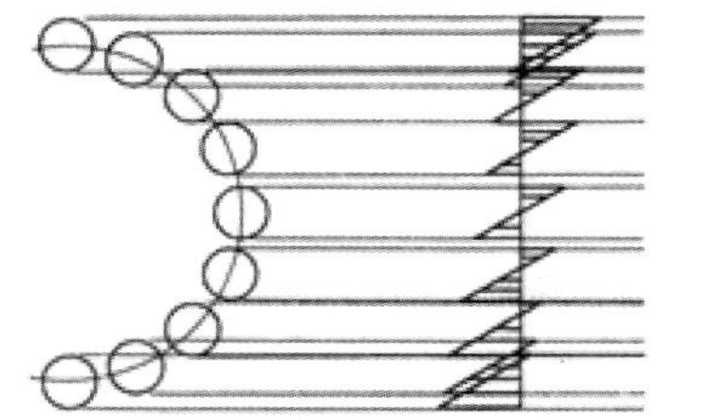
図-8.1.20　水平力に対する鋼管矢板のひずみ[6]

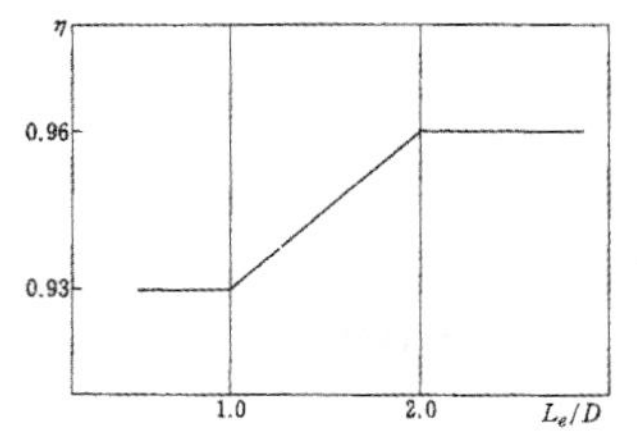

図-8.1.23　井筒部の曲げモーメント配分率[12]

8.1.21）。すなわち、平面形状に対して矢板長が十分に長ければ曲げ変形となるが、短ければせん断変形となり、継手管に大きなせん断変位をもたらす。その継手管に塑性変形を残さないためには、図-8.1.22に示すように小さなせん断変位の範囲内で作用荷重に備えることが望まれる。せん断力の伝達のために継手管嵌合部3室の内部に充填されたコンクリートモルタル（図-8.1.15）は、完全なものとはなりきれない。このような継手管の弱点などのために、道路橋示方書は弾性床上の有限長の梁として設計するときの曲げモーメントに対する全体剛性を合成率75％としている。また、載荷試験や室内実験などの測定値から、井筒部矢板の応力度の算定に対する曲げモーメントの配分率を基礎の形状（根入れ長/基礎幅）に応じて目安として図-8.1.23のように与えている。

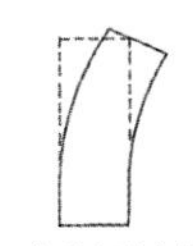
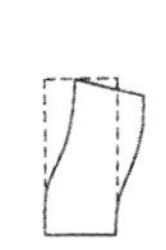
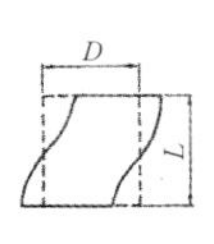

(a)　曲げ変形主体（$L/D \geqq 2$）　(b)　中間的な変形（$1 < L/D < 2$）　(c)　せん断変形主体（$L/D \leqq 1$）

図-8.1.21　水平荷重に対する鋼矢板基礎の形状毎の変形[6),9)]

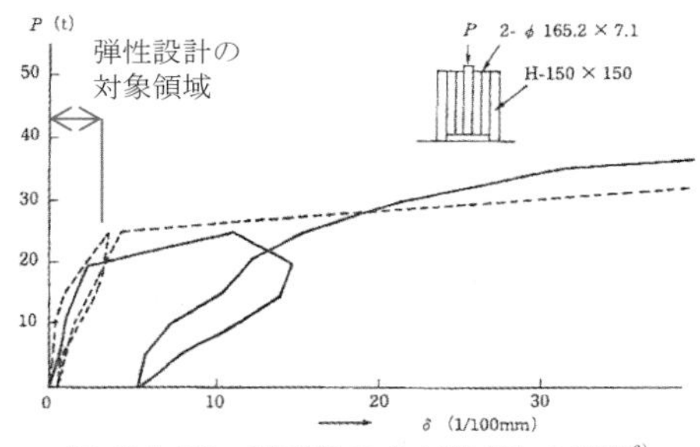

図-8.1.22　継手管のせん断ずれの測定[6]

鋼管矢板基礎の変形に関する鉛直方向、水平方向、底面のせん断地盤反力係数の算出には次の式が用いられる。

$$k_v = k_0(D/0.3)^{-3/4} \qquad \text{式-8.1.2}$$

$$k_h = (1+\alpha_h)k_{h0}(D/0.3)^{-3/4}(y/y_0)^{-1/2} \qquad \text{式-8.1.3}$$

$$k_s = 0.3k_v \qquad \text{式-8.1.4}$$

ここで

k_v：鉛直方向地盤反力係数（kN/cm^3）

K_0：径30cmの剛体円板による平板載荷試験からの鉛直方向地盤反力係数（kN/cm^3）

D：鋼管矢板の径（m）

k_h：ひずみ依存性を考慮した水平方向地盤反力係数（kN/cm^3）

k_{h0} ：径 30cm の剛体円板による平板載荷試験の値に相当する水平方向地盤反力係数（kN/cm^3）
α_h ：内部土を考慮した水平方向地盤反力係数に関する補正係数（$\alpha_h \fallingdotseq 1.0$）
y ：設計による変位（≧1.0cm）
y_0 ：基準変位（≦5.0cm）
k_s ：基礎底面の水平方向せん断地盤反力係数（kN/cm^3）

これらの係数を用いて鋼管矢板基礎の挙動、すなわち、断面力、水平変位、傾斜角などを算定する計算方法の主なものを表-8.1.1 に示す。開発当初から使用されてきたのは弾性床上の有限長梁としての計算手法である。この手法は地盤定数を適正に与えれば十分な精度の値を算出できるとし、その後の通常の鋼管矢板基礎の設計手法の中心となってきた。しかし、せん断変形が卓越する基礎の長さ l と幅 B の比 l / B ≦1.0 の場合や曲げモーメントによる変形の大きい場合は、継手管に作用するせん断力の影響、頂版拘束モーメントの影響が大きくなる。そのために、三次元解析や立体骨組解析を行い、鋼管矢板基礎としての安定、躯体の安全性などを照査して機能が著しく損なわれないようにする必要がある。これらの検討が煩わしい場合には継手管の存在を無視して群杭基礎として照査する安全側の手段がある。

仮想井筒としての三次元解析は鋼管矢板間のせん断剛性によるずれ変形を考慮する（図-8.1.24）仮想の薄肉断面の連続体を計算モデルとしている。それにより、複雑にならない範囲で鋼管矢板基礎の応力、水平変位、傾斜角などを計算できる。立体骨組解析は図-8.1.25 に示す鋼管矢板基礎を地盤バネで支持される杭と、杭相互を結合する継手バネからなる立体骨組み構造として解析するものである。鋼管矢板は頂版で剛結されており、鋼管や継手管は鉛直方向、水平方向、ねじり方向の等分布バネで支持された弾性床上の梁として扱うものである。

8.1.4 仮締め切り兼用方式他

鋼管矢板基礎の形態で一般的なものには仮締め切り兼用方式、立ち上がり方式、締め切り方式がある（図-8.1.26）。

このうち、鋼管矢板基礎の採択理由で最も多いのが仮締め切り兼用方式で、水深が大きい場所、軟弱地盤上などで多い。このようなところの仮締め切り工や土留め工では大きな水圧、土圧で締め切り矢

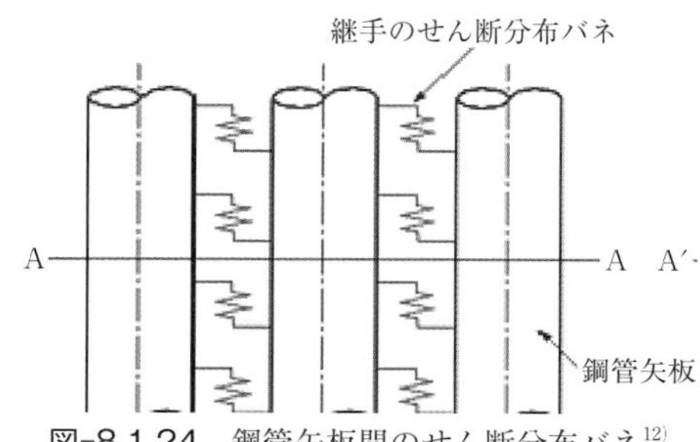

図-8.1.24　鋼管矢板間のせん断分布バネ[12]

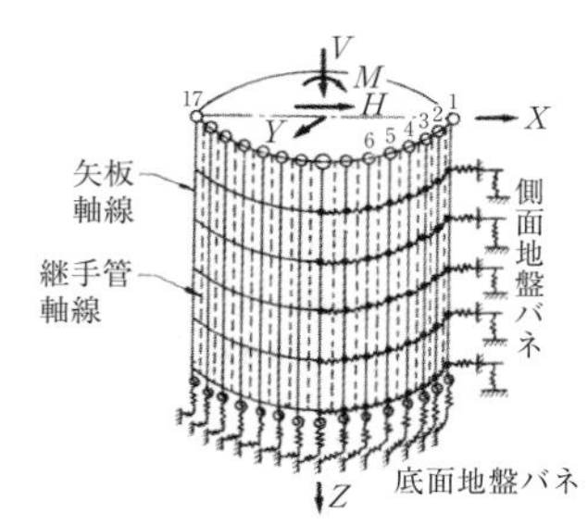

図-8.1.25　立体骨組解析モデ[6]

表-8.1.1 鋼管矢板基礎の解析手法[4)]

解析法		弾性床上の有限長梁	薄肉断面からなる仮想井筒の三次元解析	立 体 骨 組 解 析	群 杭 基 礎
計 算 法 の 分 類		棒理論による弾性床上の梁（継手管の合成効率考慮）	薄肉断面からなる仮想井筒の三次元解析	継手管を仮想部材に置き換た立体骨組解析	群杭基礎としての解析
解析における前提条件		井筒部の断面は変形しない	井筒部の断面は変形しない	変形を考慮	井筒部の断面は変形しない
		せん断変形を生じない	せん断変形を考慮	せん断変形を考慮	せん断変形は生じない
			各矢板断面は変位後も矢板中心軸に直交する平面を保持する	各矢板断面は変位後も矢板中心軸に直交する平面を保持する	
		井筒の断面構成は主荷重軸に対称とする——矢板断面，その配置，継手のせん断剛度，地盤バネ定数も主荷重軸に対称とする			
			仮想薄肉断面の板厚中心線は矢板の重心軸位置において矢板の断面主軸と一致していると考える		
構造モデル	鋼管および継手	○井筒部の断面性能は鋼管本体のみを用いる ○継手管の評価は合成効率μにより井筒全体の断面二次モーメントを低減することに含まれているものとする	○鋼管の断面性能に継手管の断面性能も含ませる ○継手管の評価は継手管のせん断剛度により行われる	○同左 ○継手管の評価は本管に適度な間隔で設けられた節点間を結ぶ仮想部材のせん断剛性により行われる	○井筒部の断面性能は鋼管本体のみを用いる ○継手管のせん断剛性は無視する
	頂版，および頂版と鋼管の結合条件	頂版を考慮することができない	○頂版は剛体として扱う ○頂版と鋼管の結合条件は一般に剛結合	○同左 ○頂版と鋼管の結合条件は剛結合	頂版を考慮することができない
外力の作用のさせ方		外力は頂版下面の井筒中心軸に集中力として作用させる（M,V,H）			
		井筒部分には荷重を作用させることができない	井筒の鉛直方向水平方向の分布荷重が入力できる	井筒部分には荷重を作用させることができない	井筒部分には荷重を作用させることができない
外力に対する抵抗力	井筒側面の地盤の抵抗	○井筒前面の地盤反力係数のみを考慮できる（k_H）	○前面の地盤反力係数（$k_{H1}=k_H$） ○背面の地盤反力係数（$k_{H2}=\alpha\cdot k_H$）を別個に考慮できる	○前面の地盤反力係数（$k_{H1}=k_H$） ○背面の地盤反力係数（$k_{H2}=\alpha\cdot k_H$）を別個に考慮できる	○井筒前面の地盤反力係数のみを考慮できる（k_H）
		考慮できない	○接線方向の地盤反力係数（k_{Hs}） ○鉛直方向の地盤反力係数（k_{Hz}）	○接線方向の地盤反力係数（k_{Hs}） ○鉛直方向の地盤反力係数（k_{Hz}）	考慮できない
	井筒底面の地盤の抵抗	井筒の内周・外周によって囲まれた面積に対する底面の鉛直地盤反力係数（k_V）せん断地盤反力係数（k_s）	井筒側面の地盤と同様に 前面の地盤バネ（k_X） 接線方向のバネ（k_Y） 鉛直方向のバネ（k_Z）	鋼管各1本ごとの 底面鉛直地盤反力係数 せん断地盤反力係数 回転地盤反力係数	鋼管1本 の底面鉛直地盤反力係数
	井筒内部の土のせん断抵抗	無視	土のせん断剛性$\overline{G}$として評価	継手のせん断剛性に置き換れば評価できる	無視
頂 版 の 評 価			一般に頂版を剛体として回転変形で評価	井筒天端の節点バネで評価	
非線形の扱い	底 面 反 力	台形分布，三角形分布			
	前 面 の 反 力		前面の地盤反力係数 k_H の弱化で評価	超過反力を荷重として作用させる	
	継 手		継手のずれ，変位を考慮できる	変位——荷重曲線により非線形を考慮	
解析モデルの概念図		弾性梁 継手管のせん断変形は合成効率により評価 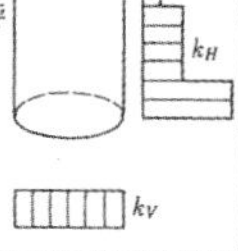 k_H k_V	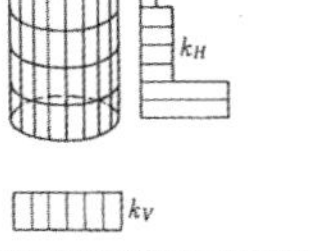 薄肉井筒断面 k_H k_V	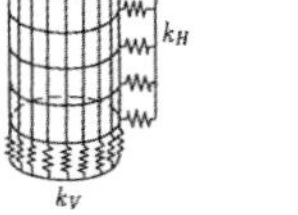 立体骨組構造 k_H k_V 継手管のせん断剛性考慮	杭 継手管のせん断剛性は無視 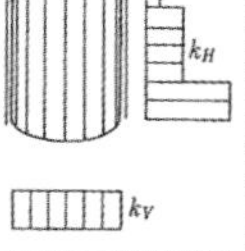 k_H k_V

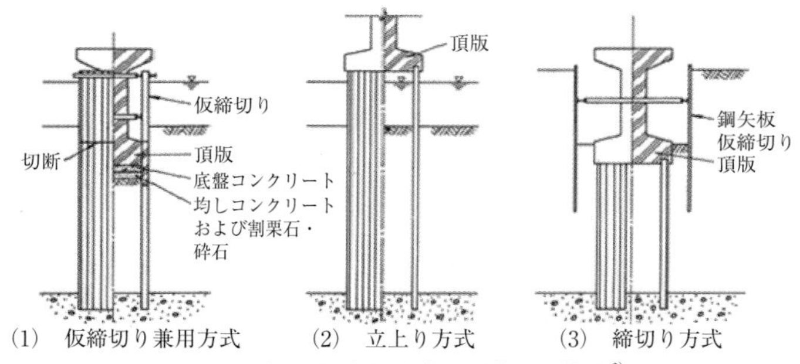

図-8.1.26 鋼矢板基礎の形態別の構造[6)]

板の変形が大きくなり、細心の安全管理と共に多大な工事費を必要とする。それに対して鋼管矢板は大きな剛性を持つという適切な構造で、基礎と仮締め切り工とを兼用する利点は大きい。

図-8.1.27は両者の関係を表す概要である。水面上から打設した鋼管矢板壁の内部を水中掘削して底盤の下に敷砂を投入する。その上に、トレミー管を用いて底盤コンクリートを施工してストラットと作業基面とする。鋼管矢板の頂部を腹起し（H形鋼または溝形鋼）で連結し、隙間に間詰コンクリートを充填して頭部を固定化する（図-8.1.28）。その上で水替え（揚水）を行い、矢板壁には支保工（切り梁）、間詰めコンクリートを施工して矢板の変形を拘束する。

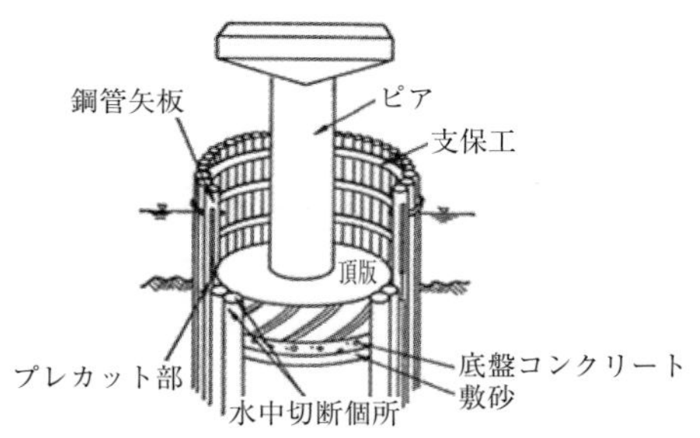

図-8.1.27 鋼管矢板基礎と仮締め切り工のための施工概要[13)]

水深が大きい箇所の脚付き鋼管矢板基礎の場合などでは水替えで、底面からの揚圧力が大きくなり、ボイリングやパイピングなどの懸念が生じる。その場合は、底盤コンクリート面に釜場（排水溜め）を設けて地下水圧を開放する処置が必要となる。

水替えの結果、図-8.1.29の左側の図

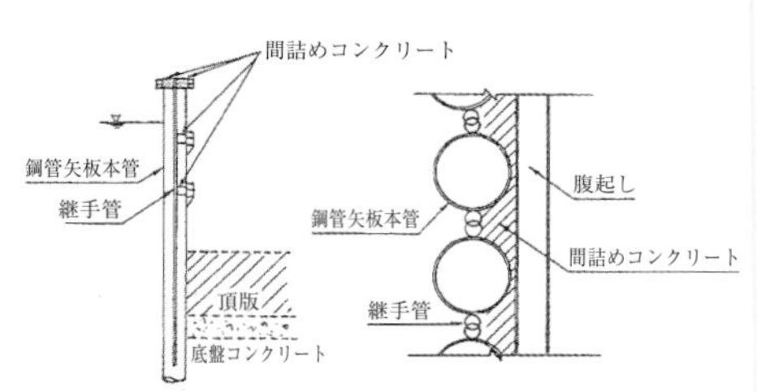

図-8.1.28 底盤コンクリートと間詰めコンクリートの施工[6)]

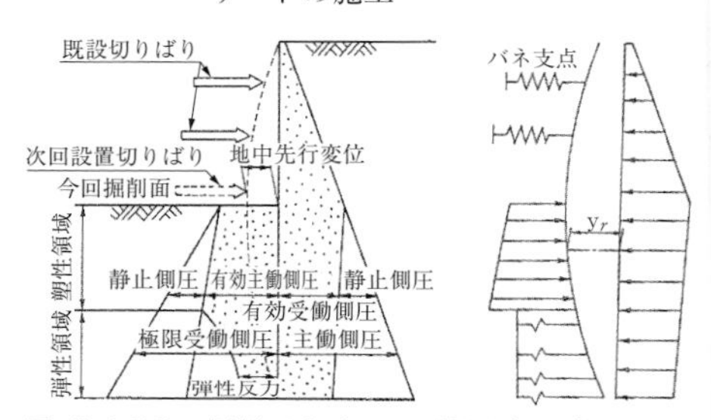

図-8.1.29 仮締め切り工に作用する水圧、土圧と矢板壁の変形[6)]

のような水圧分布、土圧分布が発生し、矢板壁は右側の図のように変形して矢板に曲げモーメントを生じる。曲げモーメントによって矢板壁には図-8.1.30のような応力が発生するので応力照査が必要である。曲げモーメント分布は底盤コンクリートが固定点となって負のモーメントが最大となる。仮締め切り部の鋼管矢板が切断されると底盤コンクリート以深のモーメントは残り、それによる応力は基礎部分の鋼管矢板が負担することになる。残留応力はいずれ地盤やコンクリートのクリープで低減すると考えられるが、設計荷重としてプラスすることになる。

水替えが済んで乾燥状態の底盤コンクリートの上で頂版コンクリート（フーチング）の構築が行われることとなり、矢板壁との剛結のためにモーメントプレート、シアプレート、ブラケットが溶接で取り付けられる（図-8.1.31）。これらの取り付けは狭い作業空間のために困難な作業となることが多いので太径鉄筋をスタッド溶接で鋼管矢板に取り付ける方法も開発された（図-8.1.32）。この方法は鋼管矢板の表面処理をして乾燥させておけば、大容量直流溶接機（約2000A）のスタッドガンを差し込んで所定の材質の鉄筋を瞬間的に溶着させることが出来るというものである（図-8.1.33）。

頂版に接する鋼管矢板には頂版との結合金具の取り付け時の溶接熱、不静定な曲げなどで生じる複雑な局部応力や変形に対応するために鋼管にコンクリートを充填して鋼管矢板の剛性を高めることが行われる（図-8.1.34）。それによって

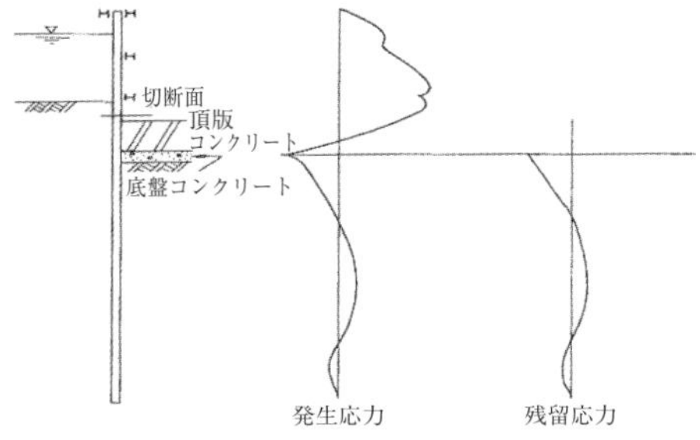

図-8.1.30　曲げモーメントによる矢板の発生応力と残留応力[6]

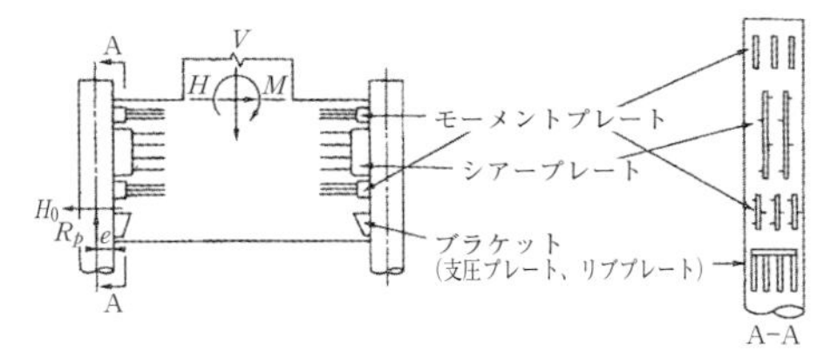

図-8.1.31　モーメントプレート、シアプレート、ブラケット[13]

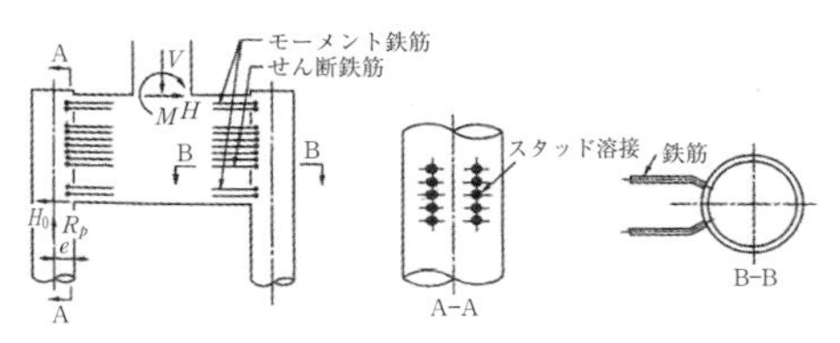

図-8.1.32　スタッド溶接による鋼管矢板と頂版の剛結[13]

図-8.1.33　スタッド溶接による鉄筋[14]

薄肉鋼材の弱点を補強されて頂版から鋼管矢板への荷重が円滑に伝達される。

頂版に続いて橋脚躯体が立ち上がると仮締め切り工の内部に注水されて頂版より上の鋼管矢板壁は撤去される。その際には鋼管矢板の水中切断となり、安全管理には十分な留意が必要となる。

図-8.1.26の立上り方式、締切り方式の鋼管矢板基礎は杭基礎の杭本数と較べて鋼管矢板の本数が多く経済的に不利となり、施工事例は少ない。しかし、立地条件次第では採用されることがある。立上り方式は河川上の橋梁では河積を狭めるので採択されないが、海上では締め切り工を必要としないので採用されることがある（図-8.1.35）。その場合は海水による腐食を防ぐために基礎の周りをコルゲート型枠とコンクリートで囲む方法などの対策を必要とする。締切り方式の事例は極めて少ないが、図-8.1.36は締め切った上での水平載荷試験の事例である。軟弱地盤上で大きな荷重を受ける小断面の基礎などに適用できる可能性がある。これらの鋼管矢板基礎の場合、鋼管矢板は頂版の中に埋め込まれる（図-8.1.35）。その結合方法は図-8.1.37に示すように鋼管杭の方法に準じる。

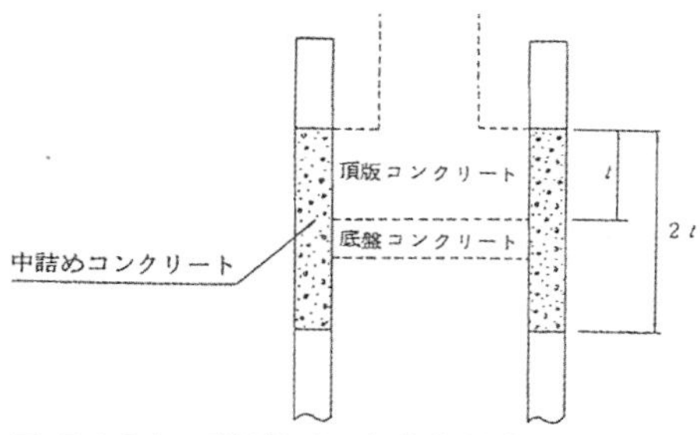

図-8.1.34　頂版付近の鋼管矢板内の中詰コンクリート[6)]

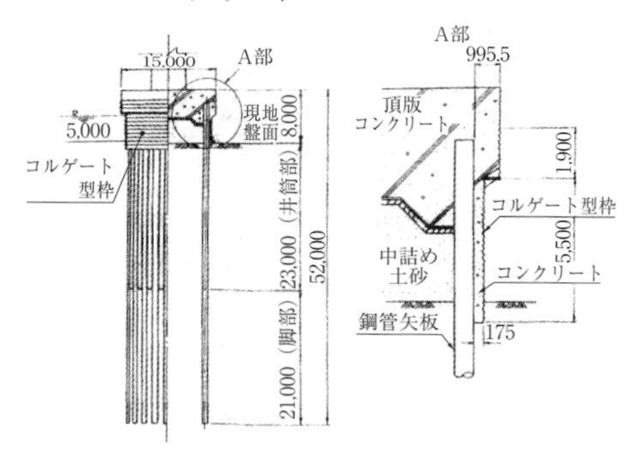

図-8.1.35　立ち上がり方式の鋼管矢板基礎の事例[6)]

8.2　地中連続壁基礎

8.2.1　地中連続壁基礎の形状

鋼管矢板基礎は鋼管矢板をケーソンの形状に打ち回し、大きな断面剛性を作り出す杭基礎とケーソン基礎の特性を併せ持つ。それに対して地中連続壁をケーソンの形状に打設して基礎とするのが地下

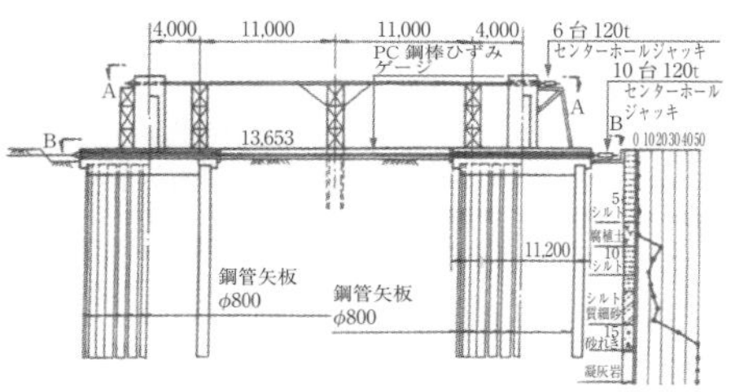

図-8.1.36　鋼管矢板基礎の水平載荷試験の事例[6)]

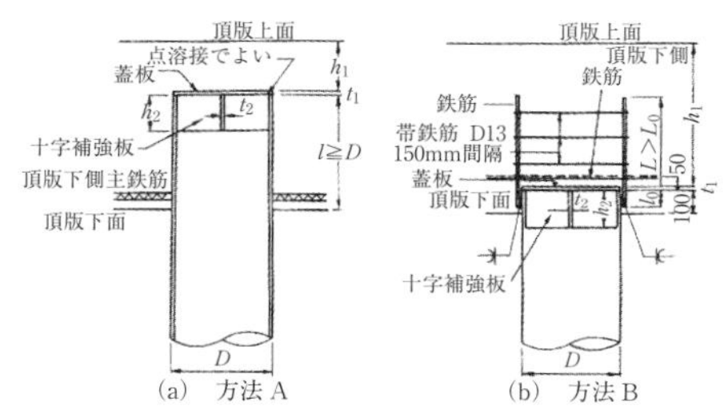

図-8.1.37　頂版と鋼管矢板の結合部の構造の事例[4)]

連続壁基礎（図-8.2.1）である。ケーソン基礎の弱点を補い、鉛直方向、水平方向共に大きな支持力特性を発揮し、これまで，大規模構造物の基礎に用いられている。ここで扱う地中連続壁基礎は図-8.2.2 に示す鉄筋コンクリートの連続壁で、現状で普及している地盤改良の壁体を連ねた地中連続壁（図-8.2.3）ではない。地中連続壁基礎の形状にはエレメント（地中壁単体）をケーソン状に閉合形状に連結した剛体基礎、エレメント単体杭（短冊形）の集合体、両者を組合せた基礎などがある（図-8.2.4）。

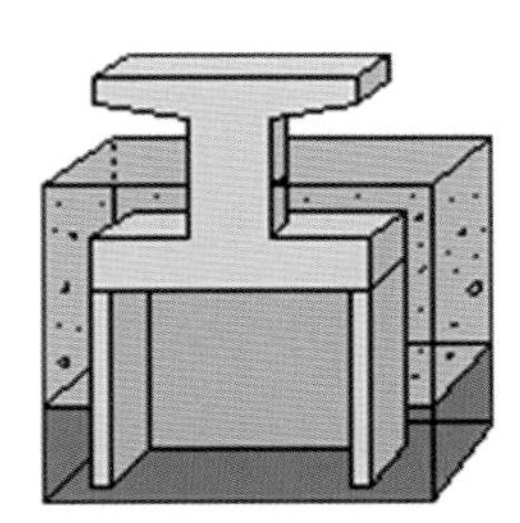

図-8.2.1　地中連壁基礎

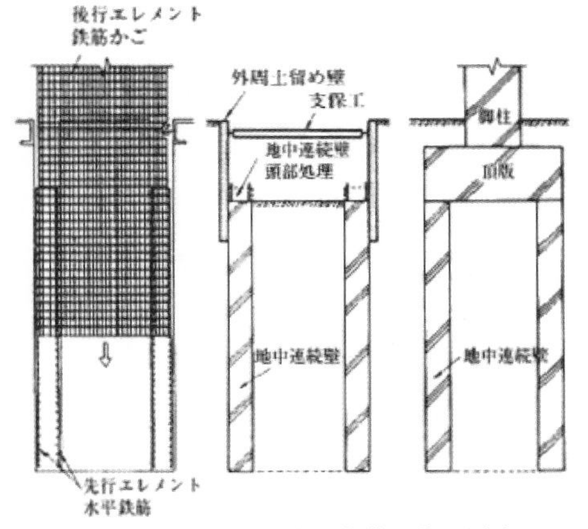

図-8.2.2　地中連続壁基礎の施工順序

8.2.2　地中壁基礎の施工事例

地中連続壁基礎は 1970 年代に地中連続壁を基礎に活用することで生まれた。最初は剛性の高く、支持力の大きいケーソン基礎に代わる通常の構造物基礎として普及した。しかし、場所打ち杭が大径化すると、手間、施工時間、工事費の大きい地中連続壁基礎は特殊な現地事情による以外は、場所打ち杭などで対応しがたい大型基礎に限られるようになってきた。

その代表的な構造物の一つが北海道室蘭港の入り口に当たる地点に架橋された白鳥大橋（図-8.2.5）である。同地点

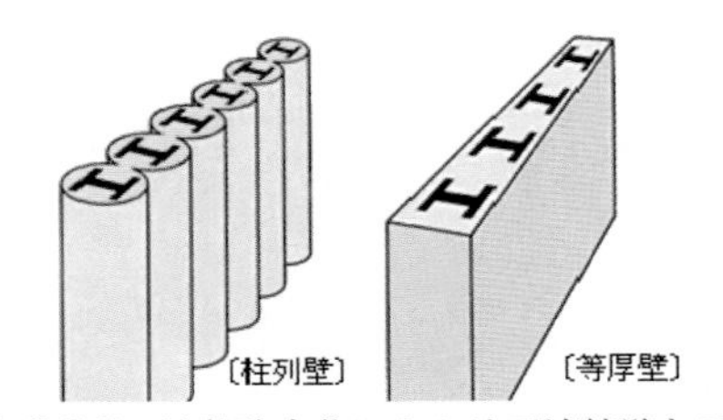

図-8.2.3　地盤改良体による地下連続壁とH形鋼による補強

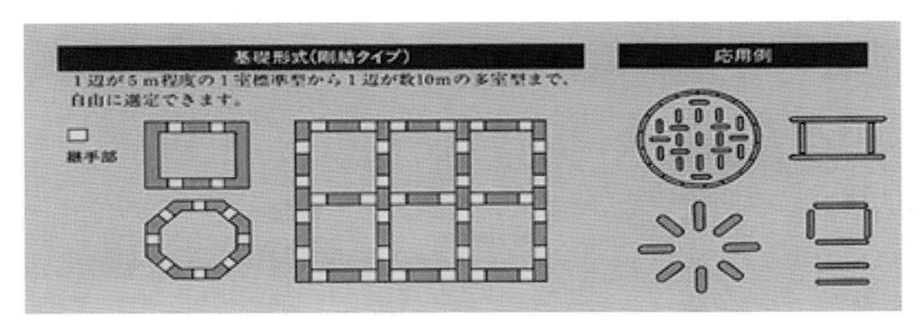

図-8.2.4　地中連続壁基礎の形状と応用例

は意外に深い谷地形になっており、吊り橋の主塔基礎は室蘭市地球岬では海面下57m、伊達市陣屋では海面下73mの深さの凝灰質岩に設置された。アンカレイジはニューマチックケーソン（深さ28m）で施工されたが、主塔位置では深すぎて難しいことから地中連続壁基礎（径37m）が採用された（図-8.2.6）。

図-8.2.7は高層マンション（40階）の基礎に用いられた地中連続壁基礎と場所打ち杭基礎の組合せの一例である。建築物の主な荷重は鉛直荷重であるが、高層ビルの場合は地震荷重や風荷重の影響を大きく受ける。水平力と転倒モーメントが増大すると基礎には大きな断面二次モーメントが必要になり、引抜き力も生じるので、基礎外周に地中連続壁を配置するのは合理的である。内部の場所打ち杭は建物の柱などを支える。

図-8.2.5　白鳥大橋の全景[15]

図-8.2.6　白鳥大橋の地下連続壁基礎の施工状況[16]

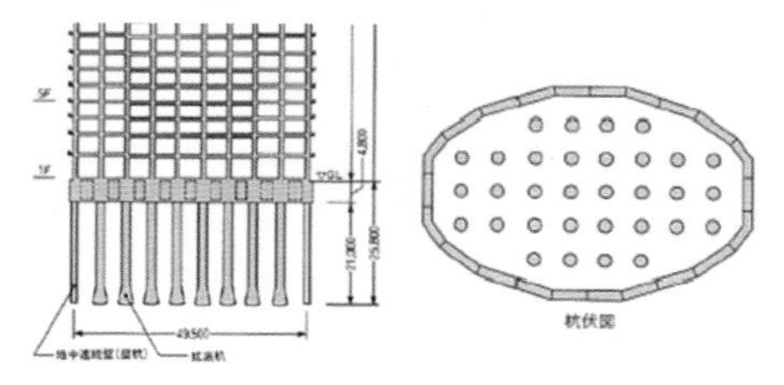

図-8.2.7　高層マンションの基礎に採用された地中連続壁基礎の事例[17]

東京湾アクアラインのトンネル(10km)の中央換気塔のある川崎人工島（図-8.2.8）は風の塔と呼ばれ、円筒形の地中連続壁の締切り中に構築された。トンネルは水深28mの海底から約30m下に位置し、換気塔の底面は海面下約70mである。地中連続壁は直径103.2m、長さ119m、厚さ2.8m、圧縮強度60Mpの日本最大のものである（図-8.2.9）。その

図-8.2.8　東京湾アクアライン　風の塔[18]

図-8.2.9　東京湾横断道路（アクアライン）の「風の塔」の地中連壁基礎の施工風景[18]

項目	今回の計画	既往工事実績	
		規模	工事名
連壁内径	98m	88.6m	日本鉱業水島原油地中タンク
連壁厚	2.8m	2.6m	東京都下水道局江東ポンプ所
連壁深度	119m	98 m	東京ガス袖ケ浦LNG地下タンク
掘削深度	75m	64.5m	本四公団明石海峡大橋アンカレイジ(IA)
施工条件	海上施工 水深-28m	海上施工 水深-10m	本四公団・北浦港橋梁基礎
改良地盤の掘削	改良長さ62m	改良長さ37m	

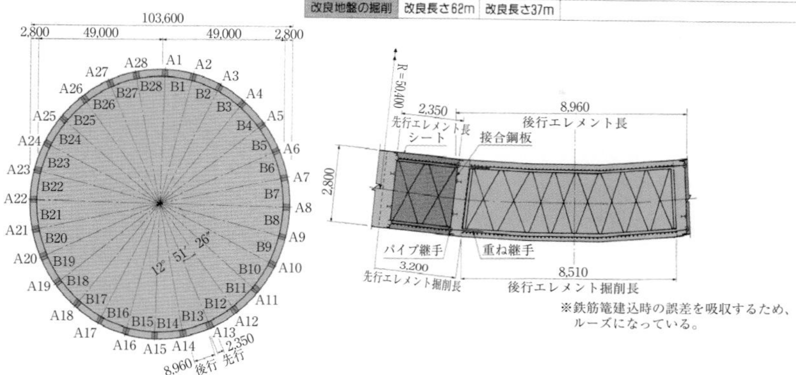

図-8.2.10 東京湾アクアライン、川崎人工島の地中連続壁のセグメントの諸元[18]

構造諸元、エレメント割を（図-8.2.10）に示す。

この構造物上の二つの塔は船舶航行上の標識とトンネルからの排気ガスを吸い出す機能を持つものである。風の塔は洋上で国際航路と川崎航路の境界を示し、首都東京の前面のモニュメントとしてデザインされた。二つの塔には内部に設置された送気と排気のファンと共に、両塔間を通る風による負圧でトンネル内の排気ガスが吸い出される効果がある。電気自動車の時代になると自然換気だけでトンネル内の空気を清浄できる。

東京スカイツリーは江東地区の軟弱地盤上に建設された高さ634mの電波塔である（図-8.2.11）。東京タワーの高さ（333m）の約2倍で大きな風荷重の影響を受けることと、地盤が軟らかいことから地震の影響も大きくなる。電波塔の基礎は敷地面積の制約から一辺68mの鼎（三脚）型で、塔は上方で絞って円筒形にしている。電波塔は基礎幅の約10倍の高さがあるので三脚の基礎には水平力による大きな転倒モーメントと引抜き力を受けることになる。

基礎（図-8.2.12）は、深さ52m、厚さ1.2mのナックルウオールと呼ばれるコブ付きの鉄骨鉄筋コンクリート(SRC)の地中連続壁杭と短冊形の連続壁を東京礫層に13m貫入させて大きな支持力を確保している。更に、三脚間を支持層の表層に支えられる深さ35m、厚さ1.2mの鉄筋コンクリート（RC）地中連続壁で結び、転倒モーメントと引抜き力に対応している。また、心柱を中心とする塔中心部と付属建物の基礎は深さ35m、径1.4～2.5mの場所打ちコンクリート杭で支持されている。この地中連続壁杭、

図-8.2.11　東京スカイツリーと付属建物[19)]

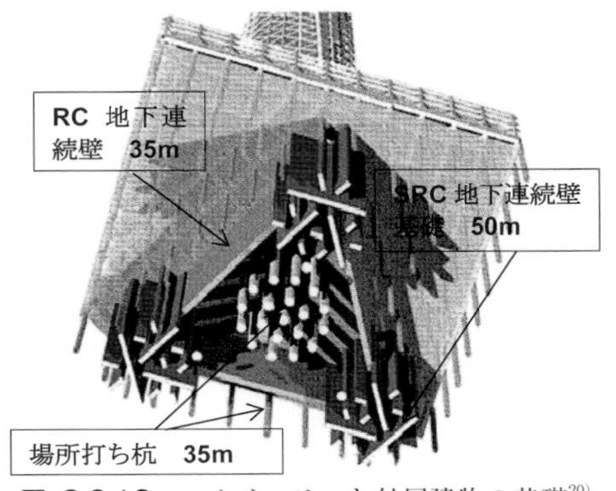

図-8.2.12　スカイツリーと付属建物の基礎[20)]

エレメント単体杭（短冊形）、場所打ちコンクリート杭の複合体基礎が、軟弱地盤上の狭い敷地内に立つ巨大電波塔の大きな鉛直力、水平力、転倒モーメントを支えている。

8.2.3　地中連続壁基礎の施工

地中連続壁基礎（図-8.2.4）の施工実績は少なくなっているが、連続壁は種々の用途で利用されている。地中連続壁基礎を採用する場合には多様な大きな荷重が作用するので、連続壁が健全に施工されることが前提となる。

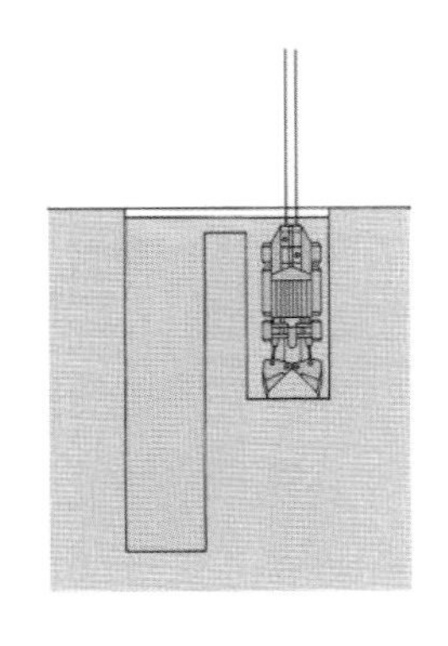

図-8.2.13　連壁の掘削[21)]

連壁は図-8.2.13に示す掘削順序の通り小判型の掘削孔を連結して壁とする。掘削孔壁の長辺が短いと孔内の泥水圧で保持されるが、掘削孔の壁が長くなると崩れてしまうので、掘削孔の長辺の長さは土質に応じて設定する。孔壁周りの地盤のアーチ作用の効かない孔壁表面に接する部分の土砂（図-8.2.14）が孔内のサーチャージの泥水圧で保持されなければ崩壊が発生するメカニズムとなる。掘削孔内の崩壊は大きな損失をともなうので細心の注意を要する。

図-8.2.14は東京湾アクアラインの風の塔の地中連壁（図-8.2.10）のセグメントの一部分である。先行エレメントは正方形に近く周りの地盤のアーチ作用を受け、掘削孔壁との間の土砂は孔内の泥水圧で保たれて安定した施工ができた。後行エレメントの施工では硬い先行

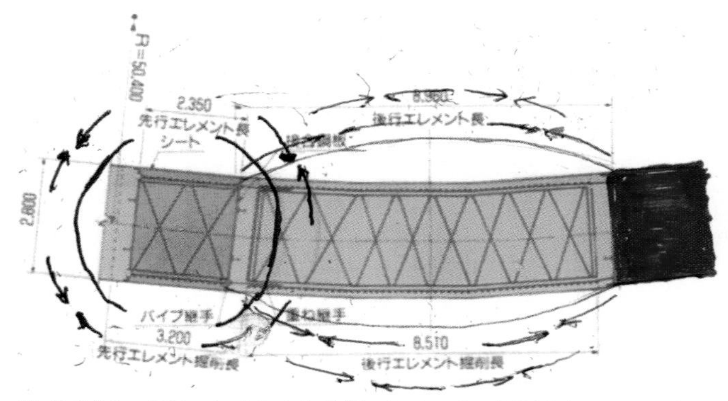

図-8.2.14　先行エレメントと後行エレメントの周面地盤のアーチ作用

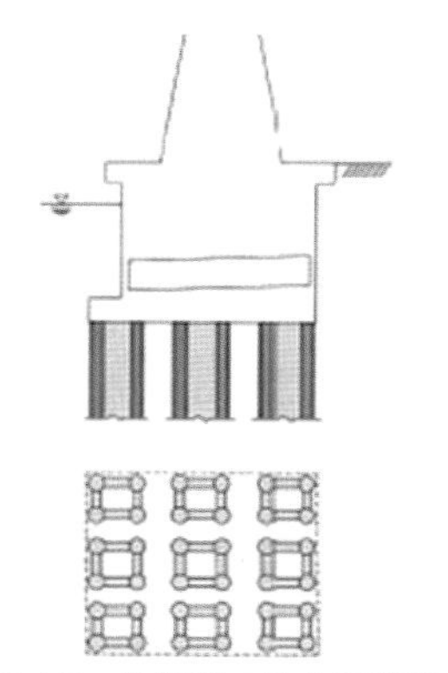

図-8.2.15　換気塔の地中連続壁基礎

図-8.2.16　多室型地中連続壁基礎上の青森ベイブリッジ[22)]

エレメントを支点とする大径のアーチ作用が働き、掘削孔壁との間の土砂は孔内の泥水圧で保持されている。後行エレメントの長さが大きいと地盤のアーチが扁平になり、アーチ作用が効きにくくなる。この時の泥水濃度、サーチャージ高、エレメント間隔などは土質、施工深度、エレメントの形状などにより変わるので、選定には豊富な経験などが必要である。

このメカニズムは地中連続壁の施工でも同様である。一定間隔で先行エレメントを設置した後に、その間隔を後行エレメントで埋め、一体化して土留め壁としている。この過程を考慮して合理的に施工した基礎として図-8.2.15の沈埋トンネルの換気塔の事例がある。青森ベイブリッジ（図-8.2.16）では個々の地中連続壁基礎を一体化した多室型地中連続壁基礎を採用している。

地中連続壁基礎の構築過程は図-8.2.17に示す。最初に連続壁の計画線沿いにガイドウオール（図-8.2.18）を設置する。ガイドウオールは表層地盤上での施工足場と孔内水位の安定に貢献する。掘削に

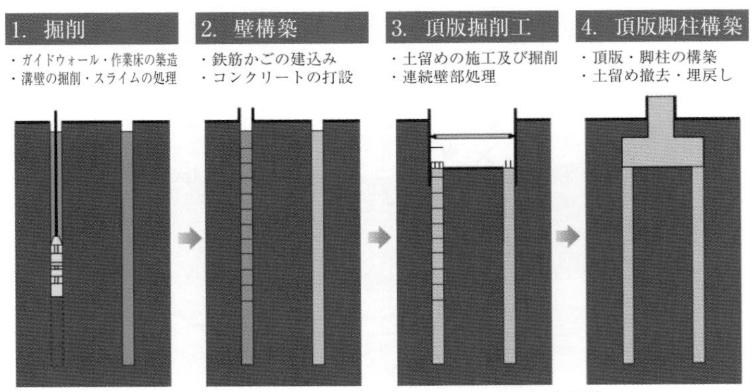

図-8.2.17 地中連続壁を形成する構築過程[23]

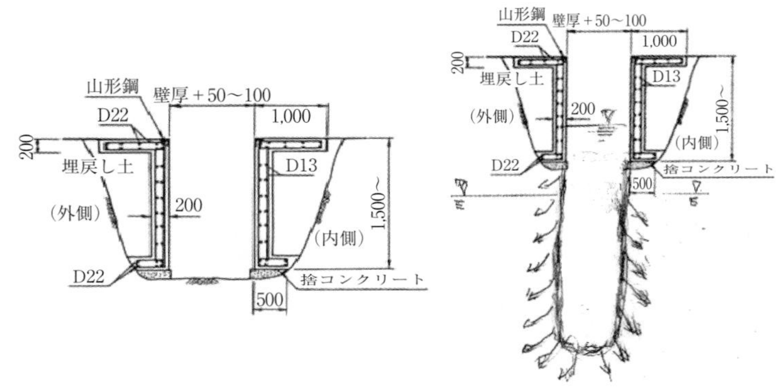

図-8.2.18 ガイドウオールの設置と孔内水位の高さ

図-8.2.19 バケット式掘削機の事例[24]

図-8.2.20 回転式掘削機の事例[25]

はバケット式掘削機（図-8.2.19）か、回転式掘削機（図-8.2.20）が使われ、孔壁保護のための孔内液はベントナイト泥水が一般的である。ベントナイトの使用は掘削土の産業廃棄物扱いとなるので他の泥水溶剤（例えば微細泡沫）の活用も求められる。孔内水位は地下水位より高く保持するために、掘削の進行に合わせて泥水の補給が必要である（図-8.2.17）。

掘削終了後に孔底のスライムを除いて鉄筋籠（図-8.2.21）を下ろし、コンクリートをトレミー管で打設してエレメントは鉄筋コンクリートパネルとなる。各パネルは頂部でフーチング（頂版）と図-8.2.22のように剛結される。ここで、基礎（図-8.2.23）として機能するためにはパネル同志を何らかの継手方法で結合する必要がある。結合法としては剛結、ヒンジ、フリーがあり、それぞれを図-8.2.24に例示するが、いずれも微小変形のうちは剛結として機能する。

図-8.2.21　鉄骨鉄筋籠の事例

8.2.4　地中連続壁基礎の設計

地中連続壁基礎の設計は場所打ちコンクリート杭基礎とケーソン基礎の設計に準じる。

道路橋示方書は鉛直方向の先端支持力度は表-8.2.1により、周面支持力度は場所打ち鉄筋コンクリート杭に関する表-7.7.8に準拠するとしている。水平方向支持力についてはケーソン基礎の条項を準用する。その変形についてはケーソン基礎と同様に図-8.2.25に示す地盤反力係数を設計で用い、基礎底面地盤の鉛直地盤反力係数 k_v、せん断地盤反力係数 k_S、前面地盤の水平地盤反力係数 k_H、側面地盤の水平せん断地盤反力係数 k_{SHD}、外周面と内周面地盤の鉛直せん断地盤反力係数 k_{SVB} の値は式-4.4.2、式-6.7.1、式-6.7.2、式-6.7.3、式-6.7.4、式-6.7.5に準拠する。ここで、α_h の値は1.5とする。地中連続壁基礎の内部地盤の周面摩擦の有効長は鋼管矢板基礎と同様に（図-8.1.19）基礎内面の短辺長としており（図-

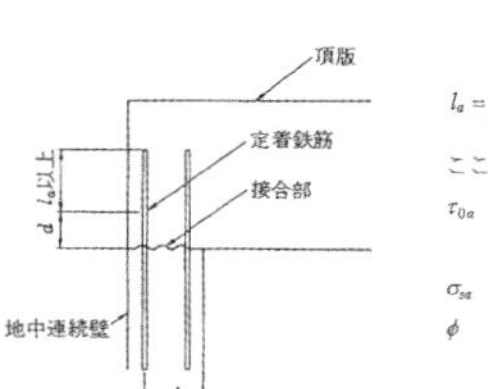

$$l_a = \frac{\sigma_{sa}}{4\tau_{0a}}\phi$$

ここで，

τ_{0a}　：頂版コンクリートの許容付着応力度（N/mm²）

σ_{sa}　：鉄筋の許容引張応力度（N/mm²）

ϕ　：鉄筋の直径（mm）

図-8.2.22　頂版との結合方法の事例[26)]

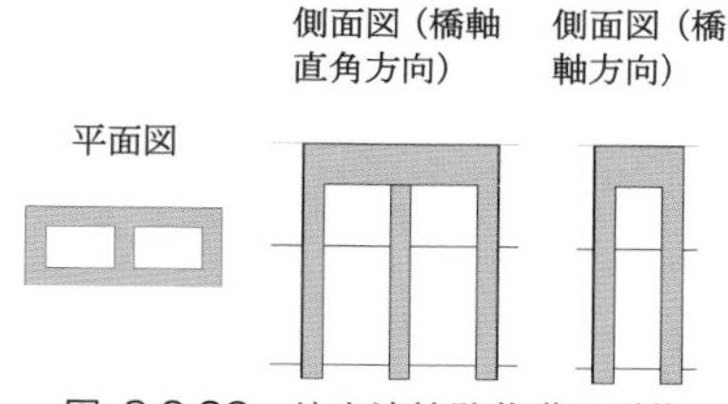

図-8.2.23　地中連続壁基礎の形状

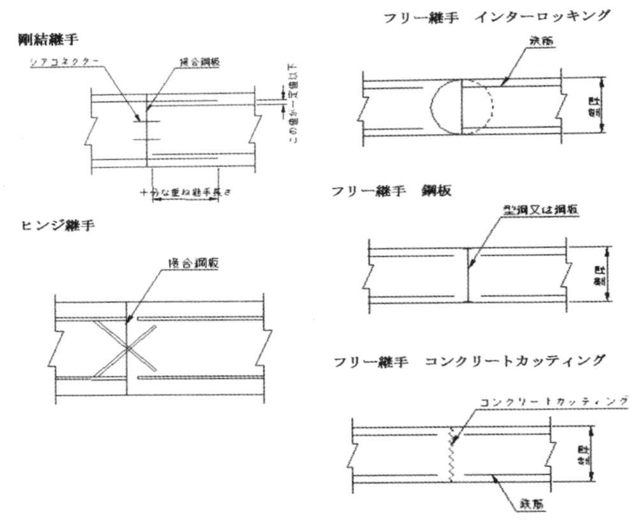

図-8.2.24　地下連続壁の各種継手の事例[27]

表-8.2.1　地中連続壁基礎の底面地盤の鉛直支持力度

地盤の種類	極限鉛直支持力度の特性値
粘性土	$110N(\leqq 3{,}300)$
砂	$110N(\leqq 3{,}300)$
砂れき	$200N(\leqq 10{,}000)$

ここに、N：標準貫入試験の N 値

8.2.26)、この部分の鉛直せん断地盤反力係数 k_{SVB} には B_0/B、D_0/D の割り増しがなされる。

地中連続壁基礎はケーソン基礎、場所打ち鉄筋コンクリート杭基礎、鋼管矢板基礎の中間的な支持力特性を有する剛体基礎で、この中で最も剛性の高く、支持力の大きい基礎形式である。しかし、その施工には細心の注意を要し、地盤条件、環境条件によっては設計の見直しも含めて検討することもある。そのために採択に当たっては施工条件を十分に吟味し、施工を前提にした設計が必要であ

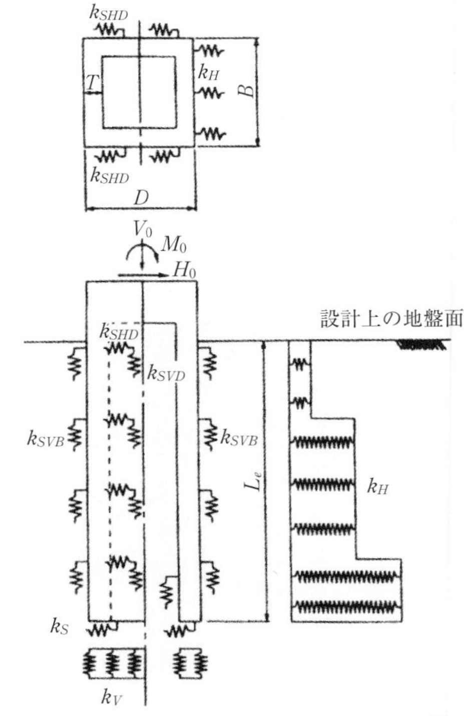

図-8.2.25　地中連壁基礎の地盤反力係数[27]

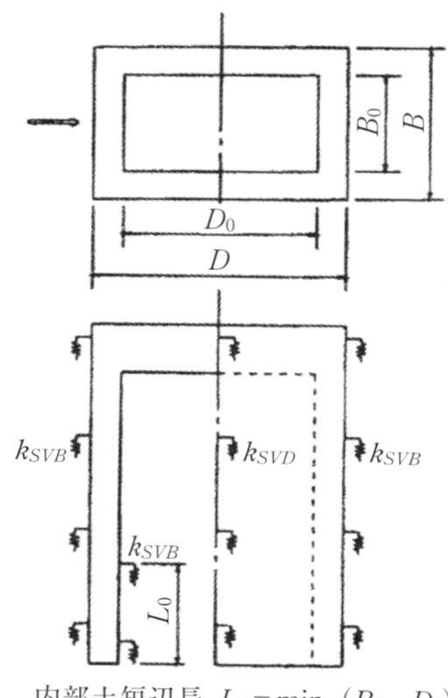

内部土短辺長 $L_0 = \min(B_0、D_0)$
図-8.2.26　内部土の評価[27)]

る。この基礎工法は大型の施工機械を用いるので都市内や住宅地などでは採択しがたいのが実情であるが、広い施工面積を確保できる郊外の大型基礎などには適している。

8.3　パイルドラフト基礎ほか

8.3.1　パイルドラフト基礎

構造物基礎は良好な地盤上では直接基礎が用いられるが、軟らかい地盤上では杭基礎またはケーソン基礎が採用される。日本の多くの都市は河川沿いもしくは河口の沖積地盤上に発達してきた。そこでの軟弱地盤上の大型の重量構造物の過去の基礎には杭が用いられてきた。しかし、長尺杭や大容量の杭打機がないので軟弱層が深いところでは杭が支持層まで届かず、多くの構造物の基礎は摩擦杭と基礎底面（直接基礎）で支える形態をとってきた。杭と基礎底面は鉛直支持力を分担し、構造物と地盤は基礎を介して平衡状態を保つ。構造物は地盤と共に沈下するが、それなりに安定した支持状態で今日を迎えているものも多い。大型構造物では、東京の隅田川や大阪の旧淀川にかかる橋梁群や旧東京駅、日本銀行本館、旧丸ビル、大阪の中之島の一連の建物などの基礎がそうである。

現在の杭基礎の多くが支持杭になっているが、敢えて摩擦杭基礎と直接基礎の組合せである、パイルドラフト基礎（図-8.3.1）が建築物の基礎を中心に提案されている。少数の短い杭で直接基礎を地盤に縫い付けるような形態となる。直接基礎と杭基礎とで支持力を分担することになるが、その分担比率などは施工会社や設計手法で異なり、統一された基準は未定である。基本的には直接基礎で初期の鉛直荷重を負担し、杭基礎は長期の沈下や一時的な荷重に備えることになろう。両者の支持力性状は（図-8.3.2）に例示するように摩擦杭と直接基礎の相乗効果で、沈下量は単独の直接基礎よりは小さくなる。また、水平方向荷重や転

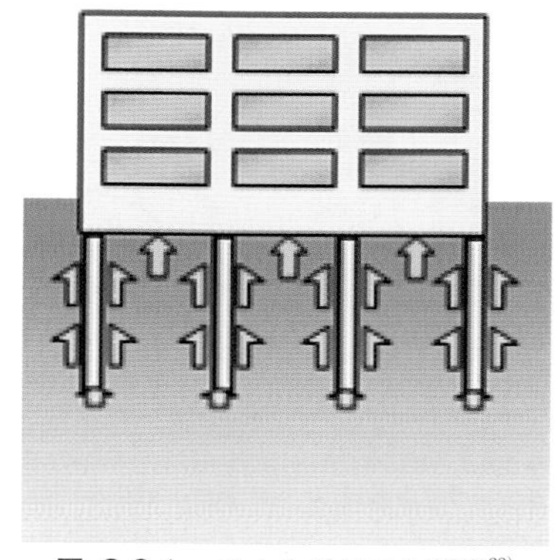
図-8.3.1　パイルドラフト基礎[28)]

倒モーメントに対しては杭の存在が大きく、構造物の傾斜や滑りを阻止する働きをする（図-8.3.3）。結果として支持杭基礎に較べて変形量が大きくなりがちではあるが、経済的で、環境への負荷も少なくなる基礎工法になる。

8.3.2　多柱式基礎

水深の大きいところの基礎などでは多柱式基礎が採用されることが少なくない。図-8.3.4は鳴門海峡に架かる大鳴門橋の多柱基礎である。大きい水深と速い潮流のために採用された基礎形式で、海底から杭で立ち上がるものである。河川などでは流木などが絡みついて流水を阻害するという理由で採択されないが、1964年の琵琶湖大橋以来、湖、ダム、海洋などに架かる橋梁に用いられている。

図-8.3.5は橋脚と杭を兼ねた形式のパイルベント橋脚である。農業用水路などで見かけるが、河川では流下物が引っ掛かり、流下能力を減じるとして避けられている。新潟地震（1969年）で同じ基礎型式の昭和大橋が落橋して以来、耐震性の照査が求められている。

多柱式基礎もパイルベント橋脚も自由

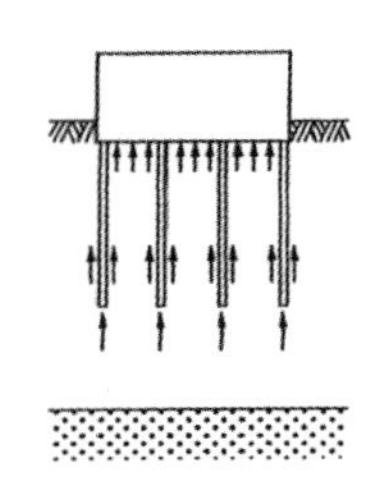

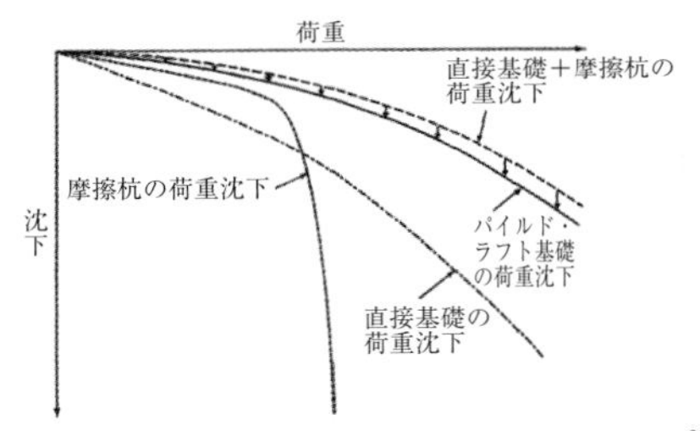

図-8.3.2　パイルドラフト基礎の支持力特性[29]

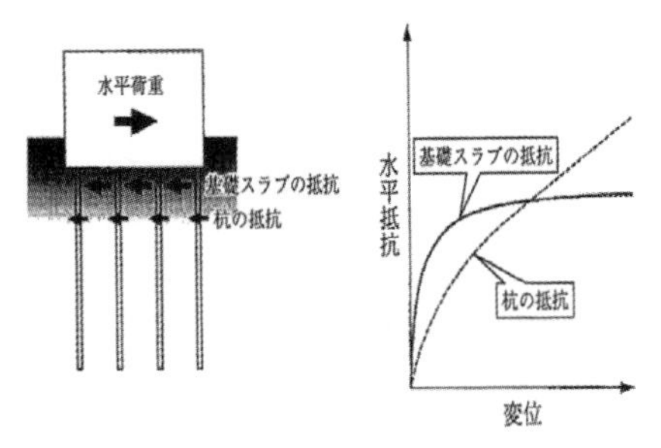

(a)　水平荷重におけるパイルド・ラフト基礎の抵抗イメージ　(b)　パイルド・ラフト基礎の水平抵抗における荷重変位

図-8.3.3　水平方向の支持力性状[29]

図-8.3.4　大鳴門橋の多柱基礎[30]

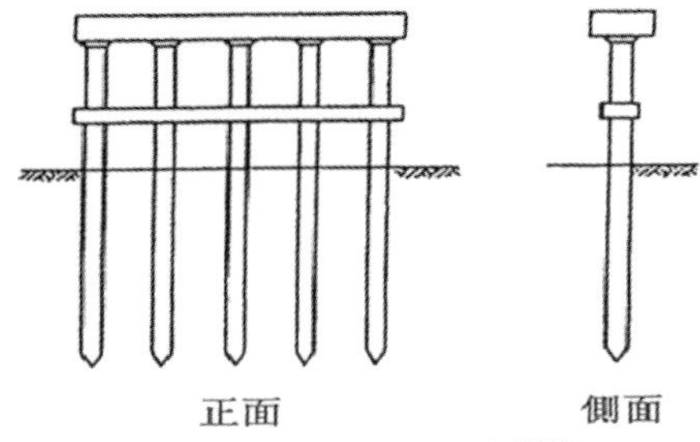

図-8.3.5　パイルベント橋脚

長のある杭基礎として設計され、地盤面から頂版までの間の杭体は橋脚に代わるものである（表-7.7.2 参照）。その延長線上にはジャケット式基礎がある（図-8.3.6）。長大水深の地点に適するが、橋梁では事例が無く、津軽海峡大橋などで想定されている。現在では石油掘削作業足場、港湾の岸壁、東京湾アクアラインの風の塔の外構などに利用されている。防食には石油足場などの実績から電気防食が有効とされている。水深が200m 以上もある津軽海峡大橋の主塔基礎ではジャケット式基礎が検討されている（図-8.3.7）。

図-8.3.6　ジャケット式基礎の例

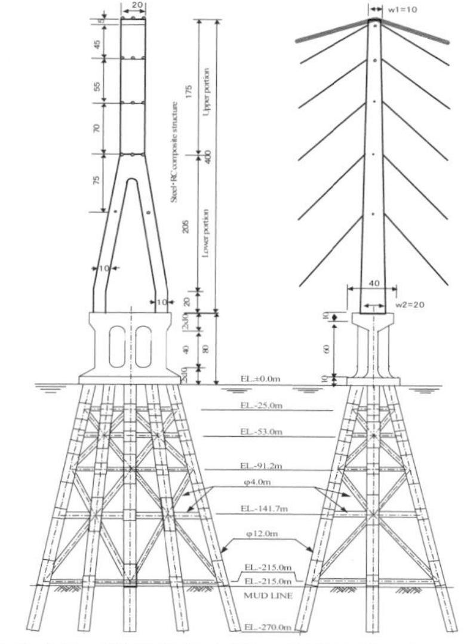

図-8.3.7　津軽海峡大橋の主塔基礎で想定されるジャケット式基礎

8.3.3　合成基礎

杭基礎とケーソン基礎を組み合わせた合成基礎と呼ばれる基礎形式がある。図-8.3.8 はオープンケーソンの中に杭を設置したものである。最初はオープンケーソンの沈設作業が途中で進まなくなり、やむを得ず内側に杭を打ち込んだケースがあったが、その後、積極的に打ち込んだ杭群にケーソンを被せる工法が生まれた。ケーソンを深くまで沈設するには時間と費用がかかるので鉛直支持力は杭にとらせて基礎の剛性と水平支持力をケーソンが受け持つというものである。

しかし、杭とケーソンの結合にはケーソン底部に水中コンクリートを注入して杭頭を包み込むという方法がとられるが、定着が不十分という声もある。重要構造物の場合は既設の杭基礎の上に

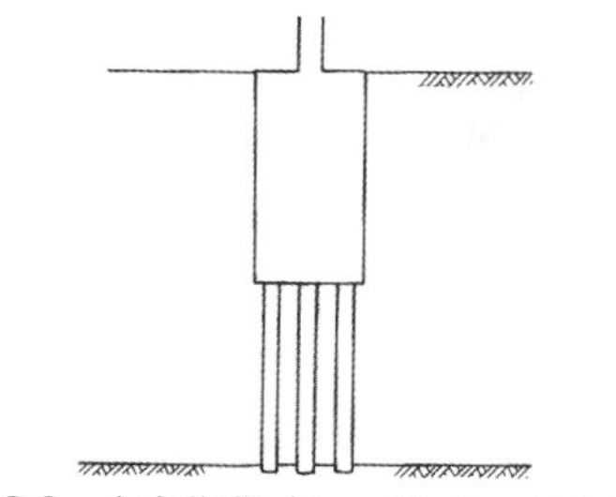

図-8.3.8　合成基礎（オープンケーソンと杭）

ニューマチックケーソンを下げて内部で杭頭処理を行い、定着する脚付きケーソン基礎もある（図-8.3.9）。軟弱地盤での杭基礎は鉛直支持力よりも水平支持力で杭本数が決まる事例が多いが、鉛直支持力を満たす杭本数で施工できるので合成基礎は全体の工期と工費を節減できるという利点もある。

大きな水深の橋脚位置で、予め打設した杭基礎の上にフーチングを下ろして水中コンクリートやプレパクトコンクリートでフーチングと一体化を図る水中特殊

図-8.3.9　合成基礎[31]
（ニューマチックケーソンと杭）

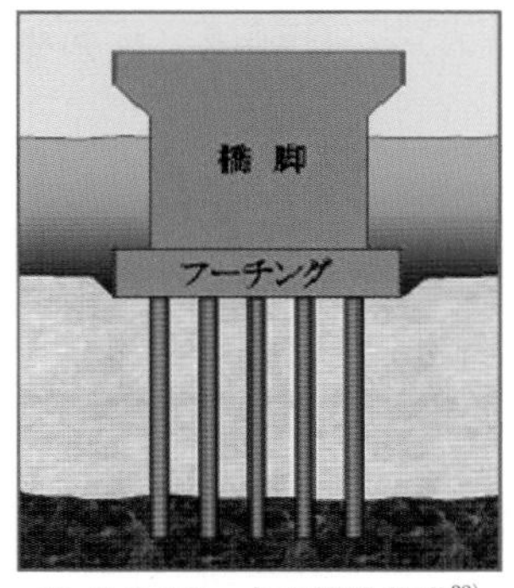

図-8.3.10　水中特殊基礎[32]

基礎もある（図-8.3.10）。別名をベルタイプ基礎とも呼ぶ。その理由はダイビングベルと呼ばれる釣り鐘（図-8.3.11）を水底に下ろし、その中に人が入って高

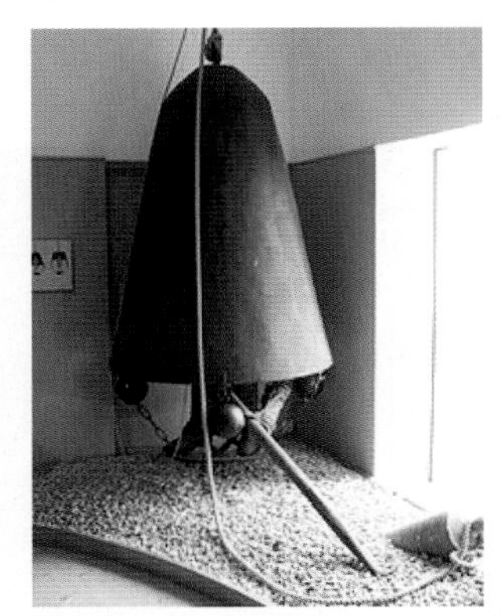

図-8.3.11　ダイビングベルの事例[33]

図-8.3.12　ダイビングベル内の作業[34]

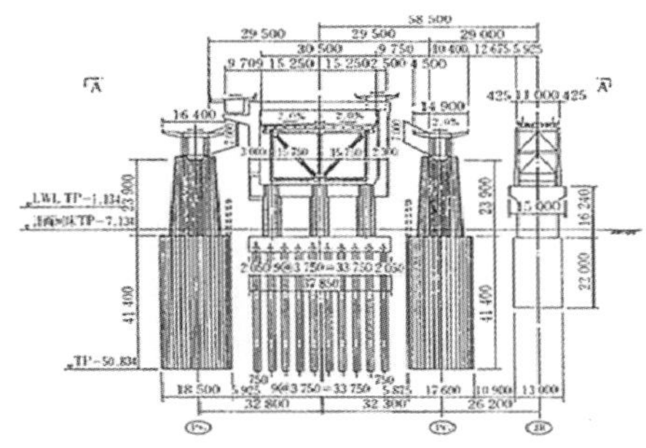

図-8.3.13　中央が首都高速道路、荒川河口橋

図-8.3.14　東京湾アクアラインの航路部の高橋脚の施工[18]

水圧下で基礎の作業をした実績からである。ダイビングベルはヨーロッパで生まれ、海底の宝探しなどに使われた（図-8.3.12）。日本では江戸時代に長崎港の海中工事に用いられており、ニューマチックケーソンの原型でもある。現代ではダイビングベルに代わり、既設の杭頭の上に空のフーチングを被せ、その中に砕石を詰めてモルタルを注入するプレパクトコンクリートで施工した首都高速道路荒川河口橋（図-8.3.13の中央部）やトレミー管を用いて水中不分離コンクリートを注入した東京湾アクアラインの東側航路部高橋脚（図-8.3.14）などの基礎がある。

水中特殊基礎は大きな水深での橋脚の施工では仮締め切り工を省略して大型クレーン船で基礎を構築できる（図-8.3.14）。その利点を生かし、大規模橋梁などで採用されている。

8.3.4　鋼製地中連続壁基礎、地盤改良連続壁基礎、地盤改良基礎

地盤改良連続壁は剛性の高い土留め工に活用されている。連続壁には平板状の壁体（図-8.3.15）と柱列杭の壁体（図-8.3.16）とがあり、原地盤の地層とコンクリートモルタルを掘削機械で撹拌して形成されるソイルセメントの矩形柱（エレメント）や杭を連続させて壁体とする。通常は1m^{3}当たり200kg前後のセメント量が使われ、土質により3～

図-8.3.15　等厚の連続壁

図-8.3.16　柱列杭の連続壁[35]

10Mp の強度が発現する。地中壁に曲げ剛性を付与するために鋼材またはプレキャストコンクリートの芯材（図-8.3.17）がまだ固まらないソイルセメントの中に押し込まれる。地盤を掘削、撹拌する機械工法には歯車による撹拌で矩形柱を連続させて等厚の壁を形成するCSM 工法（図-8.3.18）、チェンソーのような回転帯で連続撹拌して等厚の長い壁を構築する TRD 工法（図-8.3.19）、地盤改良杭をオーバーラップさせて壁とする SMW 工法（図-8.3.20）がある。

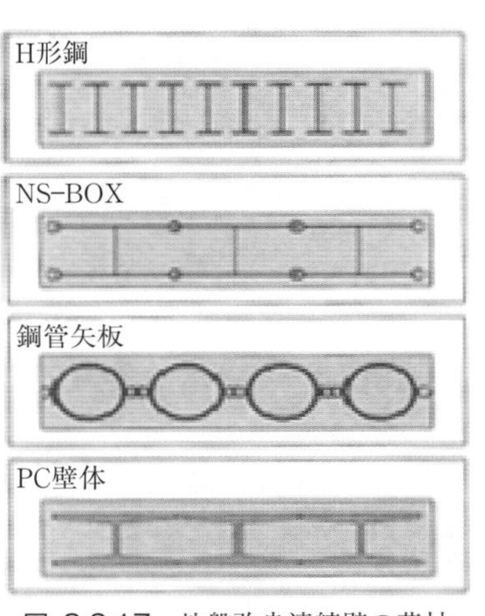

図-8.3.17　地盤改良連続壁の芯材

図-8.3.18　CSM 工法

それぞれは深い掘削工事に適用され、施工精度も安定して十分な曲げ剛性を発揮している。

土留め工に使われていた鉄筋コンクリート地中連続壁を地中連続壁基礎として利用したのと同様に、地盤改良連続壁を基礎として活用することは可能である。地盤改良連続壁も鉄筋コンクリート地中連続壁と同様の施工精度を有するが、基礎としてはほとんど利用されていない。

その中で鋼製地中連続壁（図-8.3.21）は山留め工としての役割だけでなく、構造物本体の基礎として実用化されてい

図-8.3.19　TRD 工法

図-8.3.20　SMW 工法

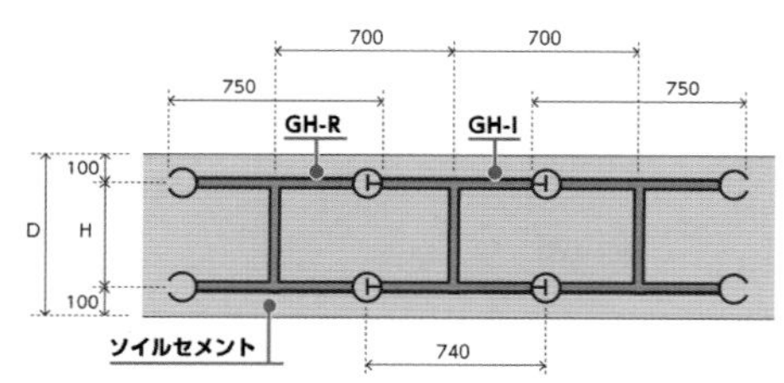

図-8.3.21　鋼製地中連続壁の H 型芯材の詳細[36)]

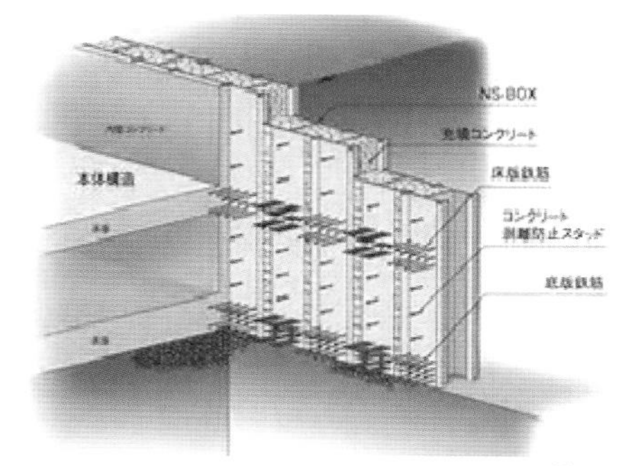

図-8.3.22　H 鋼材へのスタッド溶接[37)]

る。この場合は芯材として埋め込まれたH鋼材などをはつり出して鉄筋のスタッド溶接（図-8.3.22）や形鋼の溶接で、地中連続壁と構造物本体を一体化させて基礎として機能させている。

通常の地盤改良連続壁の場合も本体構造との結合方法が重要で、結合方法として鋼製地中連続壁と同様に芯材をはつり出して鋼材を溶接する方法の外、芯材にあらかじめ定着した鉄筋などによる方法も考えられる。本体と結合できれば、地盤改良連続壁は自由な形状（図-8.2.4）や組合せ（図-8.3.23）も可能となる。また、地中連続壁基礎と同様に、連続壁と短冊杭（エレメント）、鉄筋コンクリート場所打ち杭を組み合わせた配置の基礎（図-8.2.7，図-8.2.12）も計画できる。

地盤改良連続壁の支持力のうち、先端

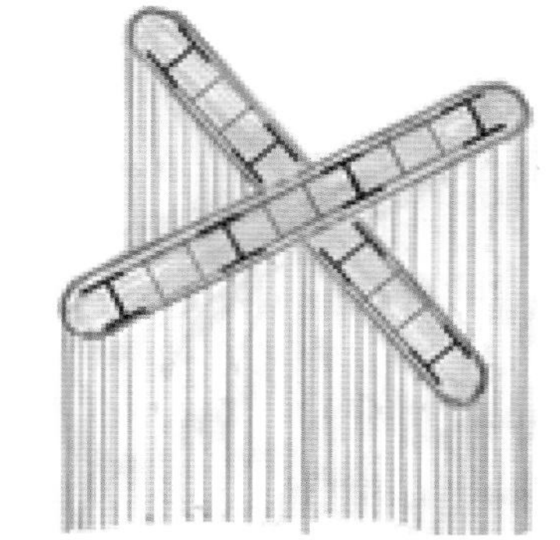

図-8.3.23　地盤改良地中連続壁の交差

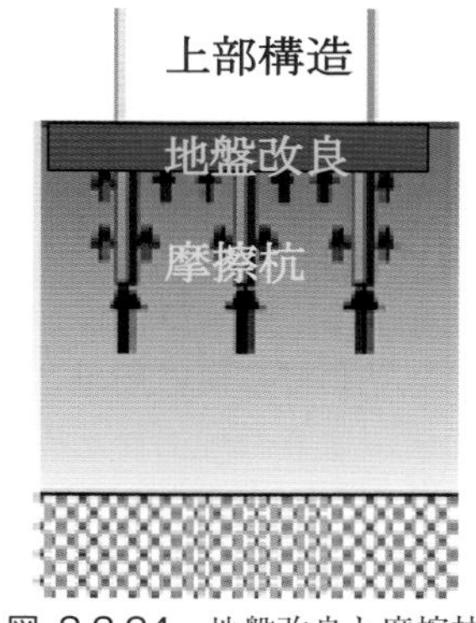

図-8.3.24　地盤改良と摩擦杭

極限支持力には表-7.7.7 のセメントミルク噴出攪拌方式、周面最大支持力には表-7.7.8 の鋼管ソイルセメント杭の算定式が準用できる。ここでは地層の種類毎にソイルセメントの強度が異なることに注意しなければならない。

地盤が軟弱で軽量構造物でも支持力に不安がある場合、良質の材料で盛土か、表層地盤の置き換えか、地盤改良で支持力を高めることが行われる。木造住宅などの場合はそれで地盤反力を拡散するので従来地盤でも支持できる。しかし、鉄筋コンクリートの中低層住宅などの場合、盛土や地盤改良だけでは不安が残り、短い摩擦杭で補強することが行われる。その場合の設計はパイルドラフト基礎の手法が適用できよう。

さらに、地盤の支持力を高めるために、杭と改良地盤を一体化した人工地盤とするとよい（図-8.3.24）。杭には改良地盤と馴染みやすいソイルセメント合成鋼管杭やセメントミルク工法によるPC杭が望ましい。すなわち、摩擦杭は改良地盤と一体で根入れの大きい直接基礎として支持力を発揮できるので、全体で支持力は大きいものとなる。

構造物を支える基礎は安全性、施工性、耐久性などを前提に多様な形態をとることが可能である。最近は性能設計が中心になってきたので基礎に要求される諸条件を満たす、より合理的な基礎形式を追究していくことが求められる。安定した、確実な基礎とするために基礎躯体と地盤の相互作用を明らかにし，支持する構造物の機能を損なわないようにする。地盤反力とひずみ変形の関係、基礎躯体と地盤とのせん断特性（摩擦力）、基礎躯体の曲げ剛性とせん断剛性などを吟味して設計することになる。

参考文献

1) 小名浜港東港地区臨港道路（橋梁）の基礎，基礎工，Vol. 44. No. 1, p. 54（写真-1），2016. 1.
2) ニャッタン橋の鋼管矢板基礎，基礎工，Vol. 144, No. 1, pp78～79，（写真-4，10），2016. 1.
3) 鋼管矢板「(株) クボタ」 https://www.kubota.co.jp/product/materials/products/steel_pipe/steel_pipe_sheet_pile.html
4) 鋼管矢板設計指針・同解説，日本道路協会，1984年
5) 博多港（アイランドシティ地区）道路（IP23）橋梁下部工事「東洋建設（株）」 https://www.toyo-const.co.jp/reportage/repotage06
6) 鋼管矢板基礎設計施工便覧，日本道路協会，1997年
7)「土木研究所構造物メンテナンス研究センター」
8) 鋼管中堀掘削状況「鈴中工業（株）」平成19年12月17日 http://www.suzunakakogyo.co.jp/kouji/horikawa/H191217/PC170048.JPG
9)（株）技研製作所，https://www.giken.com/ja/wp-content/uploads/2015/10/silent_piler_navi_index05.jpg
10) 鋼管杭・鋼矢板技術協会
11) 道路橋示方書　Ⅳ下部構造編，日本道路協会，2017年
12) 道路橋示方書　Ⅳ下部構造編，日本道路協会，2002年
13) 基礎工の設計実技　上　各種基礎編，建設図書，1995年
14) 鋼管矢板NSWスタッド工法，スタッド溶接「日本スタッドウェルディング（株）」 http://www.nsw-j.com/studmethod/123.html
15) 白鳥大橋の基礎，基礎工，Vol. 44. No. 1, p. 49, 写真-1，2016. 1.
16) 白鳥大橋の基礎，基礎工，Vol. 44. No. 1, p. 51, 写真-4，2016. 1.
17) 地中壁施工協会
18) 東京湾横断道路，東京湾横断道路（株）
19) 基礎工，2012年1月号　Vol. 40，№1，表紙，2012. 1.
20) 小西厚夫：東京スカイツリー基礎の設計，基礎工，2012年1月号　Vol. 40，№1，2012. 1.
21) 施工手順，先行エレメント①　掘削「地中連続壁協会」 http://www7b.biglobe.ne.jp/~renpe-ki/docs/tityu/b0.html
22) 青森ベイブリッジ「大林組（株）」 https://www.obayashi.co.jp/works/detail/work_350.html
23) 地中連続壁基礎工法　施工ステップ「りんかい日産建設（株）」 https://www.rncc.co.jp/tech/tc_6/30
24)「（株）大容基功工業」 http://daiyo.co.jp/machine/con
25) エレクトロミルEMX-150LH「(株) ハンシン建設」 https://www.hanshin-const.co.jp/foundation/method/wall.html
26) 道路橋示方書　Ⅳ下部構造編，日本道路協会，2017年

27) 地中壁施工協会
28) パイルド・ラフト基礎の設計プログラムを開発 大型土槽を使用した検証実験でも効果を確認「戸田建設（株)」2007年3月28日 https://www.toda.co.jp/news/2007/20070328.html
29) 基礎工・土工 用語辞典，総合土木研究所，P 289 図-3パイルド・ラフト基礎，2016年
30) 多柱式の主塔基礎「伊予銀行地域経済研究センター」 http://www.iyoirc.jp/post_industrial/20150801/
31) 施工実績，東関東自動車道利根川橋下部工（脚付ケーソン）「大本組（株)」 https://www.ohmoto.co.jp/rovo/works/works12.html
32) ベルタイプ基礎「寄神建設（株)」 http://www.yorigami.co.jp/communication/structures/img/img_str5_1_01.gif
33) 潜水鐘「フリー百科事典 ウィキペディア日本語版」2005年7月
34) アービン・カリフォルニア大学 http://faculty.humanities.uci.edu/bjbecker/spinningweb/week6c.html
35) エコソイルウォール工法「ライト工業（株)」 https://www.raito.co.jp/project/doboku/kui/eswall/index.html
36) 鋼製地中連続壁工法「りんかい日産建設（株)」 https://www.rncc.co.jp/tech/tc_6/31
37) 鋼製地中連続壁工法とは，構造例「鋼製地中連続壁協会」 https://www.ns-box-dwa.jp/summary/

9 耐震設計

9.1 基礎の耐震設計と地震のメカニズム

基礎の設計に大きな影響を与えるのが地震である。基礎の大きな使命の一つが地震から構造物を守ることである。地震に対する設計を耐震設計と云うが、現行の耐震設計は構造物の慣性力を対象としているものが多い。構造物の耐震設計は安定性の確保と破壊、損傷の防止の両面から行われる。

地震は地盤から基礎を介して構造物に伝わる。それにも拘わらず、基礎の耐震設計に用いる地震力は構造物自身の振動からの慣性力または構造物の地震応答加速度としているのが長い間の慣行である。構造物の慣性力は地盤の動きに対する反作用もしくは吸収した地震動による応答振動で、それに対して安全を確保するように基礎の設計がなされてきた。

しかし、基礎自体は地盤に拘束されて地盤と共に動いて地震波動を構造物に伝えるので、真逆の過程で設計することになる。本来は地震の本質を捉えて地盤や基礎から伝わる地震力に対して基礎と構造物が安全であるように設計するのが耐震設計のあり方であろう。

適切な耐震設計を進めるには先ず、地震の発生機構を知る必要がある。地球は半径6,378kmの内部が摂氏5,500度の灼熱溶体の球体（図-9.1.1）である。その表面は大気に冷やされて厚さ30～60kmの地殻すなわちプレートとなっているが、地殻にはサッカーボールの表皮のように無数のひび割れが広がっている。図-9.1.2は現在、判明しているプレートのひびわれの形状を示している。

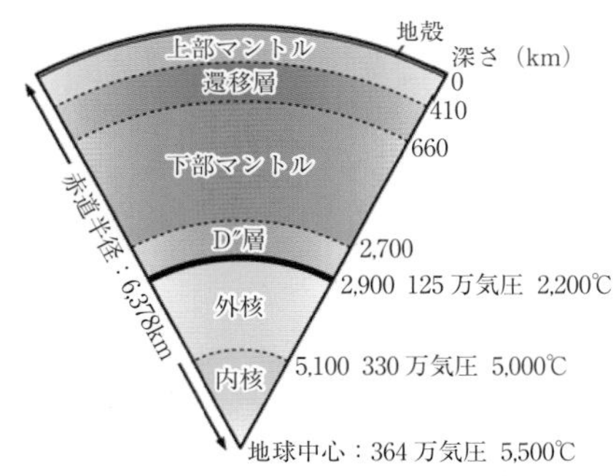

図-9.1.1　地球内部の断面[1)]

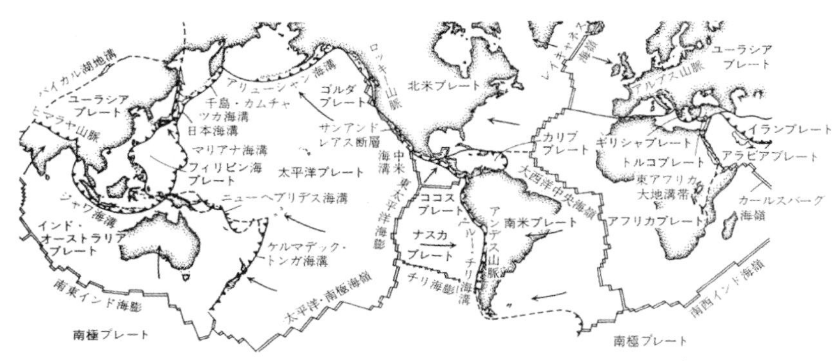

図-9.1.2　地球表面のプレート（地殻片）、海溝、海嶺[2)]

地球内部のマントルからの灼熱のマグマで海膨線が生じ、高い熱量に拠る対流（？）でプレートは移動し、プレート境界で相手方のプレートの下に沈み込んで海溝を形成している（図-9.1.3）。沈み込みの過程で相手方のプレートが持ち上がり、山脈の形成や火山の噴出などが生

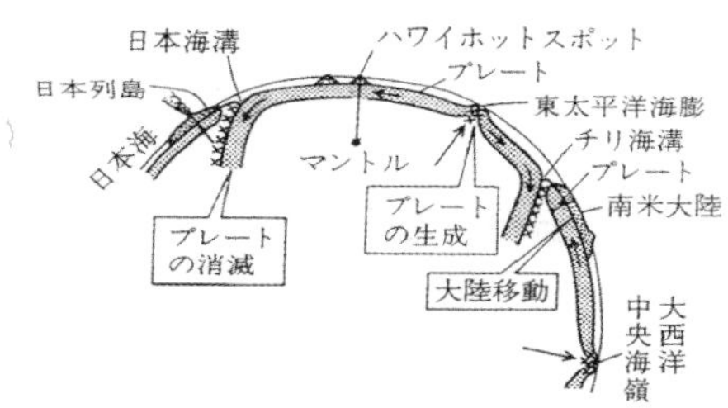

図-9.1.3　プレート（地殻片）の沈み込み、日本列島、日本海溝、地震（x）、火山[2)]

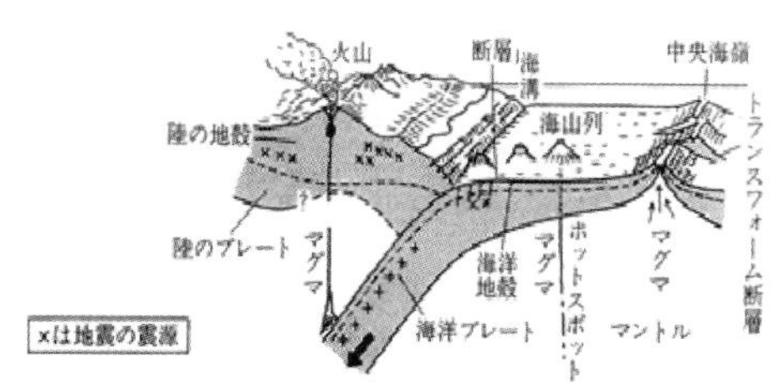

図-9.1.4　プレートの沈み込みで火山などの形成[2)]

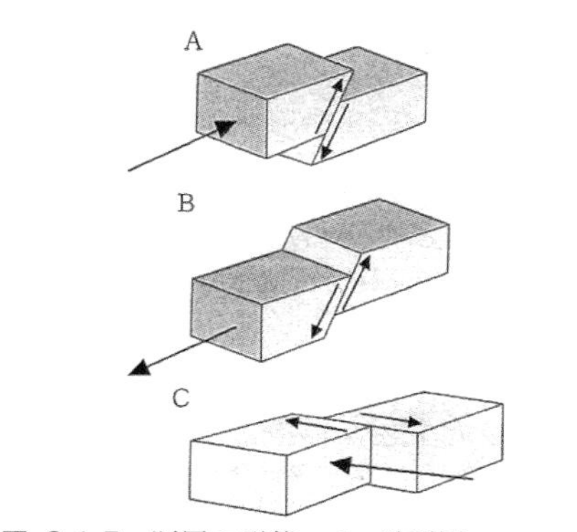

図-9.1.5　断層の形態　A：逆断層
B：正断層　C：横ずれ断層[2)]

じると共にプレート間の摩擦が切れると海洋型の大規模地震を発生させる（図-9.1.4）。日本列島は太平洋プレート、フィリッピンプレートがユーラシアプレートの下に潜り込んで形成された地球の皺と云うこともできる。その際の圧力で列島には多くの断層が存在し、その圧力で断層がずれるとき（図-9.1.5）、多くが逆断層となり、地震が発生している。また、火山活動でも小規模な地震が起きている。

9.2　地震波動

地震の本質は波動で、地表面で構造物が受ける地震は波動の形態、エネルギーの大きさ、地層の種類、その構成などにより異なる形状の波動となる。設計の対象となる波動は振幅（加速度、速度、変位）、周期、減衰係数で形状が表され、その数値などは技術基準などで与えられている。地震の強さは震度、平均スペクトルなどで規定されているが、地震による構造物の被災時の損害状況と必ずしも対応していない。構造物に作用する地震波動の形態は多様なので、設計では安全確保のために地震の強さを表す諸数値を正しく評価する必要がある。

大地震の度に、その時点の設計基準で防ぎ切れない被害が生じる。地震の強さは地震の規模と整合する訳ではないが、無限に大きいと云うことでもない。少なくとも地殻に蓄えられる地震エネルギーの大きさには厚さ、強度から限界があり、マグニチュード9前後が最大である。地震波は地殻から地盤に伝わるが、地殻よりも大きい強度の建設材料で作る構造物

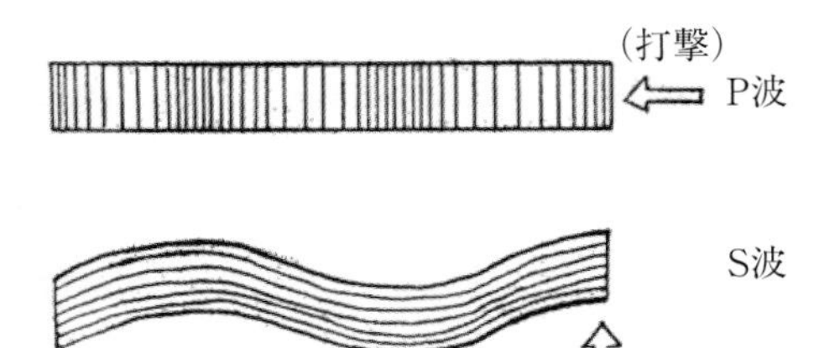

図-9.2.1　地震波のメカニズム（加速度、速度、変位）[2)]

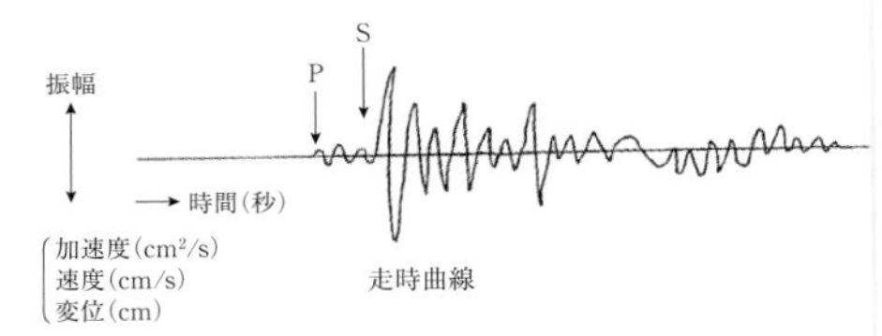

図-9.2.2　P波（疎密波）とS波（せん断波）の性質[2)]

は適切に設計すれば被災を受けないはずである。そのためには地震波動の実態に対応するように設計することが求められる。

地震波動の形態は加速度、速度、変位毎に図-9.2.1のようなメカニズムによって生じる。

波動の最初の部分はP波（Primary Wave）または縦波と呼ばれ、進行方向に対して疎密波となるもので水中でも伝達する。疎密波とは棒の端を軸方向に叩いた時に発生する波動である。次に続くのがS波（Secondary Wave）または横波と呼ばれ、進行方向に直角に揺れて進行する波で水中は伝わらず、固体の中を伝わり、地盤にせん断変形を与える。一般的にP波は短周期成分が多く、衝撃波動も含まれる。S波は地盤の種類によって周期成分が異なるが、現行の耐震設計が対象とする構造物の主揺動となる（図-9.2.2）。地殻の中でP波は約8km/sec、S波は約4km/secの速度で伝わるので遠距離地点ではその差が大きくなり、時間間隔が生じる。

地震は主にプレート境や断層の破壊で発生し、マグニチュード7.0以上を大地震、マグニチュード8.0以上を巨大地震、マグニチュード9クラスを超巨大地震と呼んでいる。震源から出た波動は地殻の中を通って伝播する（図-9.2.3）。波動は硬い地層から軟らかい地層へは移りやすいが、軟らかい地層から硬い地層へは反射して移りにくい。そのために地殻に沿って進む波動は軟らかい地層の方向に屈折しやすく、反射を繰り返して表層に向かって進む。すなわち、波動は地層が軟らかいと速度が下がるので進行方向が軟らかい地層の方に曲がり、表層に達する波動の進行方向は次第に地表面に垂直となる。表層に直角に進行する波動は軸直角方向すなわち水平方向のS波が卓越して地盤や構造物を振動させるところとなり、耐震設計の対象の波動となる（図-9.2.4）。

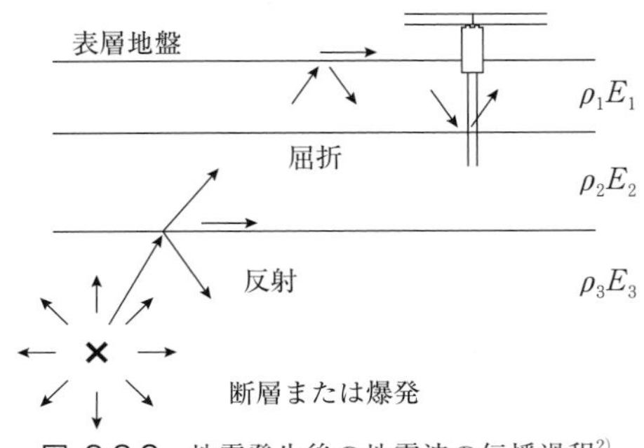

図-9.2.3　地震発生後の地震波の伝播過程[2)]

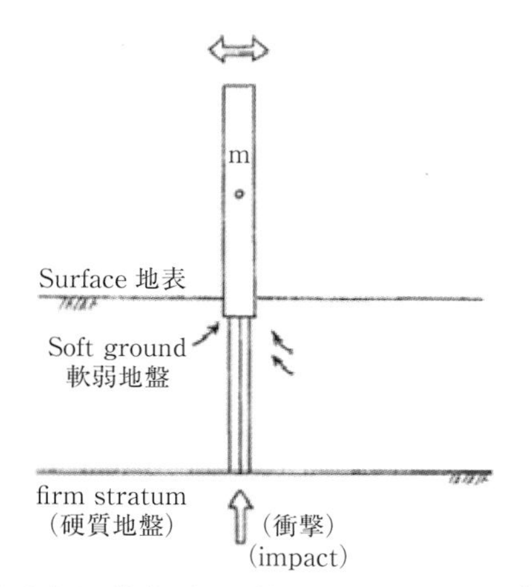

図-9.2.4　軟弱地盤上の構造物に作用する地震動[2)]

表層地盤に到達した地震波動（P 波、S 波）は地盤や基礎と共に構造物を揺らすが、可撓性の構造物などは地盤からの地震動を吸収、蓄積して自ら大きく振動して安定性の喪失や破損が生じる。また、構造物の内部に伝達した鋭い波動（P 波）は構造破壊を引き起こすことがある。そのような事態を防ぐのが耐震設計である。道路橋示方書の耐震設計で対象としているのはSMAC 型地震計をはじめ、従来の各種地震計で計測されたS 波で代表されるせん断波である。最近は表面波によるやや長周期波動も考慮されるようになったが、50Hz 以上の波動は計測されていないので設計では考慮されていない。

地震波動は地表面で反射して表層の地盤内に戻り、P 波、S 波とは異なる表面波を生み出す。表面波は加速度が小さいものの、周期は一般に長く、地層の状態によってレーリー波、ラブ波などの形態をとる（図-9.2.5）。レーリー波は進行方向に逆回転しながら進む波動である。

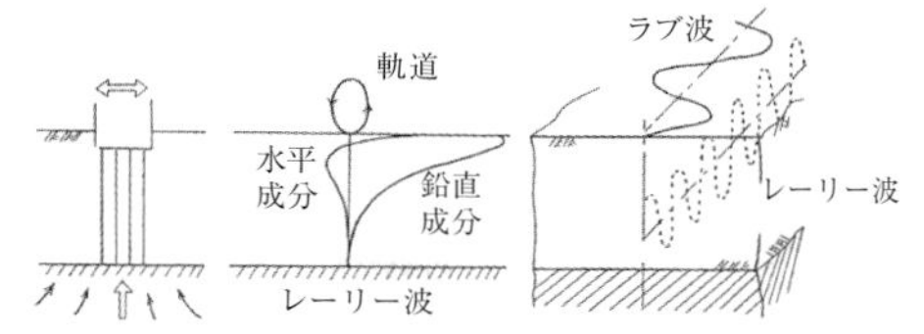

図-9.2.5　表面波のレーリー波とラブ波の概念[2)]

ラブ波は表層を水平方向に波打ちながら進む波動で、電信柱の列が交互に揺れる現象などで見られる。ライフラインや地下埋設物の耐震性に影響する。

図-9.2.6 は液状化現象を引き起こす、沖積地盤上の波動の動きを説明する概念図である。レーリー波やラブ波などの表面波は進行型であるのに対して液状化を惹起する波動は周りの堅い地層に伝播しない滞留型で、その位置で振動エネルギーを消費して減衰する。この波動は地表に近い粘性層などのねばり強く、ひずみ変形に追従しやすい軟らかい地層に伝達して蓄積された波動エネルギーにより発生する波動で、直上の飽和砂層などを液状化する。

一方、現行の地震計で記録されている波動（P 波、S 波など）の周期の多くは1/20 秒から10 秒の周期の範囲内にあ

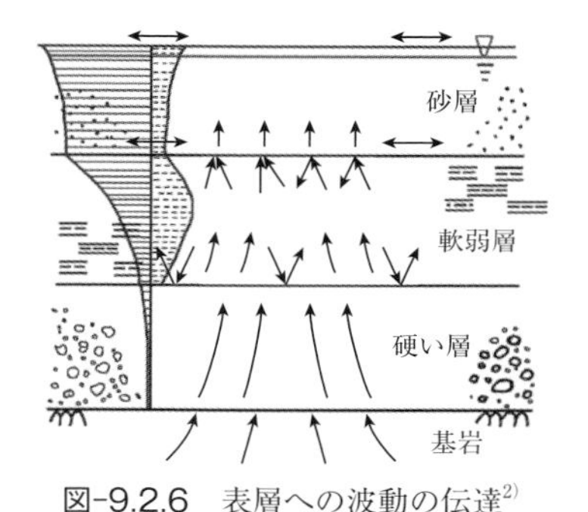

図-9.2.6　表層への波動の伝達[2)]

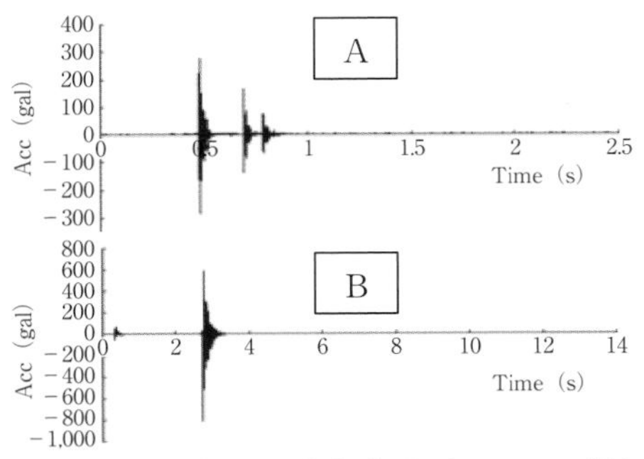

図-9.2.7　広帯域地震計（A）とSMAC型地震計（B）の加速度記録

る。その外側の極短周期波動（衝撃波動）は地震計のメカニズムの中で重複して合成され、1/20秒以上の周期の波動として記録される。図-9.2.7は広帯域地震計とSMAC型地震計を併設してコンクリートの床に重錘を落とした時の波動記録である。広帯域地震計は重錘の跳ね返りも記録しているが、SMAC型地震計は跳ね返り波動を統合した一つの波動として捉えている。地震波に含まれる極短周期の波動を計測するには精度の高い地震計が必要とされる。

500Hzまで測定できる広帯域地震計による中規模地震の地震記録でも50Hz以上の短周期波動が存在することが証明されている（図-9.2.8、図-9.2.9）。常時微動観測でも50Hz以上の波動の存在は明確である。SMAC型地震計でも、直下型地震などでは極端に大きな加速度をもつ、スパイク状の衝撃的加速度波が記録されることがあるが、その衝撃波動に含まれる波動成分の詳細は不明である。

衝撃波動としては図-9.2.10に示す、鋼管杭を打撃したときに杭体内を往復する極短周期波動がある。過大な加速度で

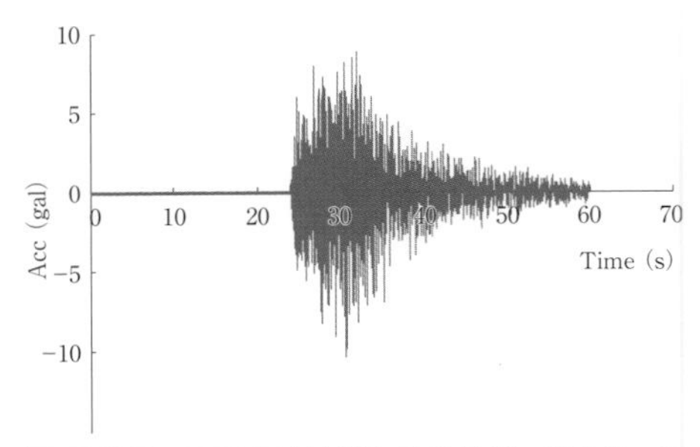

図-9.2.8　2006年茨城県南部地震（2/16）の上下波動の加速度記録（広帯域地震計による）

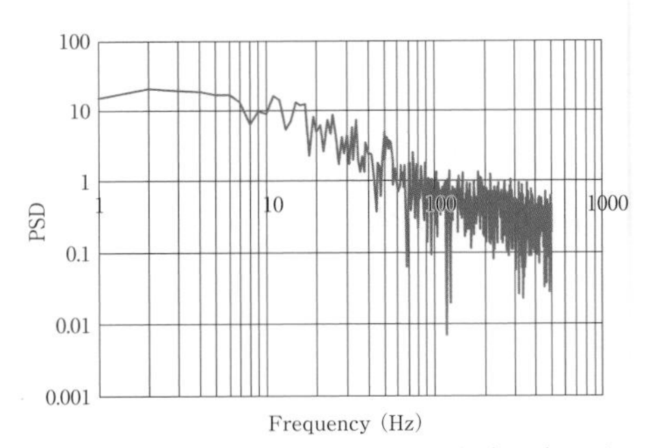

図-9.2.9　2006年茨城県南部地震（2.16）の加速度応答スペクトル

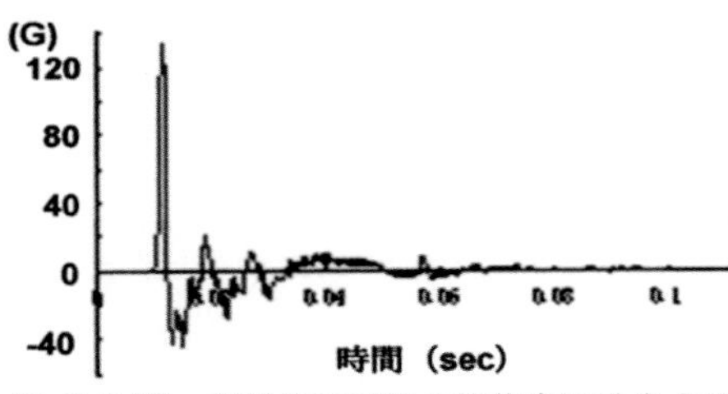

図-9.2.10　鋼管杭打撃時の杭体内に発生する加速度波形の事例

あるが、偏打にならない限り、極短周期なので圧縮歪みは大きくならず、鋼材の延性で吸収できる。しかし、この大きな加速度波は地盤に、そのまま伝わらないので杭の側に立って杭に貼り付けた記録

紙に鉛筆で打ち止まり量、リバウンド量を図-7.8.2の要領で記入することができるように直近の人間には強く感じられない。既製コンクリート杭の場合は円環の中心の配力筋またはPC鋼線の配置で補強されているので打撃工法による衝撃波動でせん断破壊が発生するのを防いでいる。

9.3 衝撃波動による被災と耐震設計

このような衝撃波動は既存の地震計では記録できないが、2008年岩手宮城内陸地震（M＝7.2）で精度の改良された地震計（国立防災科学技術研究所）で約4G（G：重力、980gal）の上下動波形を記録している（図-9.3.1）。極短周期の波動は大きな作用力にはならないが、強力なせん断力として作用する。瞬間的な鋭いせん断力は“日本刀による兜割り”のように静的な力ではできないせん断破壊を可能にする。衝撃波動による破壊を防ぐためには構造物に靱性(ねばり強さ)または延性（弾性限界を超えて伸びる性質）を付与してせん断ひずみを吸収できるように設計することが求められる。

極短周期波動が構造物に与える破壊の多くの事例を1995年阪神大震災（M＝7.3）に見ることができる。図-9.3.2は阪神高速道路の場所打ちコンクリート杭基礎上の高架橋のせん断破壊で、図-9.3.3は同じ路線上の鋼橋脚の座屈である。図-9.3.4も名神高速道路の場所打ちコンクリート杭基礎上の橋脚に発生したせん断破壊は共役の破壊面である。共に固い洪積層に杭基礎の先端を置いている。図-9.3.5は三宮駅前のビル

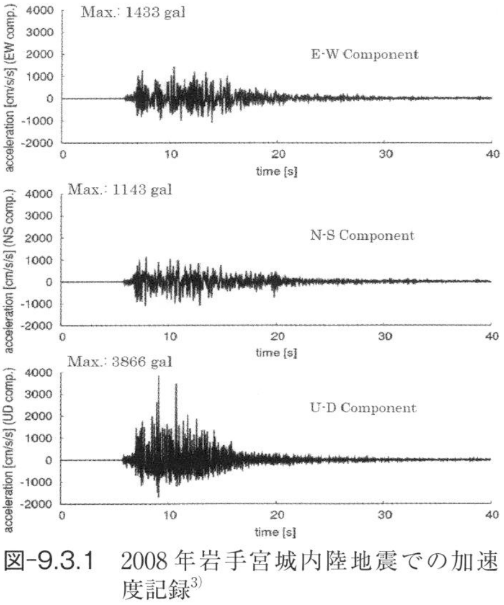

図-9.3.1 2008年岩手宮城内陸地震での加速度記録[3]

図-9.3.2 せん断破壊した橋脚[2]

図-9.3.3 鋼橋脚の座屈[2]

図-9.3.4　共役せん断破壊した橋脚[2)]

図-9.3.5　5階が崩壊したビル[2)]

で5階部分がせん断破壊で崩壊して無くなっている。同じような被災は他にも散見され、具体的な原因はわからないが、“だるま落とし”のように上層階が残っている。**図-9.3.6**は神戸市役所の2号館ビル6階部分がせん断破壊で崩壊している。5階と6階の間で柱の構造が変化していたといわれる。いずれの構造物も

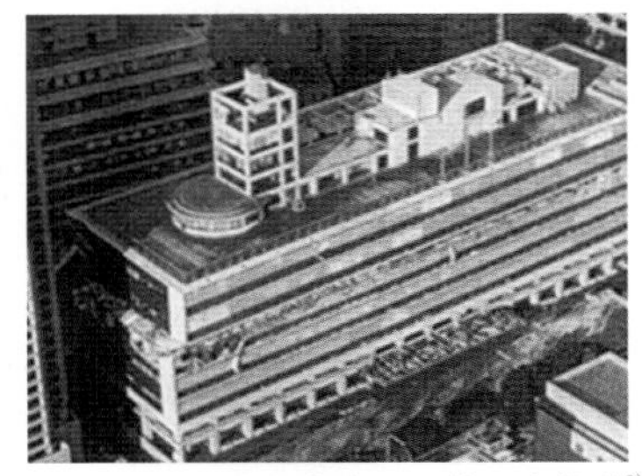

図-9.3.6　6階が崩壊した神戸市役所[2)]

硬い地盤を支持層としており、軸方向の衝撃波動のよるせん断破壊と考えられる。このような被災は埋立て地などの軟弱な地盤上では見られなかった。このような鉄筋コンクリート橋脚のせん断破壊は1953年宮城県沖地震（M＝7.4）、1982年浦河沖地震（M＝7.1、**図-6.4.3**）でも見られた。

これらの被災と共に衝撃波動の伝播の過程で反射時に生じる引張力による亀裂がある。特に、コンクリートの施工継ぎ目や打継ぎ目で発生する。**図-9.3.7**は阪神大震災時に阪神高速道路の橋脚に生じた引張亀裂である。**図-9.3.8**では東日本大震災時の圧縮破壊で明らかに施工目地で破損していることが判る。

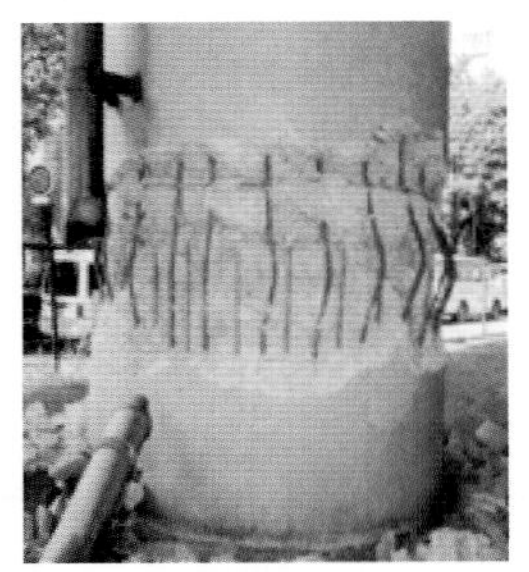

図-9.3.7　橋脚の打継ぎ目の引張亀裂[2)]

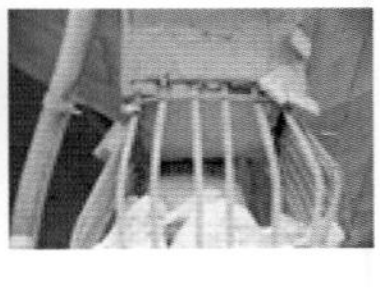

図-9.3.8　橋脚柱頭部の打継ぎ目の破損[2)]

図-9.3.9は宮城県沖地震（1978年）での千代大橋のT型橋脚の張出し部の引張亀裂で、中の鉄筋が伸び切って座屈

した上で橋脚コンクリートの内部にめり込んでいる。打継ぎ目では施工のコンクリート中のレイタンス（ゴミなどの不純物）がコンクリートの一体化を阻んでいるために波動の反射などで亀裂の原因となる（図-9.3.10）。図-9.3.11 は宮城

図-9.3.9　千代大橋の橋脚の引張亀裂[4)]

図-9.3.10　コンクリート柱のレイタンスの生成[2)]

県沖地震時に閖上大橋の主径間の橋脚に生じた引張亀裂とせん断亀裂の展開図である。閖上大橋はプレストレスコンクリートの3径間連続桁で、橋脚は重量の影響を軽減するために円筒形壁体であったことが被災の原因である。引張亀裂は全周に、せん断亀裂は橋軸正面方向に発生した事例で、水平力や曲げモーメントでは説明できないものである。

9.4　静的な耐震設計法と応答変位法

9.4.1　変形性能とせん断補強

通常、鉄筋コンクリートの橋脚は鉛直力と水平力による曲げモーメントで設計される。設計上、最も厳しい断面は橋脚の根元の部分である。そこでは、鉄筋コンクリートの設計はせん断破壊が曲げ破壊に先行しないようにせん断抵抗の許容値を低く抑えて、曲げモーメントによる断面端部の引張強度と圧縮強度（図-9.4.1）で断面が決められる。しかし、実際に生じるのは曲げ破壊ではなく、曲

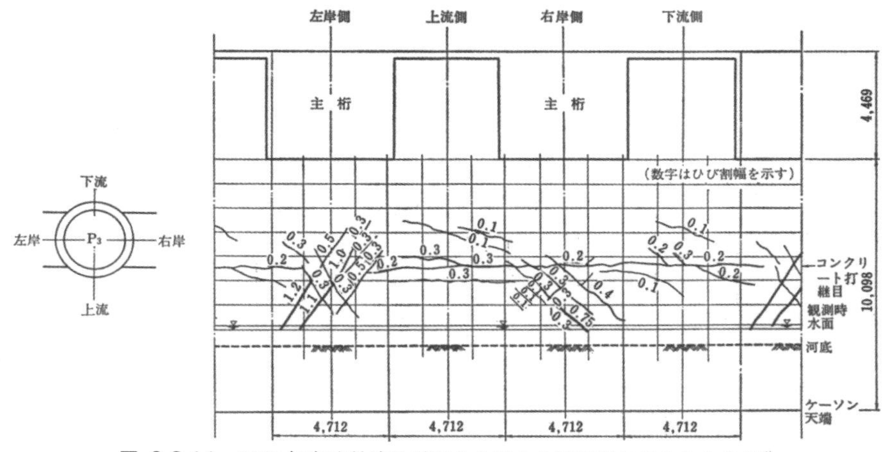

図-9.3.11　1983 年宮城県沖地震による閖上大橋橋脚に発生した亀裂[4)]

図-9.4.1　曲げ引張亀裂

図-9.4.2　曲げせん断亀裂

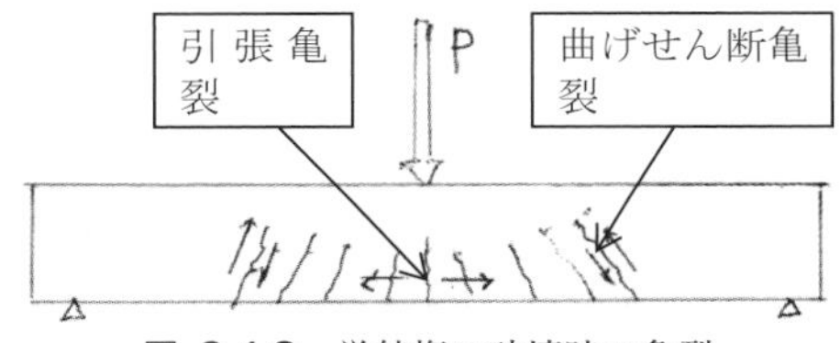

図-9.4.3　単純桁の破壊時の亀裂

げせん断破壊（図-9.4.2）である。引張亀裂と曲げせん断亀裂の関係は単純桁の曲げ試験でも説明できる（図-9.4.3）。

曲げせん断破壊面の発生を防ぐためには、圧縮力や曲げモーメントでせん断歪みが最大となる断面中心部（図-9.4.4）にはせん断補強筋を十分に配置する必要がある（図-9.4.5）。すなわち、せん断補強筋（スターラップなど）は断面の中心部に配置するのがよいが、断面中央部への配置は作業が煩雑になるので短冊形のスターラップを提案したい。曲げモーメント（M）の方向が定まっている場合

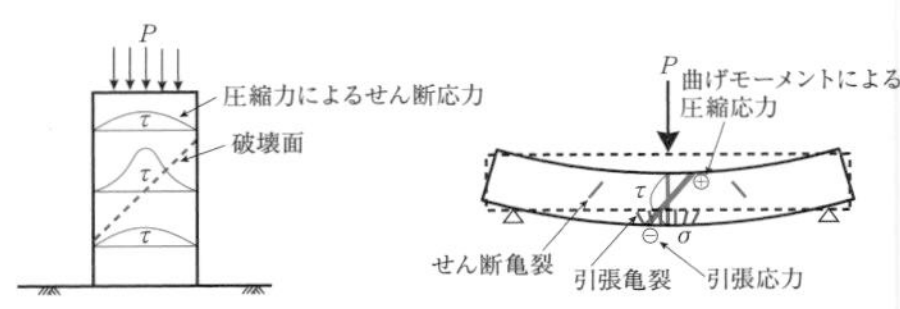

図-9.4.4　圧縮力と曲げモーメントによるせん断歪み[2]

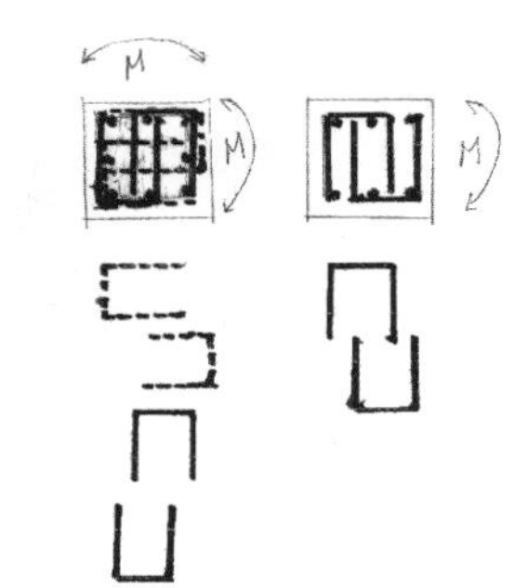

図-9.4.5.　せん断補強のスターラップの事例

は一方向で良いが、二方向または斜め方向の場合は井桁に配置するのがよい。

地震荷重は波動で、その大きさは地震の規模、発生個所、距離などで異なるが、地盤の応答で振動となり、プラス、マイナスの交番荷重として構造物に作用する。図-9.4.6は地震時の構造部材の荷重変形曲線（ヒステリシスカーブ）で、荷重が小さい場合はA-A’のように直線的な挙動（弾性挙動）で耐震上の問題とはならない。地震荷重が増大すると

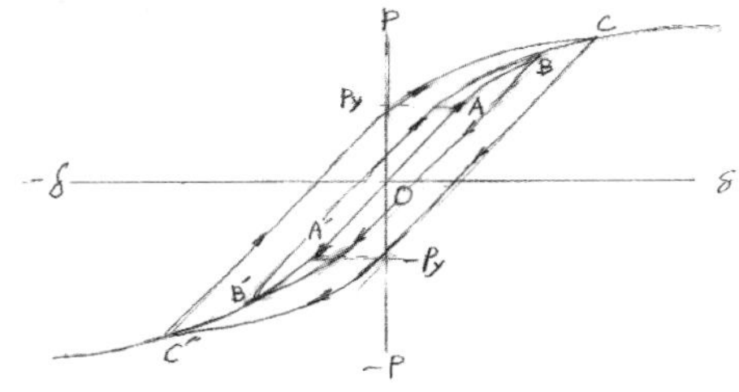

図-9.4.6　荷重変形曲線（ヒステリシスカーブ）

B-B' のように塑性変形が生じ、減衰効果（B-B' 間のループ面積の大きさ）も表れる。更に大きくなるとC-C' のように降伏耐力（Py）を超えて構造物として機能しなくなり、塑性変形も進行し、減衰効果も大きくなって破壊状態となる。

設計での想定を超える大きな地震力が作用する場合に対処する方法としてニューマークは図-9.4.7のような考え方（エネルギー一定則）を提案した。すなわち、耐荷力を超える荷重のもつエネルギー量（ACF）を構造物の変形による仕事量（BEDF）で吸収しようとするものである。構造物の変形による仕事量（BEDF）の拡大で降伏耐力の変形性能（形状保持）は向上するので、構造物の靱性確保のための耐震性を高める配筋が必要になる。ここで云う"エネルギー一定則"は物理学で云う"エネルギー一定則"と趣を異にする。構造物に作用する荷重による計算上の弾性エネルギー量を構造物の変形による仕事量で代替するものである。地震時の水平保有耐力を確保するための考え方である。

しかし、ここで適用できるのは通常の地震波動による場合で、衝撃的な波動の場合は部材の靱性（ねばり強さ）や延性（伸展能）で破断を防ぐことができる。

図-9.4.8は想定外の偶発的な荷重が作用した場合の杭基礎の対応を示すものである。杭は初期降伏点の範囲内で設計されるが、設計荷重を超える過大な荷重

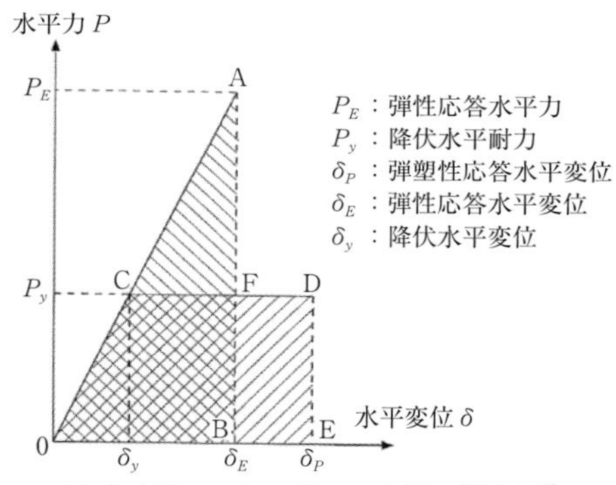

図-9.4.7　エネルギー一定則の概念図[2)]

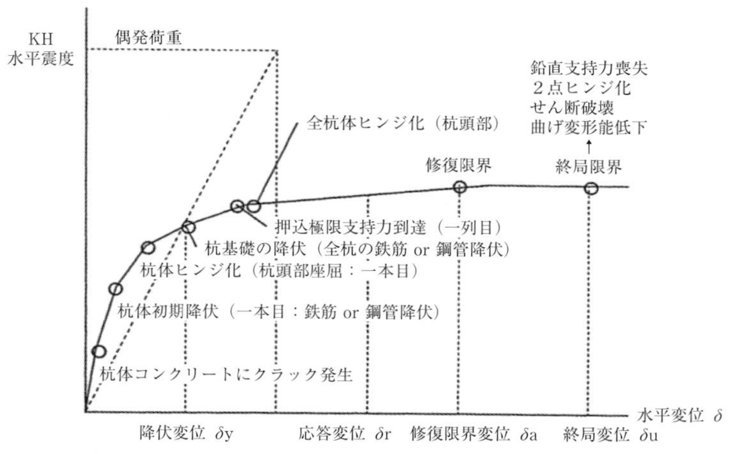

図-9.4.8　エネルギー一定則による過大荷重への対応の仕方

で大きな変形が生じる。そして、終局限界は様々な形態をとるが、終局変位が大きければ応答変位の位取りも長く取れるので大きな荷重に変位量で耐えることができる。

基礎は地盤の中に埋まっているために、地震に対して基礎本体は地盤と一体で挙動する。そのために基礎本体には地震時の慣性力は働かないとされている。しかし、基礎の地震時の挙動は上部構造物の動きと連動するので地盤と違って、上部構造物に準じた耐震設計を必要とする。上部構造物の耐震設計の方法には幾つかの方法がある。

9.4.2 震度法

最も普遍的な設計法は震度法（図-9.4.9）である。地盤からの地震動に対する構造物の応答を慣性力として静的な係数（設計震度k）で表現するもので、1910年代に東京大学教授、佐野利器（としかた）が提唱して世界で用いられている。日本での設計震度は水平震度0.2、鉛直震度0.1を標準にしている。地震波動による破損などの心配が少なく、高剛性で塊状の構造物の安定性を確かめるのに適している。

設計震度は必ずしも地震波動の最大加速度を包含するものではない（図-9.4.10）。地震力の実効値は加速度波形の積分値（速度）の形態となり、震度はそれを吸収できればよい。震度法は主に転倒や滑りなどの安定性や曲げモーメントに対する安全性の検討に用いられる。構造物の中では設計震度を超える加速度によるせん断力に対するせん断抵抗を持たない構造、部材は破断する。そのために、せん断ひずみを小さくできる広い断面積またはねばり強い靱性を持たせること（図-9.4.11）が必要である。

道路橋示方書　V耐震設計編は震度法では設計震度の設定に反映されていない地震の多発地域、地盤の種類、構造物の揺れやすさなどの影響を考慮した修正震度に相当する設計水平震度を採用している。そして、地震動をレベル1（発生頻

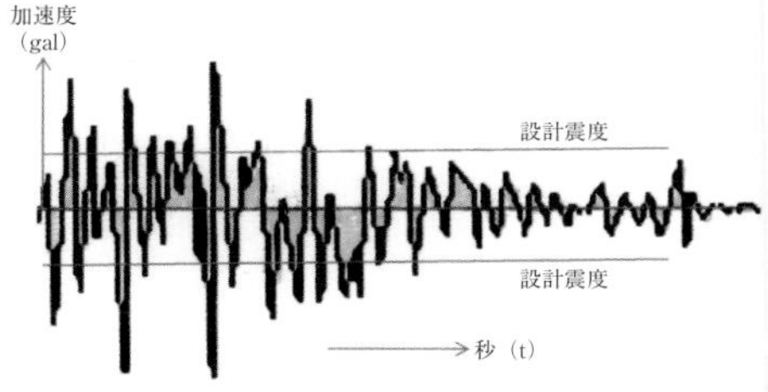

図-9.4.10　最大加速度と設計震度の関係

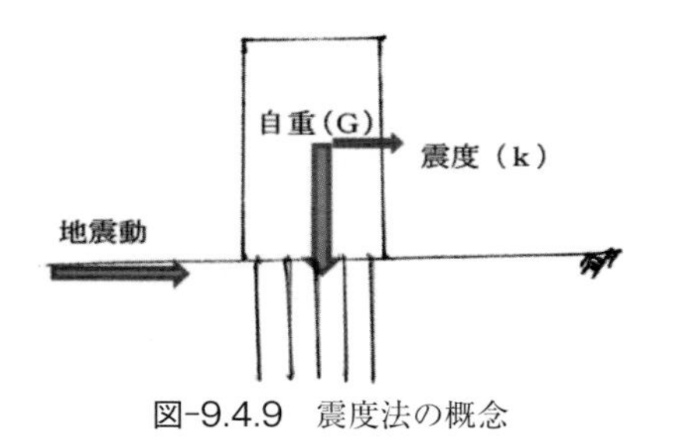

図-9.4.9　震度法の概念

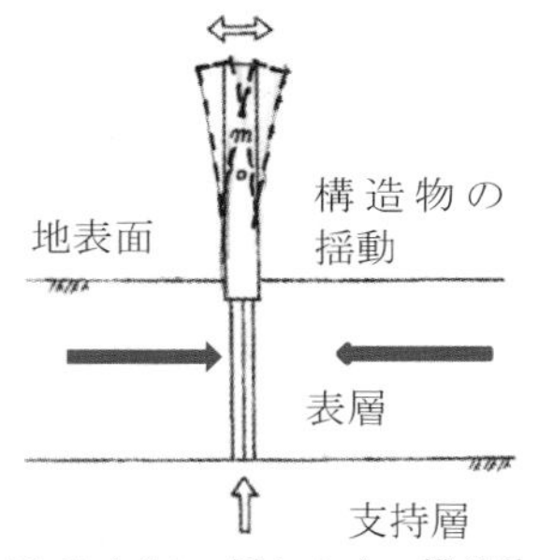

図-9.4.11　揺れやすい構造物

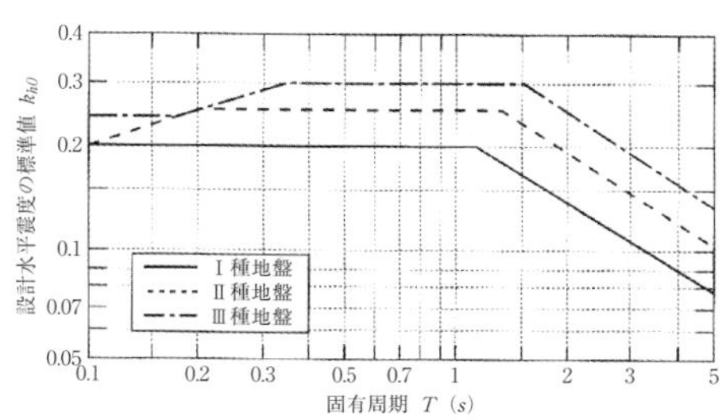

図-9.4.12　レベル1地震動[5)]

度が比較的多い中程度の強度の地震動）とレベル2（発生頻度は低いが、大規模な強い地震動）に分けられる。レベル2はタイプⅠ（プレート境界型大地震）とタイプⅡ（内陸直下型大地震）に分けて設計水平震度を定めている。設計水平震度は既往の強震記録を統計処理したスペクトル図をレベル毎とタイプ毎に、地盤種類と構造物の固有周期により定め、設計水平震度の標準値を地域別係数で補正して設定している。これらの標準値による震度が慣性力として構造物に作用する。

地盤の区分はⅠ種が岩盤などの硬い地盤を、Ⅱ種が通常の堆積地盤を、Ⅲ種が軟弱地盤などとなり、構造物の固有周期（T）は $T=2.01\delta^{1/2}$（δ: 構造物の変位）で与えられる。道路橋示方書　Ⅴ耐震設計編は地震動Ⅰ、Ⅱに対する照査のために、レベルⅠの設計水平震度の標準値として**図-9.4.12**の加速度スペクトルを与えている。**図-9.4.13**は地震動レベル2のタイプⅠとタイプⅡに対する設計水平震度の標準値となる加速度スペクトルである。いずれのスペクトルも過去の強震観測で得られたスペクトルの平均値をモデル化したものである。

道路橋示方書　Ⅴ耐震設計法は設計水平震度を規定しているが、支承部の反力に関する規定を除いて鉛直震度の規定は見られない。支承部の鉛直震度（P波？）も水平震度（S波？）をベースにしており、過去の被災事例、**図-9.3.1**の観測記録などからも過小ではないかと考えら

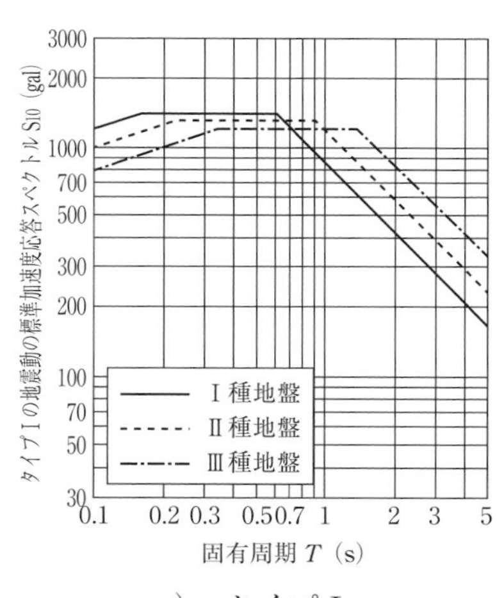

a)　タイプⅠ

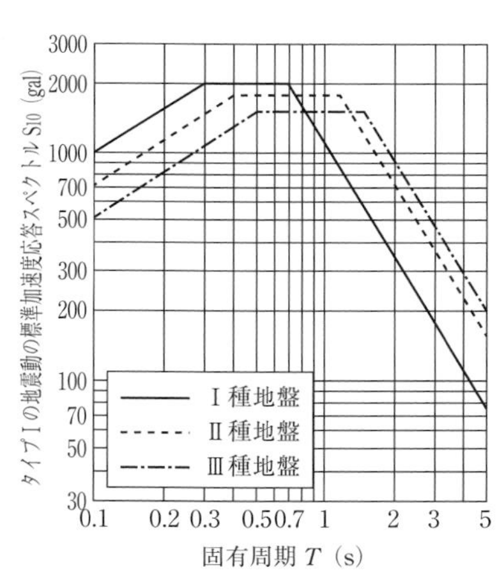

b)　タイプⅡ

図-9.4.13　レベル2のタイプⅠとタイプⅡの加速度スペクトル[5)]

れる。9.3で衝撃波動について述べたとおり、極短周期の波動への設計上の対応を定めることは今後の課題であろう。

9.4.3　応答変位法

応答変位法は地下埋設管の耐震のために考案された設計法である。地震時に地下埋設管は表層地盤の動き（図-9.4.14）に拘束されて変形する。応答変位法は表層地盤の変位、変形が線状の地下埋設管に与える影響を評価するもの（図-9.4.15）で、地盤バネ（地盤反力係数）を介して地盤の変形を荷重とする設計法である。1973年に開港を控えた成田国際空港の航空燃料を送るパイプラインの耐震基準を作成する過程で、建設省土木研究所栗林栄一地震防災部長が考案したものである。このパイプラインは激しく液状化した地盤や軟弱地盤地帯を横過しているが、東日本大震災では被災がなく、震災後や福島原発事故後も航空燃料の供給が途切れず、成田国際空港の機能を守ることができた。

応答変位法は震度法に次いで日本で生まれた耐震設計法である。地下埋設管は地盤の動きに追従して曲げ変形するので管体は曲げモーメントに耐えるように設計して可撓性を確保する。この設計法は全国の水道の耐震基準の根幹をなすもので、多くの地下構造物の耐震設計にも適用されている。

地下埋設管の耐震上の弱点である管の継手に、成田の航空燃料のパイプラインではベローズ管（図-9.4.16）が用いて被災を免れた。その後、八戸水道企業団とクボタ鉄鋼（株）は耐震用S型継手管（図-9.4.17）を共同開発した。この継手管を用いた約190kmの導送水管には1994年三陸はるか沖地震（M＝7.5）や2011年東日本大震災では損傷がなかった。この継手は1995年阪神大震災による被災管路の復旧工事をはじめ、全国に広く普及している。

応答変位法は地下埋設管のみならず、

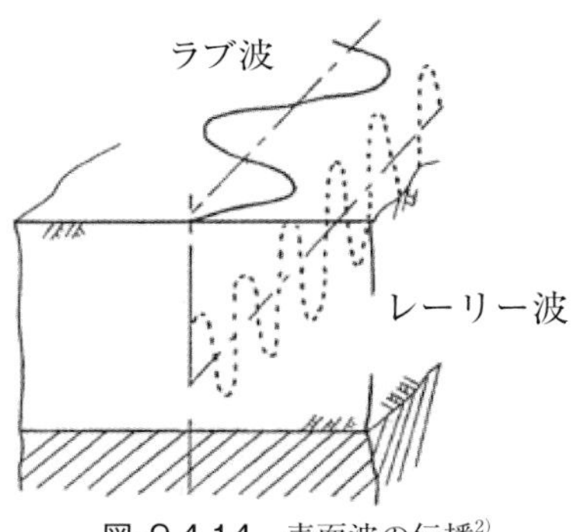

図-9.4.14　表面波の伝播[2)]

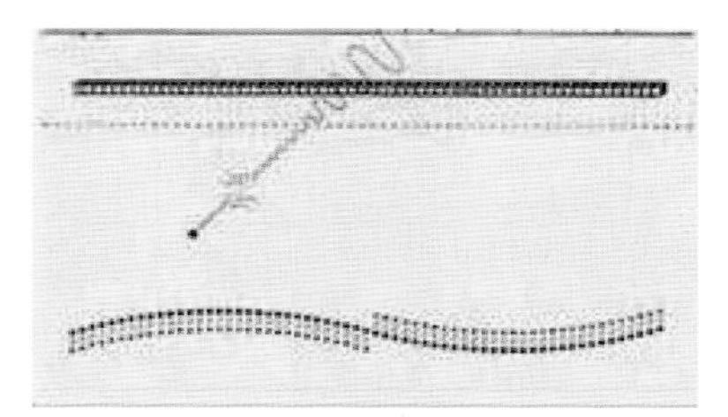

図-9.4.15　地震時の地下埋設管の動きの概念[6)]

図-9.4.16　ベローズ型継手管[7)]

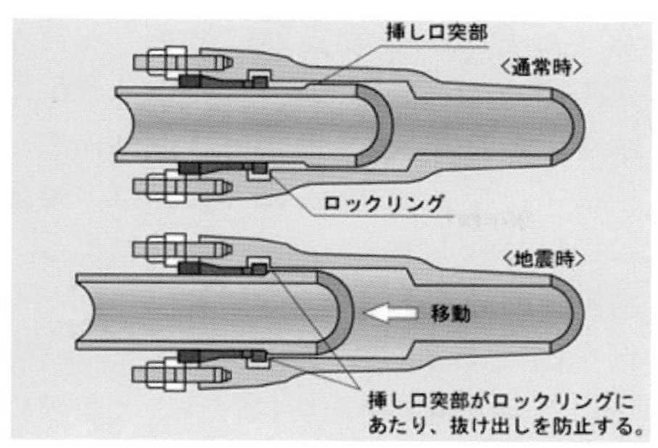

図-9.4.17　水道用S型継手管[8)]

地上構造物にも適用されようになっている。しかし、平面的に点となる垂直方向構造物の基礎の設計にはほとんど用いられていない。

震度法や修正震度法は剛性の高い、ずんぐりした形状の構造物の耐震性を確かめるのに適しているが、図-9.4.11のように揺れやすい構造の場合は地盤の振動で構造物の振動は増幅するが、両者の振動の間で異なる周期や位相（ズレ）が生じる。複雑な構造になると各部材の振動が合成されて構造物は複雑な振動性状を示す。これらの構造物の地震に対する振動性状（応答）を明らかにするために粘弾性モデル（図-9.4.18）による動的解析が必要となり、その応答計算にコンピュータの助けを借りることになる。粘

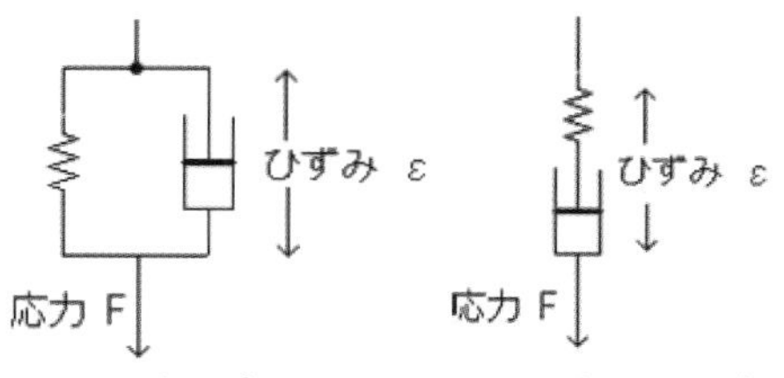

図-9.4.18　フォークトモデルとマックスウェルモデル

弾性モデルはバネ(弾性係数)とダッシュポット（減衰）で構成される。構造物を簡素にモデル化した応答計算が応答スペクトル法で、地震波動に即して応答計算するのが時刻歴応答解析である。

9.5　動的応答解析

9.5.1　バネ・マスモデルとFEMモデル

図-9.5.1は1質点系のバネ・マスモデルのモデルで、地震動に対する質点の応答を示す。すなわち、バネが短く剛性の高いモデルの質点は短周期の加速度波動に反応して大きく増幅するが、バネ長のある剛性の低いモデルの質点は短周期波動のエネルギーを吸収し、比較的低い加速度ながら長周期波動になる。この応答波動の最大スペクトル値で設計する方法が応答スペクトル法である。元来は構造物を1質点系のバネ・マスモデルに置き換えて応答計算をするものであった

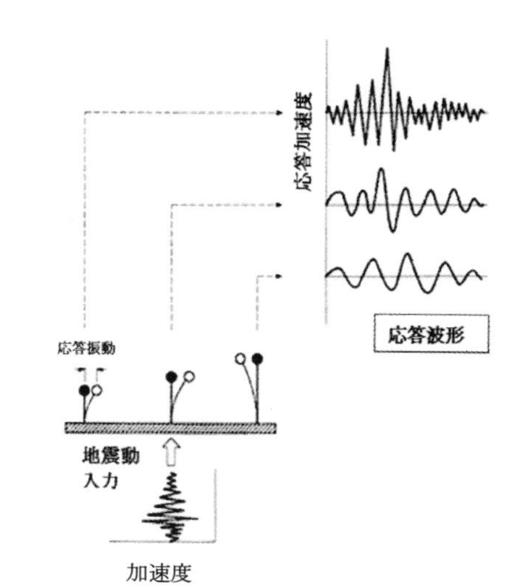

図-9.5.1　1質点系のバネ・マスモデルの地震応答[10)]

が、構造物は１質点系のように単純なものだけではないので、現実的なものとするために構造体の各部分の形状、剛性などをバネ・マスモデルで置き換えて応答計算をする必要がある。図-9.5.2 は橋脚を多質点系のバネ・マスモデルで表現したものである。基礎杭についても地盤と杭をマスとバネで繋いだモデル（ペンゼンモデル、図-9.5.3）で解析した時代もあった。

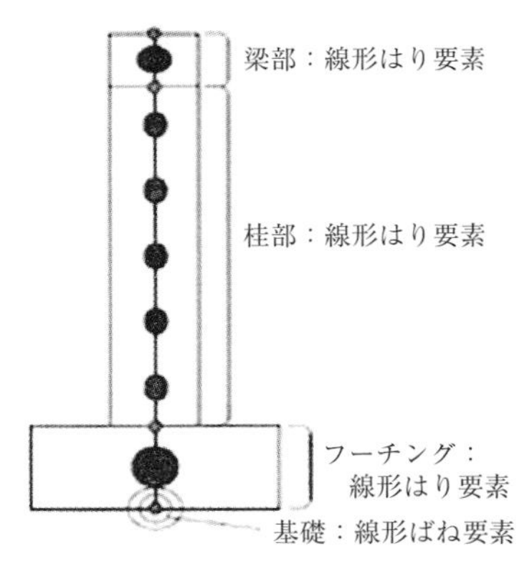

図-9.5.2　多質点系の解析モデル

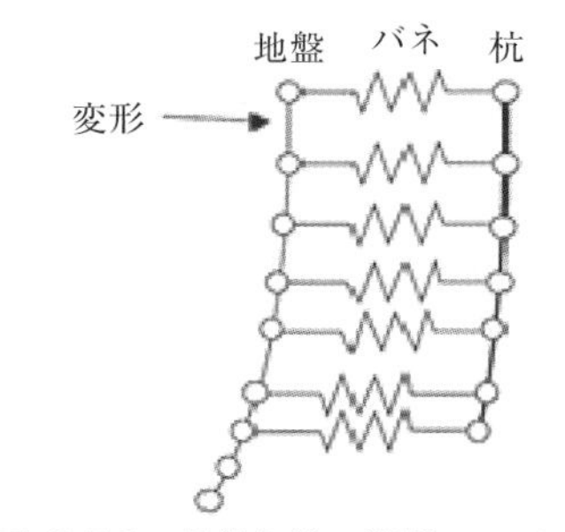

図-9.5.3　地盤と杭の関係のモデル[9)]

１質点系のモデルに地震波動を入力した応答計算で、周期毎に最大値を連結して図示したものが応答スペクトル図となる（図-9.5.4）。地震動に対する多質点系モデルの応答のモードを図-9.5.5 に示す。応答スペクトル曲線は減衰係数の値によって変化する（図-9.5.6）。減衰は振動エネルギーの消費の大小による。構造物の応答スペクトルの算出された事例を図-9.5.7 に示す。応答解析には構造物のモデル化を適切に行うことが求められる（図-9.5.8）。振動モードは質点の数だけ出現するが、構造物の耐震性に大きな影響を与えるのは１次モードから３次モードまでの応答が主体である。こ

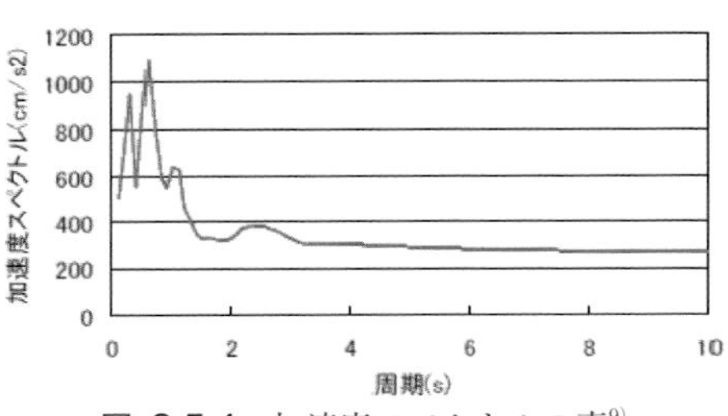

図-9.5.4　加速度スペクトルの事[9)]

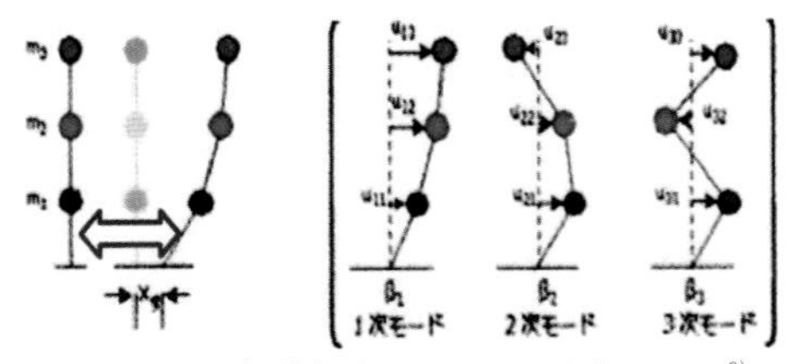

図-9.5.5　多質点系のモデルの応答モデル[9)]

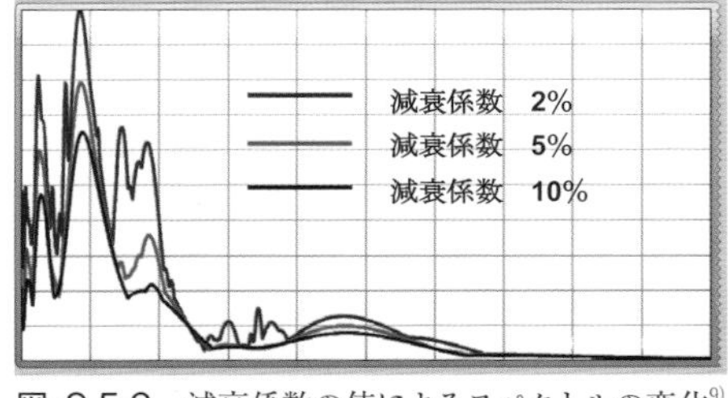

図-9.5.6　減衰係数の値によるスペクトルの変化[9)]

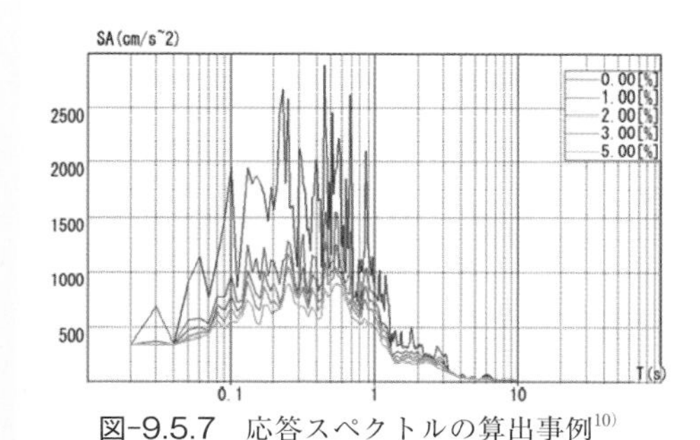

図-9.5.7　応答スペクトルの算出事例[10)]

れらのモードで合成された変位（X_{mean}）は自乗平均平方根（式-9.5.1）で平均化される。

$$X_{mean} = (\Sigma(x_i^2)/n)^{1/2} \qquad 式\text{-}9.5.1$$

ここで

x_i：各モードの変位（m）

n：マス（モード）の数

図-9.5.2や図-9.5.8のように解析モデル（バネ・マスモデル）が決まれば基礎部分に標準化された加速度応答スペクトルの地震動を入力してモデル全体の応答計算を行う。入力地震動は過去に観測された地震動のスペクトルを図-9.5.9のように包含したものを用いる。道路橋示方書　V耐震設計編では地震の規模、地盤種別毎に過去のスペクトルを図-9.5.10、図-9.5.11のようにまとめている。

計算に用いる減衰係数は上部構造で2％、下部工躯体で5％、基礎地盤で10％が一般的である。また、応答が拡大して変位（δ）が増大する領域では荷重変位曲線は湾曲する。曲線の立ち上がり部のバネ係数（k）を用いると過大な応答荷重（p）を与える結果になり、大きな断面を要する。そこで、許容される変位の範囲内で荷重変位曲線に沿って割線を設けて、その勾配（k'）を実用上のバ

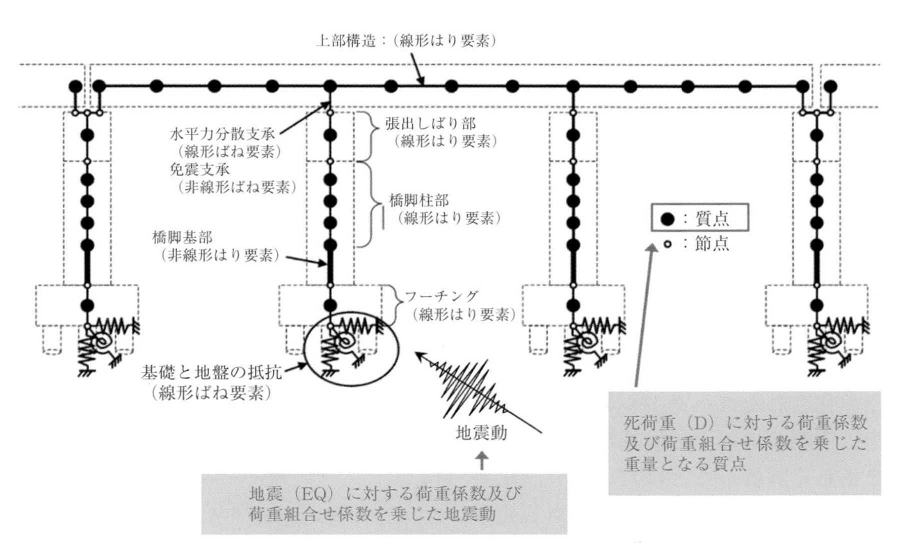

図-9.5.8　連続桁橋の解析モデルの事例[5)]

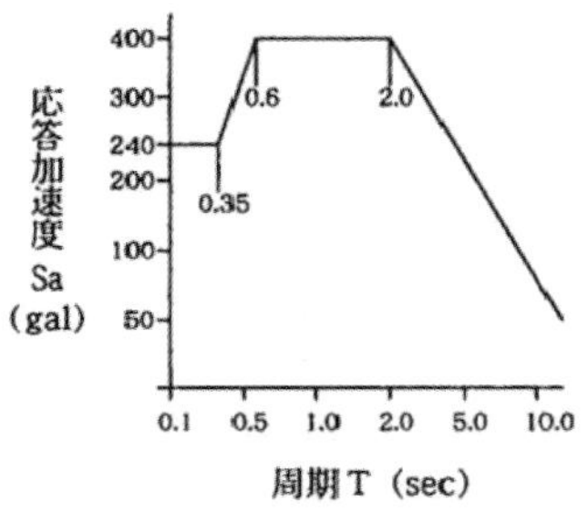

図-9.5.9　応答スペクトルの包絡線

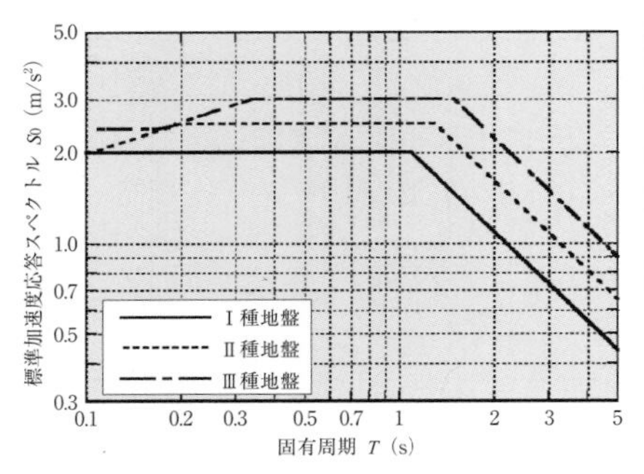

図-9.5.10　レベル1地震動の標準加速度応答スペクトル S_0[5)]

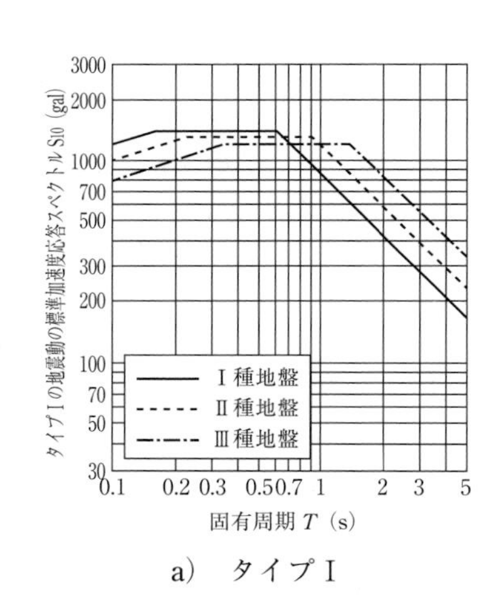

図-9.5.11　レベル2のタイプⅠとタイプⅡの地震動の標準加速度応答スペクトルS1とS2[5)]

ネ係数とするのが等価線形法である(図-9.5.12)。応答計算から得られた各点の応答加速度から積分された曲げモーメントまたは変位に対して断面を決定する。一連の計算にはコンピュータを使いこなす必要がある。

標準化されたスペクトルによる応答計算では実際の地盤上の構造物の地震時挙動を正しく評価したとは言い難い。重要構造物などでは実際の地震波動もしくは合成された模擬波動を用いて構造物の応

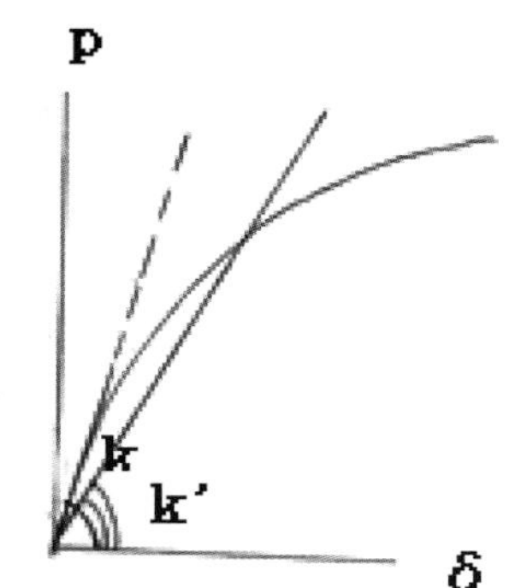

図-9.5.12　等価線形法の概念

答を調べることが行われる。用いる波動は一つだけでなく、類似の地盤で記録された、数種類の地震波動で地震の規模を変化させて実施される。時刻歴応答解析と呼ばれる。使われる構造物の解析モデルは図-9.5.5、図-9.5.8のようなバネ・マスモデルもあるが、有限要素法(FEM)による2次元、3次元で要素（エレメント）割りしたものでも行われる。

図-9.5.13は地震時の1次元バネ・マスモデルによる時刻歴応答解析の結果で、図-9.5.5の1次モードに対応するものである。構造物上部の向かうほど、応答が大きくなることが表現できる。図-9.5.14は杭基礎のビルの3次元FEMモデルに対する地震時の時刻歴応答解析の事例である。基礎杭の設計で応力状態が最も厳しくなる杭頭における曲げモーメントとせん断力の応答波動を表している。入力波動とは大きく異なる波形になっているのはビル独自の振動特性との相互作用に拠るものである。構造系の各断面での応答値に対して断面設計が行われる。また、基礎の反力に相当する波動も算出され、基礎の規模も決めることができる。

9.5.2 時刻歴応答解析

道路橋示方書　V耐震設計編は時刻歴応答解析に用いる加速度波形を例示している。図-9.5.15はレベル1地震動によるI種地盤、II種地盤、III種地盤における加速度波形の各地で観測された記録の事例である。図中のIII種地盤は1983年日本海中部地震（M=7.7）の時の津軽地方の深い軟弱地盤上のもので、液状化現象も発生しており、継続時間が長すぎる特殊なものである。図-9.5.16はII種地盤におけるレベル2地震動による加速度波形の各地で観測された記録の事例である。通常はこれらの波動記録をカーブリーダー（光学式曲線読み取り装置）で読み込んだ波動か、地震計のデジタル記録を用いて応答計算を行う。

これらの地震記録から分かるように、地震記録は地震の規模、場所、地盤などによって大きく変化するので既述のとおり、時刻歴応答解析では類似の条件の地震記録を数例で検討する必要がある。時刻歴応答解析法は構造体の各部分で曲げ

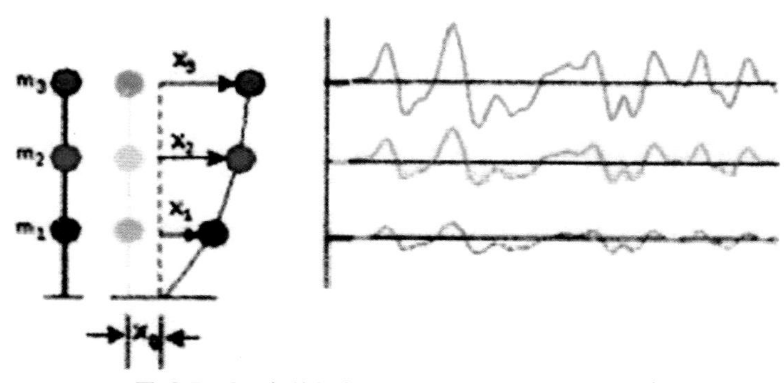

図-9.5.13　多質点系のモデルの時刻歴応答モデル[9]

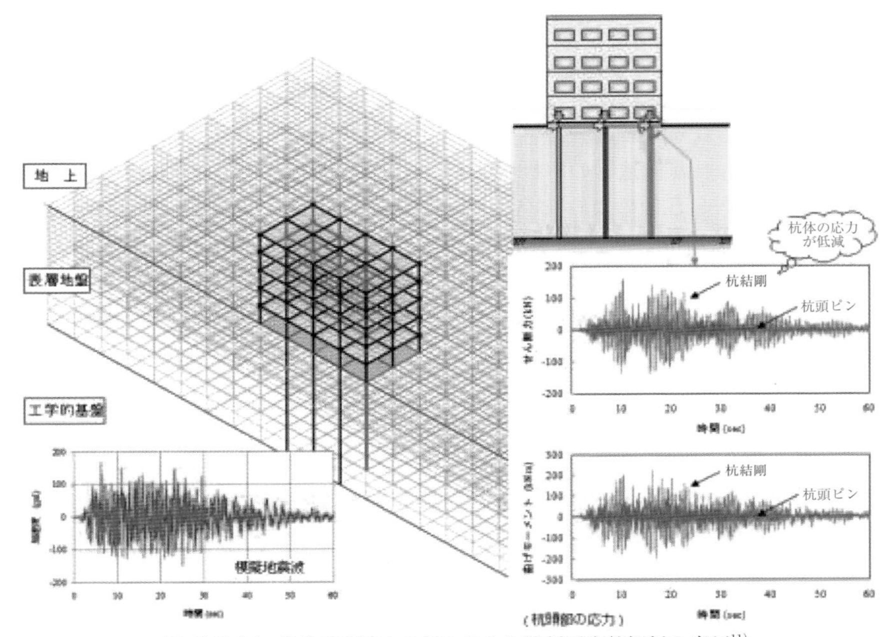

図-9.5.14　3次元FEMモデルによる時刻歴応答解析の事例[11)]

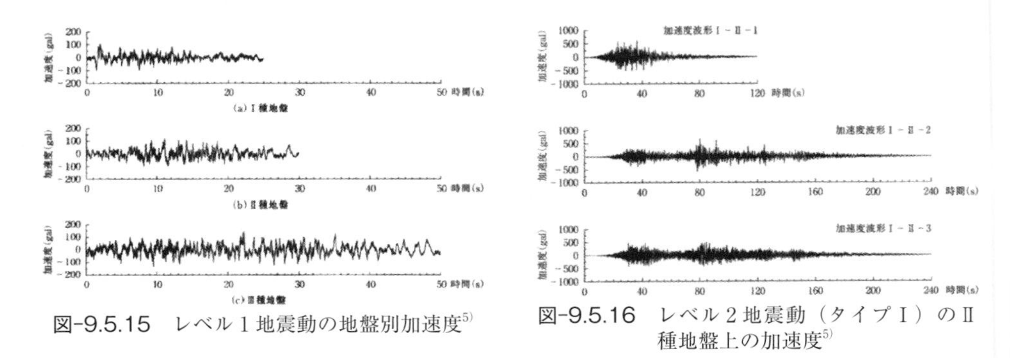

図-9.5.15　レベル1地震動の地盤別加速度[5)]

図-9.5.16　レベル2地震動（タイプI）のII種地盤上の加速度[5)]

モーメント、せん断力の変動及び変形を捉えることができるので現行の耐震設計の方法としては最もよく地震動に対する構造物の挙動を捉えられるとされている。

上述のように地震動に対する応答計算で得られた基礎反力に対して基礎の設計をすることになる。過去の耐震設計では作用地震動に対する構造物の応答値に対して許容応力度で断面が決められていたが、現在は許容応力度を超える応答に対しても崩壊を防ぐことが求められている。そのために変形性能を確保することが重要である。道路橋示方書の下部構造編では荷重と変位の関係を軸に設計基準が整備されてきたので対応は容易である。図-9.5.17は荷重（p）と変位（δ）の関係を荷重が降伏荷重(p_y)以上になった以降の変位をモデル化したものである。降伏点以降の荷重はエネルギー一定則（図-9.4.7）により変位で吸収するとしているので変形性能の良否は重要である。降伏点から破断点（終局点）までの塑性変位量は塑性率(μ)で評価される。

$$\mu = \delta_u / \delta_y \quad \text{式-9.5.2}$$

ここで

δ_u：終局限界時の変位（m）

δ_y：弾性限界時の変位（m）

杭基礎の場合、既製コンクリート杭は塑性率4以下、場所打ちコンクリート杭は塑性率8以下の確保が要請され、鋼管杭は杭頭にコンクリートを詰めると塑性率8以上が可能になっている。

この考え方は曲げモーメントにも適用され（図-9.5.18）、塑性率は規定されていないが、一般に鉄筋コンクリートは8程度の塑性率を有するとされている。

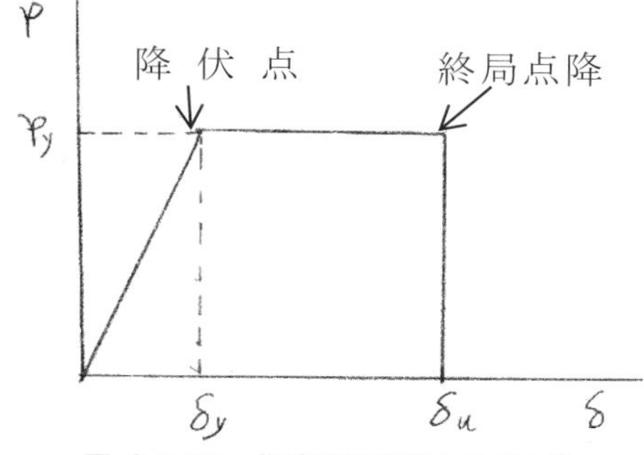

図-9.5.17　荷重変位曲線のモデル化

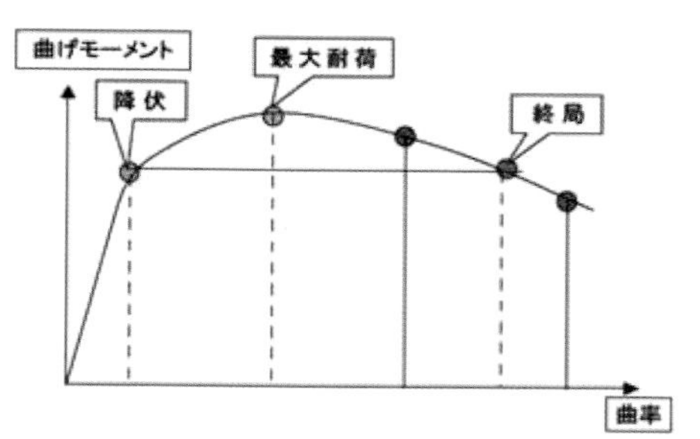

図-9.5.18　曲げモーメントと曲率の関係

9.6　液状化現象

9.6.1　液状化現象による被災

基礎の耐震設計で大きな課題は液状化現象である。道路橋示方書　V耐震設計編をはじめ、多くの技術基準は表層近くの飽和砂層は地震時に液状化するとしている。現行の液状化理論は大きな加速度と波動の繰り返し回数で液状化が発生するとして、液状化地盤上の基礎は大きな加速度と地盤抵抗の低減で設計上、大きな断面にせざるを得ないのが現状である。

道路橋示方書　V耐震設計編では、液状化現象の発生の判定にはF_L値（液状化に対する抵抗率）が用いられている。F_Lは地盤の抵抗を表すせん断強度比(R)を地震の強さを示す応力比（L）で除したもので、$F_L<1$で液状化の影響が発生するとしている。設計に用いる、液状化現象による土質常数の具体的な低減係数（D_E）は表-9.6.1による。すなわち、FL値、深さ、動的せん断強度比（繰り返し三軸強度比）によって1/3ずつ変化し、$D_E=0$で完全に液体状態となる。

$$FL = R/L \quad \text{式-9.6.1}$$

ここで

表-9.6.1　土質定数の低減係数[5)]

F_L の範囲	地表面からの深さ x (m)	動的せん断強度比 R	
		$R \leqq 0.3$	$0.3 < R$
$F_L \leqq 1/3$	$0 \leqq x \leqq 10$	0	1/6
	$10 < x \leqq 20$	1/3	1/3
$1/3 < F_L \leqq 2/3$	$0 \leqq x \leqq 10$	1/3	2/3
	$10 < x \leqq 20$	2/3	2/3
$2/3 < F_L \leqq 1$	$0 \leqq x \leqq 10$	2/3	1
	$10 < x \leqq 20$	1	1

$$R = c_w R_L \qquad \text{式-9.6.2}$$

$$L = r_d k_l \sigma_v / \sigma_v' \qquad \text{式-9.6.3}$$

c_w：地震動特性による補正係数
R_L：繰り返し三軸強度比
r_d：地震時せん断応力比の深さ方向の補正係数
k_l：地盤面の設計水平震度
σ_v：全上載圧（kN/m^2）
σ_v'：有効上載圧（kN/m^2）

しかし、実際の液状化現象は地震の主要動の直後から顕在化して加速度は小さく、人体で感じられない振動で建物、住宅などの安定を損なうことがあり、構造破壊はほとんど見られない。そのために、小さなサポートで液状化被害を免れる事例もあり、必ずしも現行の液状化理論で基礎を設計する必要性は認められない。

液状化現象は1964年のアラスカ地震（M=8.0）や新潟地震（M=7.5）で注目されるようになった。図-9.6.1は液状化現象で信濃川の古い埋立地の上の県営アパート群の3棟が傾斜したものである。傾斜しなかったアパートの中には沈下したものもある。信濃川に架かる橋梁群の中で図-9.6.2の手前のパイルベント基礎の昭和大橋（1964年完成）が落

図-9.6.1　河岸町のアパートの転倒[12)]

図-9.6.2　昭和大橋の落橋[13)]

橋している。落橋は地震発生を橋上で感じた通行人が走って逃げた後に発生している。その下流の八千代橋（1962年完成）は液状化現象で落橋寸前まで移動したが、落橋は免れた。当時、最下流の万代橋（1929年完成）はニューマチックケーソン基礎の鉄筋コンクリートアーチ橋で、主径間には被災がなかった（図-9.6.3）。

しかし、側径間の短径間アーチの部分は液状化現象による河岸の側方流動で背面土が崩壊して大きなひび割れが生じた。河岸の側方流動の影響は広い範囲にみられ、離れた建物の鉄筋コンクリート杭などにも大きな曲げ変形を与えている（図-9.6.4）。この杭の変形は地震から

図-9.6.3　主径間に被災のない万代橋[14)]

図-9.6.4　側方流動で破損したRC[15)]

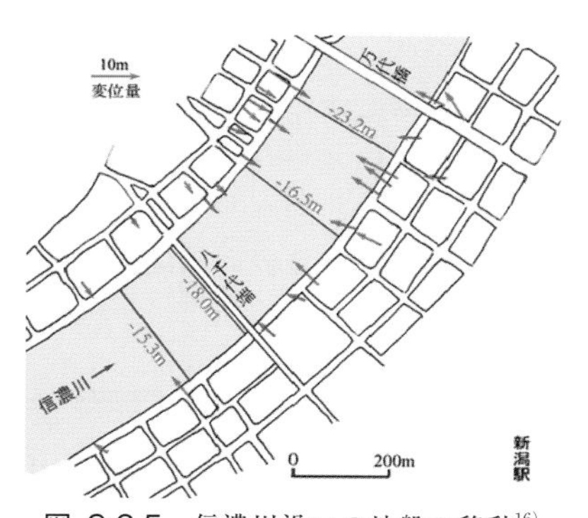

図-9.6.5　信濃川沿いの地盤の移動[16)]

数十年後に建物の建て替え時の掘削で明らかにされたもので、被災から長期間にわたり破損しながらも建物を支えてきたものである。地表の移動量は**図-9.6.5**にみるとおり数mに及び、信濃川の川幅はところにより20m前後も縮まっている。これより、液状化現象による大きな地盤移動があっても、基礎が強い剛性と靱性を有していれば流動圧に耐えられことを示している。河岸の側方流動の事例は東日本大震災などでも見られ、**図-9.6.6**は軟弱地盤地帯の河川の河床が吹き出した砂で埋塞した例である。それでも両岸の矢板護岸には大きな変状は見られない。

日本における記録された過去最大の液状化現象は1948年福井地震（M＝7.1）である。震源は福井盆地の中央で、盆地全域で液状化現象が見られた。九頭竜川やその周辺では砂礫層も液状化して流域は噴出砂で覆われ、重要な道路橋であった中角橋（**図-9.6.7**）や北陸本線の九頭竜川鉄橋（**図-9.6.8**）などは液状化

図-9.6.6　液状化時の流動による川底の埋塞[17)]

図-9.6.7　福井地震での中角橋の落橋[18)]

図-9.6.8　北陸本線の九頭竜川鉄橋の崩壊[18]

現象で落橋、転倒、崩壊した。写真は当時の地震調査団が撮影したものである。

9.6.2　液状化現象の発生メカニズム

上述の各現象は現行の液状化現象の発生理論では説明ができない。すなわち、次のような現象である。

①液状化現象の継続時には設計震度のような大きな加速度は観測されない
②液状化現象は主要動に遅れて顕在化する
③液状化現象では低い加速度の長周期波動が見られる
④液状化現象は本震後も長時間、継続する
⑤液状化現象は飽和した砂地盤のみならず、地下水面下の砂礫地盤、シルト地盤でも見られる
⑥明らかな噴砂現象が見られなくとも大きな地盤移動、地滑り、法面滑りなどが発生する

これらの現象は次のような考察ですべてが解明できる。

これまでの液状化地盤の下には例外なく粘土層やシルト層のような粘性土層が分布している。基岩層からの地震波動は表面地層に向かって伝播する（図-9.6.9）。波動は硬い地層から軟らかい地層には容易に伝わるが、軟らかい地層から硬い地層には反射などで伝わりにくい。

その結果、表層に近い軟らかい粘性土層は蓄積される波動エネルギーでゆっくりとした独自の揺動を始める。粘性土層の波動は大きなエネルギーを保有する長周期の波動となり、粘性土層の厚さ、密度、減衰定数、地震の規模、作用時間などに応じて加速度、継続時間が変化する。その上の飽和砂層は下の粘性土層からの揺動（1次モード）による大きなせん断ひずみを受けて砂の骨格構造が崩れ、上載荷重からの伝播応力を支えきれなくなる。砂層の骨格構造の有効応力は間隙水に振り替わる結果、間隙水は圧力を受けて過剰間隙水圧となり、砂粒子を含む液体状となる。骨格構造の剛性が低下した飽和砂層全体は大きく揺動することになる。水を密封したビニル袋の上にものを載せた状態に例えられる。間隙水に逃げ道があると噴砂、噴水となり、地上に流れ出して構造物や地表面は沈下する（図-

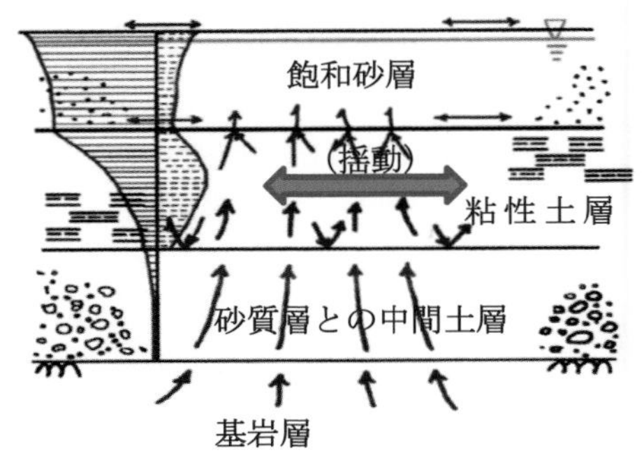

図-9.6.9　粘性土層に蓄積された地震波動エネルギーによる揺動

9.6.10)。

これが地震時の液状化現象で、模型化して説明したものが図-9.6.11である。皿の上にこんにゃくやゼリーのような塑性体を載せ、その上に湿った砂のようなものがある模型において皿にハンマーの一撃を与えるとこんにゃくはぶるぶると大きく揺れる。すると、上の湿った砂は崩れて含んでいる水分が吐き出される。一種の液状化現象で、こんにゃくの揺動はしばらく続くことになる。その間、液状化現象も継続する。この時の皿に生じる衝撃波動の応力は大きいものの、大きく揺動するこんにゃくのせん断歪みや変位を起こしている加速度は僅少である。

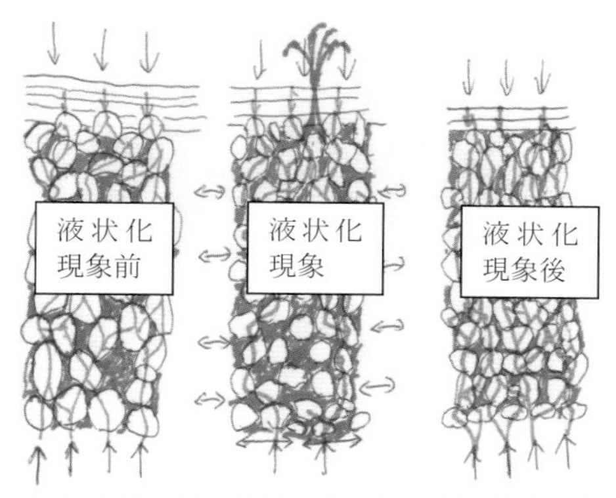

図-9.6.10　液状化現象時の砂の骨格構造の有効応力の逸散と復元

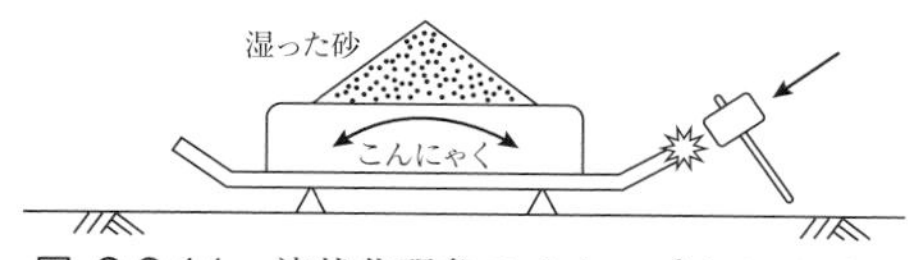

図-9.6.11　液状化現象のメカニズムのモデル

一方、表層の砂層が硬い場合は粘性土層を通る波動は反射して粘性土層に留まり、減衰していくものと、通過していくものに別れる。その場合、粘性土層の上下面を拘束された振動は2次モード以上のモードになり（図-9.6.9)、変形は小さくなる。粘性土層が相応に硬ければ表層に達した加速度は構造物に被害を与える規模のものになる。

福井地震のあった地盤での飽和砂層の下の粘性土層（第2層）のせん断波速度を70m/secと270m/secで応答計算をした結果を比較すると（図-9.6.12）地表の加速度の最大値は86galと270galとなった。前者では表層地盤のせん断歪み量は2.5×10^{-2}となり、液状化が発生する歪みレベルに達した。

後者のように粘性土層が硬いと通常の地盤と変わらず、構造物に被害を与える加速度レベルとなる。現実に耐震性の低いビル（大和屋百貨店）は崩壊した（図-9.6.13)。しかし、崩壊したビルに隣接

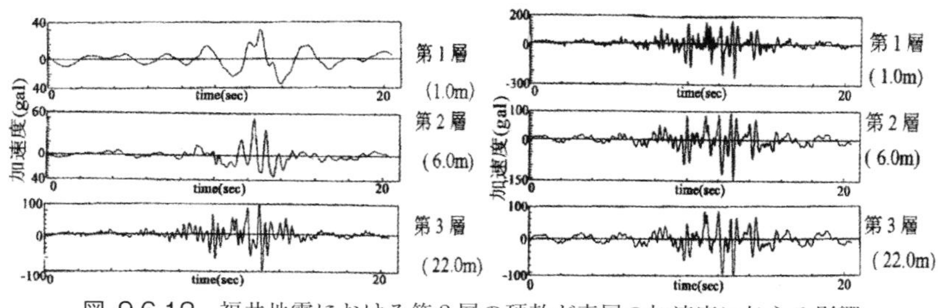

図-9.6.12　福井地震における第2層の硬軟が表層の加速度に与える影響

図-9.6.13　倒壊した大和百貨店[19]

する耐震性のある建物（福井銀行本店）に被害はなかった。このことは耐震設計上、意味深長である。すなわち、基岩から発した地震波動は表層に集まるので、耐震設計は表層近傍の地層構成で異なる地震動（地震波形）に対して対応することとなる。

このような液状化現象のメカニズムについて幾つかの検証事例があるが、ここでは、東日本大震災で大規模な液状化現象が生じた東京湾北岸の浦安での事例計算とほぼ同じ地層構成の幕張地区で観測された記録との比較を示す。図-9.6.14は浦安地区の基岩からの地層構成を地下2,000mから弾性波探査の結果などを反映してモデル化したものである。図-9.6.15は防災科学技術研究所の岩槻の地殻活動観測施設の地下3,500mの岩盤の中で計測された地震波動である。

この波動を図-9.6.14の基岩部分（−2,000m）に入力して各地層のせん断剛性と減衰定数を図-9.6.16のように取り、等価線形法で地層間の重複反射

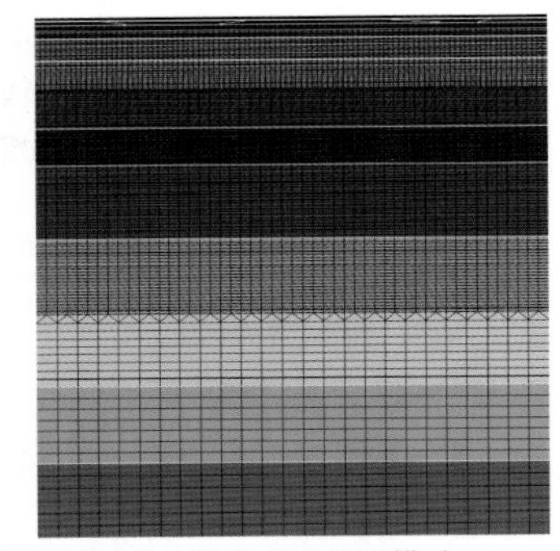
図-9.6.14　浦安市の地下構造のモデル

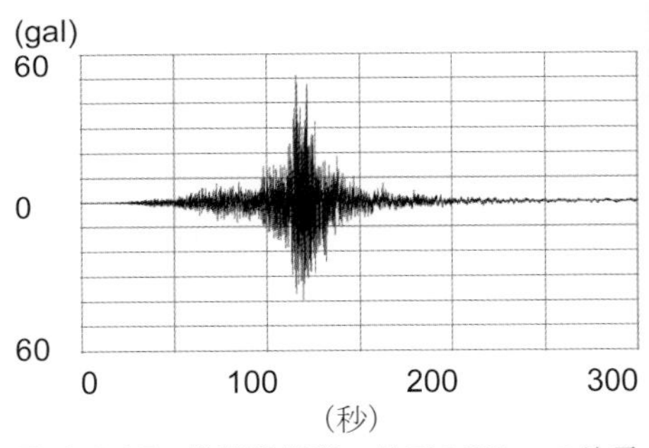

図-9.6.15　岩槻観測所の地下3,500 mの地震記録

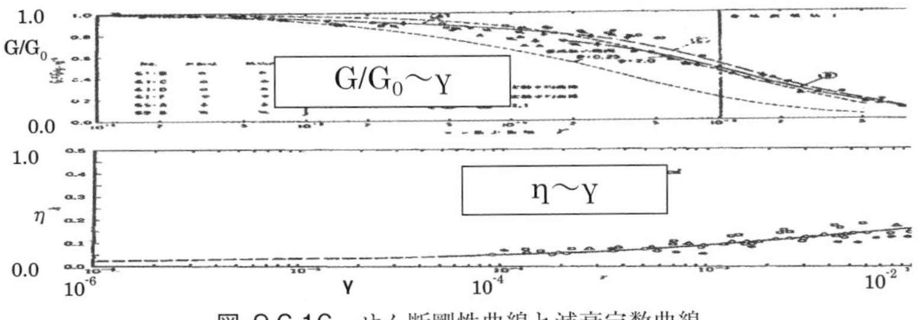

図-9.6.16　せん断剛性曲線と減衰定数曲線

を考慮した応答計算で得られた地表面での加速度波形が図-9.6.17である。入力波と地表の応答波形の加速度スペクトルを図示したものが図-9.6.18である。入力波が2,000mの中間層の間を重複反射しながら地表に達すると、全く異なる性質の波動に変わっていることが分かる。

この計算された波動の妥当性を照査するために幕張の激しく液状化した地区で観測された地震波形とスペクトルを比較したものが図-9.6.19である。上段の観測波形のスペクトルはランニングスペクトル（波動全体の前後を3分割してそれぞれのスペクトルを表現したもの）である。下段は応答計算の結果である。二つの波動の形状もよく似ており、スペクトルも減衰定数10%（通常、地盤に用いる）のものが観測波形の主要動の部分と近似している。何らの予見もないまま、純粋に応答計算した結果が観測記録と近似していることは奇跡のように思われる。それまでも過去の大地震時に液状化した地盤について同様の応答計算をした結果、実際にそうであったろうと推測される成果が得られていたが、液状化地盤上の観測記録との照合が出来ずにいたので幕張での検証は感激の結果であった。

これらの応答計算ではボーリングなど

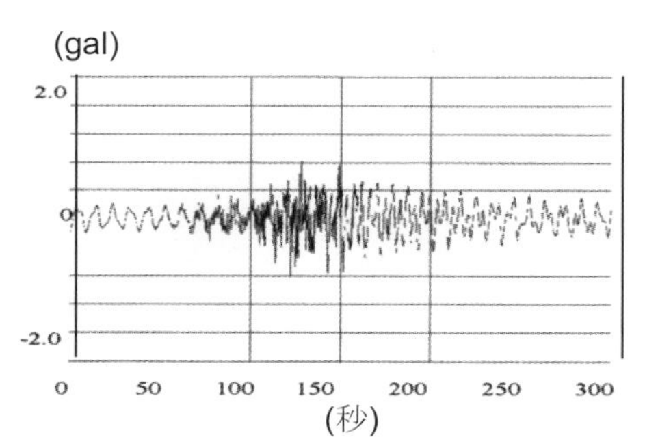

図-9.6.17　浦安市で算出された応答加速度

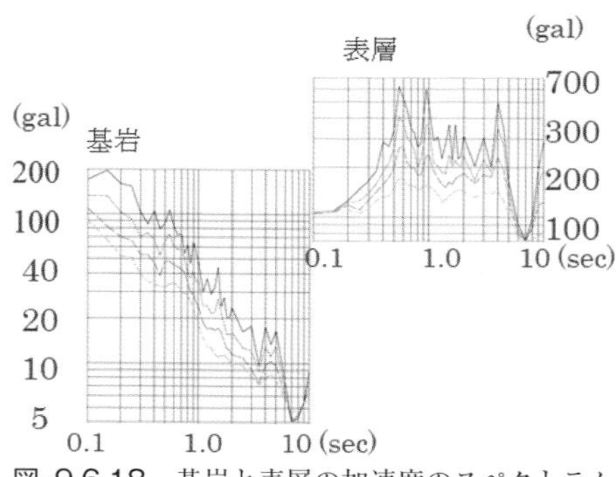

図-9.6.18　基岩と表層の加速度のスペクトラム

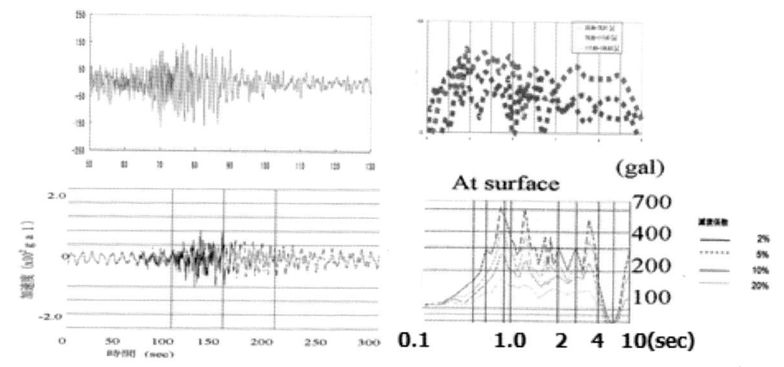

図-9.6.19　加速度に関する幕張での観測記録と浦安での算出波動の比較[20]

が到達できない深さの地層のせん断剛性（G）や減衰定数（η）を必要とするが、弾性波探査によるせん断波速度（V_s）を用いてせん断剛性を式-9.6.4で算出できる。ここで得られたせん断剛性は図-9.6.16の歪みレベル10^{-6}での値に相当する。減衰定数はひずみレベル10^{-6}付近では0～2％、10^{-2}付近では10～20％と考えられる。

$$G=\gamma V_s^2/2 \qquad \text{式-9.6.4}$$

ここで

γ：単位堆積重量（kN/m^3）

このように、液状化現象の発生メカニズムに関する現行の理論は現実の現象と乖離している。それに基づいた設計は過大な設計となっているものが多く、液状化対策として当を得ているかと首をひねるものが混在している。

9.6.3　液状化現象に対する対策

図-9.6.20は1994年三陸はるか沖地震（M＝7.5）における八戸港に位置する穀物貯蔵施設の高架のコンベアベルトの写真である。貯蔵サイロの周辺地盤はグラベルドレーンとサンドコンパクション工法で地盤改良が施工されていたので、その上のサイロ本体を含めて周辺構造物には液状化の痕跡は見られなかった。図-9.6.21はグラベルドレーンで地盤改良された地盤上のサイロに隣接するコンベアの支柱の基礎である。液状化を引き起こす過剰間隙水圧はグラベルドレーンなどを通じて消散したことを示す。

図-9.6.20　液状化による噴砂とコンベア[2)]

図-9.6.21　グラベルドレーンの効果[2)]

その他のサイロの近接の、地先公園を含む地盤では激しい液状化現象が生じた。その中でトップヘビーのコンベアを支えるスレンダーな支柱は無被害であったので、工場は震災の翌日から操業することができた。このことはコンベアの柱に作用した液状化地盤からの加速度は小さく、上部がつながっていたために液状化の被害を受けなかったものと考えられる。すなわち、加速度が小さいので支持力を確保した上で、変形を止めるだけの対策が有効であることが示された。八戸港の地盤改良工法は畜産産業への冬期の飼料供給を継続するのに貢献することができた。八戸港ではこの他にサンドドレーン（図-9.6.22）やペーパードレーンでも効果が見られた。

液状化現象では岸壁や傾斜地のように偏載荷重が作用しているところでは側方流動で構造物の移動、地滑り、膨れあがりなどで被害が生じることがある。図-9.6.4のように基礎杭がひ弱であると杭に曲げ変形や亀裂が生じる。そのような液状化による側方流動の恐れのある地盤では図-9.6.23、図-9.6.24のように剛性や靱性の高い基礎が求められる。

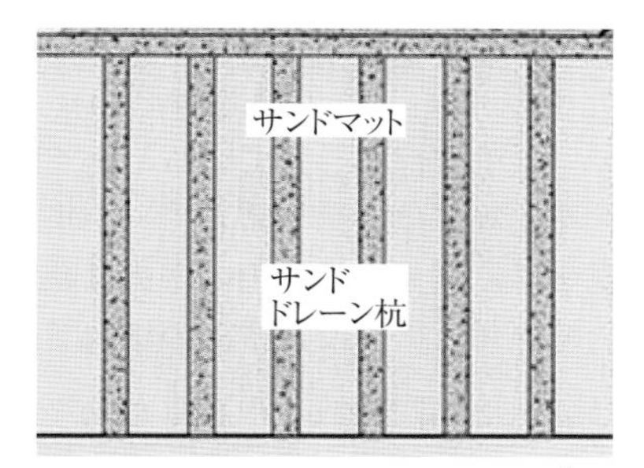

図-9.6.22　サンドドレーン工法[2)]

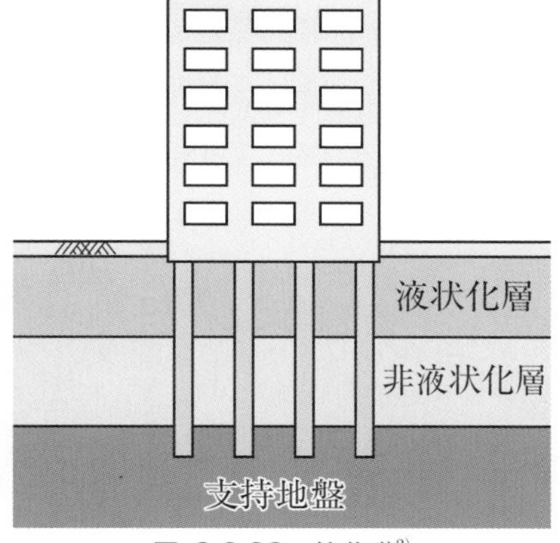

図-9.6.23　杭基礎[2)]

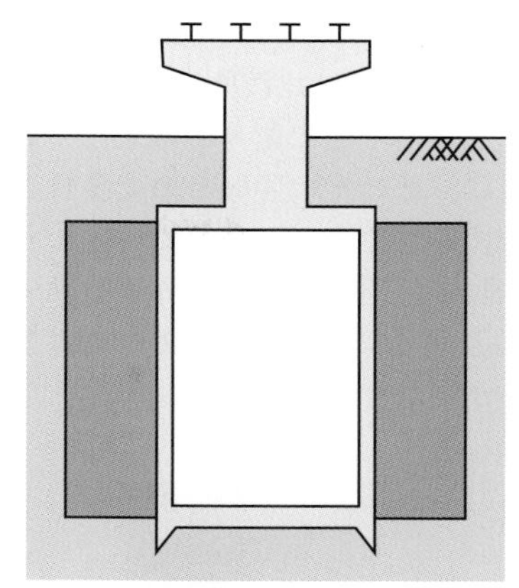

図-9.6.24　ケーソン基礎[2)]

9.7　斜面すべり

液状化現象を解明する研究の中で、現行の液状化現象の発生理論で説明できなかった現象は前述の解析で解明できたが、最後まで不明であったのは“明らかな噴砂現象が見られなくとも、大きな地盤移動、地滑り、法面滑りなどが発生する”現象の解明であった。ゆるやかな傾斜地での地滑りは1964年のアラスカ地震、2011年のニュージーランドのクライストチャーチ地震（図-9.7.1）では明確に現れた。

しかし、2011年の東日本大震災の際、東京湾岸の大規模な液状化現象が発生した幕張地区（図-9.7.2）の国土交通省による現地観測の結果、地滑り発生の原因を見つけ出すことができた。液状化現象は埋立地に多く発生したが、噴砂で覆われた区画と噴水のみで緑の残った区画とが存在した。

幕張地区と類似の地盤で応答計算をしたときの表層付近の各層のせん断歪みを

表示したものが図-9.7.3である。地表から35mまでは比較的締まった砂層で、その上の粘土層で歪みが増大している。さらに、その上の砂層との境界付近で砂層の歪みが急激に拡大している。すなわち、表層の飽和砂層は境界面で粘土層から大きなせん断歪みの波動を受けて骨格構造が崩れて液状化する。

図-9.7.1　クライストチャーチ地震における地滑りの裂け目[2)]

図-9.7.2　東日本大震災時の幕張地区（区画毎に噴砂の有無が見られる）[21)]

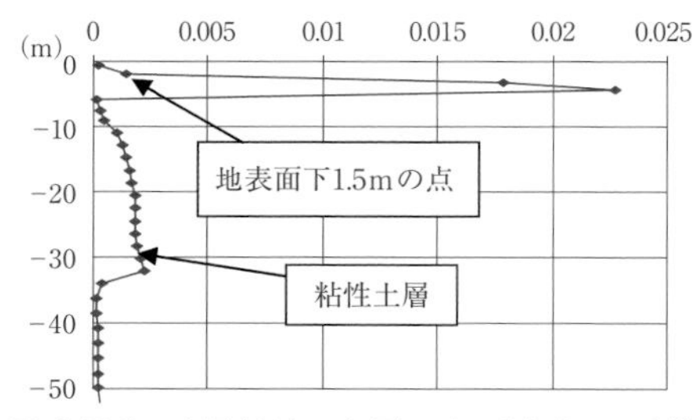

図-9.7.3　表層付近の各層のせん断歪みの計算値[2)]

その結果は国土交通省土木研究所の稲崎富士氏の精密なボーリング（図-9.7.4）から立証された。表層の砂層の上層は液状化していないが、粘土層と接する境界面に近い砂層は液状化している。この液状化層は滑り面にもなるので、もしも、ここの地盤に傾きがあれば地滑りになっていたものと推定される。

この現象は軟弱地盤上の盛土の崩壊などでも発生しているのではないかと考えられる。図-9.7.5は軟弱地盤上の盛土の地震被災事例である。道路盛土、河川堤防の崩壊事例の多くは軟弱粘土地盤上で発生する。軟弱粘土層上の盛土はすべり安全率F＝1.0を上回る程度の平衡状態で辛うじて保持されている。地震時の軟弱粘土層では波動エネルギーが集まって揺動する結果、その上の盛土は軟弱層との境界付近のせん断歪みの増大でせん

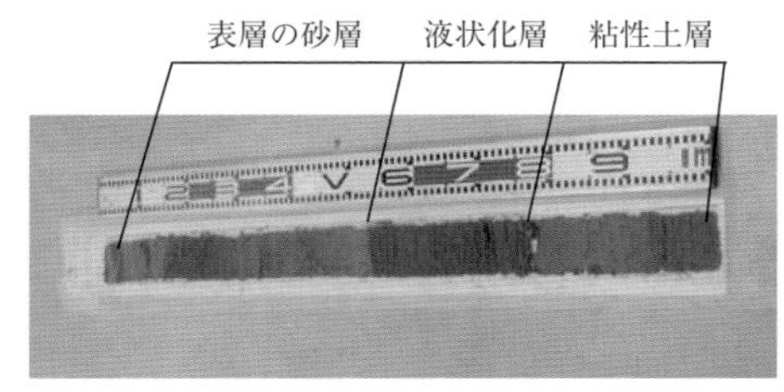

図-9.7.4　粘性土層の上で局部的に液状化した砂層[2)]

図-9.7.5　軟弱地盤上の盛土の崩壊事例[22)]

断抵抗が低下して滑り面が形成され、被災する。図-9.7.6 は盛土斜面のすべり破壊（A）や盛土自体の沈下（B）を示す。

1994 年の三陸はるか沖地震（M＝7.5）では東北本線の高盛土（h≒11m）が崩壊（図-9.7.7）し、約 40m 先まで滑った。地震前に降雨もなく、崩壊した土塊が長い距離を流動したのは盛土の底面の半分に分布する腐植土層が地震動のせん断変形で著しく軟化（？）したことによると考えられる。復旧策として施工された抑止杭と直線矢板（図-9.7.8）はせん断変形の抑制に有効であろう。軟弱粘土のせん断変形防止には小さな剛性でも効果を発揮する。

地震による堆積地盤災害で地中の橋梁

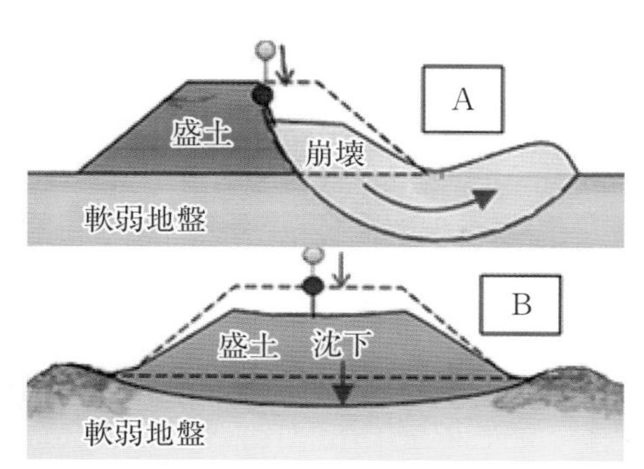

図-9.7.6　軟弱地盤上の盛土の地震被災事例（A：すべり破壊、B：沈下）[23]

図-9.7.7　三陸はるか沖地震での鉄道盛土の崩壊[2]

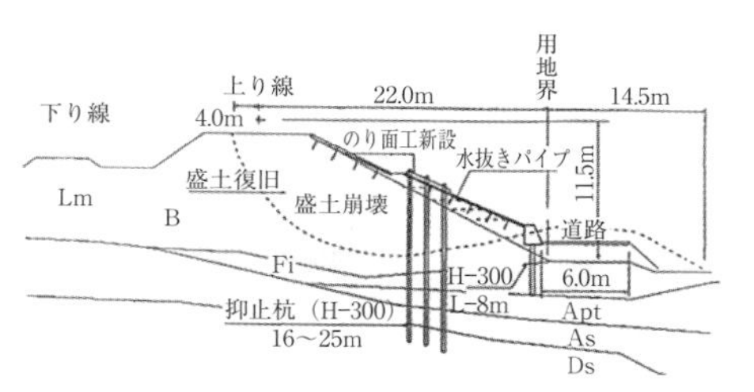

図-9.7.8　鉄道盛土のすべり形状と復旧策[2]

基礎が破損する事例は極めて少ない。地盤中の基礎は地震で地滑りなどの地盤破壊がない限り、地盤と一体で挙動し、むしろ地盤のせん断変形を拘束する役割をする。しかし、堆積地盤の地表に基礎を置く直接基礎の場合は鉛直力や転倒モーメントを受けて変形しやすく、構造物の不等沈下、傾斜、転倒を招くことになるので出来るだけ硬い地盤に根付かせることが求められる。また、5 章　直接基礎で記述したように根入れ長を大きく取ることが耐震上、好ましい。傾斜した軟弱地盤上の砂地盤では地震時に滑りが生じることを想定して基礎の剛性を高めておく配慮が必要である。

岩盤を基礎にする場合は粘土地盤の問題は生じないが、岩盤自体が変形または崩壊すると基礎の耐荷力の問題ではなくなる。2016 年の熊本地震で阿蘇大橋は山腹崩壊で落橋した（図-9.7.9）。右岸側岩盤が約 2m、左岸側岩盤が 44cm 黒川の河心に向かって移動したと云われている。橋梁形式がスパンドレルアーチであるために崩壊土砂の重量もさることながらアーチ支点の移動は致命的である。設計時には国道 57 号を挟んで山腹とは距離があったので、山腹崩壊による落橋は想定外の事態であった。

一方、直下流の阿蘇長陽橋は山腹崩壊の影響は免れたが、黒川の両河岸の取付道路は斜面崩壊の影響を受けて路面の沈下やひび割れの被害を受けた（図-9.7.10）。本橋は4径間連続ラーメンのコンクリート箱桁橋（図-9.7.11）で、多少の被災はあるものの、ラーメン橋としての形状を保つことができた。ただし、火山性の岩盤上に基礎を置く右岸側橋台は岩盤のすべりで約2m沈下し、左岸側橋台には水平方向の移動があった（図-9.7.12）。岩盤といえども亀裂の多い場合などにはすべり破壊に対しての検討が欠かせないことを例示した。

図-9.7.9　熊本地震による阿蘇大橋の被災[24)]

図-9.7.10　阿蘇長陽大橋の被災箇所[25)]

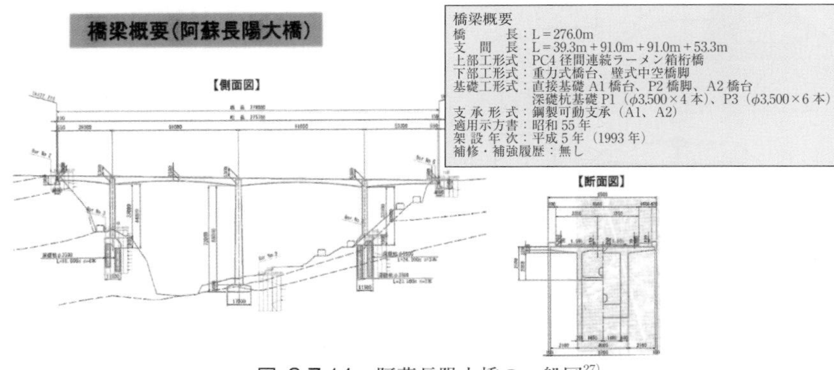

図-9.7.11　阿蘇長陽大橋の一般図[27)]

図-9.7.12　阿蘇長陽大橋の橋台のすべり沈下[26)]

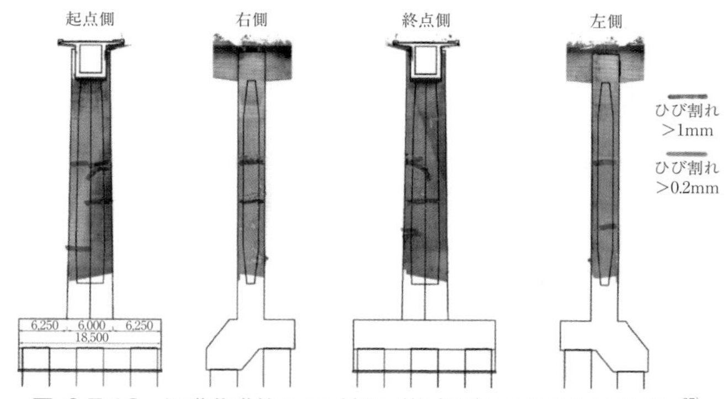

図-9.7.13　深礎基礎杭の P3 橋脚（終点側）に生じたひび割れ[27]

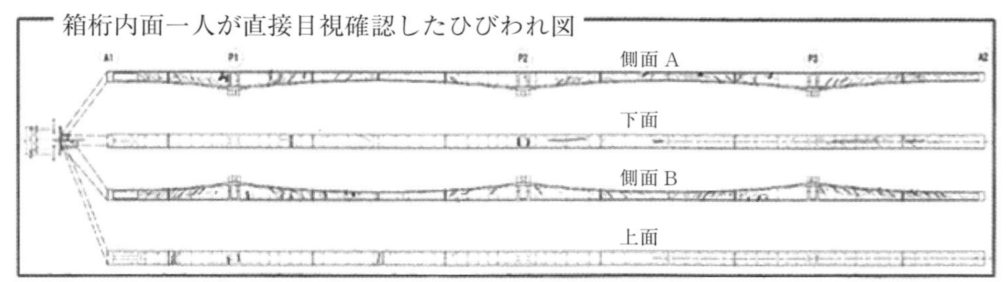

図-9.7.14　4 径間連続ラーメン箱桁橋の内部壁で検出されたせん断ひび割れ[27]

連続ラーメン橋の被災は各高橋脚のコンクリート目地の水平ひび割れ（図-9.7.13）と箱桁のせん断ひび割れ（図-9.7.14）である。コンクリート目地のひび割れの原因は打継ぎ目のコールドジョイント、箱桁のせん断ひび割れは岩盤からの突き上げるような、鋭い上下波動によると考えられる。ラーメン橋としての形状が保持されたために震災後の主な復旧工事は取付道路の復旧、強化が中心で、1 年 4ヶ月の短い工期で開通することができた。阿蘇長陽橋は岩盤上の深礎杭基礎と直接基礎の剛基礎、剛性の高いコンクリートラーメン箱桁橋のために構造上の安定性や安全性を保つことができた。

9.8　動水圧

基礎の耐震設計上、残されている課題の一つが動水圧の取扱いである。水深の大きいところの高橋脚（図-9.8.1）には地震時に大きな水の抵抗が働き、水深

図-9.8.1　大水深の主塔の事例(明石海峡大橋)[28]

の浅いところの橋脚（図-9.8.2）に働く水の抵抗は限られる。このために水の抵抗、動水圧は大水深の海峡横断橋（図-9.8.3）の主塔基礎（図-9.8.4）のような場合、設計に与える影響が大きく、基礎の諸元が過大な寸法と形状になる恐れがある。実際は、水中の基礎は地震を受けると気中のように振動せず、水の抵抗で地震波動と基礎の振動の間に位相差が生じる。その位相差が、大きな減衰をもたらす。

図-9.8.5は剛体基礎模型の水中での振動試験の共振曲線である。模型の共振曲線を理論（等価減衰係数を用いた簡易式）に基づいて算出した気中と水中での

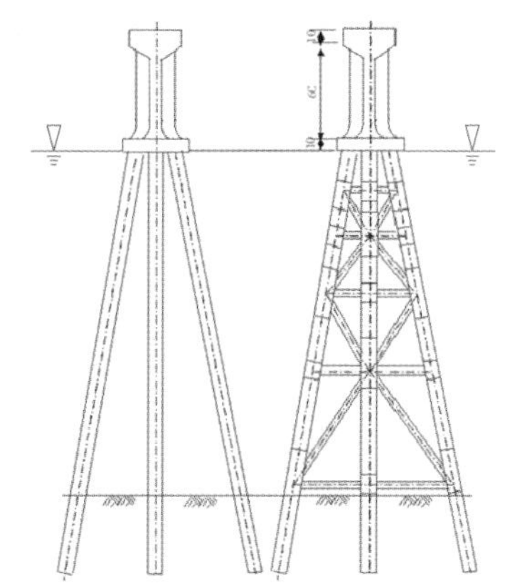

図-9.8.4　津軽海峡大橋で想定する基礎

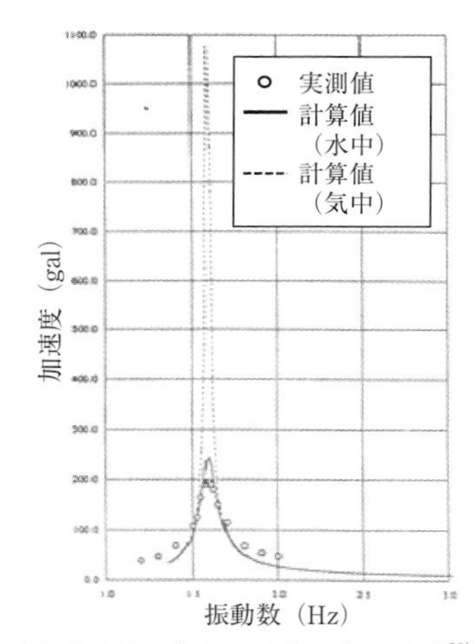

図-9.8.5　水中の剛体の共振曲線[30]

図-9.8.2　浅海部の橋脚の事例[29]

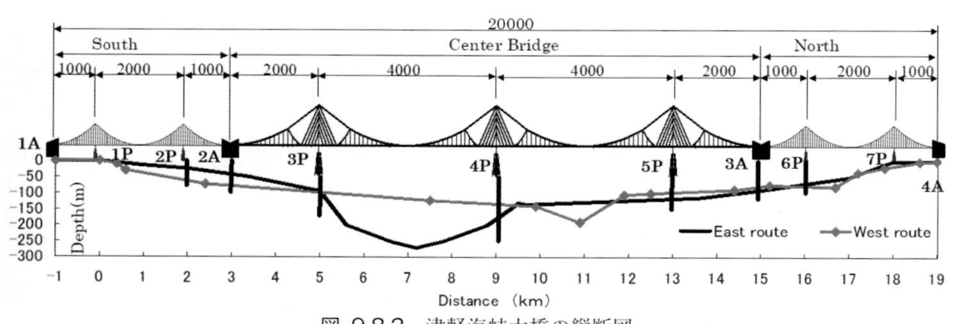

図-9.8.3　津軽海峡大橋の縦断図

計算値に対して振動試験での実測値を対比した事例である。水中の模型に対する計算値と実測値はよく対応しており、気中の振動に対して水の減衰効果が大きいことを表している。すなわち、水中構造物の地震時の振動に水の存在は大きな減衰効果を持つことを示している。

地震時の水中では基礎が剛体の場合には水平振動が卓越し、弾性体の場合には曲げ振動が卓越する（図-9.8.6）。図-9.8.7 は水中のモデル化した剛体基礎の水平振動によるスウェイ運動の変位と動水圧、回転振動によるロッキング運動の変位と動水圧を模式化して示したものである。モデルに作用する動水圧は仮想の質量（付加質量）に設計震度を乗じ、慣性力として取り扱われることが多い。付加質量としての評価は難しいが、モデ

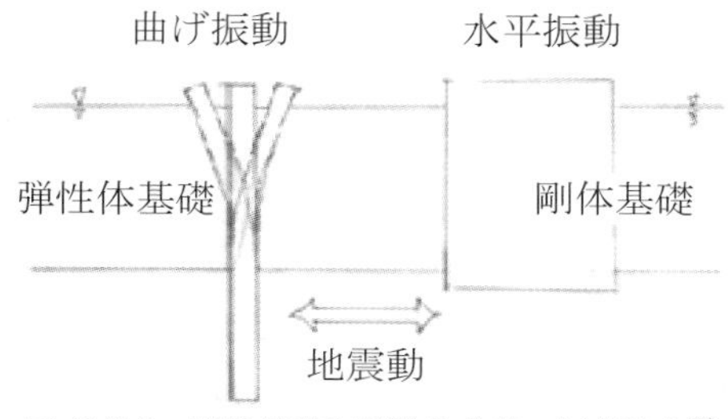

図-9.8.6　剛体基礎と弾性体基礎の振動性状[30]

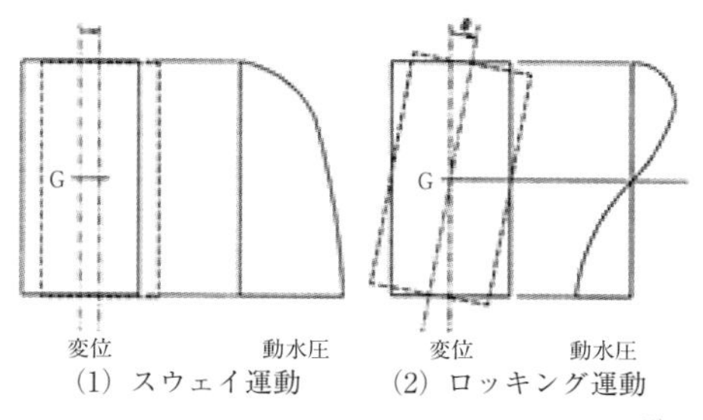

図-9.8.7　スウェイ運動とロッキング運動[30]

ルの振動モードの卓越周期から逆算した仮想質量を対象としている。

道路橋示方書　V耐震設計編では水中の橋脚に作用する動水圧を“4.3　地震時動水圧”の条項の2項で、図-9.8.8 のように規定している。地震時動水圧には用いられている$\omega_0 A_0 h$は正確には付加質量とは云えないが、右辺の$A_0 h$は橋脚の体積を示し、設計震度k_hを乗じて動水圧としているので付加質量の概念を用いていると考えてもよいのではないか思慮する。図中のk_hは示方書の条項“4.1.6　設計水平震度”の（3）に規定するレベルⅠ地震動の地域別の設計水平震度である。

図-9.8.6、図-9.8.7 の水平（スウェイ）振動と回転（ロッキング）振動に対応するモデル（図-9.8.9）を用いて本州四国高速道路（株）と（財）建設技術研究所は動水圧に関する一連の振動試験を実施した。その中から気中振動試験と水中振動試験における各応答加速度の共振曲線を図-9.8.10 に示す。図中の重錘は付加質量に相当する質量の鋼材をモデルに固定したものである。

気中と水中の振動試験における共振曲線はそれぞれの固有振動数で分離する。水平運動では水中と付加質量を付した気中の共振曲線には大きな差は見られない。回転運動では水中の応答値は激減しているが、気中で付加質量を付すと応答加速度の最大値は付加質量のない気中のものと変わらなくなる。これらから水平振動では動水圧を大きい付加質量として評価できるが、回転振動では動水圧は減衰に大きな役割を果たす。動水圧の効果

2) 周辺を完全に水で取り囲まれた柱状構造物に作用する地震時動水圧

周辺を完全に水で取り囲まれた柱状構造物に作用する地震時動水圧の合力及びその作用位置は，式（4.3.3）及び式（4.3.4）により算出する（図-4.3.2参照）。

$$\left.\begin{array}{l}\dfrac{b}{h}\leqq 2.0\text{の場合}\\ \quad P=\dfrac{3}{4}k_h w_0 A_0 h\dfrac{b}{a}\left(1-\dfrac{b}{4h}\right)\\ 2.0<\dfrac{b}{h}\leqq 4.0\text{の場合}\\ \quad P=\dfrac{3}{4}k_h w_0 A_0 h\dfrac{b}{a}\left(0.7-\dfrac{b}{10h}\right)\\ 4.0<\dfrac{b}{h}\text{の場合}\\ \quad P=\dfrac{9}{40}k_h w_0 A_0 h\dfrac{b}{a}\end{array}\right\}\quad\cdots\cdots\cdots\cdots (4.3.3)$$

$$h_g=\frac{3}{7}h \quad\cdots\cdots\cdots\cdots (4.3.4)$$

ここに，

P：構造物に作用する地震時動水圧の合力（kN）

k_h：4.1.6に規定するレベル1地震動に対する設計水平震度

w_0：水の単位体積重量（kN/m^3）

h：水深（m）

h_g：地盤面から地震時動水圧の合力作用点までの距離（m）

b：地震時動水圧の作用方向に直角方向の躯体幅（m）

a：地震時動水圧の作用方向の躯体幅（m）

A_0：構造物の断面積（m^2）

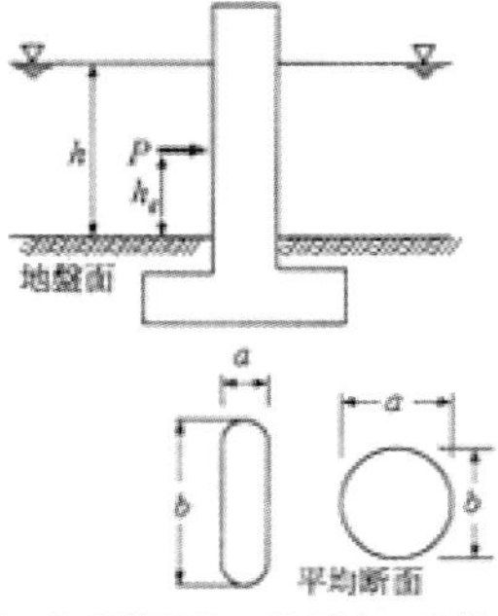

図-4.3.2 柱状構造物に作用する地震時動水圧

図-9.8.8 道路橋示方書 V耐震設計編の動水圧の規定[5)]

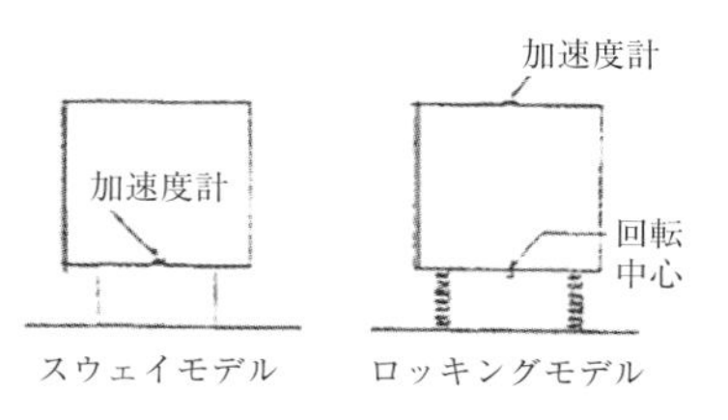

図-9.8.9　モデル上の加速度計の設置位置[30]

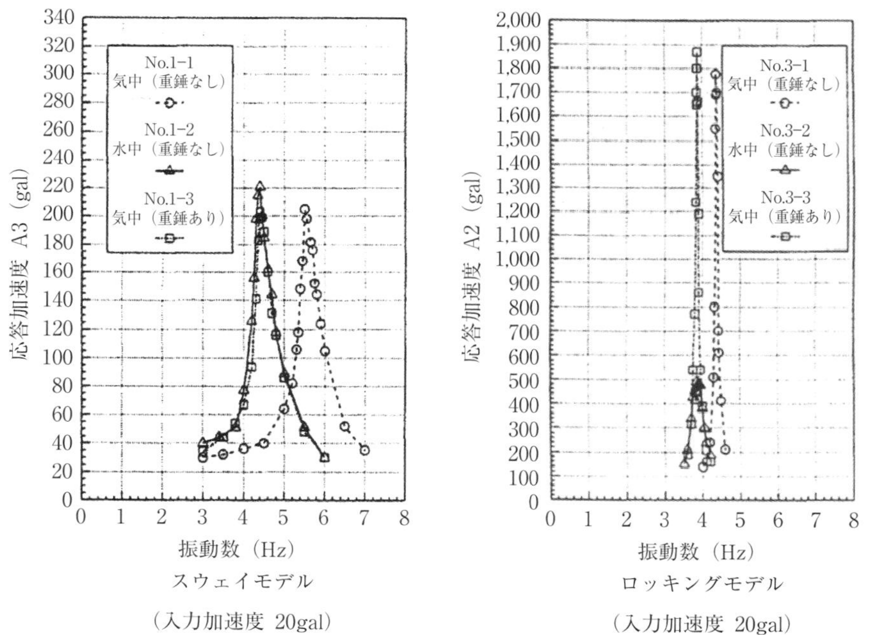

図-9.8.10　スウェイモデルとロッキングモデルの振動試験における加速度共振曲線[30]

図-9.8.11　設置ケーソン[31]

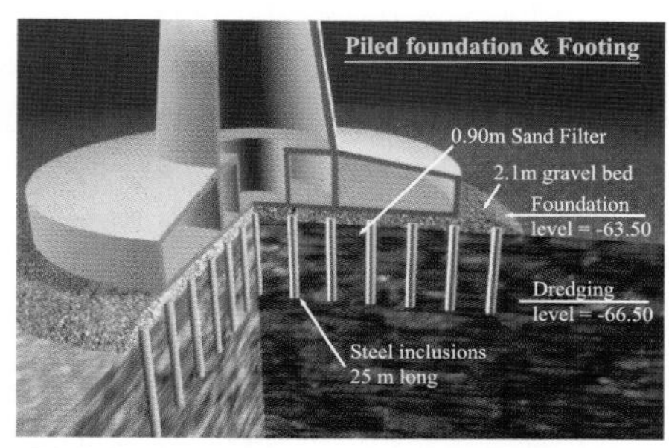

図-9.8.12　リヨン・アンティリヨン橋の基礎[32]

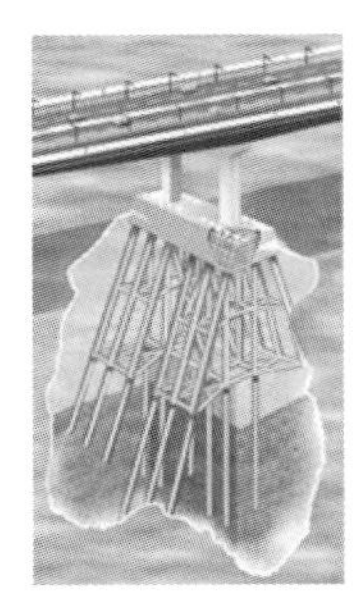

図-9.8.13　ジャケット式基礎[2)]

は水平運動と比較しピーク振動数の間隔が狭くなることでも分かる。しかし、モデル自体の挙動に抵抗する水の抵抗、すなわちモデルの振動を減衰させる水の反力は相当に大きいことも判明した。

水中基礎構造を設計する立場から見ると地震時には設置ケーソンのように箱状で基礎底面の広い場合（図-9.8.11）は回転変形が起きない、水平振動となるので付加質量で評価される動水圧を側面で受ける。躯体の剛性が低くても基礎底面が広い橋脚の場合（図-9.8.12）も基本的に水平振動が主体となるので橋脚が同じく付加質量で表される動水圧を受ける。大水深で相対的に基礎幅が狭く、可撓性の橋脚の場合（図-9.8.13）は曲げ振動が生じて大きな減衰が得られ、基礎の断面寸法を縮小できるが、基礎部材は付加質量に相当する大きな水の抵抗を受ける。

地震時には津軽海峡大橋のような大水深の基礎は水の抵抗による大きな減衰で変位が抑制されるが、現行の設計のように付加質量で動水圧を評価すると過大な寸法の構造諸元が要求され、合理的な設計とならなくなる。そのために、動水圧については構造物との応答を基本に浅水深から大水深まで、さらに研究が進むことを期待したい。

基礎の耐震性を確保するために幾つかの方法で耐震設計が行われる。現行の基礎の耐震設計では基礎に作用する地震荷重は主に慣性力に換算されている。上部構造の地震時の挙動も慣性力として基礎の作用荷重にしている。しかし、現実の上部構造の地震時挙動は基礎から伝達される地震で生じるもので、下部構造や基礎を含む応答の結果である。これまでの基礎の設計は塑性平衡理論による力のバランスで行われてきたために、動的荷重である地震力は設計震度で静的な荷重に換算して扱われてきた。

現在は基礎の設計が力と変形の関係を軸に行われるようになり、上下部構造一体の動的解析が行うことができるようになった。以前よりは現実的な耐震設計ができるようになっているものの、依然として基礎は動かないものとしての設計が多く存在する。基礎は地盤と一体で動くと仮定しており、そのために基礎の耐震補強も遅々として進んでいない。

より現実的な設計を行うには、計算が煩雑になるものの、基岩に入力した地震波が中間層で重複反射を繰り返しながら基礎地盤に伝達された応答波動を用いて地盤、基礎、下部構造、上部構造一体の応答計算を行う耐震設計方法を樹立することが望まれる。

参考文献

1）研究成果をやさしく解説，図1「国立研究開発法

人　理化学研究所」http://www.spring8.or.jp/ja/news_publications/research_highlights/no_57/
2）塩井幸武，見直しが求められる地震工学，総合土木研究所，2013 年
3）平成 20 年（2008 年）岩手・宮城内陸地震による強震動「防災科学技術研究所」http://www.kyoshin.bosai.go.jp/kyoshin/topics/Iwatemiyaginairiku_080614/Iwatemiyaginairiku_080614_kyoshin.htm#title
4）土木研究所報告　第 159 号，建設省土木研究所，1983 年
5）道路橋示方書・同解説　V 耐震設計編，日本道路協会，2017 年
6）丸栄コンクリート工業（株）
7）仕様条件を間違えてベローズが捩じれ飴に「三元ラセン管工業（株）経営者会報ブログ」2014 年 07 月 04 日　https://mitsumoto-bellows.keikai.topblog.jp/blog_my_top/blog_id= 6 & theme=38
8）給水所・配水管・水運用センターの紹介「東京都水道局」 https://www.waterworks.metro.tokyo.jp/suidojigyo/gaiyou/mizuunyou.html
9）建築研究所，えぴすとら 25 号
10）SNAP-WAVE 製品紹介「（株）構造システム」 https://www.kozo.co.jp/program/kozo/snap/snap-wave/index.html
11）時刻歴応答解析置「室蘭工業大学　建設社会基盤系学科」 http://www.muroran-it.ac.jp/cea/buisiness/staffs/themeteacher27.html
12）新潟地震「フリー百科事典 ウィキペディア日本語版」1964 年
13）弓納持福夫氏撮影写真「新潟市歴史博物館」 http://www.nchm.jp/contents 02_gyoji/02_kikaku_201401_top.html
14）萬代橋（万代橋）「新潟大学」 http://www.niigata-u.com/files/ngtphoto/2675-09.html
15）都市の脆弱性が引き起こす激甚災害の軽減化プロジェクト，②都市機能の維持・回復に関する調査・研究，2012 年 11 月 15 日　http://www.jssc-test.net/symposium/pdf/20121109_tokubetsu1.pdf
16）防災科学技術研究所　自然災害情報室
17）液状化現象「フリー百科事典　ウィキペディア日本語版」2011 年 3 月 12 日
18）福井地震調査団撮影写真
19）福井地震「フリー百科事典　ウィキペディア日本語版」2017 年 10 月 16 日 14 時 28 分
20）液状化対策検討委員会資料，国土技術政策総合研究所，2012 年
21）幕張新都心概要，幕張地区埋め立て工事完了「千葉市」 https://www.city.chiba.jp/sogoseisaku/sogoseisaku/makuhari/makuharishintoshingaiyo.html
22）第 4 章 北陸地方整備局所管施設等の本復旧及び復興，写真 4-2-1「国土交通省北陸地方整備局」 http://www.hrr.mlit.go.jp/saigai/H 161023 /chuetsu-jishin/4/4-2-3.html
23）軟弱地盤上の盛土による不具合事例「（株）大林組」 https://www.obayashi.co.jp/news/detail/news20160414_2_1.html
24）阿蘇大橋地区斜面防災対策工事「（株）熊谷組」 http://www.kumagaigumi-aso.com/
25）空から見た阿蘇地域の被害状況「日経 XTECH」 2016/04/17　https://tech.nikkeibp.co.jp/kn/atcl/cntnews/15/041500329/041700014/
26）七澤利明：連絡指示方書Ⅳ下部構造編改訂の概要，Vol. 46，№ 4，基礎工，2018.4
27）熊本地震により被災した橋梁の復旧設計におけるUAV の活用，（株）建設技術研究所，2017 年
28）明石海峡大橋「フリー百科事典 ウィキペディア日本語版」2006 年 1 月 18 日 04：55
29）角島大橋「フリー百科事典 ウィキペディア日本語版」2008 年 7 月 26 日
30）大水深を有する橋脚の地震時動水圧に関する研究報告書，本州四国高速道路（株），1996 年
31）ケーソン製作・設置，曳航（えいこう）「本州四国道路高速道路（株）」 https://www.jb-honshi.co.jp/seto-ohashi/shoukai/kakeru3.html
32）緒方純二：リオン・アンティリオン橋の基礎，Vol. 44，№ 1，p. 81，図-5，基礎工，2016.1.

10 基礎工事の仮設構造

10.1 仮設工事に求められるもの

基礎の工事を進める上で仮設構造が必要になる。仮設構造には仮桟橋、路面覆工、土留め工、仮締め切り工などがある。これらの構造は本体構造物の完成後には撤去される一時的な構造体なので、発注者からは明確な仕様は与えられず、工事関係者の裁量、自己責任で長年にわたって施工されてきた。一般論として仮設の良否は工事全体に大きな影響を与えるので、工事関係者には合理的かつ経済的な構造で迅速に施工することが求められる。

昭和44年（1969年）4月にリングビーム事故で8名の労務者が一瞬で死亡するという事故があり、それを契機に発注者側にも社会的責任として仮設構造物の安全管理が要請されるようになった。それを受けて首都高速道路公団、日本道路協会から橋梁建設時の仮設構造に関する指針（マニュアル）が発行された。昭和54年には土木学会から『仮設構造物の計画と施工』が出版された。その後、数次にわたり改訂され、その都度、最新の技術が盛り込まれている。内容は橋梁に限定されず、外の構造物にも適用できるが、工事現場毎に地盤条件、自然条件、周辺条件、近接構造物など多種多様な条件があるので仮設構造物の設計施工では複眼的視野で総合的かつ柔軟な対応が必要である。

一方、仮設構造物は指定仮設物（発注者側で決めた仮設構造）でない限り、受注者側の裁量に任せられているので設計施工の自由度は大きい。そのために、創意工夫で経済的で安全な構造を計画することができ、技術の発展を促進できる面もある。しかし、安全性については自己責任となるために起こりうる現象を正確に把握して計画することが求められる。特に、仮設構造は設置期間が短く、設計施工条件も明確なので低い安全率が用いられている。

通常の技術基準は不特定多数の構造物を対象としているので比較的高い安全率を採っているが、仮設構造は低い安全率で経済的な構造とすることが求められる。そのために仮設構造を計画する際には施工のための入念な調査とリスク予測を行った上で、リスク管理に留意しなければならない。個々の箇所毎に多種多様な設置条件の中で安全で、合理的に計画するには各仮設構造のメカニズムを熟知し、豊富な経験と柔軟な発想が必要とされる。

一般に、設計前の事前調査は本体構造物の設計のために行われ、施工に必要な調査が行われていることは少ない。仮設工事に不可欠なデータは地形地盤条件、自然環境条件、近接構造物、地下埋設物、工事条件、付帯条件などに関して補足調査を含めて把握しておかねばならない。時間的、経済的余裕のない場合は簡易な調査や豊富な経験で補うことになる。仮設では荷重の変動、地盤の変化、小さな工事ミスの他、突発的な災害などで重大な事故が生じかねないので、リスク管理として、工事中の点検、監視、気象観測、作業員教育などを通じて安全性の確保に努めなければならない。

10.2 仮桟橋、山留め工の設計

基礎の施工では掘削工事をともなうものが多くなる。水面上や傾斜地における基礎の掘削工事のために仮桟橋（図-10.2.1）や作業構台（仮桟橋形式の作業スペース）が必要となる（図-10.2.2）。また、都市内の路面下の掘削工事（図-10.2.3）や狭い敷地での掘削現場などでは路面覆工（図-10.2.4）が必要となる。これらは覆工板、それを受ける覆工板受桁（H 形鋼、I 形鋼）で構成され、自動車交通を切り廻すための仮設道路、作業足場、運搬路、作業機器の置き場などとして利用される。

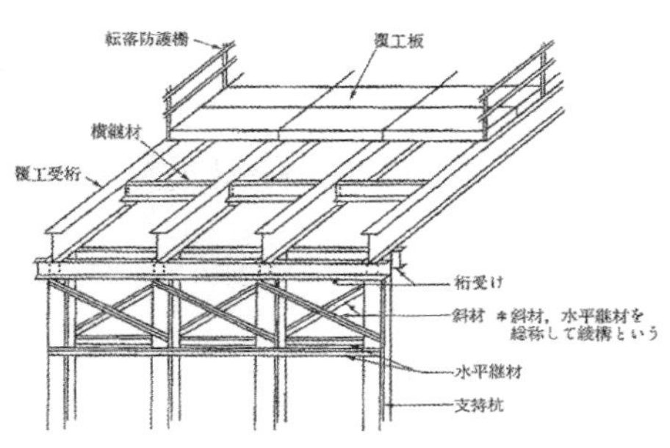

図-10.2.1 鋼製覆工板の設置例[1)3)]

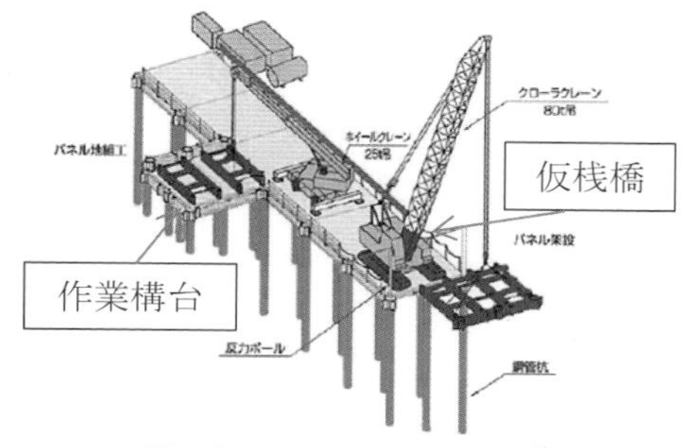

図-10.2.2 桟橋と作業構台[2)]

図-10.2.3 仮設橋梁のための路面覆工板[4)]

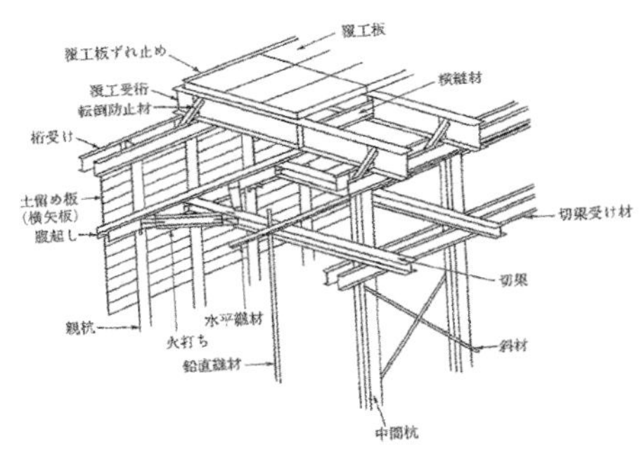

図-10.2.4 路面覆工の構造例[1)3)]

これらの構造物のうち、大型車両や建設機械が通る仮設道路や作業足場などの設計には日本道路協会発行の道路橋示方書の上部工の設計基準の準用や道路土工－仮設構造物工指針の適用がなされる。設計に用いる載荷荷重は大型貨物車の後輪荷重（T 荷重）を幅員に対して並べられるだけ載せるが、主載荷荷重としては2車両分だけ T 荷重を採用し、その外側には従載荷荷重として T 荷重の半分の荷重を載荷する（図-10.2.5）。この一連の荷重を設計対象の桁の応力が最大になるように載荷する。その載荷方法を図-10.2.6に示す。主載荷荷重の T 荷重（P_1）を対象の覆工受桁に載荷し、影響線で表される桁の受け持ち分の合成荷重（P）を算出する。この合成荷重（P）を覆工受け桁の軸方向（自動車の進行方向）の支点間を単純桁とする中心点に載荷し、桁断面の諸元を決定する。

仮桟橋の路面の多くは覆工板で構成されるが、設置が長期にわたる場合や重量車両の通行が多い場合などには鉄筋コンクリート床板とすることもある。覆工板は取り付け、取り外しが容易なボルト締めが多く、取り付け方法の事例を図-10.2.7に示す。

仮桟橋や路面覆工の設計で橋梁と異なるのは基礎杭の部分がH型鋼杭となることである。H型鋼杭は覆工受け桁などとの結合部の取り合いが良く、鉛直支持力は意外に大きい。300mmのH型鋼杭と500mmの鋼管杭との間では支持力がほとんど変わらない。しかし、杭の断面係数が小さく剛性が低いので水平方向の耐震性を重視する橋梁では基礎杭にH型鋼杭を用いることは極めて少ない。

また、仮桟橋や路面覆工の基礎杭の多くは根入れ長が短く、摩擦杭として機能するが、掘削工事の進捗で根入れ層が取

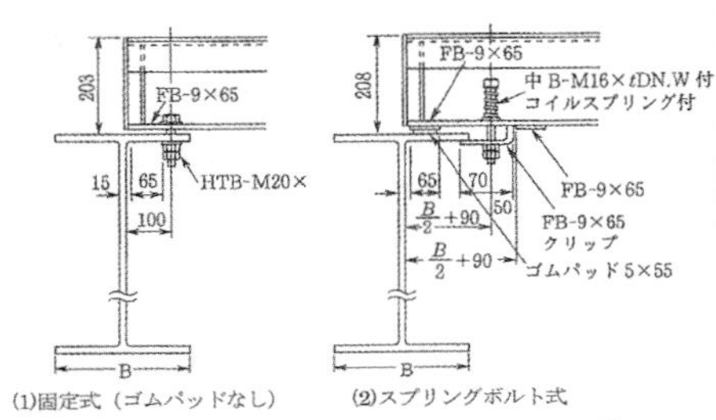

図-10.2.7　鋼製覆工板の設置例[1]

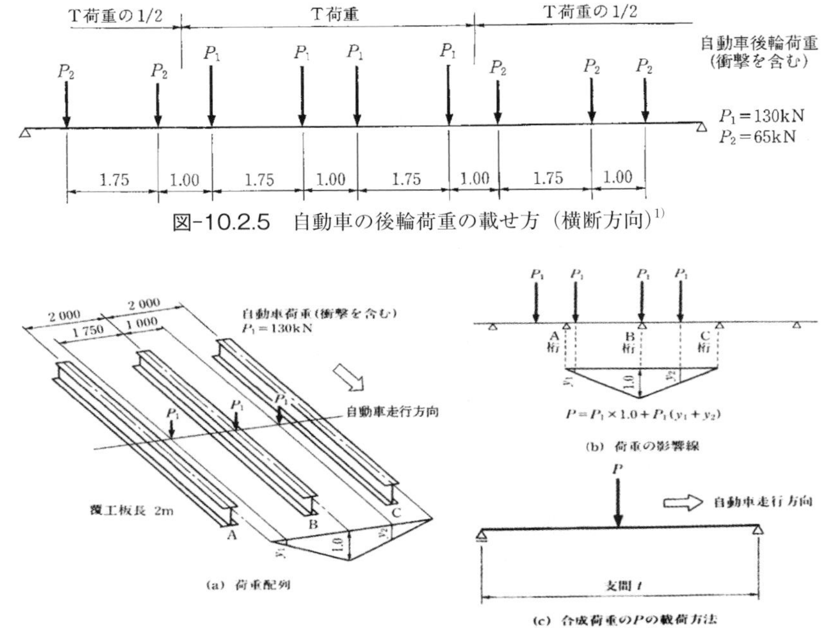

図-10.2.5　自動車の後輪荷重の載せ方（横断方向）[1]

図-10.2.6　覆工板受け桁を2m間隔とした場合の自動車荷重（T荷重）の載荷事例[1]

図-10.2.8　掘り下がった地盤と支柱杭[5)]

り除かれるので摩擦支持力の減少（図-10.2.8）に留意が必要である。道路土工－仮設構造物工指針[3)]は杭の極限支持力（R）を式-10.2.1で与え、安全率は2としている。

$$R = q_d A + U\Sigma l_i f_i \quad (kN/m^2)$$

式-10.2.1

ここで

$$q_d = 200\alpha N \quad (kN/m^2)$$

式-10.2.2

$$N = (N_1 + N_2)/2$$

式-10.2.3

$f_i = 2\beta Ns$　（砂質土）（kN/m^2）

$f_i = 10\beta Nc$　または　$f_i = \beta N$（粘性土）（kN/m^2）

A：先端面積　（m^2）

U：周長　（m）

li：各中間層の長さ　（m）

fi：各中間層の最大周面支持力度（kN/m^2）

α：施工方法による先端支持力度の係数αの値（表-10.2.1）

N_1：杭先端のN値

N_2：杭先端から上方の2m区間のN値

β：施工方法による先端地盤の周面支持力度の係数βの値（表-10.2.2）

Ns：砂質土のN値

Nc：粘性土のN値

個々の杭に支持力に不安が生じるわけではないが、工事中に発生する偏載荷重（図-10.2.9）による不等沈下や地震による水平荷重などに備えて図-10.1に示す各杭間に横綾構（水平材と斜材）を取り付けるとよい。また、仮桟橋には工事中の安全確保のために手摺りや幅木が必要である（図-10.2.10）。

10.3　土留め工と仮締切り工の施工

10.3.1　親杭、鋼矢板

基礎の構築のために地盤を掘削するには土留め工（図-10.3.1）または仮締切り工（図-10.3.2）が必要である。土留め工は建築分野では山留め工と呼ばれ

表-10.2.1　施工方法による先端支持力の係数αの値[3)]

施　工　方　法		α
打　撃　工　法		1.0
振　動　工　法		1.0
圧　入　工　法		1.0
プレボーリング工法	砂充填	0.0
	打撃・振動・圧入による先端処理	1.0

表-10.2.2 施工方法による先端地盤の周面支持力度の係数 β の値[3]

施　工　方　法		β
打　撃　工　法		1.0
振　動　工　法		0.9
圧　入　工　法		1.0
プレボーリング工法	砂充填	0.5
	打撃・振動・圧入による先端処理	1.0

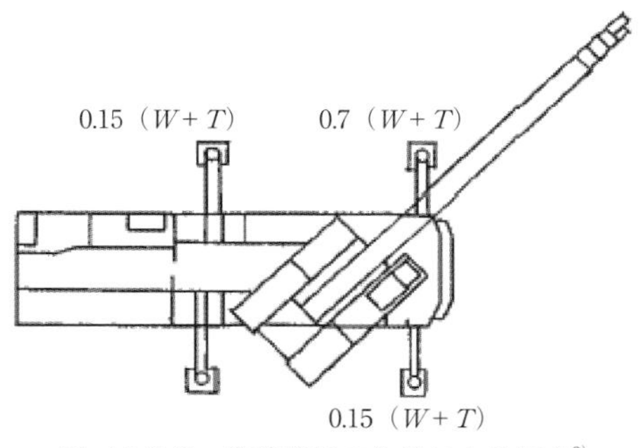

図-10.2.9 建設機械の作業による偏心[3]

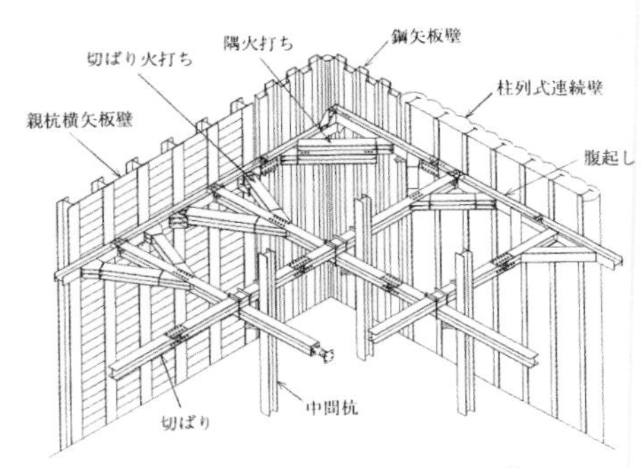

図-10.3.1 土留め工の概要[3]

図-10.2.10 仮桟橋の手摺りと幅木

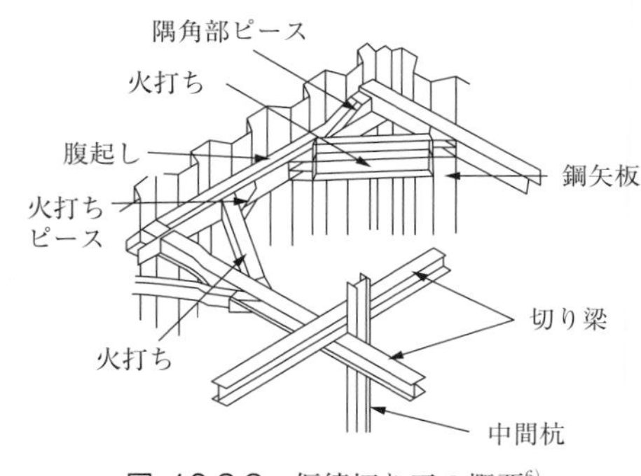

図-10.3.2 仮締切り工の概要[6]

て、地上部での掘削に採用される。仮締切り工は水面下の地盤や軟弱地盤に適用される。土留め工では地盤の崩れを防ぐ土留め壁に親杭・横矢板、鋼矢板、ソイルセメント地下連続壁（以降、連壁とする）、柱列式連壁などが用いられる。鉄筋コンクリート連壁は本体壁兼用の場合などに採用される。仮締め切り工の場合は浸水を防ぐために鋼矢板や鋼管矢板が用いられる。

親杭（H 形鋼）と横矢板（木材の平板）で構成される土留め工は地下水の漏出の

少ない地盤に使われ、掘削の進行に従って横矢板を親杭間に嵌めていく経済的な工法である。横矢板に使われる木材の許容応力度の値を重力単位で表-10.3.3に示す。

地下水がある場合に親杭・横矢板方式に代わり、使用される鋼矢板にはU型、ハット型、ラルゼン型、Z型、直線型などの種類があるが、土留め工に適用されているのは剛性を有し、止水性の高いU型鋼矢板がほとんどである(図-10.3.2)。

いずれの工法でも掘削地盤面での排水は必要で、釜場(図-10.3.3)を設けてポンプ排水を行う。釜場とは掘削面に掘り下げた集水マスである。掘削は水のない状態で行うのが大切で、換言すれば水との闘いである。これらの土留め壁は剛性が比較的低く、掘削が進行すると土圧などによる曲げモーメントや変形が大きくなり、親杭の場合は鋼材応力が大きくなる。鋼材の応力の増加や撓みを抑制するために腹起しや切り梁で荷重を受けて親杭や矢板の負担を軽減する。但し、掘削する深さが浅い場合は腹起しなどのない自立式としても差し支えない(図-10.3.4)。

腹起しは親杭や鋼矢板に作用する荷重を水平に受け止めて切り梁に伝える部材である。親杭や鋼矢板と腹起しとを密着させるには木製のクサビが用いられる。切り梁は腹起しからの荷重を受ける部材で、反力を背面の土留め壁の腹起し、または本体構造物に求めることになる。大きな圧縮力は軸力として働くが、切り梁が長くなると座屈しやすくなり、耐荷力が低下する。それで火打ちや中間杭で切

表-10.3.3　木材の許容応力度(kg/cm^2)[3]

木材の種類		許容応力度(kg/cm^2)		
		圧縮	引張り、曲げ	せん断
針葉樹	あかまつ、くろまつ、からまつ、ひば、ひのき、つが、べいまつ、べいひ	120	135	10.5
針葉樹	すぎ、もみ、えぞまつ、とどまつ、べいすぎ、べいつが	90	105	7.5
広葉樹	かし	135	195	21
広葉樹	くり、なら、ぶな、けやき	105	150	15
広葉樹	ラワン	105	135	9

図-10.3.3　釜場でのポンプ排水[7]

図-10.3.4　自立式の土留め工[8]

り梁の途中の固定で座屈長を短くして耐荷力を確保する。火打ちは腹起しと切り梁が結合する隅角部、土留め壁の4隅における腹起し同士の隅角部に取り付ける斜材で軸力も分担する。中間杭は切り梁と結束して切り梁の座屈長を短縮する役割を持つ他、覆工受け桁を支える杭の役割を果たすこともある（図-10.3.2）。

10.3.2 コンクリート壁

親杭や鋼矢板は撓み性を有するが、ソイルセメント連壁や柱列式連壁は芯材にH形鋼などが用いられているので剛性はより高い。両者は在来地盤をセメントを撹拌して壁体を造成し、中にH形鋼を挿入するものである（図-8.2.3参照）。深い掘削に採用され、土圧や地下水圧などに対しては腹起しと地中アンカーで抵抗して広い作業空間を確保できるのが利点である（図-10.3.5）。地中アンカーの取付け（図-10.3.6）を隣接地にできない場合は切り梁で対応することとなる（図-10.3.7）。

これらの土留め工は深く根入れしているので鉛直方向の支持力も大きいが、仮設構造物ということで本体構造物の基礎として活用されていないのが現状である。これに対して本体構造物の基礎として積極的に利用しようというのが鋼製地中連壁工法である（図-10.3.8）。芯材のH形鋼をはつり出して表面にスタッド溶接した太径の鉄筋で鉄筋コンクリートの本体構造物と一体化を図るものである。スタッド溶接による一体化は仮締め切り兼用鋼管矢板基礎にも用いられており、主に、地下の函体や一部の建築物な

図-10.3.5 ソイルセメント連壁

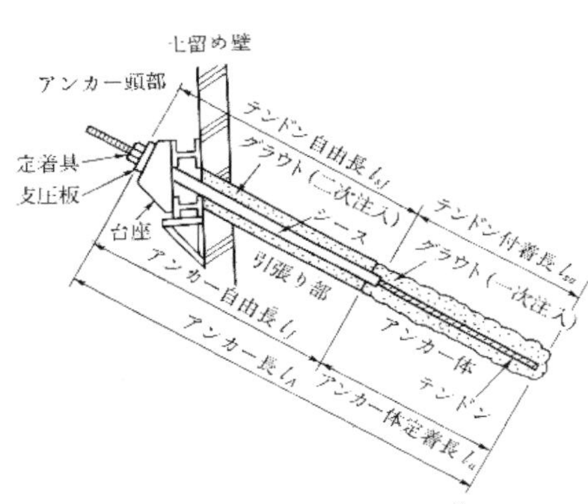

図-10.3.6 地中アンカー[3)]

図-10.3.7 地中連壁と切り梁[9)]

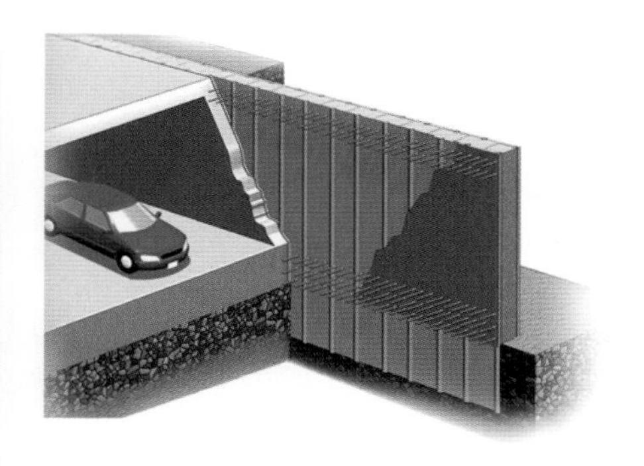

図-10.3.8　鋼製地中連続壁工法[9)]

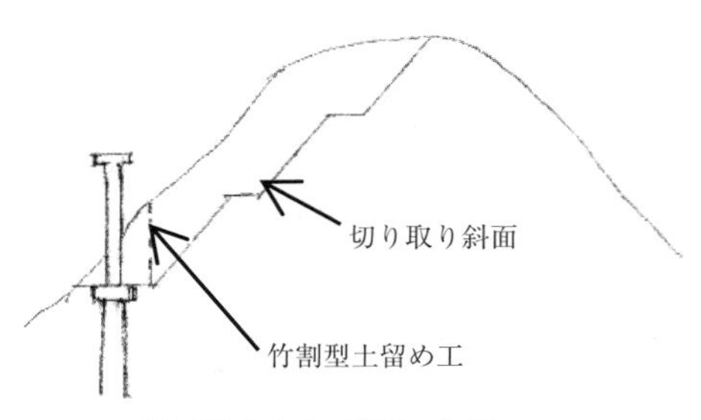

図-10.3.10　斜面の掘削

図-10.3.9　竹割型土留め工[10)]

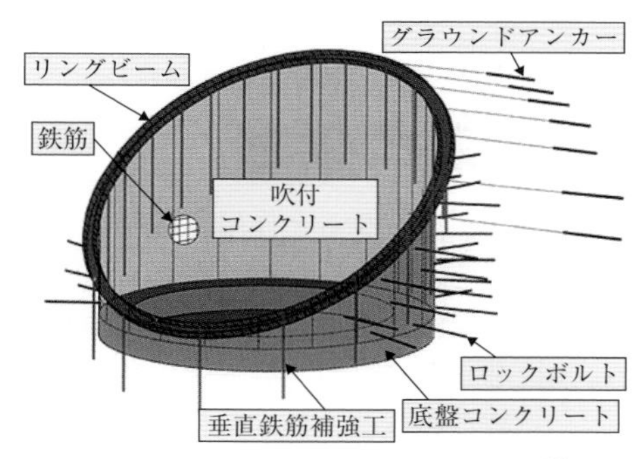

図-10.3.11　竹割型土留め工の詳細[10)]

どにも適用されている。

土留め工法の新技術として竹割型土留め工（図-10.3.9）がある。山岳地帯の斜面で橋梁基礎（例えば深礎基礎）の工事のために平らな面積（平場）を造り出す時に、安定した法面を得るためには切り取り面が山頂まで及ぶこともある(図-10.3.10)。それは工事費のみならず、景観面でも大きなマイナスとなる。それを防ぐために考え出されたのが竹割型土留め工で、最小限の掘削で基礎を構築できる。

その施工過程を図-10.3.11で説明する。先ず、予定位置の樹木を伐採し、仮設用の桟台を構築する。その上で基礎に必要な工事用の平場を囲むリングビームに沿うように地盤中に鉄筋を垂直に打ち込み、地盤の補強とする。その直上に鉄筋コンクリート製のリングビームを施工する。コンクリートの硬化後に鉄筋に沿って掘削を開始して一定の深さ毎に壁面にコンクリートの吹きつけを行う。そのコンクリート壁面からロックボルトを周面地盤に打ち込む。ロックボルトにはベアリングプレート（支圧版）を取り付ける。必要に応じて掘削壁面にラス（小径鉄筋の網）を配置してコンクリート吹きつけを行う。所定の支持地盤面に達したら底版コンクリートを打設して土留め工の完成となり、安全で、安定した筒状の作業空間が生まれる。原理としてはトンネルのNATM工法を垂直にしたものと云えよう。

10.3.3　水上施工

水上や軟弱地盤での仮締切り工では鋼矢板や鋼管矢板で土圧や水圧を負担する（図-10.3.12）。荷重を受ける鋼矢板や鋼管矢板は土留め工と同様に腹起しと切り梁の組合せで支えられる。その施工は仮桟橋や作業構台の上から行われるが、中には作業船から行われることもある。

鋼矢板による一重締切りの場合は掘削や水替えが深くなると作用する荷重や浸透水の影響が大きくなり、仮締切り工全体が不安定になることがある。そのために矢板を二重に打ち回し、その間に砂などを詰めて堤体とする二重締切り工が採用される（図-10.3.12）。自立式の二重締切り工の矢板壁の間隔は水面と掘削底面の距離の6割以上がよいとされている。十分な間隔が取れないときは切り梁を必要とするが、一重締切りよりは安定性が高い。また、水深が大きい場合や基礎の面積が大きい場合には人工島(築島)を築き、その上で基礎を施工することもある（図-10.3.13）。

鋼管矢板による仮締切り工で独特なものが仮締切り兼用鋼管矢板基礎である。

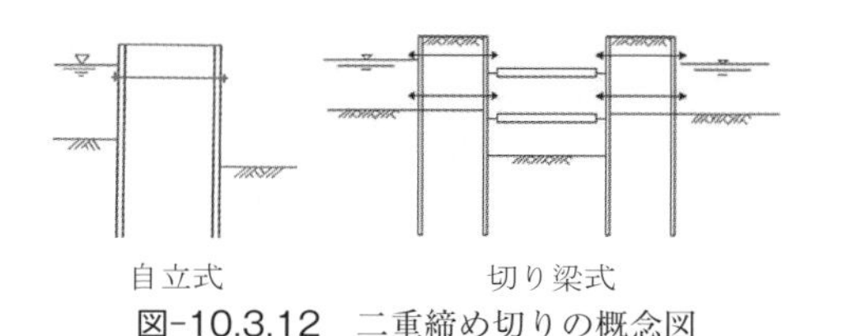

自立式　　切り梁式

図-10.3.12　二重締め切りの概念図

図-10.3.13　築島による基礎の施工例[11]

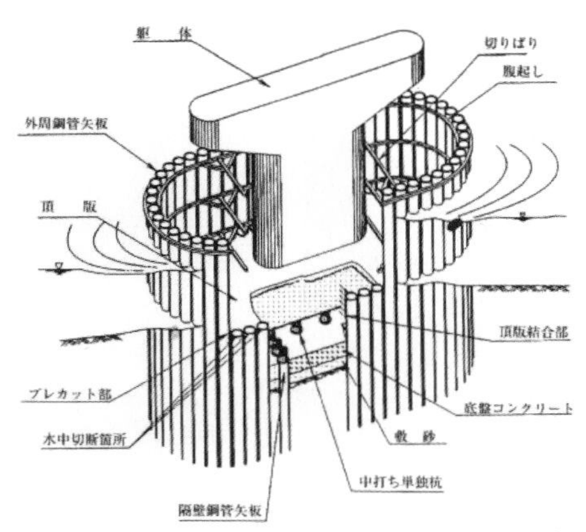

図-10.3.14　仮締め切り兼用鋼管矢板基礎[12]

図-10.3.14は基礎の形状に合わせて打ち込んだ鋼管矢板壁の内部を掘削排水して基礎と橋脚躯体を構築するものである。構築後にフーチング表面で鋼管矢板壁を水中切断して基礎を完成させる。この基礎形式は内部を掘削排水した段階での矢板壁の変形を残したままで完成しているので変形歪みに相当する残留応力があることに注意が必要である。また、水中の既設下部工の躯体を耐震補強する場合などには図-10.3.15のようにフーチング上面で止水した鋼製の締切り工を採用することもある。

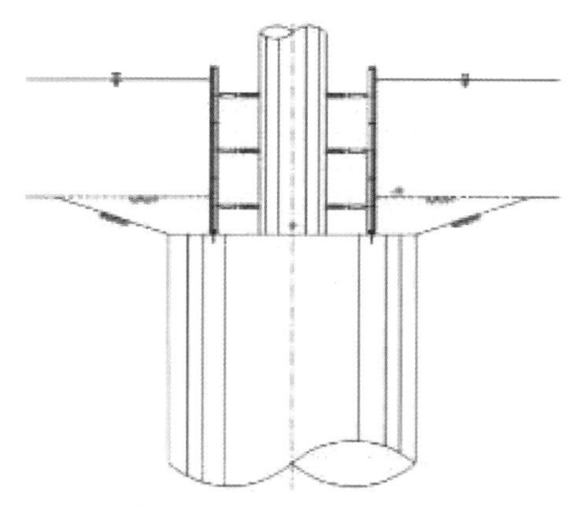

図-10.3.15　鋼製締め切り工

図-10.3.16　バイブロハンマーによるH形鋼の打設[13]

図-10.3.17　ディーゼルハンマーによるPC杭の打設[14]

図-10.3.18　油圧ユニットによる鋼管の沈設[15]

10.3.4　施工機器

鋼矢板や鋼管矢板の施工にはバイブロハンマー（図-10.3.16）や打撃工法（図-10.3.17）などが用いられ、引抜きにはバイブロハンマーやクレーンが使われた時代もあったが、騒音や振動のために次第に使われなくなっている。それらに代わる方法として油圧装置で押込みや引抜きを行う機器が開発された（図-10.3.18）。この種の機械の音は電動モーターによるものである。押込み力を得るためにカウンターウェイトやアンカーを必要とする。更に、押込み、引抜きを施工済みの隣接の矢板に反力を採るサイレントパイラーが生まれた(図-10.3.19)。この工法は施工済みの矢板数枚をチャックで掴んで反力とする圧入式杭打ち機で矢板を押し込んだ後、その上に進んで掴み直して次の矢板を圧入するものである。引抜きは既設の矢板を反力にして逆

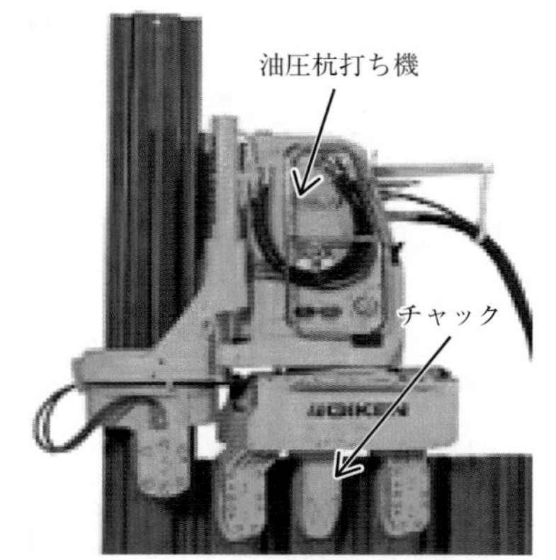

図-10.3.19　サイレントパイラーによる矢板の圧入[16]

図-10.3.20　サイレントパイラーとカウンターウェイトによる杭の圧入[16]

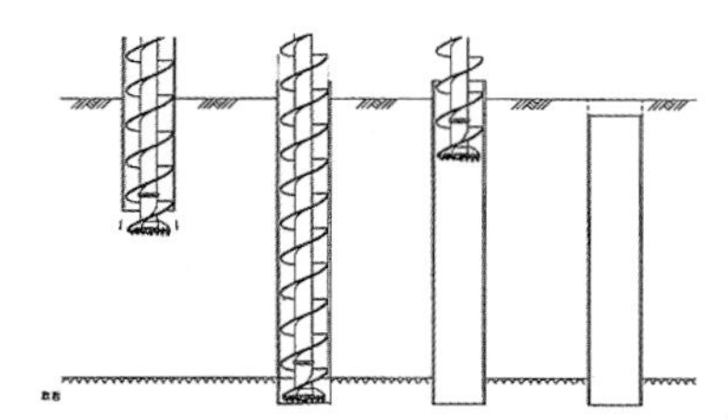

図-10.3.21　中堀工法による鋼管の沈設[17]

図-10.3.22　スパイラルオーガーと油圧ハンマーによる鋼管矢板の沈設[18]

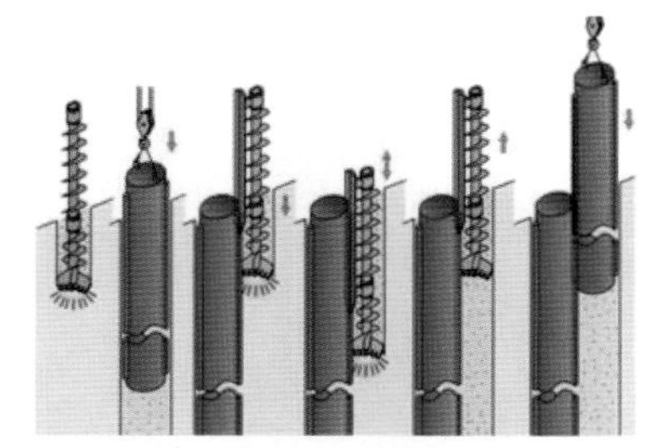

図-10.3.23　スパイラルオーガーによる削孔内への鋼管矢板の落とし込み[18]

の操作で行う。この操作は圧入式杭打ち機にカウンターウェイトなど載せて最初の矢板数枚を圧入してから始まる（図-10.3.20）。

鋼管矢板の場合、サイレントパイラーで施工することも可能であるが、径が大きい場合、深い場合などには力不足となる。そのために鋼管の中を中堀する方法(図-10.3.21)、予めスパイラルオーガーで緩めておいた地盤に鋼管矢板を打ち込む方法（図-10.3.22)、スパイラルオーガーで削孔した孔内に鋼管矢板を落とし込む方法（図-10.3.23）などがある。

10.4　土留め土圧の設定

10.4.1　施工中の土圧

土留め工の切り梁、腹起し、親柱、矢板の設計荷重に用いる土圧の取り方は独特である。掘削で矢板背面に発生する土圧は水圧と同様に三角形分布となる(図-10.4.1)。切り梁は最終的に、この土圧などの荷重を切り梁間隔で分割して負担するが、施工途中では一時的に最下段切り梁に掘削面から下の区間の大きな土圧が作用する。

すなわち、図-10.4.2の静的な土圧ABCに対して切り梁R3の設置後、BC面まで掘削するとDBCFの土圧が発生する。その内、EBCの部分は安定角ϕで在来地盤が支えるので切り梁R3にはDECFの土圧が作用する。そして、切り梁R4が設置される。掘削に応じてこれを繰返して切り梁段数が増加する。

掘削面以下の地盤では主動側と受動側の地層の動き（矢板などの変位に現れる）でバランスしているので主動土圧は見込まない。ただし、掘削深を大きく取り過ぎると掘削底面から下の土圧も呼び込むことになり、直上の切り梁に過大な荷重が作用することになる。そのために、施工中は土留め壁や掘削地盤面の動きに注意して慎重な施工管理が必要である。また、掘削が深くなると土圧の値が大きくなるので切り梁の間隔は狭めていくことになる。

この状態の最大の切り梁反力を切り梁間隔で除した値を包絡したものを、テルツアギーとペックはシカゴの地下鉄の掘削現場の計測結果から設計用土圧として表示した。同様に表示した図-10.4.3の設計用土圧はランキン土圧と較べて約60％大きくなる。図-10.4.4は1970年代前半に首都高速道路公団が各現場で測

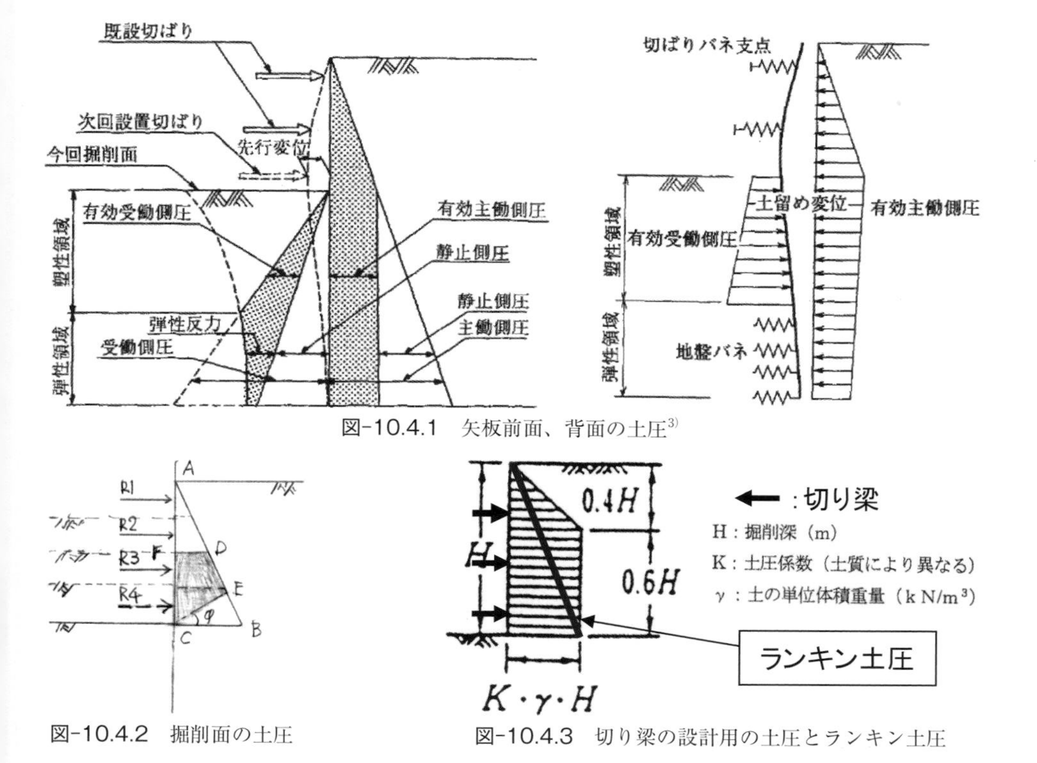

図-10.4.1　矢板前面、背面の土圧[3)]

図-10.4.2　掘削面の土圧

図-10.4.3　切り梁の設計用の土圧とランキン土圧

定した結果を地盤毎に取りまとめたものである。

道路土工指針　仮設構造物工指針は図-10.4.4のデータなどを参考に断面設計用土圧を図-10.4.5のように設定している。図中の係数α、βの値は地質毎に表-10.4.1による。γは各層の平均単位体積重量である。土圧は軟弱地盤では大きくなる。地表面に車両などの上載荷重（q）が想定される場合は地層に換算して設計土圧とする（図-10.4.6)。この設計用土圧を図-10.4.7のように切り梁が分割して支える。

この断面決定用設計土圧は腹起し、矢板の設計にも用いられる。しかしながら、図-10.4.5の設計用土圧は通常の山留

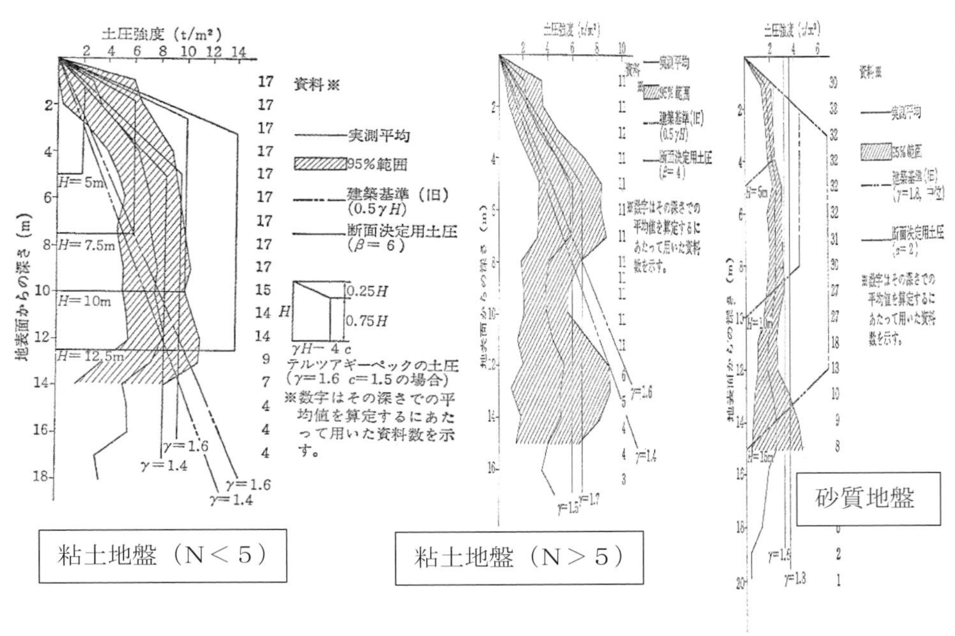

図-10.4.4　切り梁反力実測値から求めた土圧分布[6)]

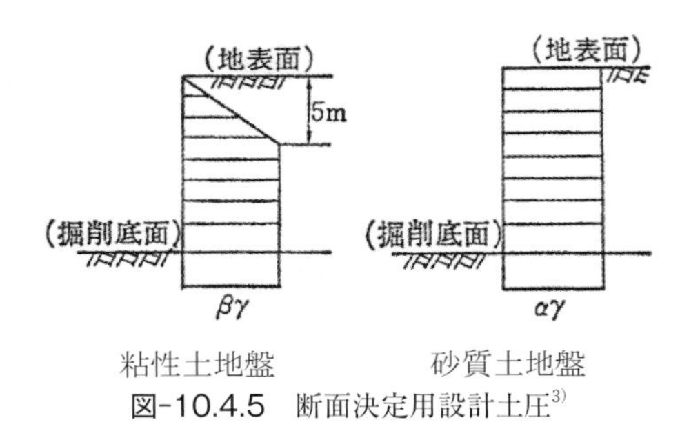

図-10.4.5　断面決定用設計土圧[3)]

表-10.4.1　地質による係数[3)]

N 値	α	β
$N>5$	2	4
$N\leqq5$		6

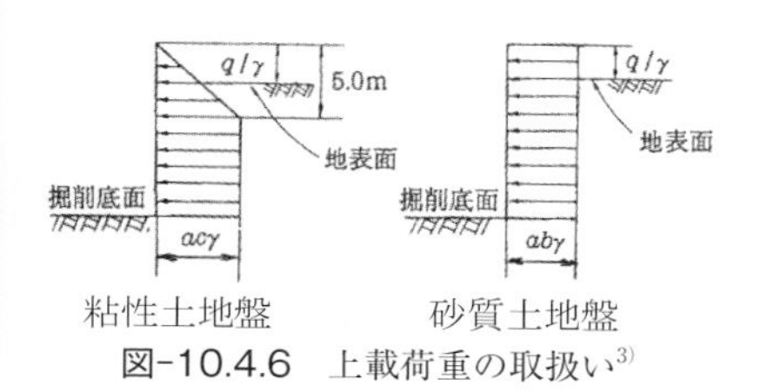

図-10.4.6　上載荷重の取扱い[3]

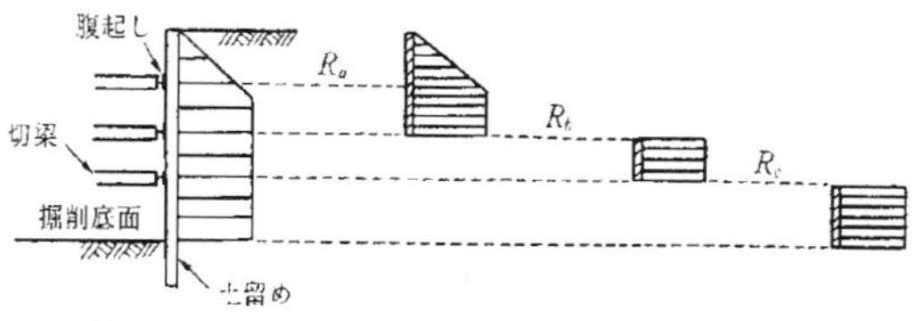

図-10.4.7　設計用土圧の切り梁による分割[6]

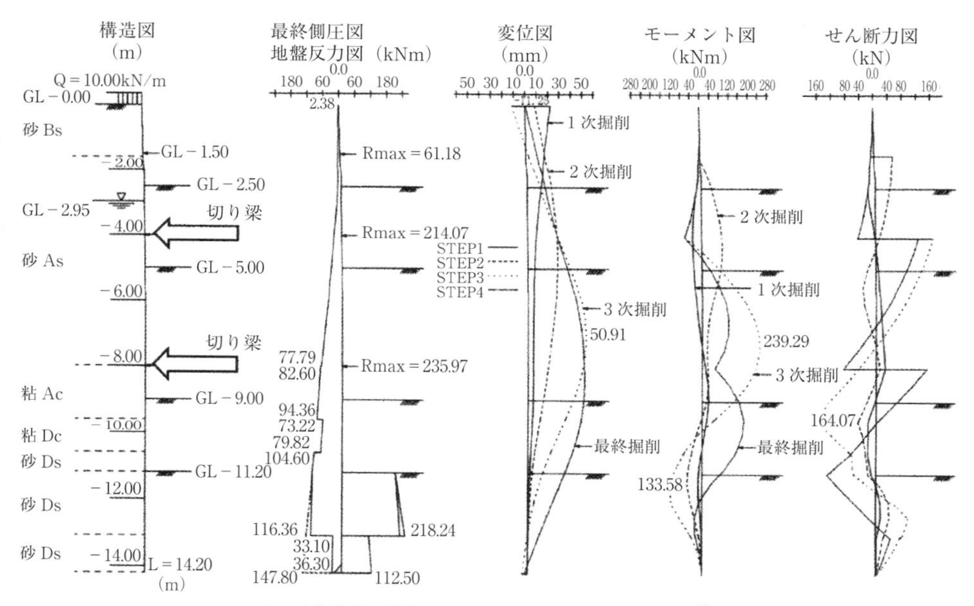

図-10.4.8　土留め工の一般的挙動の計算事例[1]

め工の部材断面を安全に決定するために大きめに設定されているものの、掘削深さの要素や土留め材の変形の影響などは考慮されていない。

深い掘削や特殊な地層構成の重要な土留め工の場合は地盤の弾塑性の性質を考慮の上、掘削の段階毎に構造全体の挙動を算出して構造を決めるべきである(図-10.4.1 参照)。図-10.4.8 は先端を支持層に固定した２段切り梁での掘削を各地層の土質定数により土留め壁の変位、曲げモーメント、せん断力を算出した事例である。同様の計算は仮締切り兼用の鋼管矢板基礎では欠かすことができず、図-10.4.9 は下部工躯体施工時の鋼管矢板の発生応力と矢板を水中切断した後の残留応力の分布を示している。残留応力は鋼管矢板基礎の通常の設計に加算される。

10.4.2　根入れ部の土圧、水圧

仮締切り工に作用する水圧は道路土工指針　仮設構造物工指針で図-10.4.10 のような三角形で記述されている。掘削

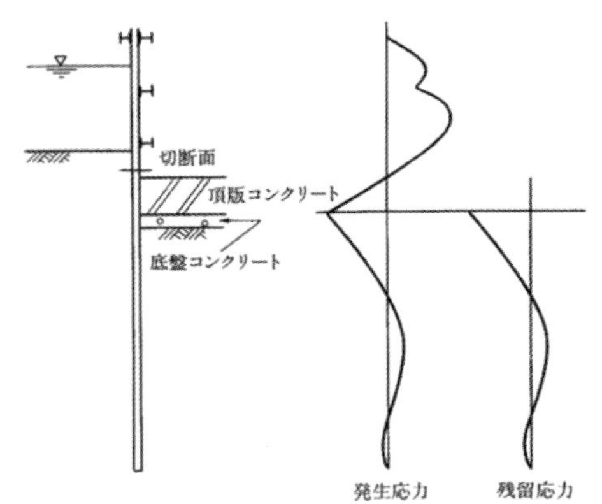

図-10.4.9　鋼管矢板基礎の応力分布[1)]

底面以下の水圧分布の実際の形状は分からないが、内側の掘削底面の水圧はゼロ、外側の水圧は理論水圧、矢板先端では左右の水圧は等しいということで各点を結ぶ直線と割り切っている。

理論水圧と矢板先端の水圧の差は矢板先端で浸透流の速度水頭（$\gamma v_0^2/2g$、γ：水の密度、v_0；流速、g：重力）として評価される。根入れ長が短いと速度水頭が大きくなり、動水勾配が増大してボイリングやパイピングの現象の恐れがあるので、矢板の根入れ長にも注意が必要である。

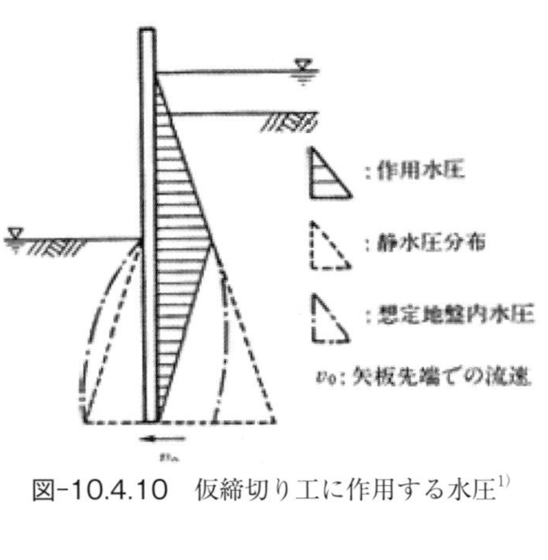

図-10.4.10　仮締切り工に作用する水圧[1)]

土留め工、仮締め切り工の掘削底面からの根入れ長の算出は道路土工　仮設構造物工指針では図-10.4.11 によることになっているが、変形は考慮されていない。この計算では地盤が軟らかいと大きな根入れ長となる。実際には地盤が軟弱な場合は矢板の剛性にもよるが、先端が大きく変位して最下段切り梁に過大な反力を呼び込む。矢板先端が堅い地層にある場合や矢板が十分に長い場合は掘削底面で変形しても先端まで変形が届かないので、指針で根入れ長と切り梁反力を算定できる（図-10.4.12）。

しかし、掘削底面の地層が土被りの地層の重量を支持できれば、図-10.4.3 のように掘削底面より下の地盤の内外の土圧は均衡状態にあるので、土留め壁の切り梁は掘削底面より上の土圧を負担するだけでよい。

しかし、剛性の低い壁体が土圧などで変形すると壁体背面土にせん断変形が生じ、地盤抵抗が弱まって土留め工が不安

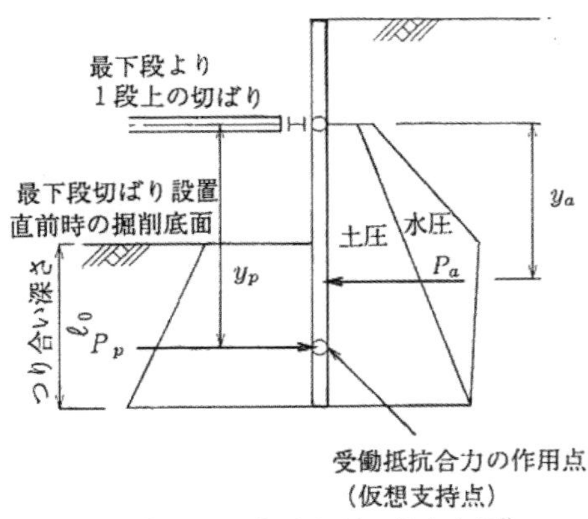

図-10.4.11　根入れ長の算定方法[3)]

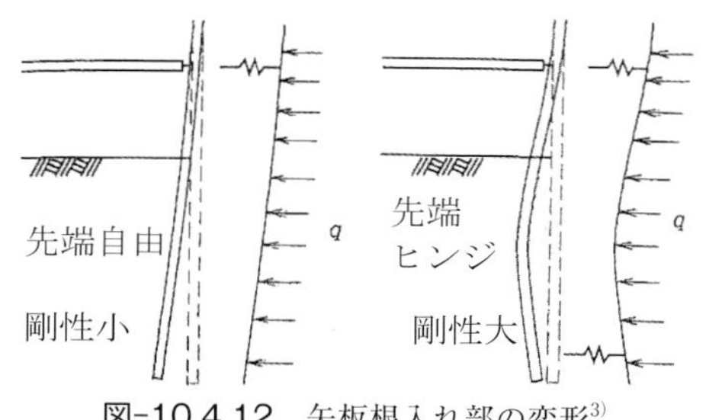

図-10.4.12　矢板根入れ部の変形[3)]

定になる恐れがあるので(図-10.4.12)、剛性の高い壁体を用いる必要がある。その場合の根入れ長は水深や高い地下水位の地盤であればボイリングや盤膨れを防げるだけの長さが必要である。そのような恐れのない普通の地盤であれば最小限の根入れ長（約 1m 程度）でよい。現実に地下水位のない、堅い地盤上の土留め工の剛体壁（地中連続壁、地盤改良壁など）では根入れが浅くなっている。

10.4.3　二重締切り工

水深が大きく、大規模な締切りの場合、採用の多い二重締切り工の設計において、外側矢板に作用する中詰め土からの主動土圧と中詰め土の中の残留水圧を図-10.4.13 に示す。外側矢板の設計は頂部のタイロットと外側地盤の受動土圧に支えられる梁として行われる。内側矢板と切り梁は一重締め切りとして設計される。内外の矢板の長さは同じくするか、内側の矢板を長くする。二重締切り工は一種の剛体として取り扱われ（図-10.4.14）、その安定計算はケーソン基礎のものに準じて行われる。費用は大きくなるが、安定感があるので長期間設置しておくものに適する。天端は作業スペースや運搬路として利用されることもある。

仮締切り工に作用する水圧は図-10.4.10 の通りとなるが、外側と内側の水頭差が大きいと矢板先端で速度水頭が大きくなり、浸透流の流速が高まるとパイピング、ボイリングを惹起する原因にもなる。それを防ぐには矢板長を伸ばし、動水勾配（ΔH/L、ΔH：水頭差、L：流路長）を限界動水勾配より小さくして浸透流をゆるやかにする必要がある（図-10.4.15)。

二重仮締め切り工などの崩壊原因の一

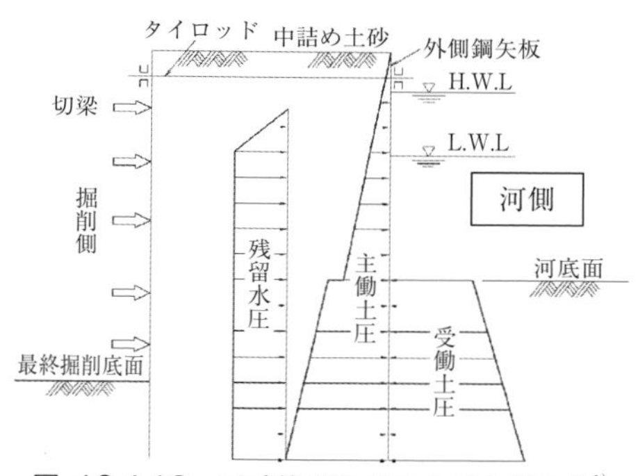

図-10.4.13　二重締切り工の土圧の取り方[1)]

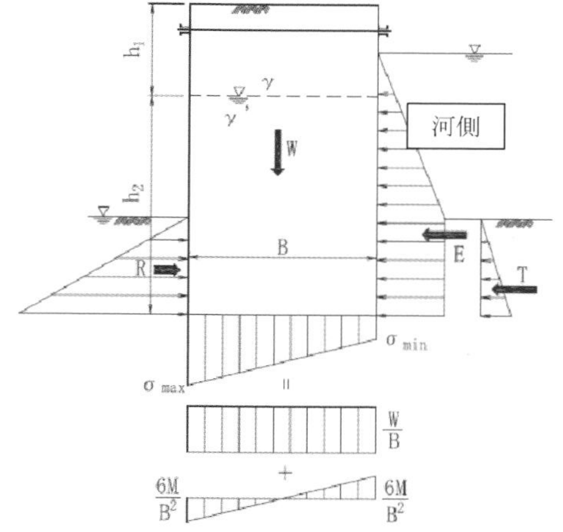

図-10.4.14　二重締切り工の安定計算[1)]

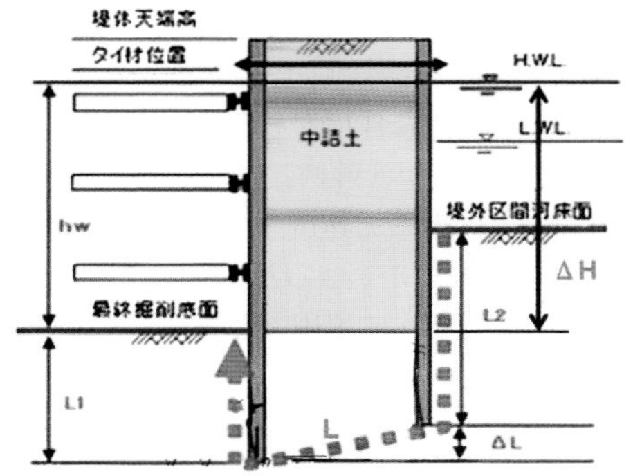

図-10.4.15　パイピングの流路の事例[19)]

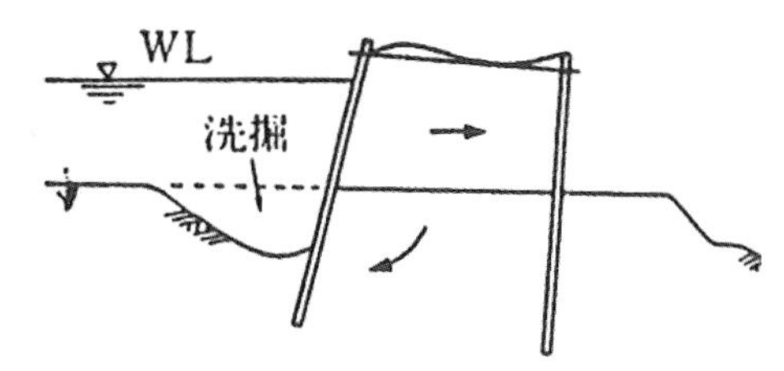

図-10.4.16　洗掘による仮締め切り工の崩壊

つに流水による洗掘がある（図-10.4.16）。洪水などで洗掘され、水位の低下後に矢板の根入れ長が短くなり、内部からの残留水圧、土圧で外側の矢板の安定が崩れることが原因であろう。いずれは撤去されるということで締切り工の本格的な洗掘対策には消極的になりがちである。対策としては外側矢板の根入れ長を大きく取り、洗掘されても安定性を確保できるようにするのが現実的である。一重締め切りの場合も同様である。

10.5　掘削底面の安定（ボイリング、ヒービング対策）

10.5.1　ボイリング、パイピング

基礎工事のための掘削では土圧、水圧を支える壁体の他に掘削底面の安定性を確保することが必要である。表-10.5.1は掘削中の底面が不安定になる現象の説明である。

ボイリングやパイピングは砂質地盤で発生するもので、外水位と掘削底面との水位差による浸透流で生じるトラブルである。動水勾配が小さく、浸透水が滲出する程度であれば集水してポンプ排水できるが、水みち（パイピング）ができると危険である。最初の内は土中の微細な土粒子を含んで湧出するが、次第に砂粒子も含むようになり、濁りと共に湧水量も増大してポンプ排水では対応できなくなる。最終的にはボイリングと呼ばれる、沸騰状態となり、仮締切り工の崩壊に至る。

この状態になるのを防ぐには壁体を長く根入れして動水勾配を下げるのが現実的であるが、締切り内にディープウェルを布設して深部で吸水する方法や砂地盤の空隙をグラウトで埋める方法もある。兎も角も湧水の監視は締切りの安全性を守る上で不可欠で、湧水量の増加や湧水の濁りは危険の前兆である。

ボイリングは仮締切り工に多く、掘削底面と外水面の間の大きな水位差で生じる浸透流で掘削底面が沸騰状態となり、締切り工の崩壊につながるものである（表-10.5.1）。ボイリング防止に関する考え方を道路土工指針、仮設構造物工指針は図-10.5.1のように与えている。設計では表-10.5.2による、外水圧（h_w）による揚圧力（u）に対する掘削底面から壁体先端までの土被り（l_d）による有効上載圧（W）の比を安全率1.2以上とする。

しかし、土被り層の透水係数は考慮されていないので、砂地盤ではパイピング

表-10.5.1　掘削底面の破壊現象[3)]

分類	地盤の状態	現象
ボイリング	砂質土　粘性土　砂質土 地下水位の高い場合，あるいは土留め付近に河川，海など地下水の供給源がある砂質土の場合。	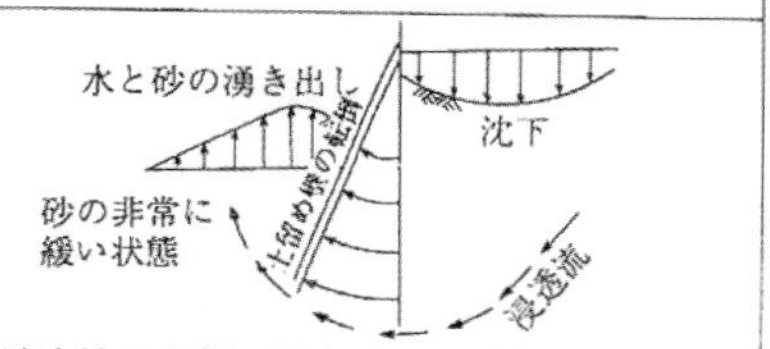 水と砂の湧き出し　土留め壁の転倒　沈下　砂の非常に緩い状態　浸透流 遮水性の土留め壁を用いた場合，水位差により上向きの浸透流が生じる。この浸透圧が土の有効重量をこえると，沸騰したように沸き上がり掘削底面の土がせん断抵抗を失い，急激に土留めの安定性が損なわれる。
パイピング	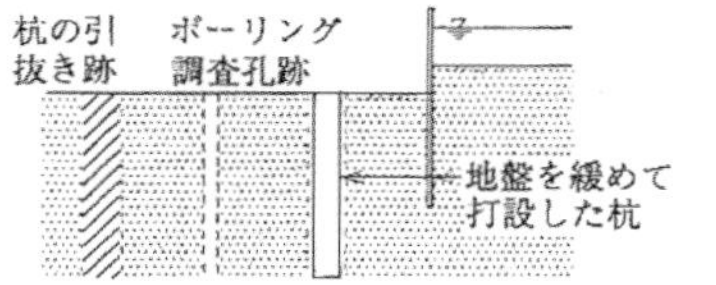 杭の引抜き跡　ボーリング調査孔跡　地盤を緩めて打設した杭 ボイリング，盤ぶくれと同じ地盤で，水みちができやすい状態がある場合，人工的な水みちとしては上図に示すものなどがある。	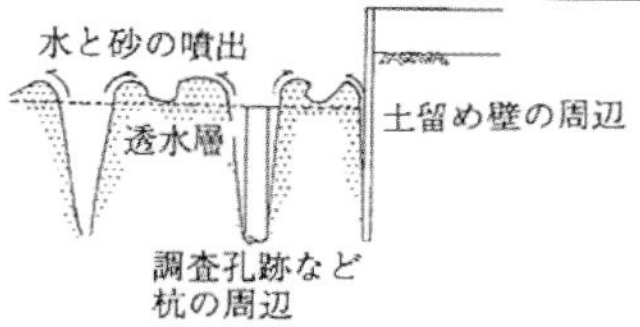 水と砂の噴出　透水層　土留め壁の周辺　調査孔跡など杭の周辺 地盤の弱い箇所の細かい土粒子が浸透流により洗い流され，地中に水みちが形成され，それが荒い粒子をも流し出し，水みちが拡大する。最終的にはボイリング状の破壊に至る。
ヒービング	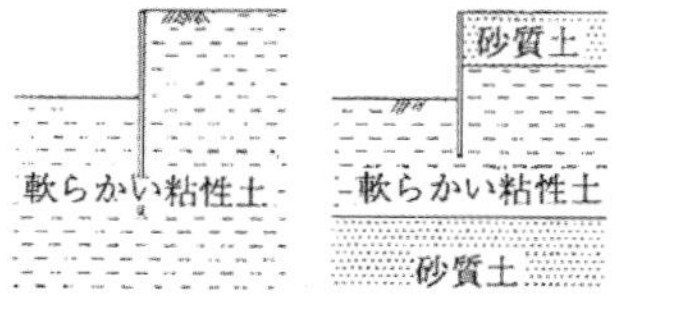 軟らかい粘性土　砂質土　軟らかい粘性土　砂質土 掘削底面付近に軟らかい粘性土がある場合，主として沖積粘性土地盤で，含水比の高い粘性土が厚く推積する場合。	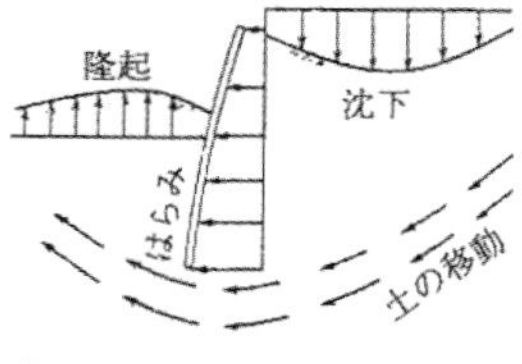 隆起　沈下　はらみ　土の移動 土留め背面の土の重量や土留めに近接した地表面での上載荷重などにより，掘削底面の隆起，土留め壁のはらみ周辺地盤の沈下が生じ最終的には土留めの崩壊に至る。
盤ぶくれ	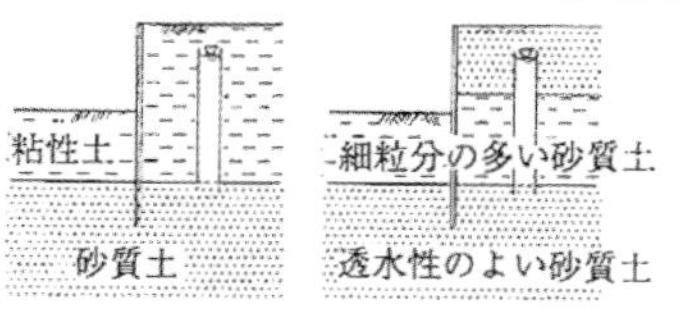 粘性土　砂質土　細粒分の多い砂質土　透水性のよい砂質土 掘削底面付近が難透水層，水圧の高い透水層の順で構成されている場合，難透水層には粘性土だけでなく，細粒分の多い砂質土も含まれる。	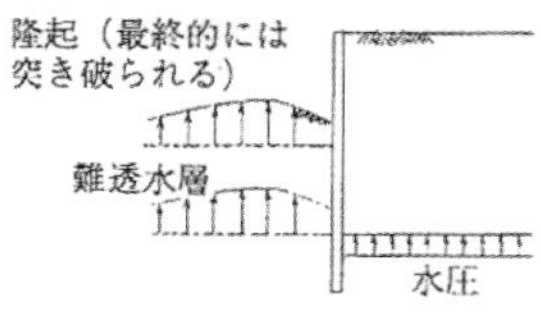 隆起（最終的には突き破られる）　難透水層　水圧 難透水層のため上向きの浸透流は生じないが難透水層下面に上向きの水圧が作用し，これが上方の土の重さ以上となる場合は，掘削底面が浮き上がり，最終的には難透水層が突き破られボイリング状の破壊に至る。

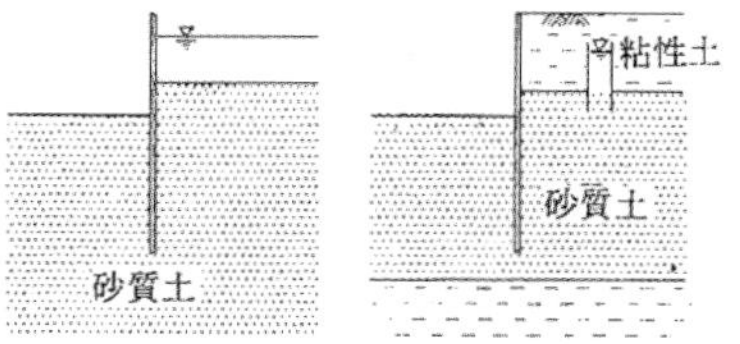

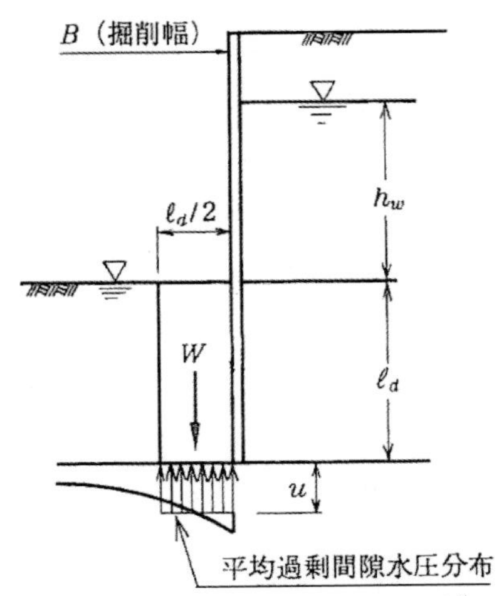

図-10.5.1　ボイリングへの設計法[3)]

表-10.5.2　ボイリングに対する安全率の計算方法[5)]

	テルツァギの方法	限界動水勾配の方法
検討図	$\frac{L_d}{2}$ h_ω 水位差 $W=\gamma L_d$ γ：水中単位体積重量 L_d：根入れ長 $U=\frac{1}{2}\gamma_w h_w$	h_ω 水位差 Cs：土粒子比重 e：間隙比 l：流線長
検討式	$F_S=\frac{W}{U}=\frac{2\gamma L_d}{\gamma_w h_w}$	$F_S=\frac{i_c}{i}=\frac{G_s-1}{1+e}\frac{l}{h_w}=\frac{\gamma}{\gamma_w}\frac{l}{h_w}$
特徴	・ボイリング発生領域は根入れ長の1/2 ・掘削底から上部の背面地盤における水頭損失を無視 ・背面側水位は原状を保持	・流線長lを根入れ長の２倍とするとテルツァギーの方法に一致

現象は防げない。砂礫層や玉石層などでも浸透流を抑止できないので締切り内を地盤改良で不透水性にするか、ディープウェルなどで地下水位を下げる必要がある。抑止できない場合は締切り内に注水して内外の水圧のバランスを取った後に具体的な対策を講じることとなる。

10.5.2　ヒーピング

軟弱地盤上の土留め工では掘削で壁体の内外の土圧のバランスが崩れると、土留め壁もはらみ出して掘削底面が盛り上がるヒービング現象（表-10.5.1）で掘削土量がどんどん増加し、周りの地盤は沈下して周辺家屋などに被害を与える。道路土工指針　仮設構造物工指針は図-10.5.2の最下段の切り梁の点からの円弧すべりに関する式-10.5.1の安全率F_sの値で、ヒービングの有無を判定して1.2以上の値を求めている。式-10.5.1は粘着力が深さ方向に増加する傾向を反映したものになっている。切り梁がない自立式の土留め工の場合は掘削底面と壁体の交点から壁体先端を通る円弧で判定するが、これは掘削底面レベルでの支持力を意味し、安全率が1.0以下では基底破壊となる。軟弱地盤上の自立式土留め工は浅い掘削か、狭い幅の掘削に限られる。

$$F_s=\frac{M_r}{M_d}=\frac{x\int_0^{\frac{x}{2}+\alpha}c(z)xd\theta}{W\dfrac{x}{2}}\text{（ただし、}\alpha<\frac{\pi}{2}\text{）}$$

式-10.5.1

ここに、$c(z)$：深さの関数で表した土の粘着力（$\mathrm{kN/m^2}$）
正規圧密状態にある沖積粘性土の場合、粘着力の増加係数は$\alpha=0.2$としてよいが、深度方向に求められた一軸圧縮強度等の土質試験値から求めることが望ましい。

x：最下段切ばりを中心としたすべり円の任意の半径（m）（掘削幅を最大とする。）

W：掘削底面に作用する背面側x範囲の荷重（kN）

$$W=\mathrm{x}(rH+q)$$

q：地表面での上載荷重（$\mathrm{kN/m^2}$）

r：土の湿潤単位体積重量（$\mathrm{kN/m^3}$）

H：掘削深さ（m）

F_s：安全率（$F_s\geqq 1.2$）

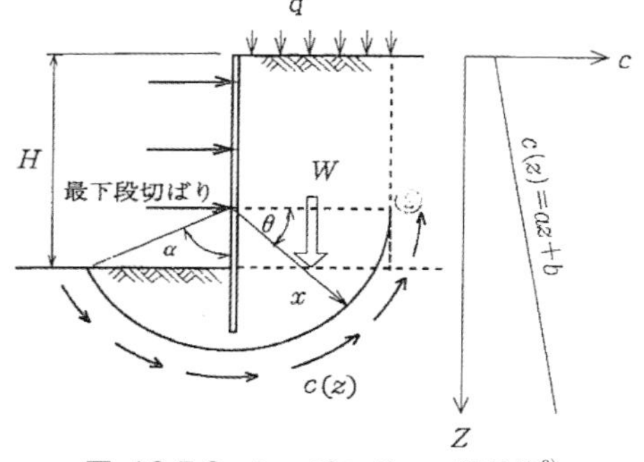

図-10.5.2　ヒービングへの設計法[3)]

道路土工指針　仮設構造物工指針以外の各機関の検討式を表-10.5.3に示す。表中のS_uは非排水せん断強度で粘着力（c）に対応し、Nbは安定係数（$=\gamma H/c$）で、B、Lは壁体の間隔、壁体の長さを表す。

しかし、軟弱地盤におけるヒービングは粘性土の塑性流動現象で、図-10.5.2のような明確なすべり線が存在する訳ではない。図-10.5.3はベントナイトの模擬粘性土地盤の中に塩ビ管を埋め込んだ剛体壁土留め工のヒービングの模型実験の結果である。粘性地盤は掘削底面より深い位置で大きく動き、固定している土留め工模型の内部に侵入して盛り上がっている。現実の土留め工では掘削すると次から次と底面が盛り上がってくることを示唆している。また、壁体が可撓性の矢板のような場合は内側に窄まるのでヒービング現象は更に大きくなる。

表-10.5.3　各機関のヒービングの検討式[1)]

提唱者名または基準名	検討式	Suが一定の地盤が厚く続く場合のPeckの安定数		検討式の特徴
		帯状の掘削 ($B/L \fallingdotseq 0$)	正方形掘削 ($L=B$)	
日本建築学会（自立の場合）	$F_s=\dfrac{x\int_0^{\pi}c(xd\theta)}{w\dfrac{x}{2}}\geqq 1.2$	$N_b=6.3(Fs=1.0)$ $N_b=5.2(Fs=1.2)$	同　左	1）掘削底面に中心をおく円弧すべり面を仮定 2）背面地盤の鉛直方向のせん断抵抗がない 3）地盤の強度変化を考慮できる
※日本建築学会（切梁式の場合）	$F=\dfrac{M_r}{M_a}=\dfrac{x\int_0^{\frac{\pi}{2}+\alpha}c(x'd\theta)}{W\cdot\dfrac{x}{2}}\geqq 1.2\left(\alpha<\dfrac{\pi}{2}\right)$	$\alpha=\pi/5$と仮定 $N_b=4.3(Fs=1.0)$ $N_b=3.6(Fs=1.2)$	同　左	1）最下段切梁に中心をおく円弧すべり面を仮定 2）背面地盤の鉛直方向のせん断抵抗がない 3）地盤の強度変化を考慮できる
首都高速道路(株)	$F_s=\dfrac{\int_0^{\pi}c(z)x^2d\theta+\int_0^{H}c(z)xdz}{\dfrac{(\gamma_1H+q)x^2}{2}}$	$x=B$と仮定して $H=B$の場合 $N_b=8.3(Fs=1.0)$ $N_b=6.9(Fs=1.2)$ $H=2B$の場合 $N_b=10.3(Fs=1.0)$ $N_b=8.6(Fs=1.2)$	同　左	1）掘削底面に中心をおく円弧すべり面を仮定 2）背面地盤の鉛直方向のせん断抵抗がある 3）深さ方向の強度増加が考慮できる

※「道路土工」「土木学会」「鉄道」で採用されている。（詳細は各基準を参照）

※粘着力が深度方向に一定の場合、$F_s=\dfrac{(\pi+2\alpha)c}{\gamma H+q}$となる

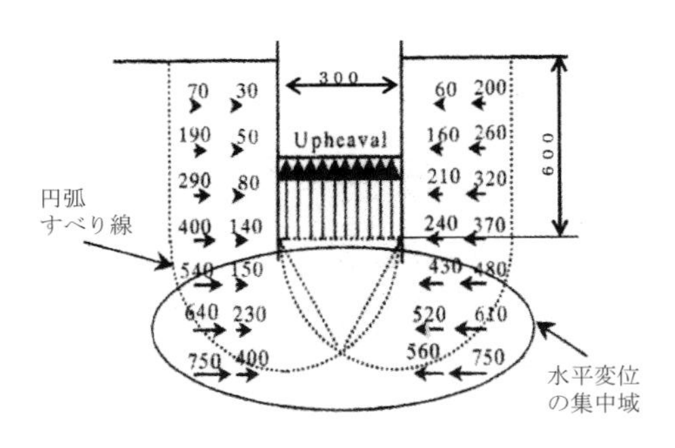

図-10.5.3　ヒービング現象における粘土層の動き

ヒービング現象を抑制するには軟弱粘土地盤の強度、剛性を高める処置が必要である。通常に行われる対策は図-10.5.3の水平変位の集中する領域の軟弱層の地盤改良である。この方法は掘削底面を予めセメント系撹拌工法で全面改良するか、土留め壁の間に地盤改良壁をストラットまたはバットレス（控え壁）として配置し、土留め壁を支えるものである。ヒービングが懸念される場合は剛性の高い壁体を用いて深く根入れする方法が正攻法であるが、その際も壁体のはらみ出しや傾斜（図-10.5.4において$\Delta\delta/H<0.03$）を監視し、一定値を超える場合は掘削を中止して対策を講じる必要がある。

もう一つの方法は壁体背面の軟弱地盤の土圧軽減である。橋台の側方流動対策にも通じるが、捨て杭（例えばH型杭）

などで軟弱地盤の自重を支え、水平抵抗を付与する方法である（図-10.5.4）。実際の現場では壁体の背面にストレイナー付きの先端閉塞鋼管（図-10.5.5）を打ち込み、内部を真空吸引すると周りの粘土が鋼管の周りに吸着して太い粘土柱となり、粘性土地盤の中の水圧も下げて壁体に作用する土圧の値を著しく低下させる。真空圧密工法と同様の効果である。

更に、背面にH形鋼杭を千鳥に打ち込むと、鋼杭群が軟弱地盤を支え、粘土の移動を阻止するのでヒービングがほとんど生じない。周辺地盤の沈下も最小限に留めることもできる。工事終了後、これらの鋼杭は矢板と共に回収して転用することができる。

10.5.3 盤膨れ

掘削にともなう難題の一つに盤膨れ現象（図-10.5.6）がある。掘削底面の下に難透水層があると、掘削、排水で外水面との間に水位差が生じる。すると、難透水層の下の帯水層からの水圧（kw）で掘削底面が膨れ上がることがある。その場合、膨れ上がる底面の掘削を続けても膨れ上がりは収まらず、締め切り全体が持ち上がることもある。この現象を防ぐには難透水層の下の帯水層までリリーフウェル（圧力開放管）を下ろし、噴出する地下水を排水することになる。帯水層は遠くの丘陵地帯の地下水と繋がり、被圧地下水になっている場合もあるが、少なくともリリーフウェルの周りは静水

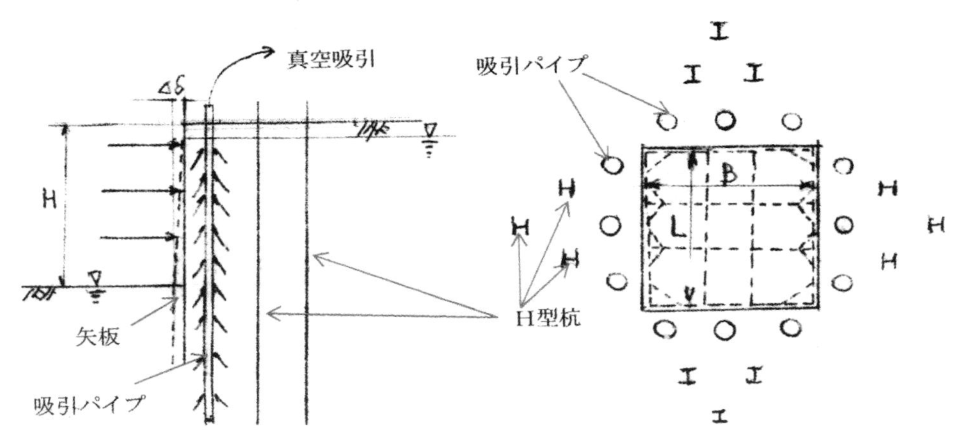

図-10.5.4　ヒービング防止のための壁体背面の軟弱地盤の補強

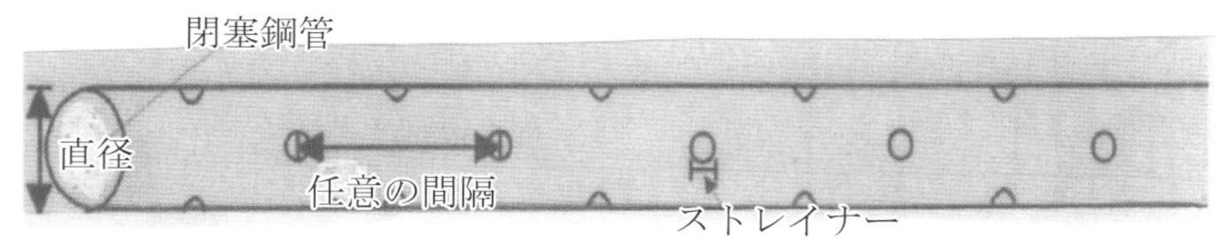

図-10.5.5　ストレイナー付き鋼管の事例

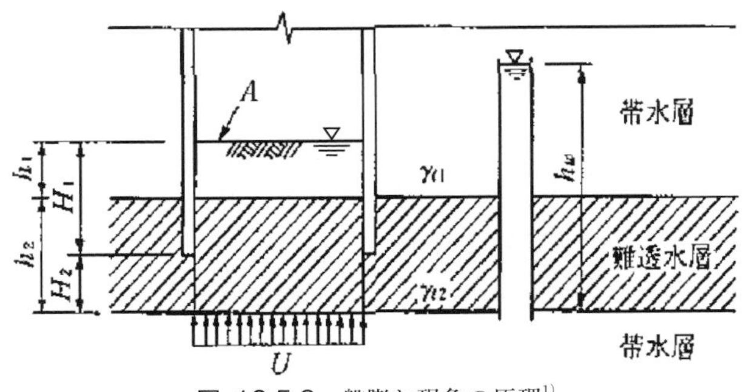

図-10.5.6　盤膨れ現象の原理[1)]

圧となるので膨れ上がりは抑制される。締め切り壁の周長の摩擦で盤膨れを抑制しようとする考え方もあるが、浸透水は壁面に沿って上昇することが多いので推奨できる方法ではない。

以上、土留め工の壁面、仮締切り工の壁面、掘削底面の安定に関する設計法を述べてきたが、本体構造物の完成後に土留め工を撤去する際についても検討が必要である。すなわち、撤去する際には埋め戻しながら切り梁などを外すことになるので一作業段階毎に部材の安全性を照査しておくことが安全対策上、必要である。最終的に土留め壁や杭などを引き抜くか、破砕することになるが、その跡の空隙の充填も考慮することが周辺への影響を防ぐために必要である。

10.6　基礎工事の安全対策と環境対策

10.6.1　工事事故の防止

仮設構造物の施工は危険が多いので作業員などの安全には万全の配慮と処置が求められる。事故の主なものには墜落、転落、落下物、クレーンを含む飛来、崩壊、倒壊、建設機械との接触、交通事故などがある。ハード面では施工計画の段階で十分な安全施設と対策を講じることが求められる。ソフト面でも工事関係者への安全教育、工事中の注意など、精神面からのサポートの充実も重要である。

工事中は仮設構造物の各部分の変状に気を付けて危険を察知するようにしなければならない。定期的に巡回して点検することは勿論であるが、工事の進捗で変化する仮設構造物や周面の地盤の挙動を計測する体制を整えておくことも重要である。

道路土工　仮設構造物工指針では巡回に当たり、目視点検すべき項目が表-10.6.1のとおりに示され、点検リストの作成を推奨している。その中で矢板などの壁体の変形、切り梁や腹越しなどの支保工の変状、掘削底面の安定性、湧水や漏水の存在などに注意を喚起している。

表-10.6.2は土留め工に関する主な計測項目と計測の要否の目安を掘削深さに応じて示した事例である。計測項目の選定と計器の数、取り付け位置などは土留め工の規模、地盤の種類、地層構成、地下水の状態、周辺環境などによって決めるべきで、一概には決めがたい。計器の数が多くなると逐次観測するのに時間

表-10.6.1　巡回時の主な目視点検項目[3)]

対　象	点検項目	留意事項等
土留め壁	・壁体頭部の通り	
	・壁体のたわみ，はらみ出し	
	・壁体からの漏水，土砂流出	漏水の濁り，含まれる土の種類と地盤の関係
	・継手部のかみ合わせ，ずれ	
	・壁体の亀裂	ソイルセメント柱列壁，泥水固定壁等，特に隅角部
土留め支保工	・切ばりの通り，平坦性	
	・腹起しのたわみ	
	・継手，交差部，仕口の状態	ボルト・溶接部の状況，緊結の状態，端部の変形
	・中間杭の変状	沈下，浮上がり，湾曲
掘削底面	・掘削深さ	過掘りの防止
	・湧水，噴砂	土留め壁際・杭まわり・ボーリング孔跡等からの湧水 清水から濁水への変化，湧水量の変化
	・ふくれ上がり，亀裂	中間杭の浮上がり
	・揚水の濁り	地下水位低下工法の場合
周辺地盤	・舗装面，地表面の亀裂，陥没 ・敷石，縁石の目地の開き具合 ・周辺井戸の水位	施工前の状態も調査
周辺構造物	・構造物の亀裂，傾斜	施工前の状態も調査
地下埋設物	・土留め壁内側の埋設物	漏洩・損傷の有無，養生の異常
	・土留め壁外側の埋設物	路面の沈下，土留め壁面付近の状況
路面覆工 仮桟橋	・覆工板	ばたつき，変形，損傷，すべり止めの摩耗
	・在来路面との取付け部	路面の沈下・段差
	・覆工受げた，けた受け	変形，取付けボルトのゆるみ・脱落
	・中間杭，支持杭	沈下，浮上がり，湾曲

と手間を要するので自動記録と警報装置などを備えておくとよい。

図-10.6.1に矢板による土留め工の計測機器の配置事例を示す。計器による計測は定量的に数値を得ることができるが、費用と手間を要するので小規模な現場では採用しがたいのが実情である。その場合でも工事現場での数cm程度の変状は気付きにくいので、不動点からの移動量や下げ振りによる傾斜の測定を小まめに行うことが大事である。これらの計測数値がどのような意味を持つかを判断して危険を予測することは現場技術者の使命と云えよう。

現在は労働環境を守るための法令の整備も進み、表-10.6.3に掲げる法令が存在する。また、行政面でも国土交通省と厚生労働省の共管の建設業労働災害防止協会（建災防）は事故防止のための諸活動を行っている。

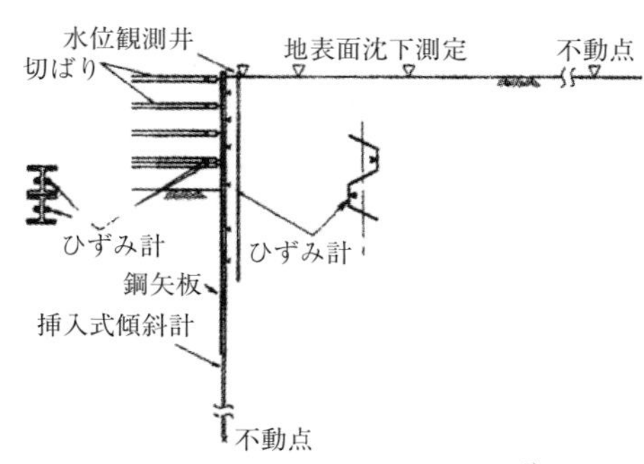

図-10.6.1　測機器の配置事例[3)]

10.6.2　環境の保全

一方、基礎工事は建設公害と云われる環境問題の中で最も注目される工事である。表-10.6.4に建設活動における環境問題の発生原因の主なものを挙げる。いわゆる、建設７公害（騒音、振動、大気汚染、水質汚濁、土壌汚染、地盤沈下、悪臭）の他、自然環境、景観などに関する問題もある。その中には、仮設構造物の設置に関わるものが少なくない。

これらの中で仮設構造物の工事で問題になることの多いのは騒音、振動、水質汚濁である。

騒音については作業機械毎の騒音レベル、規制基準値が表-10.6.5 に示されている。環境基準の適用地域やそこでの規制値の指定については地方自治体に委ねられている。特定建設作業とは著しい騒音や振動を発する建設工事を指し、多くの都市では原則として日曜日や祝日の工事は禁じられている。規制基準値は敷地境界線上における値で 85dB（地下鉄の車内程度）となっているが、実際には 45～65dB 以下（換気扇の音から街頭の騒音程度）を求めている地域が多い。病院や学校の近くではさらに低い値が指定されている。そのために、使用頻度の多かったバイブロハンマーは人家から離れたところでしか用いられなくなった。人家に近くでは、これに代わるものとして油圧式のサイレントパイラーが活用されている。

特定建設作業による振動についても同様の配慮が必要で、その対象となる主な建設機械の振動レベルは表-10.6.6 に示されている。振動に関する環境基準の適用地域、規制値の指定、日曜日や祝日の工事の可否なども地方自治体に委ねら

表-10.6.2　土留め工の主な計測項目と要否の目安[3)]

計測対象		計測項目	掘削深さ		
			10m以下	10～20m	20m以上
土留め壁		・土留め壁の変形	○	○	○
		・土留め壁の応力		△	○
		・土留め壁に作用する側圧，水圧			△
土留め支保工		・切ばりに作用する軸力（土留めアンカーを含む）		○	○
		・切ばりの温度	切ばり軸力の計測と併せて実施する		
掘削底面	ボイリング	・土留め壁先端付近の砂層の水圧	危険度*に応じて実施する		
	ヒービング	・底面の隆起，地中水平変位			
	盤ぶくれ	・底面の隆起，被圧帯水層の水圧			
周辺地盤		・周辺地盤の沈下，水平変位	○	○	○
		・周辺地盤の地下水位	△	○	○
周辺構造物		・構造物の沈下，傾斜，水平変位	近接程度に応じて実施する		

注）○：計測が望ましいもの　△：状況によって実施するもの
　＊：安全率の余裕の大小や設計条件（地層構成，地盤強度，水圧，補助工法の効果等）の確からしさの程度

表-10.6.3 労働安全に関する法令関係[1)]

内容区分＼法律政省令の別	法律	政令	省令	告示
労働保護に関する基本法および一般労働条件	憲法 労働基準法 (昭 22) 〔労基法〕	労働基準監督機関令	労働基準法施行規則 女性労働基準規則 年少者労働基準規則 事業附属寄宿舎規程 建設業附属寄宿舎規程	
安全衛生の確保等	労働安全衛生法 (昭 47) 〔安衛法〕	労働安全衛生法施行令〔安衛令〕 労働安全衛生法関係手数料令〔手数料令〕	労働安全衛生規則〔安衛則〕 クレーン等安全規則〔クレーン則〕 ボイラーおよび圧力容器安全規則〔ボイラー則〕 ゴンドラ安全規則〔ゴンドラ則〕 高気圧作業安全衛生規則〔高圧則〕 鉛中毒予防規則 有機溶剤中毒予防規則 四アルキル鉛中毒予防規則 酸素欠乏症等防止規則〔酸欠則〕 特定化学物質障害予防規則 石綿障害予防規則 電離放射線障害防止規則 事務所衛生基準規則 労働安全衛生法及びこれに基づく命令に係る登録及び指定に関する省令 機械等検定規則 労働安全コンサルタントおよび労働衛生コンサルタント規則	衛生管理者規程 安全衛生特別教育規程 発破技士免許試験規程 各種作業主任者技能講習規程 車両系建設機械運転技能講習規程 クレーン・デリック運転士免許試験および移動式クレーン運転士免許試験規程 電気機械器具防爆構造規格 防じんマスクの規格 車両系建設機械構造規格 型わく支保工用のパイプサポート等の規格 再圧室構造規格 安全帯の規格 その他
	作業環境測定法 (昭 50)〔測定法〕	作業環境測定法施行令〔測定令〕	作業環境測定法施行規則〔測定則〕	作業環境測定基準 作業環境測定士規定
	じん肺法 (昭 35)	−	じん肺法施行規則	じん肺法施行規則別表第二十三号の規定に基づき，厚生労働大臣が指定する長大ずい道を定める告示
	労働災害防止団体法（昭 39） 〔団体法〕		労働災害防止団体法施行規則	
賃金その他	賃金の支払の確保等に関する法律（昭 51） 〔賃確法〕	賃金の支払の確保等に関する法律施行令	賃金の支払の確保等に関する法律施行規則	賃金の支払の確保等に関する法律施行規則第17条第1項第7号の規定に基づき厚生労働大臣が指定する金融機関を定める告示
	最低賃金法 (昭 34)〔最賃法〕	最低賃金審議会令	最低賃金法施行規則	
	家内労働法 (昭 45)	家内労働審議会令	家内労働法施行規則	

（注）1．建設工事の施工に関連がある主要な法令を掲げた．
　　　2．（　）は制定年，〔　〕は略称を示す．

表-10.6.4　環境問題と建設活動の関わり[1]

環境問題		建設活動における主な原因
環境マネジメント		（環境負荷低減のための建設活動）
地域環境問題	大気汚染	ばい煙・粉塵発生施設の設置，建設廃棄物の焼却，石綿等の除去作業，建設機械および運搬車両の廃棄ガス，（室内空気汚染）
	水質汚濁	工事に伴う汚濁水，建設車両の洗浄水
	騒音	空気圧縮機等の設置，杭打等の工事，発破工事
	振動	杭打等の工事，発破工事
	悪臭	建設廃棄物の焼却並びに保管
	土壌汚染（地下水汚染）	杭打工事，地下工事，薬液注入工事，地盤改良工事
	地盤沈下	構造物周囲の埋戻し，地下水の揚水，山留め工事
	廃棄物	建設廃棄物処理施設・廃棄物保管場所等の設置，廃棄物の排出・処理
	リサイクル	資源・製品の不適切な使用，再利用対象物の保管場所の設置
	化学物質管理	建物の解体・建設時の使用・排出抑制，グリーン調達
	省エネルギー	エネルギーの不合理な使用，CO_2 等の排出抑制
	緑地保全	緑地保全区域内での建設
	自然環境保全	自然環境保全地域および自然公園内での建設
	環境アセスメント	人規模な開発行為
	その他の周辺環境保全	火気・ガスの使用，日影障害，電磁波障害，景観
地球環境問題	地球温暖化	不適切なエネルギーの使用
	オゾン層破壊	特定フロン・ハロン等およびそれらを含む材料の使用
	酸性雨	建設機械及び運搬車両の使用
	熱帯林減少	熱帯材合板型枠の使用
	野生生物種減少	生息地等保護区域内・鳥獣特別保護区域内での建設
	海洋汚染	海洋施設の設置，海域での廃棄物の焼却および海洋投棄
	有害廃棄物の越境移動	（有害化学物質の使用・排出抑制）

表-10.6.5　特定建設作業等における機械の騒音レベルと規制基準（単位：dB）[1]

作業名	作業機械名	騒音レベル（dB）			規制基準値（敷地境界線）	
		1m	10m	30m	規制法	都条例
杭打杭抜機およびせん孔機を使用する打設作業	ディーゼルパイルハンマ	105～130	93～112	88～98	85	80
	バイブロハンマ	95～105	84～91	74～80		
	スチームハンマ，エアハンマ	100～130	97～108	86～97		
	パイルエキストラクタ		94～96	84～94		
	アースドリル	88～97	78～84	67～77		
	アースオーガ	68～82	57～70	50～60		
	ベノトボーリングマシン	85～97	79～82	66～70		
びょう打作業	リベッティングマシン	110～127	85～98	74～86	85	
	インパクトレンチ	112	84	71		80
削岩機を使用する作業	コンクリートブレーカ，シンカドリル，ハンドハンマ，ジャックハンマ，クローラブレーカ	94～119	80～90	74～80	85	
	コンクリートカッタ		82～90	76～81		80
掘削，整地作業	ブルドーザ，タイヤドーザ	83	76	64	85	80
	ショベル，バックホウ	80～85	72～76	63～65		
	ドラッグライン，ドラッグスクレーパ	83	77～84	72～73		
	クラムシェル	83	78～85	65～75		
空気圧縮機を使用する作業	空気圧縮機	100～110	74～92	67～75	85	
締固め作業	ロードローラ，ダンピングローラ，タイヤローラ，振動ローラ，振動コンパクタ，インパクトローラ		68～72	60～64		80
	ランマ，タンパ	88	74～78	65～69		
コンクリート，アスファルト混練および搬入作業	コンクリートプラント	100～105	83～90	74～88	85	
	アスファルトプラント	100～107	86～90	80～81		
	コンクリートミキサ車	83	77～86	68～75		80
はつり，コンクリート仕上げ作業	グラインダ	104～110	83～87	68～75		80
	ピックハンマ		78～90	72～82		
破砕作業	鋼　球	95	84～86	68～72		85
	鉄骨打撃		90～93	82～86		
	火　薬		98～108	90～97		

れている。規制基準値は敷地境界線上で75dB（室内で感じる程度の振動）である。実際には55～65dB（静止状態から微かに感じる程度の振動）の範囲で規定している自治体が多いので、振動をともなう特定建設作業の施工は昼間に限られることとなる。そのために油圧系の建設機械が重用される。サイレントパイラーはその代表格である。

仮設構造や基礎の工事では濁水、泥水などの汚濁水が派生する。汚濁水は処理した上で排水する必要がある。濁水の場合は沈殿槽などで土砂を沈降させた上で上澄み水を放流できる。泥水で処理の難しいのはベントナイトを含むものである。遠心分離装置や振動装置で泥土と泥水に分離する。微粒子を多く含む泥水は浮遊物質の基準に適合しない場合は凝集剤などで微粒子の沈降を促す。泥土については天日干しの後に利用土として処理するか、産業廃棄物として搬出する。処理後の汚濁水は最終的に下水道や排水路に流し込むが、その際の水質は下水道法などで定める水質基準（表-10.6.7）を満たす必要があり、満たせなければ産業廃棄物の扱いとなる。水質基準の項目は数多いが、基礎工事現場からの排水で重視される検査項目は浮遊物質の量と酸性度やアルカリ度を示す水素イオン濃度（ph）である。浮遊物質の規制値は600mg/ℓ以下である。コンクリートから溶出するアルカリ物質による水素イオン濃度の許容値の範囲は5＜ph＜9である。これを超える場合は中和剤で調整するか、希釈することになる。

この他、環境問題としては掘削や排水で周辺地盤の沈下することがある。主な原因はヒービングや地下水位の低下にあるので工事中は周辺地盤に設けた基準点を監視して徴候が見られた段階で具体的な対策を採る必要がある。また、地下水位の低下は井戸枯れなどの影響があるので矢板などによる遮水壁の設置、給水ウェルからの注水（復水工法）などの対策が求められる。

工事ではクレーン車の転倒などの第三者に対する危害や交通障害の原因などが生じないように配慮すると共に工事で景観を損なわないように措置するなどの心遣いは周辺住民と良好な信頼関係を保つ上で欠かすことができない。

ここでは作業員などの安全を中心に説明したが、仮設構造物（土留め工、桟橋工）の安全性についても十分な配慮が必要である。

10.6.3　土留工、仮締切り工の安全対策

工事中に地震があった場合、仮設構造物の中や上で作業している作業員などの安全を守るために耐震性の確保は欠かせない。しかし、仮設構造物は一時的な構造物であること、構造計算も簡易に行われていることなどで構造物本体のような本格的な耐震設計は実施しがたい。

道路土工　仮設構造物工指針では、地震に対しては構造規定で耐震性を担保する方法がとられている。仮設構造物は軽量であること、地盤と一体で挙動することなどを考慮して耐震上の構造規定で対処することとしている。図-10.6.2は土工指針の参考資料として土留め工の支保構造と格点部を示している。土留め工の

表-10.6.6 特定建設作業等における主な機械の振動レベル（鉛直方向、単位：dB）[1]

工種	建設作業		建設作業機器からの距離（m）						
			5	7	10	15	20	30	40
土工	ブルドーザ	9～21t	64～85		63～77		63～78		53～73
		60, 40t	64～74	63～73					
	トラクタショベル		56～77		53～69		43～63		
	油圧ショベル		72～83		64～78		58～69		54～59
			69～73	66～72	64～66	58～62		43～58	
	スクレープドーザ		88		77		67		58
	振動ローラ			52～90		44～75		43～68	
	振動コンパクタ			46～54		40～44		43	
	ダンプトラック		42～69		41～68	67	34～63	62	
基礎工・土留工	ディーゼルパイルハンマ	～2t		75～80		61～74		52～68	
		2～3t		72～84		70～81		56～72	
		3～4t		76～89		73～85		89～73	
		4t～		70～91		63～72		61～72	
	ドロップハンマ			63～89		54～80		65～83	
	油圧ハンマ	6.5t		85～88		70～83		61～81	
		8～8.5t		85～91		67～88		59～79	
	バイブロハンマ	～30kW		71～77		61～71		51～58	
		30～40kW				70～75		60～69	
		40kW～		72～92		69～88		53～79	
	アースオーガ			50～61		44～57		40～47	
	アースドリル	20t 級機械式		59～67		54～60		50～52	
		30t 級油圧式		58～61		45～55		40～51	
	オールケーシング掘削機	1 300mmクローラ式		57～68		49～67		43～59	
		2 000mmクローラ式		53～68		50～63		46～58	
	リバースサーキュレーションドリル	1 500 ～ 4 000mm 発動発電機		61～68		51～64		41～54	
		3 000 ～ 3 500mm 発動発電機		44～60		43～50		40～42	
	プレボーリング工法			50～64		41～61		38～59	
	中掘工法			43～62		41～59		37～55	
軟弱地盤処理工	サンドドレーン バイブロ50～120kW		75～91		62～87		65～78		57～71
	サンドコンパクション バイブロ60kW			70～81	84	65～75	83	65～74	69
	サンドドレーン ドロップハンマ2t		65～88		81		59～69		
	DJM 工法2軸				82		69		
	重錘落下締固め				72～104	71～98	71～97	72～91	77～87
構造物取壊し工	大型ブレーカ	200～400kg		66～77				62～70	
		600kg		63～75		55～60		46～50	
	大型油圧ブレーカ				69～82		56～65		53～56
	コンクリート圧砕機油圧圧縮機			48～55		46～58		34～49	
	コンクリート圧砕機油圧ジャッキ式			41～46		38～42			
	コンクリートカッタ自走式80m			42～48		40～44		40～41	

表-10.6.7　公共下水道への排出水質基準[1]

生活環境項目	水質基準（mg/L）
温度	45℃以下
水素イオン濃度（pH）	5.0 以上　9.0 未満
生物化学的酸素要求量（BOD）	600 未満（5 日間に）
浮遊物質（SS）	600 未満
ノルマルヘキサン抽出物質含有量（鉱油類）	5 以下
同上（動植物油脂類）	30 以下
沃素消費量	220 未満
ダイオキシン類	10 ピコグラム以下
窒素含有量	240 未満
リン含有量	32 未満

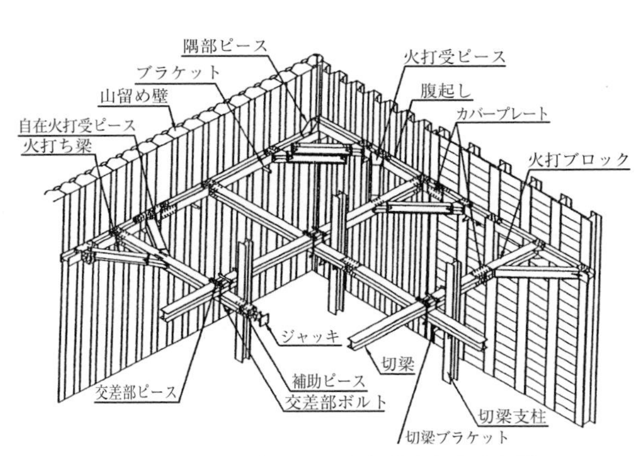

図-10.6.2　土留め工の支保構造と格点部[20]

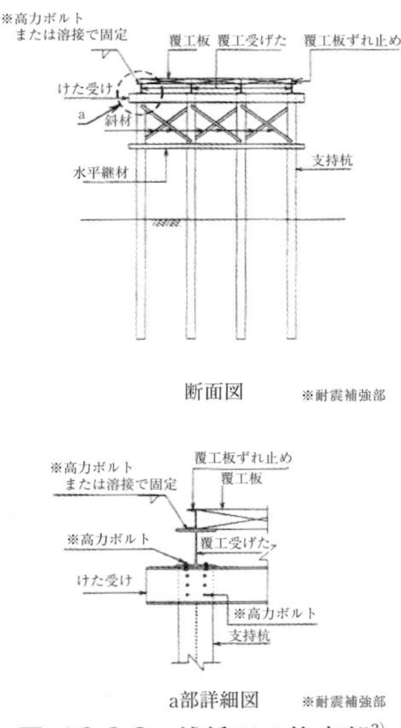

図-10.6.3　桟橋工の格点部[3]

構造は設置条件で多種多様であるが、格点部が健全であれば土留め工はねばり強く、全面的な崩壊となりがたい構造となる。工事中に地震に遭遇することは稀であるが、これらの措置は他の想定外の事象からも土留め工の内側の作業員などを守ることができるので遵守が求められる。

図-10.6.3 は桟橋工脚部の格点部の構造を示す。各点が健全であれば形状を保持し、落橋を防ぐことができる。各点構造の堅実な結合は地震以外にも温度収縮、走行車両による衝撃音低減、想定外の衝突、衝撃荷重などからも構造を守ることができる。

仮締め切り工の安定を損なうものとして洗掘がある（図-10.4.16）。仮締め切り工の設置によって河積が狭まるので洪水時には水衝部でなくとも流速が高まり、締め切り壁に沿って大きな洗掘深となることがある。十分に長い矢板とすること、内部の支保構造の強度に余裕をとっておくことなどの配慮が必要である。また、想定以上の高水位で締め切り内に浸水することもあるので切り梁、腹起こしの木製クサビの浮き上がり防止措置が必要な場合がある。その他、船舶などの衝突などに備えるケースもある。

仮締め切り工や地下水位の高い土留め工では掘削底面に湧水が見られる。多くの場合、締め切り壁に沿う湧水であるが、掘削面の中央で生じることもある。放置しているとパイピングやボイリングにつながり（表-10.4.1）、壁体の崩壊の恐れもあるので適切に処置する必要がある。通常は釜場（図-10.6.4）を設けてポンプの排水で水位を保ち、実質的に締め切り内の水圧を下げて掘削面の安定を図る。しかし、湧水圧が高く、湧水量が多い場合にはウェルポイント（図-10.6.5）やデープウェル（図-10.6.6）を布設し、揚水で地下水位を低下させて掘削地盤の安定を図る。

合理的で確実な仮設構造物は作業員の信頼を高め、生産性の向上にもつながって本体構造物の工事が円滑に進められる。すなわち、基礎工事の優れた成果はよい仮設に掛かっている。低い安全率で経済的な仮設構造とするためには仮設構造と地盤性状の相互関係を熟知し、荷重や物性のバラツキを考慮して確実な範囲内で計画することである。すなわち、対象の仮設構造と地盤条件や立地条件の間で” 力と変形” の関係に留意して計画すると現実的な挙動を示し、無駄の少ない合理的な構造となる。一時的な構造物である仮設構造は諸々の挑戦の対象として扱うことが出来るので、その性能につい

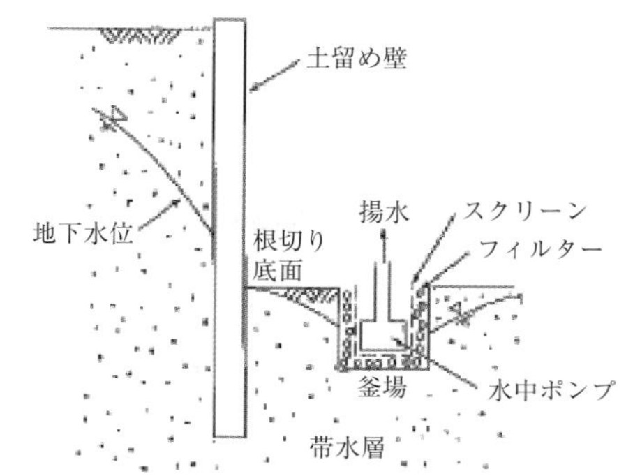

図-10.6.4　釜場排水の事例[20]

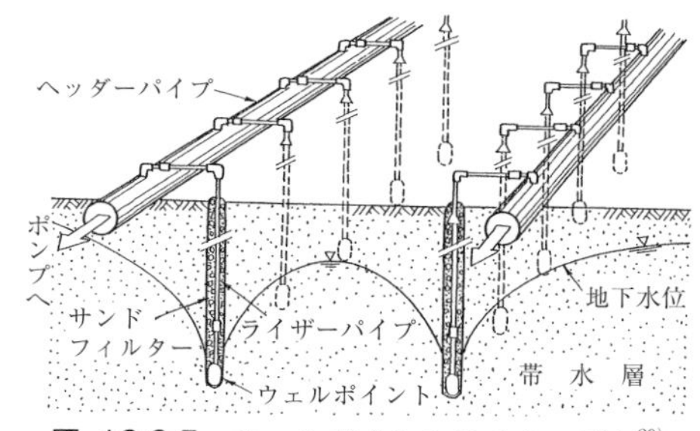

図-10.6.5　ウェルポイントのメカニズム[20]

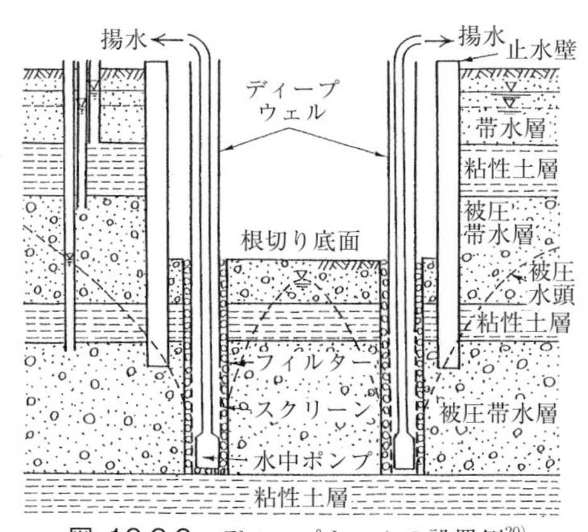

図-10.6.6　ディープウェルの設置例[20]

て試行錯誤しながら検証することで既存の基礎技術の改良や新しい基礎形式の開発に結びつく可能性がある。

参考文献

1) 仮設構造物の計画と施工【2010年改訂版】，土木学会，2010年
2) LIBRA工法「横山基礎工事（株）」 https://www.yokoyamakiso.co.jp/method/libra.html
3) 道路土工　仮設構造物工指針，日本道路協会，1999年
4) 覆工板「ヒロセホールディングス（株）」 http://www.hirose-net.com/technique/hukkouban.html
5) 横浜市
6) 道路土工　擁壁・カルバート・仮設構造物工指針，日本道路協会，1977年
7) 釜場製作販売「近畿基礎工事（株）」 http://www.kinkikiso.co.jp/biz/sump/
8) 山留め板・木矢板・土留め板「室岡林業（株）」 https://muro-rin.com/products/sheet-pile/
9) ソイルセメント鋼製連壁工法が工事に初採用…新日本製鐵などが開発「レスポンス」2009年5月15日 https://response.jp/article/2009/05/15/124658.html
10) 田中伊純：新東名高速道路における橋梁に関する技術開発，基礎工 Vol. 40，No.7，pp. 5～8，2012.7
11) 工法技術「大豊建設（株）」 https://www.daiho.co.jp/tech/nk1/utility.html
12) 鋼管矢板基礎設計施工便覧，日本道路協会，1995年
13) （株）進明技興
14) 基礎のはじまり「日本車両（株）」 https://www.n-sharyo.co.jp/business/kiden/foundation/making.html
15) 回転圧入工法「東洋テクノ（株）」 http://www.toyotechno.co.jp/business/prec_pile/turn.html
16) 圧入システムと施工工程，初期圧入工程「（株）技研製作所」 https://www.giken.com/ja/technology/procedure/
17) 鋼管杭とは「鋼管杭／鋼矢板技術協会」 http://www.jaspp.com/koukannkui/answer/answer_3.html
18) （株）クボタ
19) 切梁式二重締切工の設計・3DCAD「（株）フォーラムエイト」，http://www.forum8.co.jp/product/uc1/kari/kiribari.htm
20) 総合土木研究所，基礎工，土工用語辞典，2016.

11 基礎で考慮すべき事項

11.1　側方流動

基礎の技術基準などに挙げられている荷重には死荷重、活荷重などの主荷重、風荷重、地震荷重などの従荷重、施工時荷重、衝突荷重などの特殊荷重などがあり、設計の対象となっている。この他、地形地質、自然環境の変化が基礎に影響を及ぼすことがあるので設計上の対応が必要である。

橋梁基礎でよく問題になるのが軟弱地盤上の橋台の背面盛土による橋軸方向の移動（匍匐ともいう）である。この現象は側方流動と呼ばれている。軟弱地盤上の橋台が工事完了後に施工される背面盛土の重量（$\gamma_t h$）で、その下の軟弱粘土層が橋台の前方に搾り押し出される（塑性流動）。基礎は抵抗して多少の移動をするものの、粘土はすり抜けて橋台前面の地盤を隆起させる、一連の動きをする（図-11.1.1）。仮設構造物の土留め工のヒービング現象と共通する動きである。図-11.1.1 は杭基礎であるが、ケーソン基礎でも生じる現象である。橋台の水平移動量は数 cm 程度の平行移動であ

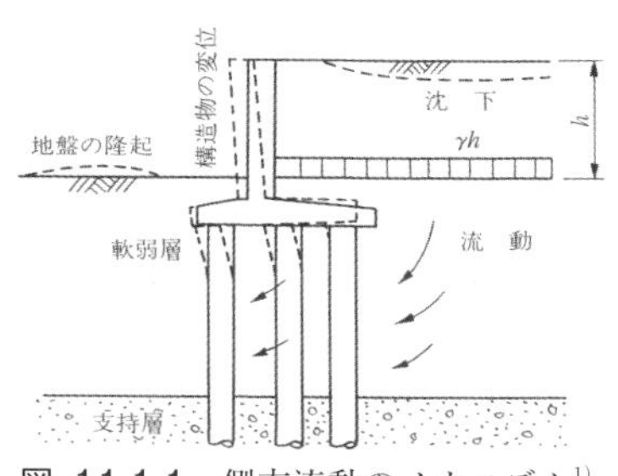

図-11.1.1　側方流動のメカニズム[1)]

るために背面盛土の工事の完了直後には気付かれないことが多い。

ここで、数 cm の水平変位は杭頭で大きな曲げモーメントとなると心配されるが、杭自体も平行移動するので曲げ変形は下方でゆるやかに発生する。そのために、曲げ変形によるモーメントは大きなものとはならない。その曲げ変形も軟弱層のクリープも年月の経過に応じて緩和される。この変形と杭頭の応力などは杭を疑似の弾性床上の梁と仮定して算出できるが、詳しく調べるには二次元の有限要素法（FEM）で橋台、杭、地盤をモデル化して解析するとよい。

この現象は上部工の桁を架設する段階で支間が縮まり、桁を所定の位置に据え付けられないことで発見されることが多い。その場合、桁を製作し直すには時間と費用を要するのでパラペットを撤去して支承を据え直し、背後にパラペットを再構築して、改めて流動化対策を講じることもある。また、橋梁の供用後に支承の破損などで見つかることも少なくない。その場合もパラペットを造り直して遊間を確保した上で前面地盤の強度を上げることや背面盛土の路面からの地盤改良などの対策が採られる。

このような事態を予測するのに円弧すべり法（図-11.1.2）によるすべり安全率から判定する方法がある。安全率 1.0 以下で発生することになる。旧建設省土木研究所基礎研究室の現地調査ですべり安全率と移動量の間の関係が図-11.1.3 のように与えられている。より簡便に判

断するのに安定係数Nb(＝γh/c)を利用することもできる。この場合もNb＜1.0ならば、移動する可能性がある。

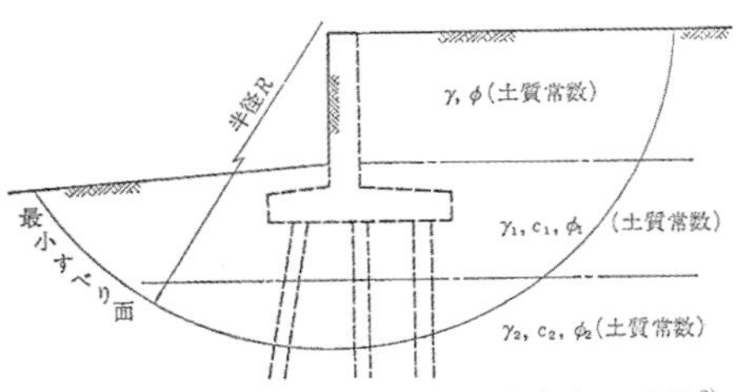

図-11.1.2　円弧すべりによる安全率の計算[2)]

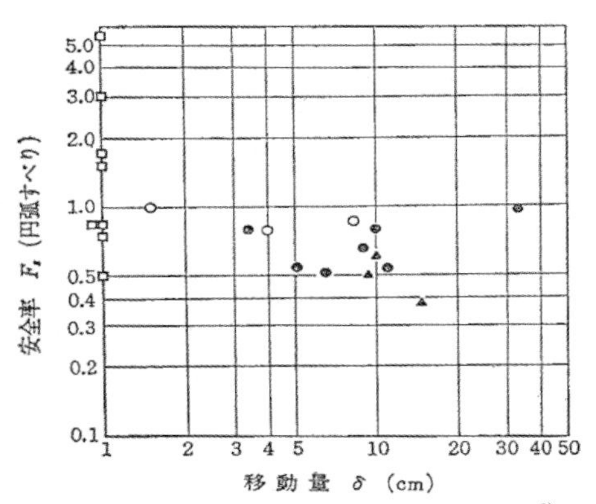

図-11.1.3　円弧すべりの安全率と移動量[2)]

橋台の側方流動による匍匐を防止する方法の原則は背面盛土の重量を軟弱層にかけないことである。**図-11.1.4**は背面盛土の施工前に軟弱層にサンドコンパクションやグラベルドレーンなどの地盤改良杭を打設しておくものである（**図-11.1.5**)。これらの地盤改良の杭は支持層もしくはやや堅い中間層での支持が必要である。地盤改良杭は背面盛土の重量を負担し、水平方向のせん断抵抗を発揮して軟弱層の変形を抑制すると同時に過剰間隙水圧の吸収機能で軟弱層の圧密を促

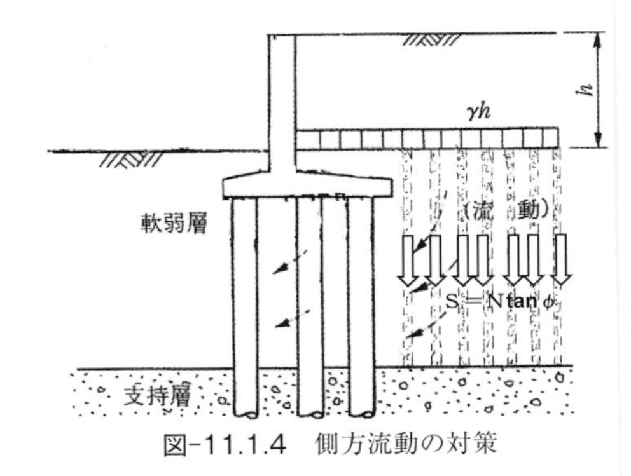

図-11.1.4　側方流動の対策

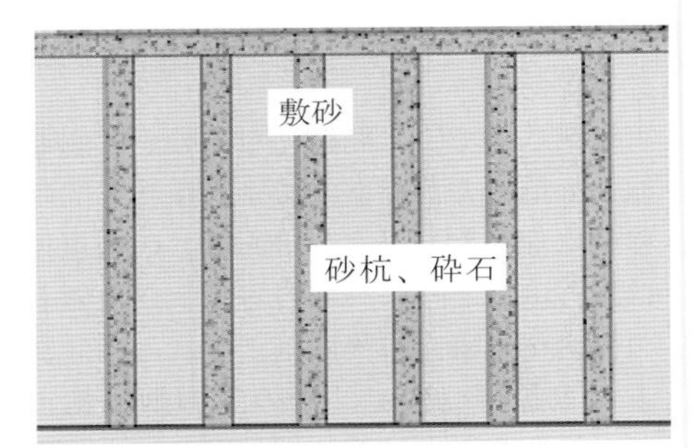

図-11.1.5　飽和砂層の砂杭、砕石杭による地盤改良

進する一石三鳥の効果がある。

地盤改良杭は盛土の重量を支えるので軟弱層に生じる有効応力や土圧は減少する。また、突き固められた砂や砕石などの柱である改良杭は軸力（N）と摩擦角（ϕ）で水平方向の大きなせん断抵抗（S＝Ntanϕ）杭として機能する。一方、砂柱やグラベル柱の改良杭は透水性が高いので、背面盛土の施工で生じる粘性土の過剰間隙水圧を吸収し、徐々に圧密を促進して粘土の強度が向上する。その結果、路面は徐々に沈下するが、その量は舗装のオーバーレイで調整できる程度の小さなものである。

これらの地盤改良杭の代わりに木杭や

RC杭などを捨杭として盛土の施工前に打設しておく方法もある。この場合は過剰間隙水圧の吸収機能はないが、盛土の支持や軟弱粘土層の変形拘束の効果を発揮する。この他、予め橋台前面の地盤を改良する方法もあるが、十分な深さまで施工されていれば効果を発揮する。

また、既に交通に供用している橋台で側方流動による損傷が見つかる場合がある。交通止めが難しいので交通規制や車線を切替えながら対策を講じることになる。そのような事態では桁とパラペットの間の遊間がなくなり、支承も破損して（図-11.1.6）桁が圧縮部材（切り梁のようなもの）となって橋台の移動を抑制している。背面盛土の路面にも沈下がみられ、橋台との境界に段差があることが多い。

対応策としては背面盛土の路面上からCCP（Chemical Cured Pile）などの撹拌または高圧噴射工法によりソイルセメント杭をやや堅い中間層まで施工する方法がある（図-11.1.7）。それによって盛土は杭と一体化して支持され、橋台や基礎に作用する土圧は僅少になって漸増的な移動は収まる。その後、パラペットは損傷を確認した後、撤去して支承を据え直し、再構築する。ここでは、橋台前面の地盤の改良強化などの対策はほとんど効果を発揮しない。

図-11.1.6　支承の破損例

側方流動に対する地盤改良杭の施工に

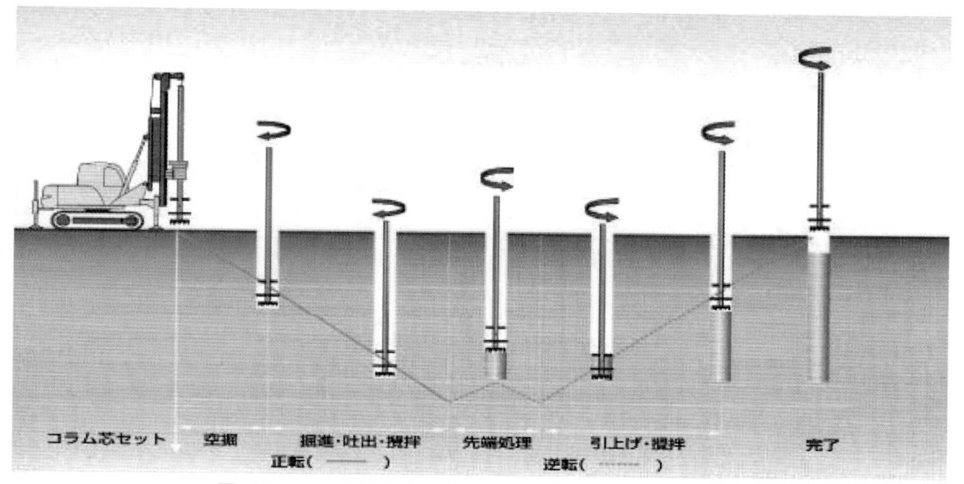

図-11.1.7　撹拌工法、高圧噴射工法の施工方法と工程[3)]

は大きな費用と工期を要する。そのため、軟弱地盤上の中小橋梁などでは負担が大きいことから何とか省きたいとする意向がある。単純支間の床版橋などでは桁を圧縮材として両端部で支え合うこともある。また、剛性の高いラーメン橋として計画することもある。しかし、規模が大きく、背面盛土も高い橋梁になると維持管理の長期的な視点から何らかの有効な処置が必要となる。

図-11.1.8 は完璧な対策とは言いがたいが、施工順序を考慮して側方流動による変位量を小さく抑制する方法である。先ず、橋台を構築後、前面の盛土①を先行させ、橋台を一時的に背面に変位（δ_1）させる。その後、背面盛土②を緩速施工で実施すると、橋台は前面に戻るように変位（δ_2）する。δ_1 と δ_2 の相互関係によるが、両者がうまく釣り合うように施工すると背面盛土（h_2）に対して橋台の変位量をゼロに近いものとすることができる。施工時の慎重な施工管理、微妙な調整と長期的な変位に対する配慮が必要となるが、工費と工期を節減する上で一考に値する考え方である。

11.2 橋台と背面盛土の一体構造

最近は橋台と背面盛土が一体構造の橋梁が鉄道を中心に採用されている（図-11.2.1）。この橋梁は橋台とセメント改良土の背面盛土をジオテキスタイルで一体化するものである。ピアアバット（橋脚型橋台で、河川の拡幅などの際に橋脚となる）の橋梁でも差し支えない。橋台に土圧がほとんど作用しないので、基礎は鉛直支持力を主体に考えればよく、経済的に有利な構造である。軸方向地震力に対しては盛土と一体で挙動するので、

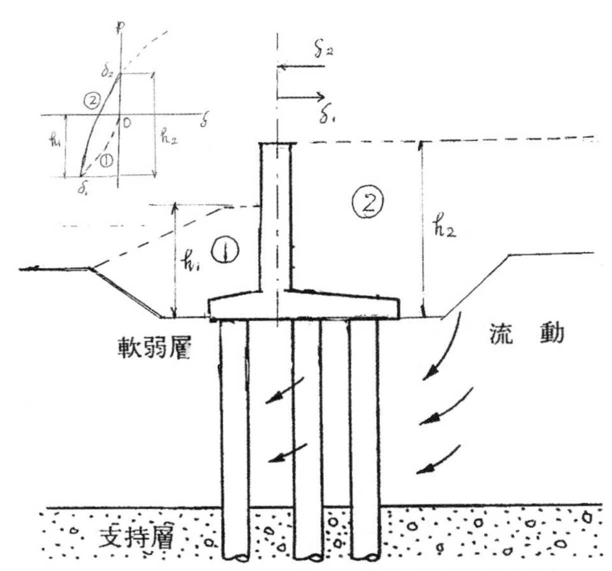

図-11.1.8　盛土の施工順序で側方流動を緩和する方法

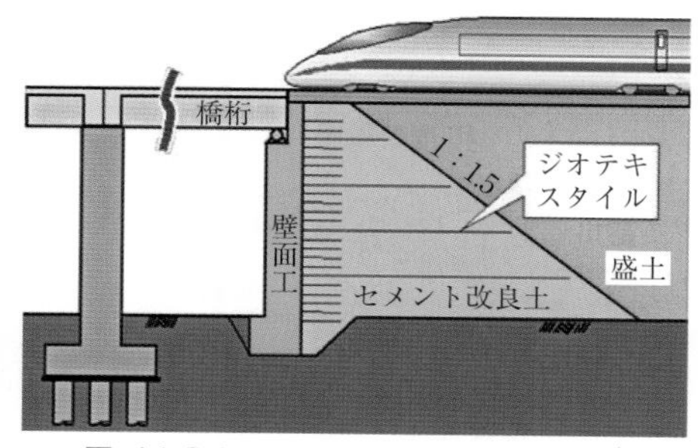

図-11.2.1　セメント改良補強土橋台[4)]

軸直角方向の地震だけに備えればよい。

この構造は軟弱地盤のように背面盛土の沈下や側方流動などが懸念される地盤上では採用しがたいが、通常の地盤では差し支えない。断面のうち、橋台は上部工からの鉛直荷重に耐えるように、橋台と一体のセメント改良土は地震時荷重に耐えればよいと云うことになろう。橋台背面は盛土の締め固めがやりにくく、長期

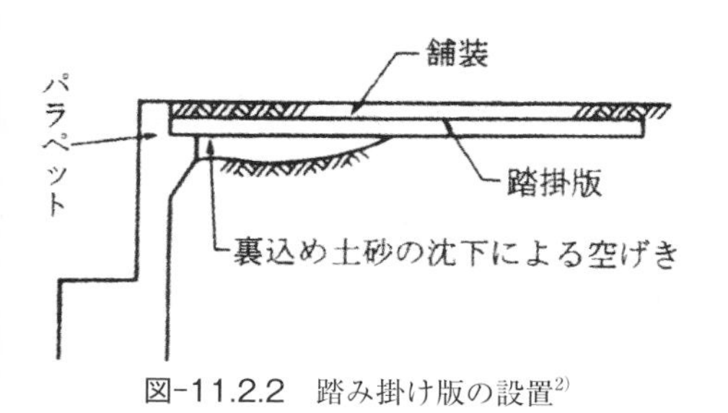

図-11.2.2　踏み掛け版の設置[2)]

間の内には段差が生じるのを防ぐために踏み掛け版（図-11.2.2）を設置するが、この場合は必要としないのも利点である。

図-11.2.3 はSRCラーメン橋であるが、三陸鉄道では、この構造は津波対策としても有効としている。

11.3　斜め橋台

橋台の設計で気を付けねばならないのは立体交差（河川、鉄道、道路等）の交角である。図-11.3.1 は道路と河川の交角が鋭角となる事例である。橋脚は河川と平行に設置されることが多いので、鋭角の場合は橋台の左右で土圧の値が異なり、左回りに水平回転する傾向が生じる。A-A 断面では背面盛土の断面が長くなるので通常の土圧となる。それに対してB-B 断面では背面の盛土は斜面となるために土圧は僅少になる。橋台下の地盤が軟弱であると両端での土圧による変位の差はさらに拡大する。基礎地盤が堅固な場合や剛性のある基礎の場合は問題ではないが、軟弱地盤上では時間が経つと上部構造にも回転モーメントが働いて支承に水平力が掛かり、伸縮装置の遊間にも差が生じる。

上部工の主荷重は鈍角間（a 点、d 点）

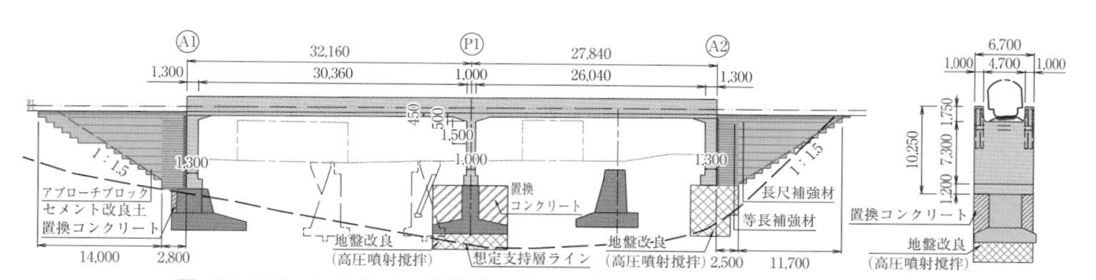

図-11.2.3　上下部工一体構造の橋梁の事例（三陸鉄道ハイペ沢橋梁）[5)]

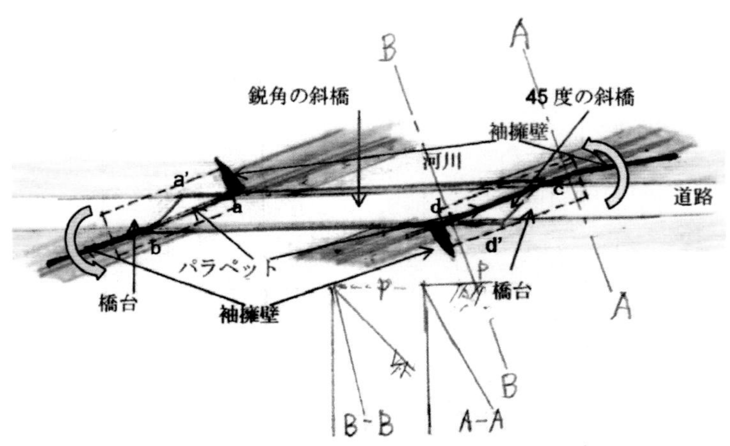

図-11.3.1　交差角の小さい橋梁の抱える問題点

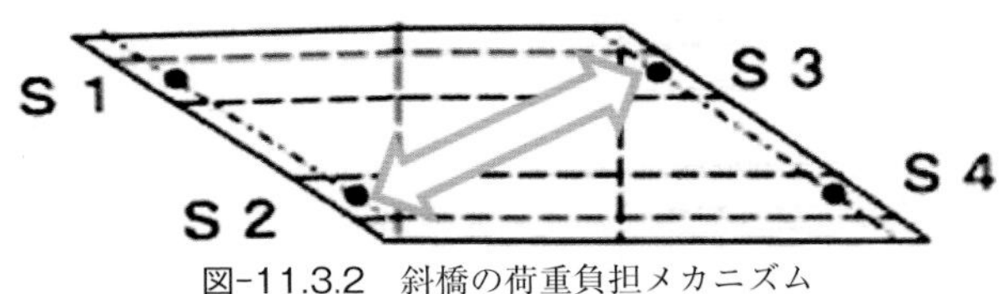

図-11.3.2　斜橋の荷重負担メカニズム

で負担され、両端の鋭角部（b点、c点）は浮き上がる傾向となる。すなわち、図-11.3.2の上部工の支承線（S1-S2）と支承線（S3-S4）間に作用する荷重の大部分は支点S2と支点S3の支間で負担されるためである。その結果、鈍角の間にかかる荷重は軸方向の設計荷重よりも大きくなり、軸方向の設計上の曲げモーメントとは異なるものとなる。斜めに作用する大きな荷重のために、床版の荷重分配機能が大きいにも拘わらず、鈍角の間の主桁や横桁には曲げモーメント、ねじりモーメント、せん断力などによる複雑な歪みが発生する。このような挙動が繰り返されると橋の耐久性に関わるので、橋は長くなるものの、交角は45度以上、できれば60度以上とするのがよい。

11.4　洗掘対策

基礎を含む、水中の橋梁下部工で変状をきたす原因で最も多いのが洗掘（図-11.4.1）である。洗掘の原因となる要素は数多く、洪水流の流速、水深、流れの向き、継続時間、河床材料の粒径構成、岩質、河床勾配、橋脚の形状などがあり、一義的に洗掘深を算定することは難しい。それに河川からの砂利の乱掘や砂防ダムの充実などで河床低下が進んだために根入れ長が浅くなって洗掘の危険性は高まっている。橋脚の存在は河川にとって河積を狭める結果となり、橋脚側面に

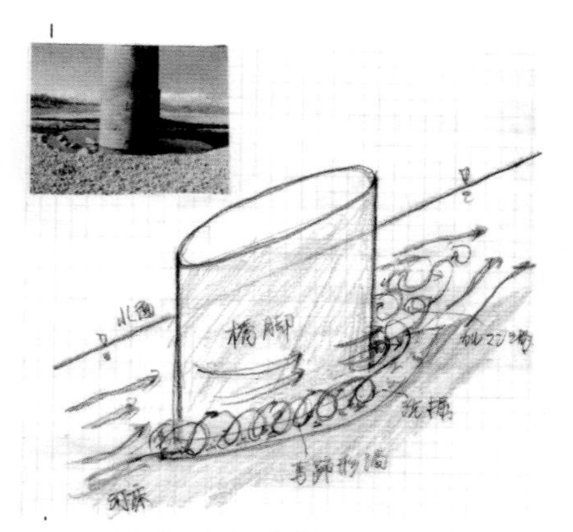

図-11.4.1　洗掘のメカニズム

沿った流線の流速は一段と速くなる。そのために、河床付近では渦が発生して馬蹄形の洗掘が生じる。橋脚の下流端ではカルマン渦が生じて洗掘が大きくなる。これらの渦で河床の砂礫が移動して深掘すると支持力が損なわれて沈下、傾斜、転倒などの被災となる。

図-11.4.2は橋梁下部工の変状調査の結果で、洗掘のよる被災は図に記載のない地震による被災よりも多い。図-11.4.3は河床低下と洗掘の影響を受けたケーソン基礎の事例である。図-11.4.4は洗掘で沈下した橋脚の事例で、図-11.4.5は洗掘で傾斜して落橋した事例である。図-11.4.6は東日本大震災時の津波で高水敷の橋脚の周りが洗掘された新北上川大橋の事例である。通常の洗掘では減水時に流下土砂で埋まってしまうので洗掘形状や洗掘深は分からなくなるが、この場合は上流側に明確な形状を残している。図-11.4.7は洪水時の水位と橋脚の局部洗掘の関係を模式化した事例で、水深が大きくなると流速も高まるので被害が多くなる。

洗掘による被災は橋脚に限った訳ではない。図-11.4.8は橋台背面を洗掘され

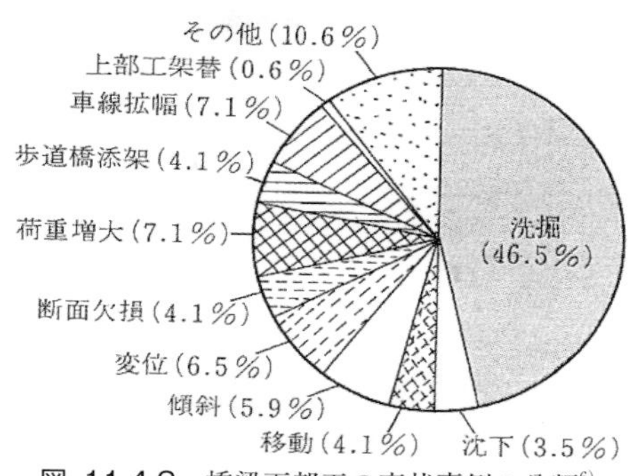

図-11.4.2　橋梁下部工の変状事例の分類[6)]

図-11.4.3　ケーソン基礎の周囲の洗掘

図-11.4.4　洗掘による橋脚の沈下[7)]

図-11.4.5　洗掘による橋脚の傾斜[1)]

図-11.4.6　津波による橋脚の洗掘

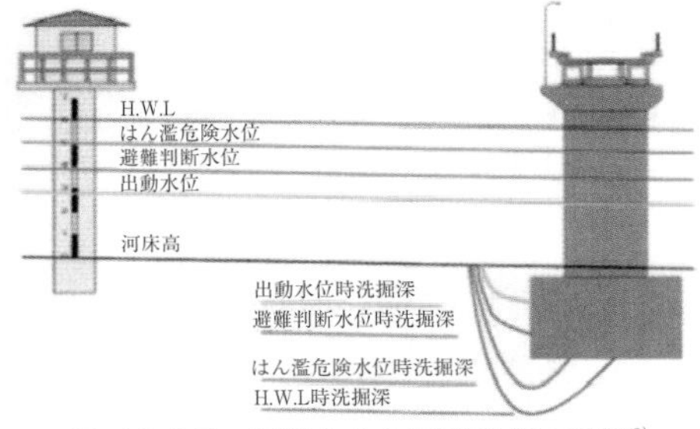

図-11.4.7　氾濫水位と局所洗掘の関係[8)]

た事例で発展途上国に多く見られる事例である。国内でも水当たりの強いところに位置する橋台では背面が洗掘されることがある。図-11.4.9 は洗掘により橋台前面だけでなく橋台下面も洗掘され、その流水で背面の土砂も流失した事例とその復旧工法を示すものである。

図-11.4.8　橋台背面盛土の流出

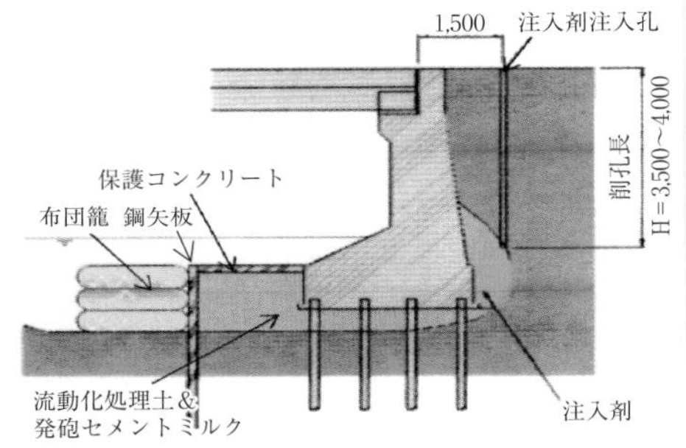

図-11.4.9　橋台の洗掘と復旧工法の事例[9)]

橋脚の周りの洗掘深の算定が難しいのは既述のとおりで、河川で言う掃流力の計算では算出しがたいので実測データを勘案して対策が採られている。図-11.4.10 は旧建設省土木研究所基礎研究室が調べた実測データで 2m 以下の洗掘深が多いが、4m 以上のものも少なくない。同時に調べられた基礎形式別の洗掘対策実施の結果が図-11.4.11 である。直接基礎が突出しており、古い橋梁では数の多い基礎形式で、河床低下などがあれば最も洗掘されやすい。ケーソン基礎も多いが、その多くが根入れの浅いオープンケーソンであるために直接基礎同様に洗掘の影響を受けやすい。木杭基礎の小規模橋梁はほとんど架け替えられているので数は少ない。その他の基礎形式は比較的新しく、施工機械の発達で深い基礎が実現できるようになったためか、洗掘による沈下や転倒に対する補強の必要がなくなっている。

既存もしくは新設の橋脚で洗掘の恐れがある場合はフーチング前面に鋼矢板（シートパイル）を打ち回すか（図-11.4.9 参照）、基礎を深く根入れさせることになる。既存の直接基礎の洗掘防止のために採られる工法を一覧にしたものが表-11.4.1 である。通常の洗掘防止工は図-11.4.12 のように施工するが、長期間の内には被覆ブロックが少しずつ流

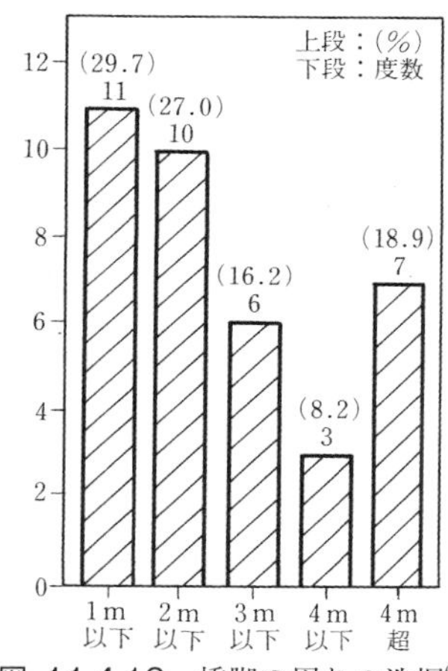

図-11.4.10　橋脚の周りの洗掘[6)]

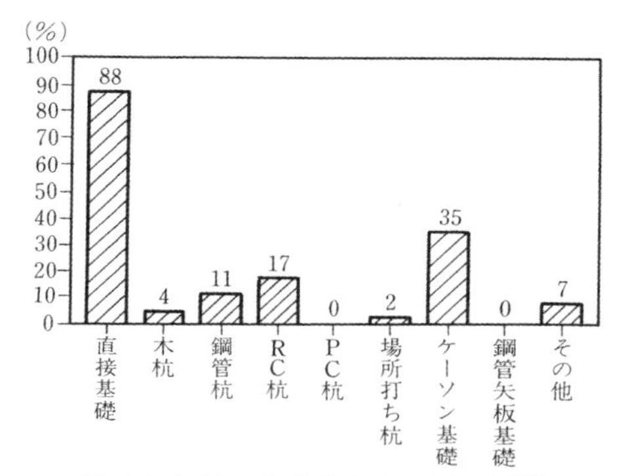

図-11.4.11　基礎形式別の洗掘対策[6)]

表-11.4.1　直接基礎の洗掘防止対策工の事例[6)]

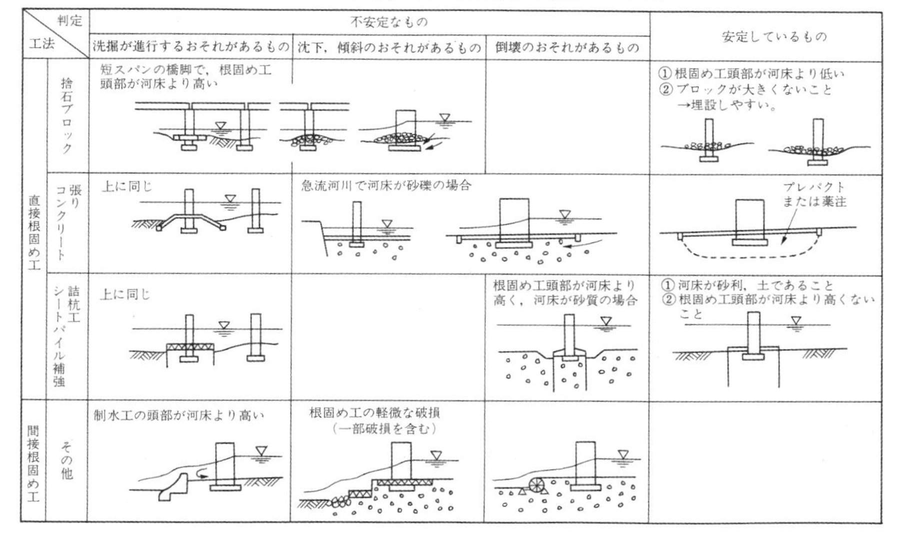

工法＼判定		不安定なもの			安定しているもの
		洗掘が進行するおそれがあるもの	沈下，傾斜のおそれがあるもの	倒壊のおそれがあるもの	
直接根固め工	捨石ブロック	短スパンの橋脚で，根固め工頭部が河床より高い			①根固め工頭部が河床より低い ②ブロックが大きくないこと →埋設しやすい。
	張りコンクリート	上に同じ	急流河川で河床が砂礫の場合		プレパクトまたは薬注
	詰杭工シートパイル補強	上に同じ		根固め工頭部が河床より高く，河床が砂質の場合	①河床が砂利，土であること ②根固め工頭部が河床より高くないこと
間接根固め工	その他	制水工の頭部が河床より高い	根固め工の軽微な破損（一部破損を含む）		

図-11.4.12　洗掘防止工の事例[10]

失するので見回りが必要である。

独特なものでは本州四国連絡橋の明石海峡大橋の主塔基礎の洗掘対策（図-11.4.13）がある。本州側の主塔位置の地盤は砂礫層の明石層で、水深は約60m である。最大流速 4m/秒の潮流が一日 2 回の干満を繰り返す環境なので洗掘深は数 10m と想定された。そこで、主塔の周りを予め掘り下げて砕石を網袋に詰めたフィルターユニット（FU）を全面に布設した上で 1 トン級の捨て石で表面を被覆した。そうすることにより、主塔基礎の底面付近に静水域が生まれ、潮流はその上を流れて洗掘を起こす渦は生じにくいというものである。この方法はバングラディッシュのジャムナ橋の洗掘対策にも採られている工法である。

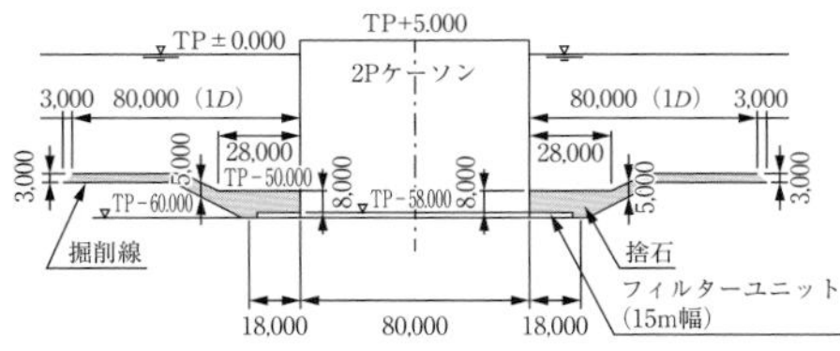

図-11.4.13　明石海峡大橋の洗掘対策[11]

11.5　津波

津波による橋梁被害のほとんどは上部構造に関わり、下部構造の被災は限られている。

東日本大震災では津波で多くの橋梁が被災したが、被災した橋梁の多くは上部工の流失である。中には橋脚自体が流失した事例として国道 45 号の小泉大橋（図-11.5.1）がある。上部工は 3 径間連続板桁 2 連の鋼桁で約 420m 上流まで流された。下部工は直接基礎で、流心の橋脚 P3 は洗掘で流失したものと推測され、震災直後には姿はなかった。新北上川大橋でも高水敷で図-11.4.6 のように大きな洗掘が生じている。図-11.5.2 の歌津大橋は河川橋梁と云うよりも海岸

図-11.5.1　小泉大橋の橋脚と流失した橋脚と鋼桁[12]

図-11.5.2　歌津大橋の落橋[13)]

を通る高架橋の性格のPC単純桁で、基礎はPC杭である。桁の多くは津波で内陸側に落橋しているが、橋脚は健全であった。

図-11.5.3は新北上川大橋の流失した、高水敷部の2径間連続トラス（2×76.9m）の部分である。トラス橋は約300m上流まで流されている。長尺の鋼管杭基礎で固定支承の橋脚は橋座面の端部に破損が見られたものの、躯体そのものには損傷はなかった（**図-11.5.4**）。トラスには流れ着いた海岸の松林の松が立て込み、全長（約154m）にわたって津波の流水を阻止したために流失したとの目撃者の報告がある。高水敷のトラスと基礎の間には2径間分の水圧と流水圧による水平力が全面で作用したということになる。低水敷では河床と桁下の間隔が大きいために漂着した松の木は桁下を潜って上流に流され、桁に作用した水平力は限られて

図-11.5.3　新北上川橋のトラスと橋脚

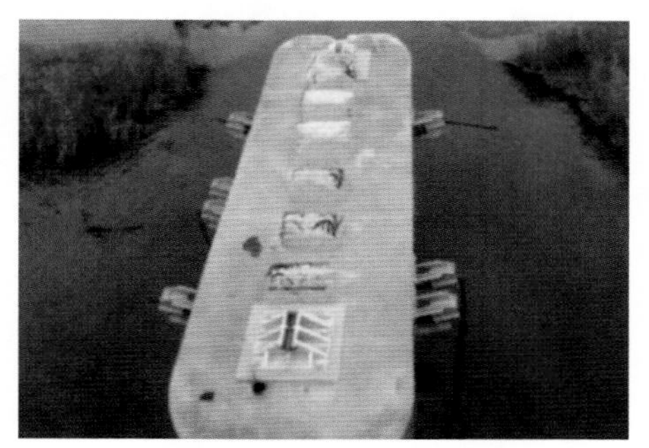

図-11.5.4　流失後の橋脚天端

いたと推定される。

図-11.5.5はJR気仙沼線の津谷川橋梁の橋脚の被災写真である。単線の鉄道橋で、橋脚はフーチングとの境界で曲げモーメントで転倒している。1995年の阪神大震災の際の高架橋の転倒と似た破壊形態である。基礎の形式は不明であるが、フーチング表面での転倒は境界面のコールドジョイントに起因していると考えられる。ここで注目されるのは沓座のサイドブロックのほとんどが破断して飛んでいることである（**図-11.5.6**）。上部工のPC桁にかかる津波による水圧の大きさを窺わせるもので、津波による落橋対策上、橋軸直角方向の十分な強度が

図-11.5.5　気仙沼線の津谷川橋梁の橋脚[14)]

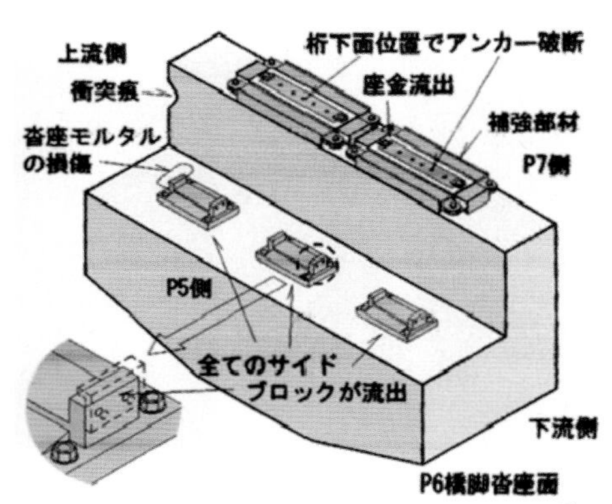

図-11.5.6　沓座のサイドブロックの損傷[15)]

求められる。

道路橋の場合、橋脚は軸直角方向に幅広くなり、水平方向の抵抗も大きくなって被災を免れている。しかし、鉄道橋のように軸直角方向の剛性は耐震上から決められているものの、津波に対する余裕を加えて設計するべきであろう。

11.6　衝突荷重

橋梁下部工に作用する衝撃荷重を正確に定めることも難しい。自動車の衝撃荷重は上部工の支間長で決まる係数で定められるが、下部工の設計では考慮しなくてもよいことになっている。

下部工躯体に衝突する自動車による衝撃力は車道方向で1,000kN、車道と直角方向で500kNと割り切って定められている。流木の衝突による衝撃力（F）は次式で算定される。

$$F = 0.1M \cdot v$$

ここで

F ：衝撃力（kN）

M：流掃物の重量（kN）

v ：表面流速（m/s）

海上橋梁への船舶の衝突力は巨大なものになる。船の大きさ、速度、衝突角度などで一概に算定できないが、一応、衝突エネルギーと基礎と船舶の変形による仕事量が均衡するとして大凡の衝突力とすることができる。

$$M \cdot v^2/2g = F \cdot S$$

ここで

M：船の重量（kN）

v ：船の衝突時の速度（m/秒）

F ：衝突力（kN）

S ：衝突時から停止までの距離（m）

小規模橋梁は船舶の衝突で落橋する恐れがあるが、本州連絡橋のような大規模橋梁との衝突では船首などが大破することになる。船の衝突に対して防衝工を設けているが、橋の安全と船の沈没防止が目的である。河口や浅瀬を通る、小さい船は簡易な防衝工で橋も船も守ることができる。図-11.6.1の岸壁などに用いられるゴム製の防衝工は小型船舶の接触に、図-11.6.2の防衝工は大型船舶の接岸に対応するものである。

図-11.6.3は木橋などに古くから用いら

図-11.6.1　ゴム製防衛工の事例[16]

図-11.6.2　突出型の防衛工の事例[17]

図-11.6.3　塵除け杭の事例[18]

図-11.6.4　防衛杭の事例[19]

れる塵除け杭で、流下物が橋脚に懸からないようにする機能を有する。図-11.6.4は小型船舶に対する防衛杭で、杭の変形で船の衝突力を吸収すると共に船首を逸らすものある。

一般に船舶は500重量トン（積み込み量を指し、船自体は軽い）以上の規模になると船倉が隔壁で区切られ、衝突で船の一部分が破損、浸水しても船は沈まないようになっている。このような場合の防衛工は橋体を守ることが主体となる。

図-11.6.5は3,000重量トン以下の船舶が通る東京湾アクアラインの東側航路の橋梁である。航路部の主径間の橋脚を守るために杭形式の防衛工が橋脚の前面に設置された。図-11.6.6は本州四国連絡橋の瀬戸大橋の主塔基礎に取り付けられた防衛金具である。その目的は主塔基礎の設置ケーソンは剛性が高いので船が

図-11.6.5　東京湾アクアラインの橋梁と防衛工[20]

図-11.6.6　瀬戸大橋の主塔基礎の防衛金具

図-11.6.7　東京湾アクアラインの風の塔の防衛工[21)]

衝突しても問題にならないが、互いの衝撃を緩和するものである。

図-11.6.7は東京湾アクアラインの風の塔（川崎人工島）を守るおむすび型の防衛工である。風の塔は大型貨物船、大型客船が通る国際航路の主航路と、就航船舶（約4,000隻/日）の2/3が通る西側航路を隔てる象徴的な構造物で、海面下60mを通る道路トンネルの換気塔でもある。換気塔が据え付けられている地中連続壁は径100mで、外側を径200mの鋼製ジャケット構造で囲まれている。しかし、大型船が巡航速度で衝突すると風の塔を取り囲んでいるジャケット構造は衝突力を地中連続壁に伝える可能性がある。海面下60mにある換気塔とトンネル覆工の結合部にひび割れが生じるとトンネル内に浸水を生じる恐れがあるので衝突防止のための大型の防衛工を南北に設置した。

海洋中の横断橋梁の存在は衝突の可能性を高めていると云われるが、設置されると航路標識の役割も果たして船舶同士の衝突事故を劇的に減少させる効果を発揮している。防衛工の設置は橋自体の安全を守り、船舶の衝突による沈没などの致命的な事故を防止している。

11.7　地盤変動

橋梁の設計施工で不確定要素の一つが地盤の変動である。地滑り、斜面崩壊、地盤沈下、凍上凍結などである。

地滑りや斜面崩壊は浅いものから深いものまである。日本の地質は比較的若く、現在の日本列島が形成されたのは2000万年から2万年前の間（新生代新第三期以降）といわれる。地球の歴史46億年から見たらごく最近のことで、地球の皺のようなものである。図-11.7.1は太平洋プレート、フィリッピンプレート、ユーラシア（大陸）プレートの拮抗状態を示している。

太平洋プレートとフィリッピンプレートがユーラシアプレートの下に沈み込んで、その滑り面の摩擦抵抗で地震が発生している。また、地球内部のマグマと摩擦熱で溶けた地殻層が火山となって噴出し、ユーラシアプレートは盛り上がって山脈を形成している（図-11.7.2）。太平洋プレートは東方に年間約8cm、フィリッピンプレートは北方に年間約3cm移動しているといわれる。そういう観点から日本列島は地球の皺と云ってもよいほどの山地地形となっており、地層は大きな地圧を受けて地震の発生も多く、必ずしも安定した状態とは言えない。

日本は国土の7割の山地のために急流河川が多く、流出した土砂が堆積して狭いながらも平野や盆地が形成され、軟弱地盤も各地に分布している。人口のほとんどが住んでいる河川沿いの平地上や海

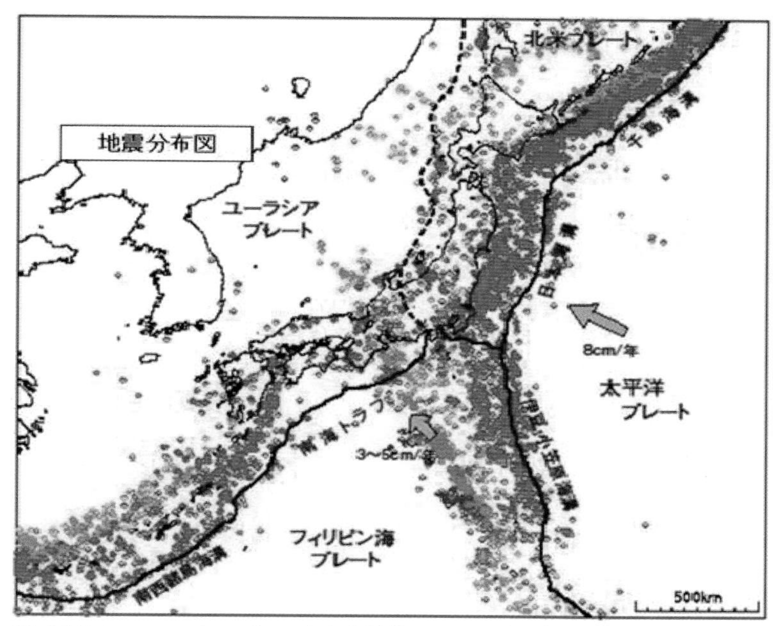

図-11.7.1　ユーラシアプレートと太平洋、フィリピン海プレートと移動量、震源の位置[22)]

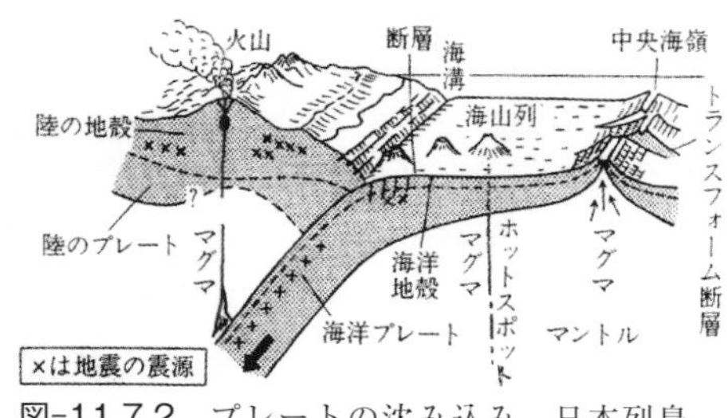

図-11.7.2　プレートの沈み込み、日本列島、地震、火山[23)]

岸沿いの入江では居住用の建物、経済活動や社会生活を営むために必要な構造物には安定した支持力と確かな耐震性を持つ､信頼できる基礎が必要とされている。しかるに、都市などの発達で平地の可住面積が少なくなり、切り拓いた丘陵地上や山腹まで住宅地は広がっている。新幹線や高速道路などは用地取得の制約から山腹を切り盛りし、山岳地帯を貫くトンネルや橋を多く用いて建設されている。そのような条件下にある構造物は地滑りや斜面崩壊の影響を受けやすく、大規模な地盤崩壊には抵抗しがたいので、計画時点で危険性の高い地盤は通らないように設定するか、適切な対応策を講じることが望まれる。

基礎位置の選定、基礎の設計では地盤の安定性については十分に検討しなければならない。浅いすべりに対しては基礎で抵抗できるが、深層のすべりでは巨大なすべり土塊で、その上に少なからぬ人々が生活している。そのような地盤に刻まれた谷地形に架かる橋の基礎には多角的な視点からの検討が求められる。深層地滑りは山形県の中央部、新潟県の上

図-11.7.3　複合地滑りの事例

越地方、長野県の東北部、大阪府と奈良県の県境付近など、全国に散見されることから予め調べておきたい。大きな地滑りの上には小さな地滑りが存在するケースもある（図-11.7.3）が、その水平力に対しては基礎の剛性や水抜措置などで対応することになる。

また、道路などの切り土によって流れ盤に沿った地滑りを誘発する場合、安定勾配が取れずに山頂近くまで法面を切る場合などもある。そのようなところに近接して橋台などを設置すると基礎には複雑な力が作用するので安定した岩盤まで基礎を入れねばならない（図-10.3.10参照）。

図-11.7.4は2018年北海道胆振東部地震における厚真町の山腹に位置する水道の配水施設で、広域の山腹崩壊の中で基礎が堅実であったために留まり、その下の斜面滑りも防いでいる。堅実な基礎は、このように浅い滑りに対しては効果的である。しかし、2016年熊本地震の時に崩壊した阿蘇大橋（旧立野橋）のように山崩れと共に橋台の下の地盤も崩れては設計では対応することができない（図-11.7.5）。

日本の山岳地帯を覆う火山灰、それが風化したロームやマサ土などは大雨や地震で斜面崩壊を起こしやすいので注意が必要で、斜面上の基礎は斜面滑りも考慮しておくことが必要である。特に、杉林や竹林の斜面は水分を多く含んでいるので要注意である。

図-11.7.4　2018年胆振東部地震の水道の配水施設[25)]

図-11.7.5　2016年熊本地震で崩壊した阿蘇大橋（アジア航測撮影）[24)]

11.8　地盤沈下と負の摩擦力、その他

地盤沈下地帯では基礎を深部の良好な支持層に根入れすると負の摩擦力（ネガティブフリクション）が基礎本体に作用する。すなわち、周面の地盤の沈下が基礎を押し下げるような現象である。この

場合、基礎の支持力と基礎躯体の応力度についての検討が必要となる。ケーソン基礎の場合は底面積も大きく、壁体も厚いので問題にならないが、鋼管杭基礎の場合は杭体の座屈の懸念やフーチング下に空洞が生じて突出杭となる心配がある（図-11.8.1）。鋼管杭基礎への対策として瀝青材などの塗布で摩擦を切る方法もあるが、実際には負の摩擦力は杭群の外周粘性土のクリープで緩和されることや杭基礎全体を仮想ケーソンとする考え方もあるので特に対策されないことが多い。

また、地盤沈下のある地盤上の橋梁では河川の計画高水位は下げられないので

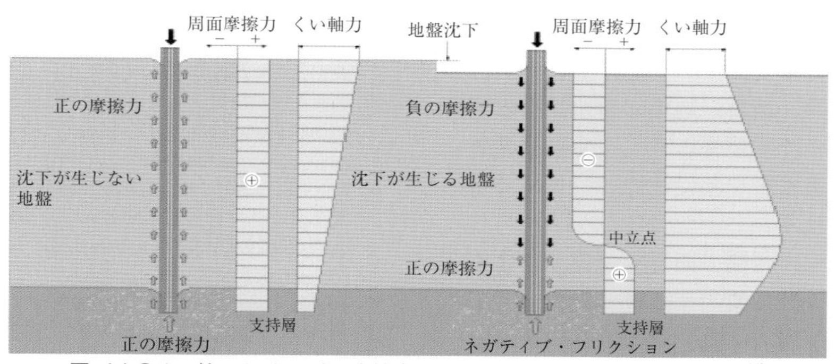

図-11.8.1　杭における正の摩擦力とネガティブフリクションの比較[26]

図-11.8.2　凍上によるヒービング[27]

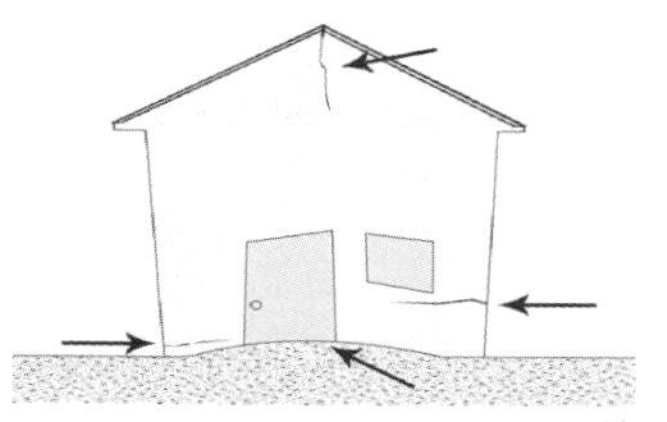
図-11.8.3　凍上による家屋の被害[27]

図-11.8.4　ヒービングによる家屋の損傷（○：損傷個所）[27]

基礎が沈下すると下がった橋の桁下の余裕高が減少する。その分の余裕を持たせた橋梁の計画高を設定しておくか、ジャッキアップの備えが必要である。

寒冷地では構造物の基礎が浅いと地盤の凍上で浮き上がりなどの影響を受けることがある。図-11.8.2～図-11.8.4はヨーロッパにおける事例であるが、基礎の土被りが凍結深より大きければ凍上凍結の影響を受けない。しかし、凍結深は気象条件、地質、地中の含水比などで変動するので、軽量な住宅や重要構造物などでは遮水層や基礎杭などで備えることが望まれる。

この他、基礎の設計で配慮すべきものとしては酸性河川における鋼管杭の腐食や急流砂防河川における鉄筋コンクリートの磨り減りの問題もある。また、近接する他の工事による掘削などで隣接基礎の土被りが削減されて支持力や水平抵抗が低下するなどのトラブルを生じることもある。

このように基礎は自然環境からの多くの影響を受ける上に、目に見えない地下の変化に耐えて上部構造を安全、確実、かつ経済的に支えなければならない。そのために、上部構造を含めて設計条件、荷重条件、基礎を取り巻く地盤条件、自然条件、環境条件、施工条件などを慎重に調べ、広い視点で検討することが必要である。それでも想定外の突発的な作用力が働くことがあるので、情報に関するアンテナを高くして幅広い知識、豊富な経験、新しい情報などの習得に努め、過去の先賢の知恵を生かせるようにするべきであろう。

参考文献

1) 杭基礎設計便覧，日本道路協会，1992年
2) 道路橋示方書・同解説　Ⅳ下部構造編，日本道路協会，1980年
3) 施工手順「ウルトラコラム工法協会」 http://www.ultracolumn.jp/neo_step.html
4) 土留め標準の概要と改訂のポイント，基礎工，2013.5 Vol.41. No.5，23p（図-1）
5) 津波で被災した橋梁基礎を再利用したGRS一体橋梁の施工，基礎工，Vol.43. No.7，56p（図-5），2015.7
6) 保全技術者のための橋梁構造の基礎知識，橋梁調査会，鹿島出版会，2005年
7) 足柄上郡松田町　酒匂川（さかわがわ）・十文字橋付近「townphoto.net」 https://townphoto.net/kanagawa/matsuda.html
8) 大前秀明，加藤　博，天竜川上流における橋梁の局所洗堀について，「国土交通省　四国地方整備局」 http://www.cbr.mlit.go.jp/kikaku/ 2016 kannai/pdf/in03.pdf
9) 玉越隆史，深谷良治，梁田尚美，林　英樹，中谷昌一，橋台基礎の洗掘への対応事例，土木技術，平成23年3月号
10) 保全技術者のための橋梁構造の基礎知識，橋梁調査会，鹿島出版会，2005年
11) 明石層に位置した明石海峡大橋主塔基礎の洗掘対策と進跡調査，基礎工，Vol.41. No.10，95p（図-2），2018.10
12) 中村悠人，長谷川明，津波による橋梁被災に関する考察，土木学会東北支部技術研究発表会，2009年
13) 宮城県　南三陸町「国土交通省　東北地方整備局震災伝承館」 http://infra-archive311.jp/?view=500997
14) 震災メガリスク軽減の都市地震工学国際拠点「東京工業大学都市地震工学センター」 http://www.cuee.titech.ac.jp/CUEE/Japanese/Publications/Newsletter_no11/005.html
15) 清水，幸佐，竹田，穂積，東日本大震災により発生した津波による橋梁被害，第20回シンポジウム論文集，プレストレストコンクリート技術協会，2011年
16) V型防舷材　ハイパーエース「住友ゴム工業（株）」 http://www.civil-works-sri.com/marine/hyperace/
17) 土木・海洋商品「住友ゴム工業（株）」 http://hybrid.srigroup.co.jp/products/civil/
18) 架けられたのは大化2年（646年），源氏物語にも

登場する宇治橋，流木よけ「KAUMO」 https://kaumo.jp/topic/37899
19）長い橋やトンネルを歩いて通る友の会「デイリーポータルZ」 ©its communications Inc. All rights reserved.
20）東京湾横断道路（株）
21）本州四国連絡橋公団パンフレット
22）文部科学省パンフレット，地震が分かる，防災担当者参考資料
23）塩井幸武，見直しが求められる地震工学，総合土木研究所，2013年
24）地震で消えた「阿蘇大橋」 記者が見た崩落の惨状「日本経済新聞」2016.4.16，https://www.nikkei.com/article/DGXMZO99963460S6A420C1000000/
25）北海道胆振東部地震　被害の概要「北海道庁」http://www.pref.hokkaido.lg.jp/sm/ktk/300906/kennsyouiinkai01/06siryou3.pdf
26）JFEスチール（株）
27）onvacations社

12 基礎の設計法

12.1 性能設計と許容応力度法

基礎の設計に拘わらず、構造物の設計では設計方法によって構造物本体のあるべき姿が大きく変わるものではない。これまでの構造物の設計施工は目的に必要な境界条件を厳密に提示できないことが多い。そのために理論で解明できないところは集積された経験に則り、安全率や許容応力度で設計されてきた。使われる安全率による許容応力度、許容支持力度は構造物の使用に支障の生じることのないように応力、支持力などの限界値として一義的に定められた。

最近になって個々の構造物の機能に応える設計法が要請されている。その代表的なものが性能設計または性能照査型設計と呼ばれるものである。その背景はISO(国際標準化機構)の国際規格、特に、居住環境に関する性能規定化の動きもあり、1990年代になるとWTO(世界貿易機関)や米国からの建築物の規制緩和の要請で1998年に建築基準法を改正して性能規定化が進められた。土木の分野でも、その動きを睨みながら橋梁を中心に構造物の性能規定化の下準備が行われていたが、依然として許容応力度法の影響が強く、性能規定化は遅々として進んでいなかった。

許容応力度法では設計計算の方法に拘わらず、算出される応力が許容応力度に達していなければ了とされたが、設計荷重以上の外力に対する構造物の挙動は検討の対象外であった。また、構造物の利用しやすさ、耐久性、施工の難度、景観などは別途に検討していた。

基礎の場合も、作用荷重による地盤反力が極限支持力を安全率で除した許容支持力の範囲以内になるように設計された。上部構造の設計では基礎は不動のものという前提になっているので、許容支持力は沈下などの変位を生じないものであることが求められた。また、直接基礎、ケーソン基礎、杭基礎の設計は道路橋示方書 Ⅳ下部構造編及び前身の各基礎形式の設計指針が編纂されるまで、基礎形式毎に独自の計算方法が採用されていた。そして、各基礎には許容変形量の算出規定はなかった。

性能設計については信頼性理論や統計手法を駆使して難しく説明する傾向があるが、構造物に必要な性能に関して「**必要条件を十分条件で応えればよい**」だけの設計手法である。決して難しく考える必要はなく常識的に思考すればよいものである。これは橋梁の設計法に限らず、多くの物品にも適用される考え方で、ISOの方針でもあり、世界に通じるものである。必要条件は要求性能でもあり、十分条件には要求性能の水準を満たしていることを検証または照査することで応じることになる。個別に検証が難しい事項に関しては経験に照らして構造規定、材料規定などで仕様を定めることとなる。

そうして得られた設計は許容応力度法によるものと大差のないものとなるので、過去の許容応力度法で設計されたものが現状で不適合という訳ではない。

12.2　性能設計と安全率

性能設計には多くの見解が見られるが、その一つが古くから用いられる性能設計の模式図（図-12.2.1）である。先ず、構造物を建設する目的に応じて設計仕様を性能規定化する必要がある。そのために構造物に必要な性能の明確化、規定する事項の設定、その理由の根拠、求められる性能の水準、性能の検証方法、検証の難しい性能に対する仕様規定などが必要で、全体をピラミッドで表現している。仕様規定は経験や実績に基づくものが多く、日本独自のものになりがちである。そのために、設計基準の規定の合理性が外国人や部外者に理解されがたいので、その根拠を分かりやすく説明する必要がある。

性能設計の利点は考え方の道筋が認められ、要求性能を満たす設計であれば、どのような構造形式、使用材料、施工方法をとってもよいことになり、設計の自由度が広くなることである。そして、新しい技術の導入、既存の手法を超える創意工夫や考え方、技術基準にない解析手法や設計手法なども取り込みやすく、技術の発展を期待できる。その結果、工事費の削減、工期の短縮、省力化などの合理化を図ることができる。更に、それぞれの性能の限界を知ることにより想定外の事態、例えば災害などに備えることもできる。

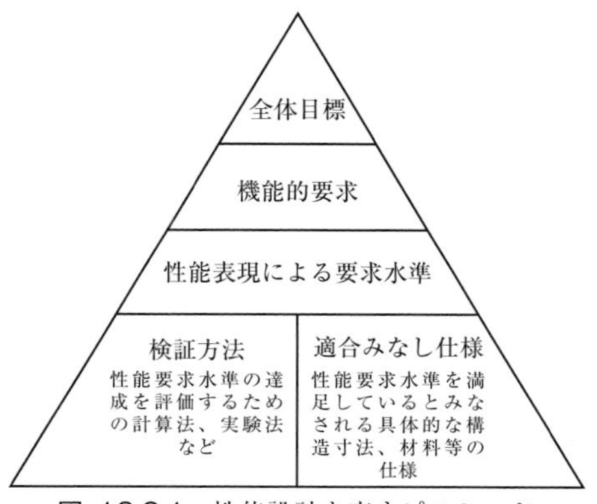

図-12.2.1　性能設計を表すピラミッド

一方、これまでの安全率を前提とする許容応力度や許容支持力は分かりやすくはあったが、部材の破壊時の強度（破壊強度）や大きく沈下する地耐力、支持力（極限支持力）を安全率で除して定められたものであった。「安全率」は「無知係数」などと揶揄されたが、許容値を定めるに当たって不明な要素を包括したものとして扱われてきた。「安全率」の対象としては次のものが挙げられる。

・作用荷重のバラツキ
・材料強度、地盤強度等の抵抗値のバラツキ
・実現象と設計計算の枠組みとの乖離
・施工誤差、施工不良
・予知不能事項

これらの要素による危険度はそれぞれ独立しており、構造物に対する各要素の影響は構造形式、立地条件などによって大きさも異なる。これらの要素の影響には濃淡があり、強度や支持力に与える総合的な危険度指数（E）は二乗平均平方根で表現することになろう。

$$E = (\Sigma x_i^2/n)^{1/2} \qquad \text{式-12.2.1}$$

ここで

E：危険度指数

x_i：個々の危険要素

n：危険要素の数

しかし、個々の要素の値（x_i）のバラツキの範囲は定めがたいのが実情である。しかも、二乗平均平方根で得られる危険度指数（E）と所定の安全率（F）とは関連性がないので、安全率を用いた個々の構造物の設計の安全性は同一とはならないという課題もあった。

このような観点から性能設計では個々の要求性能に対してそれに応えられる、設計、施工、維持管理となっていることを照査することとなっている。

12.3 国土交通省の取り組み[1)]

国土交通省は2002年に“土木・建築にかかる設計の基本について”という通達を出し、性能設計という言葉を用いていないが、実質的に性能設計を推奨している。

その内容は次のとおりである。

①構造物の要求性能として、想定した作用に対する安全性（構造物内外の人命を確保する）、使用性（構造物の機能を適切に確保する）、修復性（適用可能な技術でかつ妥当な経費および期間の範囲で修復を行うことで継続的な使用を可能とする）を確保する。それぞれの限界のイメージを図-12.3.1で示している。

②構造物の設計供用期間を定める。

③要求性能を満たすことの検証方法としては信頼性設計の考え方を基礎として限界状態設計を考える。

④耐震設計では設定した耐震性能を明示し、それに対する地震動レベルを設定する。

この通達は次のように運用される。国土交通省が所掌する設計に係わる技術標準については、この「土木・建築にかかる設計の基本」の考え方に沿って、“今後の整備・改訂を進める。国際技術標準策定への対応は、基本的には国内の各審議団体が中心となって進められる。そのことを踏まえ、この「土木・建築にかかる設計の基本」が設計に関する基本的な「日本の考え」として学識者及び技術者に認知される必要があり、国内基準の制定などで適切な対応を図る”こととなる。

2017年に国土交通省は上記の基本方針に沿って道路橋の技術基準に性能設計の考え方を取り入れ、道路橋示方書を改訂した。その骨子は12.5節で説明され

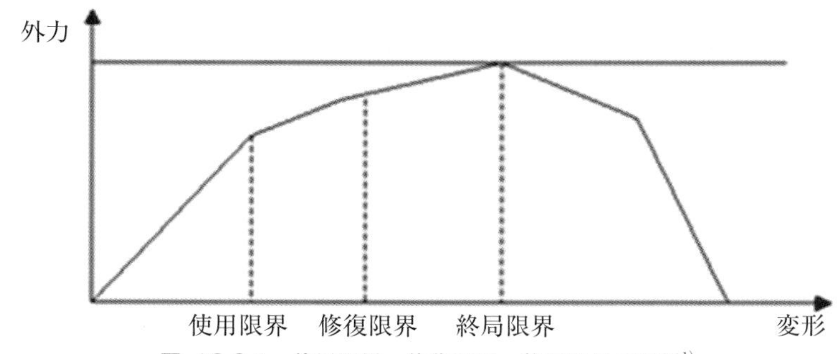

図-12.3.1 使用限界、修復限界、終局限界の関係[1)]

るが、設計されたものが要求性能に応じて図-12.3.1に示す使用限界、修復限界、終局限界の範囲以内にあることを照査で確かめることである。各限界は道路橋示方書での限界状態1、限界状態2、限界状態3（表-12.3.1）に対応する。

性能設計の考え方は建築や港湾構造物でも採用されている。図-12.3.2は「港湾の施設の技術上の基準」における性能設計を説明するピラミッドである。性能設計の一連の流れを示し、目的から性能規定までは省令や告示となっている。性能照査は参考として提示されているのは照査の方法は種々あることから自由に選

表-12.3.1　上部構造、下部構造等の限界状態[2)]

上部構造、下部構造、上下部接続部の限界状態1	部分的にも荷重を支持する能力の低下が生じておらず、耐荷力の観点からは特別の注意無く使用できる限界の状態
上部構造、下部構造、上下部接続部の限界状態2	部分的に荷重を支持する能力の低下が生じているものの限定的であり、耐荷力の観点からはあらかじめ想定する範囲にあり、かつ特別な注意のもとで使用できる限界の状態
上部構造、下部構造、上下部接続部の限界状態3	これを超えると部材等としての荷重を支持する能力が完全に失われる限界の状態

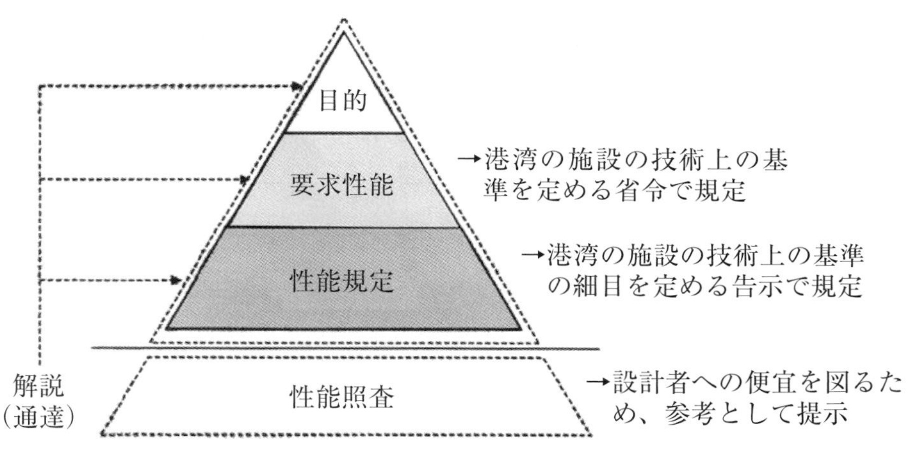

- ■要求性能
  技術基準対象施設が保有しなければならない性能
- ■性能規定
  性能照査が行えるよう、要求性能を具体的に記述した規定（構造形式ごとに性能照査が必要な事項を規定）
- ■性能照査
  要求性能を満足されることを照査する行為の参考

図-12.3.2　港湾の施設の技術上の基準に見る要求性能の階層化[3)]

択できるように配慮されている。省令や告示の規定は行政上、守らなければならないもので、容易に変更できないものである。

性能設計の思想は鉄道構造物、電力関係施設など、多くの構造物の設計に取り入れられている。

12.4 限界状態設計法と部分係数設計法

国土交通省の通達[3]の中で『要求性能を満たすことの検証方法として信頼性設計の考え方を基礎として限界状態設計を考える』としている点は容易に対応できるものではない。信頼性設計法は構造物の寿命の中で破壊可能性を確率論による手法で制御する方法である。信頼性設計の考え方を基礎とした限界状態設計法によることを標準としているが、これらの確率の算出は困難な場合が多い。そのような場合、現時点では部分係数を用いた照査式を用いればよいとされている[5]。

基本照査式は**式-12.4.1** による[4]。

$$\gamma_i \cdot S_d / R_d \leqq 1 \qquad \text{式-12.4.1}$$

また、部分係数による照査式は式-12.4.2 による[4]。

$$\gamma_i \ \Sigma \gamma_a \cdot S(\gamma_f \cdot F_k) / [R(f_k/\gamma_m)/\gamma_b] \leqq 1 \qquad \text{式-12.4.2}$$

ここで

S_d：設計応答値
R_d：設計限界値
F_k：個々の作用の特性値
f_k：材料強度の特性値
$S(\cdots)$：作用から構造物の応答値を算出するための関数
$R(\cdots)$：材料強度から構造物の限界値を算出するための関数
γ_f：個々の作用に対する作用係数
γ_a：構造解析係数
γ_m：材料係数
γ_b：部材係数
γ_i：構造物係数

各種部分係数と構造物係数については鋼橋を対象とした標準的な値を**表-12.4.1**、**表-12.4.2** に示す。

両式とも左辺が1以下であれば要求性能を満たしていることになるが、左辺の値が小さすぎると不経済と云うことになる。

表-12.4.1 作用係数、構造解析係数、材料係数、部材係数の標準的な値[4]

要求性能（性能項目）	作用係数γ_j	構造解析係数γ_a	材料係数γ_m	部材係数γ_b
安全性（構造安全性）	1.0～1.7	1.0～1.1	1.0～1.05	1.0～1.3
使用性（走行性、歩行性）	1.0	1.0	1.0～1.05	1.0
耐久性（耐疲労性）	1.0～1.1	1.0	1.0	1.0～1.1

表-12.4.2 構造物係数の標準的な値[4]

要求性能（性能項目）	構造物係数γ_i
安全性（構造安全性）	1.0～1.2
使用性（走行性、歩行性）	1.0
耐久性（耐疲労性）	1.0

限界状態設計法は構造物または部材が機能を果たさなくなり、設計目的を満足しなくなる、ぎりぎりの状態に対して限界状態を定義して検討する設計法である。設計に用いる作用荷重、断面力算定式、材料強度、終局強度算定式などのバラツキや不確実性を考慮するために部分安全係数で照査する設計法を採用することもある[5)]。

限界状態で重視されるのが使用限界である。構造物や部材は長期にわたり正常な状態を維持して継続的な使用に支障のない状態にあることが求められる。許容応力度法における常時の許容応力度が目指しているのはこの状態である。材料の弾性限界の範囲で設定するのが合理的である。

修復限界で留意するべきものに鉄筋コンクリートなどのひび割れ限界がある。許容応力度法は微小ひび割れを前提にしているが、ひび割れ発生でコンクリートの引張抵抗、せん断抵抗が大きく減少し、鋼材の腐食の原因ともなる。プレストレストコンクリートのフルプレストレスはこの課題を解決するものである。せん断補強筋を適切に配置してひび割れを生じにくくすることがねばり強い構造となる。

鋼構造の疲労限界はある値以上の荷重の繰り返しによる破断を防ぎ、長期の耐荷力を確保するために設けられる限界である。繰り返し回数は100万回以上が目安となる。通常の鋼材の使用限界では生じにくいが、問題は溶接部である。溶接で割れの内在、アンダーカット、大きな溶接歪み（局部硬化なども含む）などがあると意外に低い応力状態でも鋼材のひび割れの始点になる。十分な予熱と丁寧な溶接で母材と同等の品質にすることが必要である。

終局限界は構造物または部材が破壊状態、崩壊状態となり、機能を喪失して修復不能になる限界である。この場合でも形状を保ち、構造物内部や構造物上の人々の生命が守られることが理想である。作用荷重が終局限界を超えていても変形性能があればエネルギー一定則（図-9.4.7）で形状を保持できる。そのためには適切なせん断補強を施し、靱性や延性が大きく発揮されるようにすることが必要である。

12.5　道路橋示方書の性能設計

道路橋示方書は2002年の改訂時から性能設計法の取り入れを目指してきたが、2017年に性能設計を基本にした改訂がなされた。

橋梁の供用期間を通じ、その使用目的を果たせるための必要条件すなわち諸々の要求性能が設定される（図-12.5.1）。この内、構造物の安全性のために耐荷性能が重視されるが、具体的な記載はないものの、構造物の変形性能も重要である。供用期間の間、耐荷性能が保持されるために耐久性は不可欠である。この間の品質の劣化、損傷などを防ぐために点検や容易な修理のできる修復性も求められる。耐荷性能と共に構造物の良好な機能、使用性（使い勝手）、快適性、景観、美観、施工性なども要求される。これらの要求性能の下に設計は進められるが、各要求の軽重も考慮されて相互間の調整が行われ、最終の成果の照査でそれぞれの要求

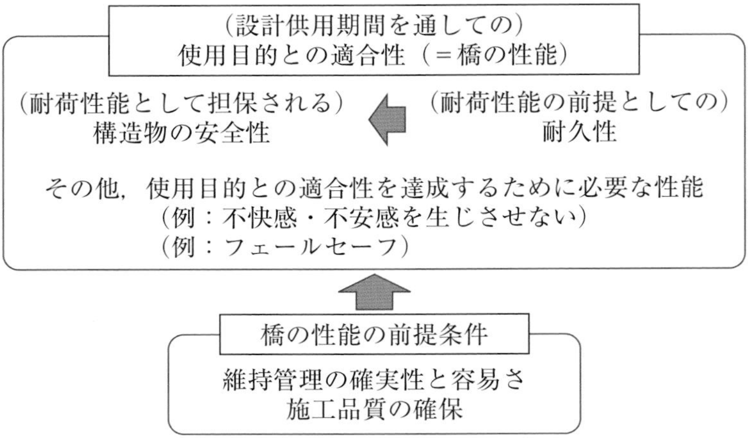

図-12.5.1　道路橋の要求性能[5)]

性能が満たされていることを明らかにすることになる。

示方書の共通編2.1項で耐荷性能が対象としているのは荷重という用語を用いないのは不可解であるが、永続作用（死荷重、水圧、土圧等に相当)、変動作用（活荷重、雪、風、地震等の荷重に相当)、偶発作用（衝突荷重、巨大地震などに相当）の支配する状況である（表-12.5.1)。それにより道路橋が受ける状態を共通編2.2項で次のように設定している（12.3節参照)。

・橋として荷重を受ける能力が損なわれない状態（限界状態1に相当）
・部分的に荷重を支持する能力の低下が生じているが、橋としてあらかじめ想定する荷重を支える能力の範囲である状態（限界状態2に相当）
・橋としての荷重を支持する能力の低下が生じ進展しているものの、落橋などの致命的ではない状態（限界状態2と限界状態3の中間？に相当）

これらの状況と状態の関係は耐荷性能1と耐荷性能2に分けて、表-12.5.2に

表-12.5.1　作用の区分の観点[2)]

作用の区分	作用の頻度や特性	例
永続作用	常時又は高い頻度で生じ，時間的変動がある場合にもその変動幅は平均値に比較し小さい。	構造物の自重，プレストレス，環境作用等
変動作用	しばしば発生し，その大きさの変動が平均値に比べて無視できず，かつ変化が偏りを有していない。	自動車，風，温度変化，雪，地震動等
偶発作用	極めて稀にしか発生せず，発生頻度などを統計的に考慮したり発生に関する予測が困難である作用。ただし，一旦生じると橋に及ぼす影響が甚大となり得ることから社会的に無視できない。	衝突，最大級地震動等

まとめられている。耐荷性能1と耐荷性能2は永続作用、変動作用への対応は同じであるが、耐荷性能1は“大規模な地震などの偶発的な事象に対しては、落橋などの致命的な状態にならない範囲での損傷に留める”としている。耐荷性能2は“大規模な地震などの偶発的な事象に対しても、当該状況において橋に求める機能を確保することができ、あらかじめ想定する荷重支持能力の低下の範囲の損傷に留まる”としている。要は、過大な荷重に対して落橋を防ぐという点では共通しているが、耐荷性能2では損傷が修復可能の範囲内であることを目指している。

耐荷性能1はA種道路の橋梁に、耐荷性能2はB種道路の橋梁に適用される。B種道路は高速道路、国道、県道や市町村道の重要なものである。

橋梁の設計で考慮される荷重や影響項目が表-12.5.3に示され、表-12.5.1の永続作用、変動作用、偶発作用に分類される。許容応力度法の時代の荷重とほとんど同じ（施工時荷重が抜けている）であるが、主荷重、従荷重、主荷重に相当する特殊荷重、特殊荷重による分類と異なる。

表-12.5.2　道路橋の耐荷性能の照査[2)]

(a) 橋の耐荷性能1

状態 (2.2) ＼ 状況 (2.1)	主として機能面からの橋の状態		構造安全面からの橋の状態
	橋としての荷重を支持する能力が損なわれていない状態	部分的に荷重を支持する能力の低下が生じているが，橋としてあらかじめ想定する荷重を支持する能力の範囲である状態	致命的な状態でない
永続作用や変動作用が支配的な状況	状態を所要の信頼性で実現する。	＼	所要の安全性を確保する。
偶発作用が支配的な状況	＼	＼	所要の安全性を確保する。

(b) 橋の耐荷性能2

状態 (2.2) ＼ 状況 (2.1)	主として機能面からの橋の状態		構造安全面からの橋の状態
	橋としての荷重を支持する能力が損なわれていない状態	部分的に荷重を支持する能力の低下が生じているが，橋としてあらかじめ想定する荷重を支持する能力の範囲である状態	致命的な状態でない
永続作用や変動作用が支配的な状況	状態を所要の信頼性で実現する。	＼	所要の安全性を確保する。
偶発作用が支配的な状況	＼	状態を所要の信頼性で実現する。	所要の安全性を確保する。

表-12.5.3　作用特性（荷重）の分類[2)]

	永続作用	変動作用	偶発作用
1）死荷重（D）	○		
2）活荷重（L）		○	
3）衝撃の影響（I）		○	
4）プレストレス力（PS）	○		
5）コンクリートのクリープの影響（CR）	○		
6）コンクリートの乾燥収縮の影響（SH）	○		
7）土　圧（E）	○	○	
8）水　圧（HP）	(○)※	○	
9）浮力又は揚圧力（U）	(○)※	○	
10）温度変化の影響（TH）		○	
11）温度差の影響（TF）		○	
12）雪荷重（SW）		○	
13）地盤変動の影響（GD）	○		
14）支点移動の影響（SD）	○		
15）遠心荷重（CF）		○	
16）制動荷重（BK）		○	
17）風荷重（WS、WL）		○	
18）波　圧（WP）		○	
19）地震の影響（EQ）		○	○
20）衝突荷重（CO）			○

※設計供用期間中の水位の変動幅や橋への荷重効果としての変動幅によっては、永続作用として扱うこともあり得る。

構造物の設計では想定される事態（常時、地震時、暴風時など）における限界状態（図-12.3.1）に対し、荷重、影響項目を組合せて検討することになる。組み合わされた荷重に対してバラツキを考慮した部分係数が設定され、部分係数には作用iに乗じる組合せ係数γ_{pi}と作用iに乗じる荷重係数γ_{qi}がある（表-12.5.4）。これに基づいて荷重の組合せに対する荷重係数の事例を表-12.5.5に示す。この事例は上部工、下部工に共通するものであるが、大規模もしくは特殊な下部工に対しては別途に荷重の組合せと荷重係数を設定することも考えられる。

一方、荷重を受ける抵抗（強度、支持力など）の部分係数として、抵抗係数ϕ、調査・解析係数ξ_1、部材・構造係数ξ_2がある（表-12.5.4）。下部工の場合は

表-12.5.4　部分係数の種類[5)]

作用に乗じ、組合せ荷重を算出するための係数

γ_{pi}	作用 i に乗じる組合せ係数であり、異なる作用の同時載荷状況（組合せ）に応じて、設計で考慮する作用の規模を補正する係数
γ_{qi}	作用 i に乗じる荷重係数であり、作用の特性値に対するばらつきに応じて、設計で考慮する作用の規模を補正する係数

抵抗値に乗じ、抵抗の設計値を算出するための係数

ϕ	抵抗係数であり、材料、施工、耐荷力式等の有する不確実性等、抵抗値の評価に直接関係する要因の確率統計的な信頼性の程度を考慮する係数
ξ_1	調査・解析係数であり、調査結果等に基づき橋の構造をモデル化し、断面力等の作用効果を算出する過程に含まれる不確実性を考慮する係数
ξ_2	部材・構造係数であり、曲げ損傷とせん断損傷の違い等のように、部材の非弾性挙動特性の違いを考慮する係数

表-12.5.5　作用の組合せに対する荷重組合せ係数及び荷重係数[5)]

作用の組合せ			荷重組合せ係数γ_pと荷重係数γ_qの値																															
		設計状況の区分	D		L		PS,CR,SH		E,HP,U		TH		TF		SW		GD,SD		CF,BK		WS		WL		WP		EQ		CO	
			γ_p	γ_q	γ_p	γ_q	γ_p	γ_q	γ_p	γ_q	γ_p	γ_q	γ_p	γ_q	γ_p	γ_q	γ_p	γ_q	γ_p	γ_q	γ_p	γ_q	γ_p	γ_q	γ_p	γ_q	γ_p	γ_q	γ_p	γ_q
①	D	永続作用支配状況	1.00	1.05	—	—	1.00	1.05	1.00	1.05	—	—	1.00	1.00	—	—	1.00	1.00	—	—	—	—	—	—	1.00	1.00	—	—	—	—
②	D+L	変動作用支配状況	1.00	1.05	1.00	1.25	1.00	1.05	1.00	1.05	—	—	1.00	1.00	1.00	1.00	1.00	1.00	1.00	1.00	—	—	—	—	1.00	1.00	—	—	—	—
③	D+TH		1.00	1.05	—	—	1.00	1.05	1.00	1.05	1.00	1.00	1.00	1.00	—	—	1.00	1.00	—	—	—	—	—	—	1.00	1.00	—	—	—	—
④	D+TH+WS		1.00	1.05	—	—	1.00	1.05	1.00	1.05	0.75	1.00	1.00	1.00	—	—	1.00	1.00	—	—	0.75	1.25	—	—	1.00	1.00	—	—	—	—
⑤	D+L+TH		1.00	1.05	0.95	1.25	1.00	1.05	1.00	1.05	0.75	1.00	1.00	1.00	1.00	1.00	1.00	1.00	1.00	1.00	—	—	—	—	1.00	1.00	—	—	—	—
⑥	D+L+WS+WL		1.00	1.05	0.95	1.25	1.00	1.05	1.00	1.05	—	—	1.00	1.00	—	—	1.00	1.00	1.00	1.00	0.50	1.25	0.50	1.25	1.00	1.00	—	—	—	—
⑦	D+L+TH+WS+WL		1.00	1.05	0.95	1.25	1.00	1.05	1.00	1.05	0.50	1.00	1.00	1.00	—	—	1.00	1.00	1.00	1.00	0.50	1.25	0.50	1.25	1.00	1.00	—	—	—	—
⑧	D+WS		1.00	1.05	—	—	1.00	1.05	1.00	1.05	—	—	1.00	1.00	—	—	1.00	1.00	—	—	1.00	1.25	—	—	1.00	1.00	—	—	—	—
⑨	D+TH+EQ		1.00	1.05	—	—	1.00	1.05	1.00	1.05	0.50	1.00	1.00	1.00	1.00	1.00	1.00	1.00	—	—	—	—	—	—	1.00	1.00	0.50	1.00	—	—
⑩	D+EQ		1.00	1.05	—	—	1.00	1.05	1.00	1.05	—	—	1.00	1.00	—	—	1.00	1.00	—	—	—	—	—	—	1.00	1.00	1.00	1.00	—	—
⑪	D+EQ	偶発作用支配状況	1.00	1.05	—	—	1.00	1.05	1.00	1.05	—	—	—	—	—	—	1.00	1.00	—	—	—	—	—	—	—	—	1.00	1.00	—	—
⑫	D+CO		1.00	1.05	—	—	1.00	1.05	1.00	1.05	—	—	—	—	—	—	1.00	1.00	—	—	—	—	—	—	—	—	—	—	1.00	1.00

死荷重に相当する、変動の少ない永続作用が圧倒的で、変動作用の比率は小さいが、抵抗係数では地盤などの特性値（支持力や変位量など）のバラツキが大きいので、両者の関係は上部工とは異なるものとなる。

荷重や抵抗に関する部分係数がどのようにして設定されるかは不明である。本来ならば多くの計測値を蒐集して統計処理した上で定めるべきものである。示方書では変動係数に応じた抵抗係数の事例として表-12.5.6が例示されているが、変動係数の内容については曖昧さが残る。

これらの係数を用いた支持力の算出事例として杭の軸方向押し込み力を算出する事例を挙げる。

$$R_d = \xi_1 \Phi_Y \lambda f_f \lambda_n (R_y - W_s) + W_s - W$$

式-12.5.1

ここで

R_d：杭の軸方向押し込み力の制限値（kN）

ξ_1：調査・解析係数（表-12.5.7）

Φ_Y：抵抗係数（表-12.5.7）

λ_f：支持形式の違いを考慮した係数、支持杭 1.0、摩擦杭 0.7

λ_n：杭本数に応じた抵抗係数の差を考慮した係数で、1.0 が標準

Ry：地盤から決まる杭の降伏支持力（kN）

W_s：杭で置き換えられる部分の土の有効重量（kN）

W：杭および杭内部の土の重量（kN）

示方書では直接基礎、ケーソン基礎の地耐力の算定にも同様の方式がとられている

12.6 基礎の性能設計への対応

これまで、道路橋は多くの人々にとって生活の中で安全で、便利なものであると同時に、高速道路などの幹線道路、立体交差などで障害を越える役割も果たし、シンボル的な存在として社会の中に溶け込んできた。人々の目に付くのは上部構造であるが、それを多様な周辺環境、多発する災害の中で安全に支えるために下部構造や基礎は信頼のできるものでなければならない。

そのような下部構造や基礎を設計するのに性能設計は優れた設計思想である。すなわち、道路橋として求められる必要条件を十分に満たす設計であることを照査（照らし合わせて調べること）する体制になっているからである。基礎は多様な地盤上で構造物を確実、安全に支えることが使命で、性能設計で云う要求性能（必要条件）には次のようなものが挙げられる。

①安全性の検証……作用する荷重に対して安定性を損なわないこと、構造上の破損はしないこと

②機能の保持……橋や建物の機能（供用性）を損なう沈下、傾斜、変形をしないこと

③環境との調和……周辺環境の中で違和感や障害を与えないこと、よい景観に貢献すること

表-12.5.6　変動係数の程度に応じた抵抗係数の設定例[2)]
（5%フラクタイル値を仮定した場合）

変動係数	5%	10%	12.5%	15%	17.5%	20%	30%	40%
抵抗係数 Φ_R	0.90	0.85	0.80	0.75	0.70	0.65	0.50	0.35

表-12.5.7　調査・解析係数および抵抗係数[6)]

地盤から決まる降伏支持力の特性値の推定方法	ξ_1	ϕ_Y	
		打ち込み杭工法、場所打ち杭工法、中掘り杭工法	プレボーリング杭工法、鋼管ソイルセメント杭工法、回転杭工法
推定式から求める場合	0.90	0.80	0.90*
載荷試験から求める場合	0.95	1.00	

*ただし、摩擦杭基礎の場合には 0.80 とする。

④耐久性の保証……繰返し荷重による劣化や年数経過による風化、腐食などへの抵抗のあること
⑤施工性の確認……施工に無理がないこと
⑥経済性の確保……上記の性能を満たすため、経済的優位性を確保すること

これらの事項すべてを性能と云うにはしっくりしない感もあるが、いずれも必要条件である。①～④は性能設計の一般的な要求性能である。⑤の施工性は設計の前提条件で、特に施工精度は構造体の性能に大きな影響を与える。⑥経済性は性能と表裏一体の関係にあり、高い性能を求めればコストが高くなる。要求性能全体の間で、個々の性能の水準を適切なコストの範囲内で調和を図るのが技術力と云うことになろう。

基礎の場合は修繕が難しいので耐久性に重点が置かれ、修復性を要求性能に取り上げることは少ない。基礎構造の大部分は地盤の中にあり、支持力は年数の経過と共に向上して劣化しにくい。基礎のうち、鋼管杭の腐食には耐久性を保証する観点から錆び代や電気防食などの対策がとられている。水中の構造体についても、かぶり厚の確保、コンクリートやチタンによる被覆、電気防食などで風化の影響を回避し、修復は考慮していない。

地震時には基礎は地盤と一体で挙動するので原則として基礎に慣性力はかけない。設計地盤面以上では慣性力や動水圧を見込むが、動土圧（基礎本体に作用する土圧で、地震時土圧とは異なる）は考慮されない。通常は、下部構造や上部構造の地震時の振動特性と地盤動の差に拠る設計水平震度を構造体の質量に乗じた慣性力を基礎頭部にかけて基礎の断面諸元を決定する。道路橋として、上部構造あるいは下部構造との地震時の挙動をより詳しく解析する必要がある場合には上部構造、下部構造、基礎、地盤をモデル化して地震に対する応答計算をすることになる。詳しくは道路橋示方書　V耐震設計編に拠ることとなる。

以上、性能設計による基礎の設計の概要を説明したが、設計には多くの係数が必要となる。しかし、これらの係数の根拠は薄弱で従来からの設計と乖離しないように調整されている傾向が見られる。従来の設計は不確定要素を安全率でカバーしてきた。しかし、安全率は固定されているので、精度の向上した調査や解析の成果による設計が簡易計算の設計よりも大きな断面になって不利になるという矛盾もあった。性能設計は技術の向上の成果が反映できるように運用ができるので、技術革新への動機付けになる可能性がある。

一方、新しい工法や設計法などは性能設計に必要な係数のデータが揃え難いという関門があるので、従来の安全率による工法や設計を用いて世に出られる道も残していくべきであろう。本来は基礎の設計において安全率による設計は性能設計よりも無駄になる要素が多いという時代になるように、耐荷性能と変形性能の関係を中心に、技術の進展を進めていくべきであろう。

道路橋の下部構造については道路橋下部構造設計指針くい基礎篇（1964年）以来、荷重による変形を対象に設計基準

の体系化に努めてきた。そのために従来、独自の設計方法がとられていた直接基礎、ケーソン基礎、杭基礎の境界領域をすりつけることができ、設計思想を一元化することができた。具体的には基礎毎に現場計測、載荷試験、土質試験、弾性計算のための等価線形法、その適用範囲の限定、施工条件の設計への取り入れなどで基礎の必要な要件を満たすデータを集めて基準化してきた。そのために性能設計法にも馴染みやすい設計体系となっている。

長年にわたる関係者の努力で道路橋示方書　Ⅳ下部構造編は世界にない、力と変形の関係を主体にする設計基準の体系となっている。その結果、基礎を通じて地盤の変形を上部構造に反映できるようになり、耐震解析も上下部工一体で実施できるようになった。

参考文献

1) 土木・建築にかかる設計の基本について「国土交通省」平成 14 年 10 月 21 日，http://www.mlit.go.jp/kisha/kisha02/13/131021_.html
2) 道路橋示方書・同解説　Ⅰ共通編，日本道路協会，2017 年
3) 港湾の施設の技術上の基準，国土交通省
4) 鋼構造物の性能照査型設計体系の構築に向けて　第Ⅲ編　設計編，土木学会，2003 年
5) 白戸眞大，道路橋示方書　Ⅰ共通編　改訂の概要，基礎工　Vol.46. No.4，総合土木研究所，2018.4
6) 道路橋示方書・同解説　Ⅳ下部構造編，日本道路協会，2017 年

あとがき

私は昭和38年（1963年）に建設省東北地方建設局能代工事事務所で国道7号の一次改築に従事した。その中で中小橋梁の基礎に売り出されたばかりの鋼管杭が使われた。当時、開端の鋼管杭にどれだけの支持力があるか分からず、すべての鋼管杭基礎とH型杭基礎の杭の載荷試験を実施した。一連の載荷試験を通じて打ち込みの様子で杭の支持力が判定できるようになった。

次の福島工事事務所では砂防調査で実務を通じて地質学を勉強した。道路局地方道課では1,000橋近くの橋梁審査と日本道路協会橋梁委員会の下部工小委員会とコンクリート橋小委員会の幹事の仕事を担当した。

昭和44年（1969年）4月1日に発生した国道6号の四つ木橋リングビーム崩壊事故調査を土木研究所基礎研究室への発令と同時に担当した。ここで、地盤の変形が仮設構造に巨大な荷重になって作用することを学んだ。その後、道路橋下部構造設計指針の整備に関わりながら場所打ち鉄筋コンクリート杭設計施工指針作成の幹事役を勤めた。昭和50年（1975年）には建築研究所国際地震工学部第2耐震工学室長として、土木の耐震工学を外国人研修生に教える任務に就き、耐震工学を基礎から習得した。

昭和52年（1977年）に土木研究所基礎研究室長となり、道路橋下部構造設計指針8篇を「道路橋示方書　Ⅳ下部構造編」にまとめて「Ⅴ耐震設計編」と共に「Ⅱ鋼橋編」、「Ⅲコンクリート橋編」と肩を並べられるようにできた。その後、本州四国連絡橋公団設計第3課長として3ルートの橋梁群の下部構造と耐震を担当した。そして、日本道路協会橋梁委員会下部構造小委員会委員長も務めた。

平成2年(1995年)の土木研究所構造橋梁部長の後、東京湾横断道路（株）の設計部長、技術部長となり、世界で最先端の土木技術を結集した橋梁とシールドトンネルの設計を取りまとめ、円滑に実施に移すことができた。平成6年から八戸工業大学構造工学研究所専任教授として教育のかたわら、数々の研究成果を挙げて今日を迎えている。

このように基礎に関する技術基準の整備に揺籃期から今日まで関わって来られたことは技術者冥利に尽きます。これまで、多くの方々の御指導、御支援をいただきました。感謝の気持ちとして、これまでの体験から得られた知見を広く伝承したく、稚拙なものもありながら本書を出版することと致しました。大学を退職後、時間が経ていることとIT技術に未習熟であることから説明が行き届かない面もあるかと懸念しております。読者の皆様の忍耐と寛容を願ながら、多少なりとも参考になってくれることを念じております。併せて、これまで終始、御指導いただいた元本州四国連絡橋公団理事の（故）吉田巖氏に叱正いただけないのは心残りで、泉下に献本したい思いでおります。

なお、本書の出版には（株）総合土木研究所　沼倉多加志社長、沼倉あゆみ氏に編集、校正、出版まで一方ならぬ御尽力をいただいたことに感謝し、心から御礼を申し上げます。

令和2年7月31日

塩井　幸武

〈塩井幸武の略歴〉

1941 年　岩手県生まれ
1963 年　東北大学工学部土木工学科卒業
　　　　建設省東北地方建設局能代工事事務所
1967 年　建設省道路局地方道課橋梁係長
1969 年　建設省土木研究所構造橋梁部基礎研究室研究員
1977 年　同　基礎研究室長
1981 年　本州四国連絡橋公団設計部設計第 3 課長
1990 年　建設省土木研究所構造橋梁部長
1993 年　東京湾横断道路（株）設計部長
1996 年　八戸工業大学構造工学研究所教授
2008 年　八戸工業大学名誉教授
　　　　日本校構造協会専務理事
2012 年　同　退職

東北大学　博士（工学）、技術士（土質基礎）、技術士（鋼構造およびコンクリート構造）、技術士（総合技術監理部門）、土木学会特別上級土木技術者（基礎）

〈橋詰豊の略歴〉

1971 年　新潟県上越市（旧 頸城村）生まれ
1992 年　八戸工業大学工学部建築工学科　入学
1996 年　同学卒業、八戸工業大学大学院　工学研究科修士課程入学（土木工学専攻）
1998 年　修士課程修了、博士後期課程入学
2001 年　博士後期課程修了・学位取得　博士（工学）
　　　　株式会社出雲（設計コンサルタント）入社、
2012 年　八戸工業大学防災技術社会システム研究センター　博士研究員
2017 年　八戸工業大学工学部土木建築工学科　講師
2018 年　防災士取得
2019 年　八戸工業大学工学部土木建築工学科　准教授

八戸工業大学　博士（工学）

構造物基礎の教科書

定価はカバーに
表示してあります

2020年7月31日　第1刷
2022年8月20日　第2刷

著　者　塩井 幸武・橋詰 豊
発行所　株式会社 総合土木研究所
代表者　沼倉 多加志
東京都文京区湯島 4-6-12 湯島ハイタウン B-222
☎(03)3816-3091　FAX(03) 3816-3077　〒113-0034
ホームページ　https://www.kisoko.co.jp
E-Mail　sogodoboku@kisoko.co.jp

Printed in Japan　印刷所　勝美印刷株式会社

978-4-915451-19-5 C2051